新版

魔方陣の世界

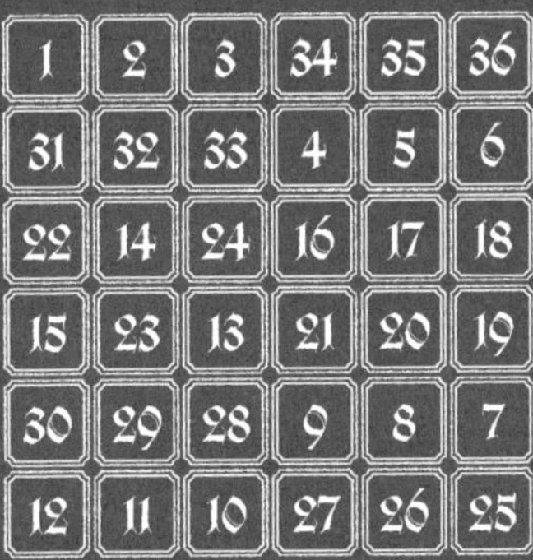

1	2	3	34	35	36
31	32	33	4	5	6
22	14	24	16	17	18
15	23	13	21	20	19
30	29	28	9	8	7
12	11	10	27	26	25

大森 清美

Kiyomi OOMORI

日本評論社

はじめに

魔方陣は，小学生向けの学習雑誌や中学校の数学の教科書で紹介されることもあり，どのようなものか知っている老若男女は多い．1 から 9 までの数を使った 3×3 の魔方陣を見ると，その不可思議さに誰もが感激するのである．

しかし，魔方陣を知ってはいるが，魔方陣は 1 つしかないと思っている人は意外に多い．その作り方も決まっていると思っている．確かに，3×3 の魔方陣は 1 種類しかない．しかし，4×4 以上の魔方陣は，複数個，いや多数存在するのである．百科事典には，4×4 の魔方陣は 880 個あることが知られていると書いてある．本書では，それらのすべてを求めることを試みた．また，5×5 の魔方陣の総数検索問題は本書の重要なテーマの 1 つである．その 5×5 の魔方陣は 275305224 個もある．そして，6×6 の魔方陣は何個あるか分からないほどあるのである．その総数は有限確定値であることは確かであるが，今日でもその総数を知っている人はいないのである．これらの話題にも言及する．

そこで，魔方陣研究では，いろいろな個性的な性質をもった魔方陣を作ることが主流となっている．魔方陣愛好家は，個性的な作品作りに余念がないのである．

本書では，魔方陣の作り方とともにいろいろな個性的な魔方陣の作品をできるだけ数多く紹介した．先人たちの努力の結晶である．読者は，1 つひとつの魔方陣をよく観察して，自分でも作って，考えて，楽しんでほしい．魔方陣の一番の楽しみは，やはり自分の作品を作ることである．

立体の魔方陣についても，数多くの例を紹介した．それぞれが，貴重な作品である．本書で紹介するのは，特に優れたものなので感嘆するばかりである．特に，$4 \times 4 \times 4$ の立体魔方陣については詳しく解説した．立体魔方陣の解法については，完全剰余系と合同式，補助方陣を使った理論的な解法を紹介した．

本文中に挿入した「問題」は，その作業を通して記述内容の理解を深め，確実にするためのものであるので，実際に試みることを希望する．

なお，本書の記述に関する多くの C 言語プログラムを，日本評論社のウェブページ https://www.nippyo.co.jp/shop/book/7842.html からダウンロードできるようにしてある．詳細は巻末の付録をご覧いただきたい．魔方陣を作るプログラムを実行し，ディスプレイ画面での展開を見ると感激を覚えるものである．ぜひ，体験してほしい．本文中にある問題の解答も同ページからダウンロードできる．

本書は，じっくり読んで楽しめる魔方陣の参考書であり，教科書である．魔方陣についての面白い話題を最新のものまで，ていねいに分かりやすく解説している．全体的には理論的というよりは記述的・物語的であるが，いくぶんの数学的な取り扱いを含んでいる．ゆっくり，味わいながら，考えながら，読んでほしい．魔方陣について考えることは，私たちの脳にほど良い刺激を与え，頭の体操になるのである．

なお，本書は，拙著『新編 魔方陣』（冨山房，1992）の内容を核として，大幅な加筆修正を行ったものである．

魔方陣の本は，関心があって必要としている読者は多いにもかかわらず，現在入手あるいは閲覧可能な本となるときわめて少ないのが現状である．刊行されても程なく書店に並ばなくなる．本書は書店や図書館に長く置かれ読み継がれることを願ってやまない．

本書の出版にあたり，魔方陣についていろいろとご教示をいただいた方々に厚く御礼を述べますとともに，この種の特殊な出版物の企画・刊行に尽力してくださった日本評論社と編集部の飯野玲氏に心から感謝の意を表します．

2013 年 6 月 15 日　下野市 紫にて

著 者

新版の序

旧著が絶版となり改訂・増補の機会を得た．この機会に読者の便宜を図るとともに各章の内容がより自然な流れになるよう見直した．その結果，各所に方陣図や解説を追加することになった．内容の骨格は旧版と変わらないが，新たに魔方陣の作品集としての要素も取りいれた．また，いくつかの章に，「魔方陣の連結線模様」，「奇数・偶数分離魔方陣」，「小さい魔方陣を含む魔方陣」，「補助方陣」等々の節を新設し，話題を豊かにした．大きな変更としては「大きな魔方陣」の章を新設したことが挙げられる．この章では，7 次から 20 次までの興味深い魔方陣の作品の数々を紹介した．25 次の大きな方陣も取り上げた．なお，最後の「魔方陣の解法の一理論」，「立体魔方陣とその解法」の章はまったく変更していない．

改訂・増補版の出版にあたり，いろいろとご要望・ご教示をいただいた方々に厚く御礼を述べますとともに，改訂・増補版の刊行に適切なアドバイスをくださった日本評論社と編集部の飯野玲氏に心から感謝の意を表します．

2018 年 7 月 11 日　下野市 紫にて

著 者

目 次

はじめに i

新版の序 iii

第1章　魔方陣 1

§1　方陣の歴史 …… 3

§2　方陣用語，記号 …… 7

§3　1行（列）の数の和 …… 12

§4　方陣の個数の数え方 …… 14

§5　対称魔方陣 …… 15

§6　完全魔方陣 …… 16

§7　魔方陣の連結線模様 …… 18

§8　魔方陣の変換 …… 20

〔コラム1〕 河図・洛書 …… 22

第2章　魔方陣の作り方 23

§9　2つの補助方陣 …… 24

§10　奇数方陣の作り方 …… 29

§11　全偶数方陣の作り方 …… 38

§12　半偶数方陣の作り方 …… 46

〔コラム2〕 『算法統宗』と『算法闕疑抄』の魔方陣 …… 58

第3章　1次・2次・3次の魔方陣 59

§13　1次方陣 …… 60

§14　2次方陣 …… 60

§15　3次方陣 …… 60

〔コラム3〕 建築物の装飾に使われた4次の魔方陣 …… 64

第4章　4次の魔方陣 65

§16　4次の魔方陣 …… 66

§17 4 次の魔方陣を作る …… 67
§18 4 次方陣の性質 …… 71
§19 4 次方陣の型（3 種 21 型） …… 73
§20 4 次方陣の交換様式 …… 78
§21 4 次方陣の各型間の関係 …… 83
§22 4 次方陣の存在（880 個） …… 86
§23 4 次の完全方陣（48 個） …… 96
§24 4 次完全方陣の解法 …… 103
§25 4 次の対称魔方陣（48 個） …… 109
§26 4 次の補助方陣 …… 115
〔コラム 4〕 17 の連結線模様（連結型）による分類 …… 121

第 5 章　5 次の魔方陣 123

§27 5 次の魔方陣 …… 124
§28 5 次方陣の型 …… 125
§29 5 次方陣の交換様式と各型間の関係 …… 127
§30 5 次方陣の存在（275305224 個） …… 128
§31 5 次の完全方陣（3600 個） …… 133
§32 5 次の対称方陣（48544 個） …… 142
§33 5 次の補助方陣 …… 146
〔コラム 5〕 5 次の魔方陣の全作への取組み …… 151

第 6 章　6 次の魔方陣への道 153

§34 6 次方陣の存在 …… 154
§35 6 次の魔方陣を作る …… 158
§36 6 次の対称魔方陣は存在しない …… 162
§37 6 次の完全魔方陣は存在しない …… 164
§38 6 次の補助方陣 …… 166
§39 6 次方陣の型と各型間の関係 …… 171
§40 6 次方陣の総数問題 …… 174
〔コラム 6〕 ラテン方陣と士官 36 人の問題 …… 176

第 7 章　完全方陣の作り方　177
§41 奇数完全方陣（1）……178
§42 奇数完全方陣（2）……182
§43 全偶数完全方陣……186
§44 半偶数完全方陣は存在しない……193
〔コラム 7〕トーラス上の魔方陣……197

第 8 章　いろいろな魔方陣　199
§45 同心魔方陣……200
§46 合成魔方陣……212
§47 対称魔方陣……214
§48 フランクリンの魔方陣……218
§49 盆出 芸・境 新の完全魔方陣……222
§50 阿部楽方の「高順方陣」……226
§51 等差数列を含む魔方陣……230
§52 1 の位が同じ数字を集めた魔方陣……236
§53 小方陣を含んでいる魔方陣……238
§54 奇数・偶数分離魔方陣……241
§55 2 重魔方陣……243
§56 素数魔方陣……255
§57 連続合成数魔方陣……263
§58 サイの目魔方陣……265
§59 魔円陣……269
§60 図形陣のいろいろ……277
〔コラム 8〕虫食い魔方陣パズル……288

第 9 章　大きな魔方陣　289
§61 7 次の魔方陣……290
§62 8 次の魔方陣……292
§63 9 次の魔方陣……296
§64 10 次の魔方陣……300
§65 11, 12 次の魔方陣……302
§66 13, 14 次の魔方陣……304

§67 15, 16 次の魔方陣 ……306
§68 17, 18 次の魔方陣 ……309
§69 19, 20 次の魔方陣 ……311
§70 25 次の完全魔方陣 ……313
〔コラム 9〕 プランクの 20 次完全魔方陣 ……315

第 10 章　魔方陣の解法の一理論 317
§71 合同式と完全剰余系 ……318
§72 奇数方陣のある解法 ……321
§73 全偶数方陣のある解法 ……328
§74 半偶数方陣のある解法 ……333
〔コラム 10〕 5 次の完全魔方陣を作る ……344

第 11 章　立体魔方陣とその解法 345
§75 立体魔方陣 ……346
§76 4 次の立体魔方陣 ……355
§77 立体補助方陣と解法の概要 ……370
§78 奇数立体魔方陣のある解法 ……375
§79 偶数立体魔方陣のある解法 ……382
§80 立体完全魔方陣のある解法 ……390
〔コラム 11〕 平面汎対角線型の 7 次立体魔方陣 ……412

付録　パソコン・プログラムと問題の解答 413

参考文献 416

あとがき 418

索引 419

メランコリアＩ（憂鬱）Die Melancholie I
アルブレヒト・デューラー（Albrecht DÜRER），1514 年

エングレーヴィング，24.3 cm × 18.7 cm
ケンブリッジ ハーバード大学フォッグ美術館蔵

「メランコリア I」について：

翼の生えた科学の天才が，自然の謎を解こうとして考えに耽っている．あたりには大きな多面体や球・工作道具が，壁には魔方陣や砂時計・秤などがかかっている．石臼の上で，なにも考えず無邪気に遊ぶ子供とは好対照である．あまりに長い間考え続けているので，そばにいた動物も眠ってしまっている．

やがてその努力はむくいられ，解決のきざしがみえ，希望の鐘が鳴りわたり，天使と七色の虹がこれを祝福している．今までの憂鬱さはすっかり消え去り，成功の喜びが全幅にみなぎっている．図中の梯子は，さらに高い段階への飛躍を意味するものである．

なお，魔方陣の最下行の中央の 2 数は 1514 となっているが，これは実はこの版画の製作年である．

作者デューラー（1471～1528）は画家で，数学者でもある．

「メランコリア I」の魔方陣

第1章

魔方陣

魔方陣は東洋でも西洋でも古くから知られ，魅力ある数の神秘として万人に興味を持たれてきた．本章では，まず初めに魔方陣の歴史の概略を解説する．日本には昔からアマチュア愛好家を含めて，研究者が多いので，日本関係の記述も多く出てくる．また，本書でよく使う魔方陣に関係する「行列」についての基本的な用語や記号について解説する．その他の専門的な用語については，該当箇所で随時説明することになる．用語や記号は事柄を簡明に表すのに大切である．さらに，魔方陣の「定和」について，また，魔方陣の「相等（同一視）」について解説する．魔方陣入門の序章である．

魔方陣というのは，1から始まる連続した異なる自然数を碁盤の目状に並べ，各行（横方向），各列（縦方向），および両対角線上の数の和をすべて相等しくしたものである．この魔方陣という用語は，英語の magic square の訳語として明治以来用いられてきているのであるが，江戸時代の日本では，これを「方陣」と呼んでいたようである．方陣の「方」は，正方形であり，「陣」は，並べるというような意味である．本書においても，適宜，この方陣という用語を用いることにする．

方陣は，数字を正方形に並べるのであるから，各行，各列および両対角線に相当する部分に含まれる数字の個数は相等しいわけであるが，これらの数が n である方陣を，一般に，n 次の魔方陣（n-th magic square）あるいは単に，n 次方陣という．n を方陣の次数という．

魔方陣は3以上の任意の次数について存在する．下図は，3,4,5,6,7,8 次の魔方陣の実例である．

それぞれが，魔方陣としての条件を満たしていることを確認してほしい．

4	9	2
3	5	7
8	1	6

3次方陣

13	3	2	16
8	10	11	5
12	6	7	9
1	15	14	4

4次方陣

11	18	25	2	9
10	12	19	21	3
4	6	13	20	22
23	5	7	14	16
17	24	1	8	15

5次方陣

13	14	36	34	8	6
16	15	33	35	5	7
12	10	17	18	28	26
9	11	20	19	25	27
29	30	4	2	24	22
32	31	1	3	21	23

6次方陣

22	31	40	49	2	11	20
21	23	32	41	43	3	12
13	15	24	33	42	44	4
5	14	16	25	34	36	45
46	6	8	17	26	35	37
38	47	7	9	18	27	29
30	39	48	1	10	19	28

7次方陣

57	7	6	60	61	3	2	64
16	50	51	13	12	54	55	9
24	42	43	21	20	46	47	17
33	31	30	36	37	27	26	40
25	39	38	28	29	35	34	32
48	18	19	45	44	22	23	41
56	10	11	53	52	14	15	49
1	63	62	4	5	59	58	8

8次方陣

たとえば，3 次方陣では，行の和は

$$4+9+2=3+5+7=8+1+6=15$$

列の和は

$$4+3+8=9+5+1=2+7+6=15$$

対角線の和は

$$4+5+6=2+5+8=15$$

となっており，常に等しく 15 である．縦・横・斜の 3 方向の数の和が常に等しいという不思議な性質には，誰もが驚くことであろう．このような魔方陣を自分で白紙の状態から作ろうとすると，どこに糸口を求めたらよいのか，なかなか難しい．

魔方陣は，人類最初の数論の問題であると言われながら，いまだに解決されていない数学の難問の 1 つにあげられている．しかし，この不思議な数魔もよく調べてみると，不思議な魔術ではなく数の神秘が宿っていることを知るのである．

§1　方陣の歴史

魔方陣は中国では西暦紀元前から知られていたといわれる．伝説によれば，夏(か)の禹王(うおう)が黄河の洪水を治めたとき，洛水(らくすい)から出た神亀の背に下図（左側）のような模様があったという．

この図は，「洛書(らくしよ)」（lo-shu）と呼ばれる．奇数は白丸印，すなわち，陽の記号

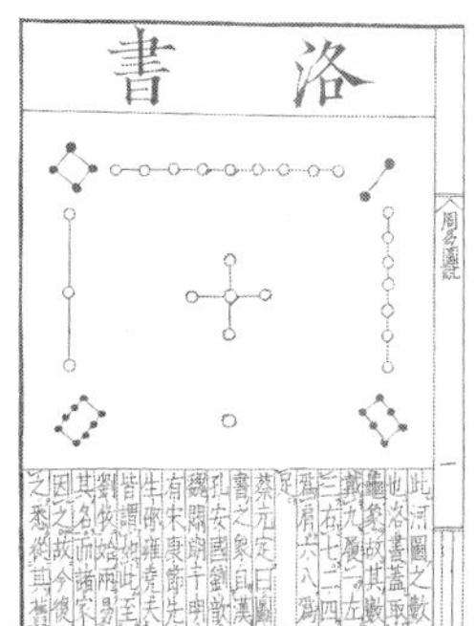

4	9	2
3	5	7
8	1	6

（天の象徴）で，偶数は黒丸印，すなわち，陰の記号（地の象徴）で表されている．現存する図書の中で最も古いものの 1 つである『易経』に，これについての記述がある（図は『易経』に註を付した『易経集註』からとった）．

丸印の個数で，数を表している．この数の配置はきわめて注目すべきもので，4 隅はすべて偶数で，中央の数 5 は 1〜9 の平均数であり，これと点対称の位置にある数の和はすべて相等しくなっている．これを私たちが使っている数字に置き換えれば，右側の 3 次方陣が得られる．

この天授の特殊な図の霊妙さ・不思議は，中国では九星術（九つの数と色を結びつけ，一白・二黒より九紫までの九星を設け，これに木火土金水の五行を組合せて，人の運勢や人事百般の吉凶を占う）の根本として，多くの占星家によって用いられた．また，その考え方は日本の陰陽道にも取り入れられている．

中国で方陣を説明した書物は宋の楊輝（ヤンホイ）の『楊輝算法（ようきさんぽう）』（1275）が最初であるといわれる．これには 3 次方陣から 10 次方陣までが載せられている．また，明の程大位（ていだいい）の『算法統宗』（1593）にも 10 次方陣まで記されている．

これらを中国・日本の多くの数学者が受け継ぎ研究した．日本では，鎌倉時代の百科全書『二中歴』に 3 次方陣の配列法があるが，多くの数学者が研究したのは江戸時代になってからである．その最も古いものの 1 つは礒村吉徳（いそむらよしのり）の『算法闕疑抄（さんぽうけつぎしょう）』（1659）で，これには，3 次〜9 次方陣が載っているが，配列の方法の説明はない．村松茂清（しげきよ）は，『算爼（さんそ）』（1663）において，19 次方陣を掲げている．その後，1683 年に関孝和（せきたかかず）が『方陣之法（ほうじんのほう）』，また同年，田中由真（よしざね）は『洛書亀鑑（らくしょきかん）』を著し，方陣の一般配列法を述べた．孝和の『方陣之法』の解法は，有名なもので本書でも解説した．孝和の弟子の建部賢弘（たけべかたひろ）は，『方陣新術』（年代不詳）において回転を取り入れた独創的な配列法を説いた．また，独学の天才数学者久留島義太（くるしまよしひろ）の方陣の作法（さくほう）は，最も簡明な作り方として知られている．安藤有益（ゆうえき）の『奇偶方数（きぐうほうすう）』（1697）は木版刷として出版され，復刻版が残っている．彼は，この中で 3 次方陣から 30 次方陣に言及している．江戸時代においては，方陣研究は和算の 1 つの研究分野であったようで，多くの和算家が方陣を研究した．明治以降も現在に至るまで，多くの研究者・愛好家が多くの業績を残している．

方陣の知識は，中国からインドおよび近隣諸国に伝わったように考えられているが，これについては確証がないように思われる．しかしながら，方陣がインドにおいても知られていたことは確かである.

インド中部にあるチャンドラ王国（870〜1200）の古都カジュラホ（Khajuraho）で見いだされたジャイナ教の碑銘（Jaina inscription；12, 3 世紀頃のもの）には，下図の左のような方陣がある．また，右側の方陣はインド北部のガリオール（Gwalior）の城門に刻まれたもの（年代不明）である.

7	12	1	14
2	13	8	11
16	3	10	5
9	6	15	4

カジュラホ

15	10	3	6
4	5	16	9
14	11	2	7
1	8	13	12

ガリオール

これらの方陣から，インドでは方陣に関してかなり進んだ知識があったことがうかがえる．なぜならば，これらの方陣は普通の方陣の性質の他に，両対角線に平行な位置にあると考えられる 4 数の和もすべて相等しくなっているからである.

たとえば，上記の左側の方陣についていえば，普通の方陣としての性質をもつ他に，

$$7+13+10+4 = 12+8+5+9 = 1+11+16+6 = 14+2+3+15$$
$$= 14+8+3+9 = 1+13+16+4 = 12+2+5+15 = 7+11+10+6 = 34$$

となっているのである.

このような性質をもつ方陣は通常**完全方陣**と呼ばれるが，西インドのナーシク（Nasik）に派遣されていた英国人宣教師フロストが余暇を利用して完全方陣の研究をしていたことから，この種の方陣は彼の住んでいた町の名にちなんで**ナーシク方陣**とも呼ばれる．フロストは，立体方陣（第 10 章参照）にいたるまで，方陣について高度な知識をもっていた.

方陣はインドにおいても神秘的な力をもつものと考えられ，今日でさえ住民の中には病気などあらゆる種類の不幸から身を守るための護符（talisman）として身につけている人々がいるということである．なお，チベット，ネパール，ブータンなどでも中央部の 3 次方陣の周りに十二支の動物を配した "生命の輪（wheel of life)" を刻んだ "the mystic tablet" をお守りとして用いている（次ページの写真はチベットのお守りである）.

方陣の知識はヨーロッパにおいては15世紀までは一般に広く行きわたっていなかった．方陣をヨーロッパに移植したのは，15世紀のビザンチンの著述家エマヌエル・モスコプロス（Emanuel Moschopulus）であるといわれる．

方陣はヨーロッパでも一時，占星術の対象となった．16世紀の初め，アグリッパは3, 4, 5, 6, 7, 8, 9次の方陣を作ったが，占星家たちはこれらを神秘的なものと考え，3次方陣は土星，4次方陣は木星，5次方陣は火星，6次方陣は太陽，7次方陣は水星，8次方陣は金星，9次方陣には月というように7つの惑星の名をつけ，星占いに用いたのである．

魔方陣の歴史については，『ブリタニカ国際大百科事典』（1972）に詳しい．そこでは，中国，日本のほかに，イスラム諸国，インド，西洋などの項目があり，西洋の項目ではスペイン，ドイツ，イタリア，フランス，スイス，アメリカなどの国名が出てくる．

芸術に方陣が使われた最初の例は，おそらく，ドイツの画家アルブレヒト・デューラーの銅版画「メランコリアI」（目次の後ろを参照）に見られるものであろう．なおこれは第4章などで解説する「対称方陣」になっている．

建築上の装飾として用いられた例としては，ローマ郊外のビラ・アルバニ（Villa Albani）の壁に彫刻されたものがあるという（カジョリ『初等数学史（下）』，共立出版）．それは1766年に作られたものであり，81個の数からなる9次の魔方陣で，現在残っているかどうかは不明である．

方陣に興味をもち，研究する人たちは東洋西洋ともに多く，大数学者も例外ではなかった．フェルマーやオイラーや数学パズル研究家デュードニーのような人々も方陣の作法を研究した．インドの独学の数学者ラマヌジャンも幼少の頃から数に非常な興味をもっていて，方陣の作法を工夫したことが知られている．

日本も方陣研究の盛んな国の1つで，前述のように，江戸時代以来研究者は少なくない．江戸時代には，方陣は数学者の重要な研究テーマの1つであった．『和算之方陣問題』（三上義夫，帝國学士院蔵版，1917）でその概要を知ることができる．

我が国数学界の第1人者 高木貞治も魔方陣・オイラー方陣の研究をし，その一端を『数学小景』（1943）に載せている．幸田露伴も方陣に興味をもっていて『方陣秘説』（1883頃）なる小論を書いている．

方陣の研究者・愛好家は昔から国内いたるところにいるが，特に，東北・北陸人の粘り強い気質に合うようである．近年では，寺村周太郎，境新（さかいあらた），平山諦（あきら），阿部楽方（がくほう），中村光利（みつとし）は多くの研究成果を発表した．しかしながら，方陣の分野では幾多の研究者や業績は，多くの場合世に埋もれている．

方陣に興味がもたれるのは，それ自身，神秘的な魅力をもっているからである．その身近で不可思議な性質のために，私たちは常に新鮮で自由な気持ちで取り組むことができる．魔方陣は，考える人々の思考を常に駆動してくれるのである．

しかしながら，1000年に及ぶ世界中の数学者やアマチュアの多くの努力にもかかわらず，私たちは，6次以上の方陣に対してはすべての可能な方陣を作る方法をもたないばかりか，立体方陣の性質など，依然として多くの未解決の問題をもっている．

原理・法則では捉えきれない無数の組合せの世界が，私たちのすぐ近くまで迫ってきていることは確かである．私たちの目の前には，広大な未知の世界の入口がある．私たちは，いま，その深遠な樹海に足を踏み入れようとしているのだ．

§2　方陣用語，記号

本書では説明を簡明にするために，「行列論」の基本的な用語や記号を使用するので，初めにそれらについて述べておく．

◎ 方陣はある種の正方行列である

定義 1　n^2 個の数 a_{ik}（$i,k=1,2,\cdots,n$）を正方形に並べたもの：

$$\begin{pmatrix} a_{11} & a_{12} & \cdots & a_{1k} & \cdots & a_{1n} \\ a_{21} & a_{22} & \cdots & a_{2k} & \cdots & a_{2n} \\ & \cdots & & & \cdots & \\ a_{i1} & a_{i2} & \cdots & a_{ik} & \cdots & a_{in} \\ & \cdots & & & \cdots & \\ a_{n1} & a_{n2} & \cdots & a_{nk} & \cdots & a_{nn} \end{pmatrix}$$

を n 次の正方行列，あるいは，単に n **次行列**（n-th matrix）といい，これを簡単に (a_{ik}) または大文字で，たとえば A と表す．このとき，行列 $A=(a_{ik})$ を構成している n^2 個の数 a_{ik}（$i,k=1,2,\cdots,n$）は，行列 A の**要素**（element）と呼ばれる．

（注）一般に，行列は長方形で，mn 個の数 a_{ik}（$i=1,2,\cdots,m;\ k=1,2,\cdots,n$）を縦 m 個，横 n 個の長方形に配列した

$$\begin{pmatrix} a_{11} & a_{12} & \cdots & a_{1k} & \cdots & a_{1n} \\ a_{21} & a_{22} & \cdots & a_{2k} & \cdots & a_{2n} \\ & \cdots & & & \cdots & \\ a_{i1} & a_{i2} & \cdots & a_{ik} & \cdots & a_{in} \\ & \cdots & & & \cdots & \\ a_{m1} & a_{m2} & \cdots & a_{mk} & \cdots & a_{mn} \end{pmatrix}$$

は $m\times n$ **行列**と呼ばれる．

◎ 第 i 行，第 k 列，主対角線，副対角線

定義 2　n 次行列 A において，横列を行（row），縦列を列（column）と呼び，上から数えて i 番目の行：

$$a_{i1},\ a_{i2},\ \cdots,\ a_{in} \qquad (i=1,2,\cdots,n)$$

を**第 i 行**，左から数えて k 番目の列：

$$\begin{matrix} a_{1k} \\ a_{2k} \\ \vdots \\ a_{nk} \end{matrix} \qquad (k=1,2,\cdots,n)$$

を**第 k 列**という．また，第 i 行・第 k 列に属する要素 a_{ik} は (i,k) **要素**と呼ばれる．

さらに，左上隅から右下隅への対角線を**主対角線**（main diagonal）といい，その上にある要素：

$$a_{11},\ a_{22},\ a_{33}, \cdots,\ a_{nn}$$

は**主対角線要素**と呼ばれる．また，右上隅の a_{1n} から左下隅の a_{n1} を結ぶ線を**副対角線**（subdiagonal），その上にある要素は**副対角線要素**と呼ばれる．

たとえば，$n=3$ の場合は，

$$\begin{pmatrix} a_{11} & a_{12} & a_{13} \\ a_{21} & a_{22} & a_{23} \\ a_{31} & a_{32} & a_{33} \end{pmatrix}$$

◎ 汎対角線，汎対角線要素

定義 3　主対角線，副対角線と，それらに平行な位置にある n 個の要素からなる分離対角線を総称して，**汎対角線**（はんたいかくせん）（pandiagonal）という．汎対角線は $n\times 2$ 組（本）ある．また，汎対角線上にある n 個の要素は，**汎対角線要素**（pandiagonal element）と呼ばれる．

たとえば，上記の 3 次行列の場合，

$$\{a_{11}, a_{22}, a_{33}\},\quad \{a_{12}, a_{23}, a_{31}\},\quad \{a_{13}, a_{21}, a_{32}\}$$
$$\{a_{13}, a_{22}, a_{31}\},\quad \{a_{12}, a_{21}, a_{33}\},\quad \{a_{11}, a_{23}, a_{32}\}$$

の $3\times 2=6$ 組（本）が，汎対角線であり，これら 6 組の $\{\quad\}$ 内の 3 数が，それぞれ汎対角線要素である．

◎ 行列の和・差・スカラー積

2 つの n 次行列：

$$A=\begin{pmatrix} a_{11} & a_{12} & \cdots & a_{1n} \\ a_{21} & a_{22} & \cdots & a_{2n} \\ \cdots & \cdots & \cdots & \cdots \\ a_{n1} & a_{n2} & \cdots & a_{nn} \end{pmatrix} \qquad B=\begin{pmatrix} b_{11} & b_{12} & \cdots & b_{1n} \\ b_{21} & b_{22} & \cdots & b_{2n} \\ \cdots & \cdots & \cdots & \cdots \\ b_{n1} & b_{n2} & \cdots & b_{nn} \end{pmatrix}$$

に対して，その行列の和・差・スカラー積の演算が次のように定義される．

定義 4（行列の和・差）　2 つの行列 A, B に対し，対応する要素の和を要素とする行列を，A と B の**和**といい，$A+B$ で表わす．すなわち，

$$A+B=\begin{pmatrix} a_{11}+b_{11} & a_{12}+b_{12} & \cdots & a_{1n}+b_{1n} \\ a_{21}+b_{21} & a_{22}+b_{22} & \cdots & a_{2n}+b_{2n} \\ \cdots & \cdots & \cdots & \cdots \\ a_{n1}+b_{n1} & a_{n2}+b_{n2} & \cdots & a_{nn}+b_{nn} \end{pmatrix}$$

と定める．差についても同様である．

$$A-B=\begin{pmatrix} a_{11}-b_{11} & a_{12}-b_{12} & \cdots & a_{1n}-b_{1n} \\ a_{21}-b_{21} & a_{22}-b_{22} & \cdots & a_{2n}-b_{2n} \\ \cdots & \cdots & \cdots & \cdots \\ a_{n1}-b_{n1} & a_{n2}-b_{n2} & \cdots & a_{nn}-b_{nn} \end{pmatrix}$$

定義 5（**スカラー積**，scalar product）λ を与えられた定数，A を n 次行列とするとき，A のすべての要素を λ 倍した行列を，λ と A の**スカラー積**（A の λ 倍）といい，λA と表す．すなわち，

$$\lambda A=\begin{pmatrix} \lambda a_{11} & \lambda a_{12} & \cdots & \lambda a_{1n} \\ \lambda a_{21} & \lambda a_{22} & \cdots & \lambda a_{2n} \\ \cdots & \cdots & \cdots & \cdots \\ \lambda a_{n1} & \lambda a_{n2} & \cdots & \lambda a_{nn} \end{pmatrix}$$

◎ 単一行列

定義 6　本書では，しばしば要素がすべて 1 である正方行列を使う．この行列を**単一行列**と呼び，記号で E と表す．

たとえば，4 次の単一行列は，

$$E=\begin{pmatrix} 1 & 1 & 1 & 1 \\ 1 & 1 & 1 & 1 \\ 1 & 1 & 1 & 1 \\ 1 & 1 & 1 & 1 \end{pmatrix}$$

である．

（**行列の計算例**）ここで，上記の行列の和・差，スカラー積と単一行列の計算の具体例を掲げておこう．たとえば，

$$A=\begin{pmatrix} 4 & 1 & 3 & 2 \\ 2 & 3 & 1 & 4 \\ 1 & 4 & 2 & 3 \\ 3 & 2 & 4 & 1 \end{pmatrix}, \qquad B=\begin{pmatrix} 2 & 4 & 3 & 1 \\ 3 & 1 & 2 & 4 \\ 1 & 3 & 4 & 2 \\ 4 & 2 & 1 & 3 \end{pmatrix}, \qquad E=\begin{pmatrix} 1 & 1 & 1 & 1 \\ 1 & 1 & 1 & 1 \\ 1 & 1 & 1 & 1 \\ 1 & 1 & 1 & 1 \end{pmatrix}$$

であるとき，これらから $4(A-E)+B$ を求めるならば，

$$4(A-E)+B=4\left\{\begin{pmatrix} 4 & 1 & 3 & 2 \\ 2 & 3 & 1 & 4 \\ 1 & 4 & 2 & 3 \\ 3 & 2 & 4 & 1 \end{pmatrix}-\begin{pmatrix} 1 & 1 & 1 & 1 \\ 1 & 1 & 1 & 1 \\ 1 & 1 & 1 & 1 \\ 1 & 1 & 1 & 1 \end{pmatrix}\right\}+\begin{pmatrix} 2 & 4 & 3 & 1 \\ 3 & 1 & 2 & 4 \\ 1 & 3 & 4 & 2 \\ 4 & 2 & 1 & 3 \end{pmatrix}$$

$$=4\begin{pmatrix} 3 & 0 & 2 & 1 \\ 1 & 2 & 0 & 3 \\ 0 & 3 & 1 & 2 \\ 2 & 1 & 3 & 0 \end{pmatrix}+\begin{pmatrix} 2 & 4 & 3 & 1 \\ 3 & 1 & 2 & 4 \\ 1 & 3 & 4 & 2 \\ 4 & 2 & 1 & 3 \end{pmatrix}$$

$$= \begin{pmatrix} 12 & 0 & 8 & 4 \\ 4 & 8 & 0 & 12 \\ 0 & 12 & 4 & 8 \\ 8 & 4 & 12 & 0 \end{pmatrix} + \begin{pmatrix} 2 & 4 & 3 & 1 \\ 3 & 1 & 2 & 4 \\ 1 & 3 & 4 & 2 \\ 4 & 2 & 1 & 3 \end{pmatrix} = \begin{pmatrix} 14 & 4 & 11 & 5 \\ 7 & 9 & 2 & 16 \\ 1 & 15 & 8 & 10 \\ 12 & 6 & 13 & 3 \end{pmatrix}$$

となる．

◎ 大行列・小行列

定義 7 行列は，数を長方形に並べたものであるが，これを何本かの縦と横の線で区切ると，区切られた各区画も 1 つの行列である．たとえば，行列 A：

$$A = \begin{pmatrix} 1 & 2 & 3 & 4 \\ 5 & 6 & 7 & 8 \\ 9 & 10 & 11 & 12 \\ 13 & 14 & 15 & 16 \end{pmatrix}$$

を，4 つの 2×2 行列に区切り，その位置にしたがって，

$$A_{11} = \begin{pmatrix} 1 & 2 \\ 5 & 6 \end{pmatrix}, \quad A_{12} = \begin{pmatrix} 3 & 4 \\ 7 & 8 \end{pmatrix}, \quad A_{21} = \begin{pmatrix} 9 & 10 \\ 13 & 14 \end{pmatrix}, \quad A_{22} = \begin{pmatrix} 11 & 12 \\ 15 & 16 \end{pmatrix}$$

とおけば，上記の行列 A は，

$$A = \begin{pmatrix} A_{11} & A_{12} \\ A_{21} & A_{22} \end{pmatrix}$$

と書くことができる．

ここで，行列 A を $A_{11}, A_{12}, A_{21}, A_{22}$ から作られた**大行列**といい，$A_{11}, A_{12}, A_{21}, A_{22}$ は行列 A の**小行列**あるいは**部分行列**という．第 7 章の§42, §43 において出てくる．

◎ 転置行列

定義 8 たとえば，次の左側の 3×4 行列 A の横（行）と縦（列）を入れ替え，転置すれば，右側の 4×3 行列 A' を得る．

$$A = \begin{pmatrix} 1 & 2 & 3 & 4 \\ 5 & 6 & 7 & 8 \\ 9 & 0 & 1 & 2 \end{pmatrix}, \qquad A' = \begin{pmatrix} 1 & 5 & 9 \\ 2 & 6 & 0 \\ 3 & 7 & 1 \\ 4 & 8 & 2 \end{pmatrix}$$

この A' を A の**転置行列**（transposed matrix）という．

ここで，元の行列 A が $m\times n$ 行列ならば，転置行列 A' は $n\times m$ 行列であることに注意しよう．

◎ 順序対，組合せ

定義 9　一般に，n 個のもの $a_1, a_2, \cdots, a_n$ について，それらの**順序**（order）を考慮するとき，**小括弧**（　）を使って，

$$(a_1, a_2, \cdots, a_n)$$

と表し，これを**順序対**（ordered pair）という．

順序対は並ぶ順序を問題にする．よって，同じ n 個の数からなる2つの順序対：$(a_1, a_2, \cdots, a_n)$, $(b_1, b_2, \cdots, b_n)$ は，対応する要素がすべて一致するときに限り，それらは相等しいとするのである．すなわち，$(a_1, a_2, \cdots, a_n) = (b_1, b_2, \cdots, b_n)$ とは，$a_1 = b_1$，$a_2 = b_2$，$\cdots$，$a_n = b_n$ のことである．したがって，たとえば，

$$(1,2,3,4) = (1,2,3,4), \qquad (1,2,3,4) \neq (1,2,4,3)$$

である．

この "順序対" に対し，"**組合せ**（combination）" は中括弧｛　｝を使って表し，要素の「組合せ」を問題にし，要素の順序は問題にしないのである．｛　｝は，集合の記号である．たとえば，

$$\{1,2,3,4\} = \{4,3,2,1\}$$

である．

問題 1　次の行列の計算をせよ．

（1）$4\left\{\begin{pmatrix} 2 & 4 & 3 & 1 \\ 3 & 1 & 2 & 4 \\ 1 & 3 & 4 & 2 \\ 4 & 2 & 1 & 3 \end{pmatrix} - \begin{pmatrix} 1 & 1 & 1 & 1 \\ 1 & 1 & 1 & 1 \\ 1 & 1 & 1 & 1 \\ 1 & 1 & 1 & 1 \end{pmatrix}\right\} + \begin{pmatrix} 4 & 1 & 3 & 2 \\ 2 & 3 & 1 & 4 \\ 1 & 4 & 2 & 3 \\ 3 & 2 & 4 & 1 \end{pmatrix}$

（2）$5\left\{\begin{pmatrix} 1 & 2 & 3 & 4 & 5 \\ 3 & 4 & 5 & 1 & 2 \\ 5 & 1 & 2 & 3 & 4 \\ 2 & 3 & 4 & 5 & 1 \\ 4 & 5 & 1 & 2 & 3 \end{pmatrix} - \begin{pmatrix} 1 & 1 & 1 & 1 & 1 \\ 1 & 1 & 1 & 1 & 1 \\ 1 & 1 & 1 & 1 & 1 \\ 1 & 1 & 1 & 1 & 1 \\ 1 & 1 & 1 & 1 & 1 \end{pmatrix}\right\} + \begin{pmatrix} 1 & 2 & 3 & 4 & 5 \\ 4 & 5 & 1 & 2 & 3 \\ 2 & 3 & 4 & 5 & 1 \\ 5 & 1 & 2 & 3 & 4 \\ 3 & 4 & 5 & 1 & 2 \end{pmatrix}$

§3　1行（列）の数の和

一般に，n 次方陣に含まれるすべての数の和を S_n とすれば，S_n は初項1，末項 n^2，項数 n^2 の等差数列の和であるから，

$$S_n = 1+2+\cdots+n^2 = \frac{n^2(n^2+1)}{2}$$

であり，各行（列）の要素の和は相等しいので，各行・各列・両対角線要素の定和 S は，S_n を行（列）の数 n で割ることによって求められる．すなわち，

$$S = \frac{S_n}{n} = \frac{n(n^2+1)}{2} \qquad \cdots\cdots ①$$

である．これが，n 次方陣の定和（**魔方陣定和**，magic sum）S を与える“公式”である．

したがって，3次方陣では定和は，上式①において $n=3$ として，$S=15$ となる．

同様にして，$n=4$〜11 の各場合の方陣の定和 S の値を計算すると，次に示すようになる．

$n=4$ のとき，　$S=\ \ 34$　　　$n=8$ のとき，　$S=260$

$n=5$ のとき，　$S=\ \ 65$　　　$n=9$ のとき，　$S=369$

$n=6$ のとき，　$S=111$　　　$n=10$ のとき，　$S=505$

$n=7$ のとき，　$S=175$　　　$n=11$ のとき，　$S=671$

（注）定和 S の公式①には，次のような魔方陣の秘密が潜んでいる．

（1）n が奇数のときは，$n=2m+1$（m は正の整数）とおけば，①は，

$$S = \frac{(2m+1)\{(2m+1)^2+1\}}{2} = (2m+1)(2m^2+2m+1)$$

となる．右辺の値は（奇数）×（奇数）＝（奇数）であるから，定和 S は必ず奇数である．

したがって，奇数方陣の各行・各列・両対角線には，奇数が奇数個含まれる．

（2）n が半偶数（4で割れない偶数）のときは，$n=4m+2$（m は正の整数）とおいて，同様にして①により定和 S を調べると，この場合も S は（奇数）×（奇数）＝（奇数）となり，定和 S は必ず奇数である．したがって，半偶数方陣の各行・各列・両対角線には，奇数が奇数個含まれることが分かる．

（3）n が全偶数（4で割れる偶数）のときには，$n=4m$（m は正の整数）とおいて同様に調べると，定和 S は必ず偶数になる．したがって，全偶数方陣の各行・各列・両対角線には，奇数も偶数も偶数個含まれることが分かる．

§4　方陣の個数の数え方

> 方陣の個数を数えるときには，回転・裏返しによって一致するものは**同じ方陣**と考える．

この原則にしたがって数えることは，常識的と思われる．たとえば，下記の8通りの方陣は同じ方陣と考えるのである．

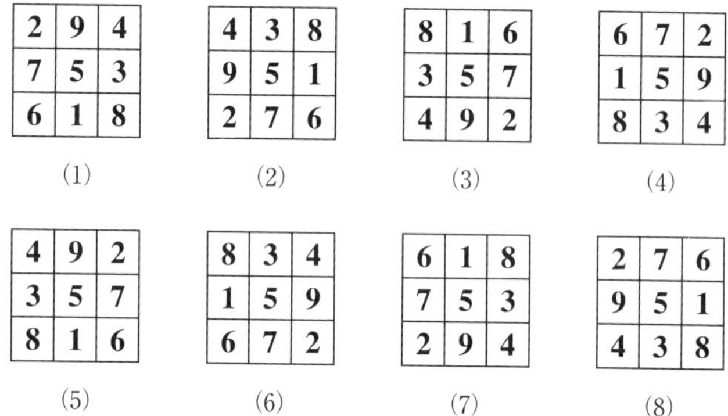

2	9	4
7	5	3
6	1	8

(1)

4	3	8
9	5	1
2	7	6

(2)

8	1	6
3	5	7
4	9	2

(3)

6	7	2
1	5	9
8	3	4

(4)

4	9	2
3	5	7
8	1	6

(5)

8	3	4
1	5	9
6	7	2

(6)

6	1	8
7	5	3
2	9	4

(7)

2	7	6
9	5	1
4	3	8

(8)

◎ **回転移動（rotation）**

方陣の中心の周りの左に90° の回転によって，(1)から(2)，(2)から(3)，(3)から(4)が得られる．さらに，(4)を左に90° 回転すれば，(1)にもどる．

また，中心の周りの右に90° の回転によって，(1)から(4)，(4)から(3)，(3)から(2)，(2)から(1)が得られる．

これらの上段の4個の方陣は，同じものと考えねばならない．

◎ **裏返し（reflexion）**

下段の(5)から(8)の方陣はそれぞれ，対応する上段の方陣を裏側から見たものになっている．下段の方陣は，上段の4個の方陣をそれぞれ中央縦軸に関して左右対称に移したものである．

また，下段の4個の方陣の間でも，回転移動の関係が見られる．これらの下段の4個の方陣も，上段の4個の方陣と同じ方陣と考えねばならない．

◎ 方陣の同一視

このようなわけで，上記の 8 通りの方陣は**同じ方陣**と考えるのである．要するに，回転（中心に関する），裏返し（中央縦軸に関する折り返し）によって，重なるものは同じものと考えるということである．この回転と裏返しの変換は，正方形の「**合同変換**（congruent transformation）」と呼ばれる．

（注）中学 1 年の数学で，図形の「合同」について学ぶ．教科書には，「ずらしたり，回転したり，裏返したりしてきちんと重ね合わせることができる 2 つの図形は「合同」であるという」と書いてある．方陣の個数を数えるときにも，同じである．「合同」な方陣は同じものと考える．

◎ 方陣を作るとき，個数を数えるとき —— 重複して作ったり数えたりしないために

上記のように，同一視する方陣があるので，方陣を作ったり，個数を数えるときに，同じものを重複して数えないためには，4 隅の数 a,b,c,d について，たとえば，方陣の左上隅の数 a を最小数として，右側の連立不等式が成り立つ場合を調べる．

このように仮定しても一般性を失わない．

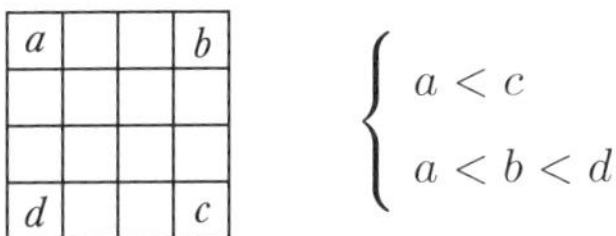

§5　対称魔方陣

方陣の中心に関して対称の位置にある 2 数の和がすべて一定である方陣は，**対称魔方陣**と呼ばれる．このような 2 数の和は**対称和**と呼ばれる．

n 次方陣の対称和は，最小数 1 と最大数 n^2 の和 n^2+1 である．n が奇数の場合には，中心数の 2 倍になる．

次は，§1 において掲げた方陣であるが，いずれも対称魔方陣である．

4	**9**	**2**
3	**5**	**7**
8	**1**	**6**

13	**3**	**2**	**16**
8	**10**	**11**	**5**
12	**6**	**7**	**9**
1	**15**	**14**	**4**

11	**18**	**25**	**2**	**9**
10	**12**	**19**	**21**	**3**
4	**6**	**13**	**20**	**22**
23	**5**	**7**	**14**	**16**
17	**24**	**1**	**8**	**15**

3次の魔方陣では，中央の5に関して対称の位置にある2数の和（対称和）はすべて一定10である．すなわち，

$$4+6=9+1=2+8=3+7=10$$

4次の魔方陣では，中心に関して対称の位置にある2数の和はすべて一定17である．すなわち，

$$13+4=3+14=2+15=16+1=8+9=10+7=11+6=5+12=17$$

同様に，5次の魔方陣では，中央の13に関して対称の位置にある2数の和はすべて一定26になっている．奇数次の魔方陣には，中央数がある．

奇数次および全偶数（4の倍数）次の対称魔方陣は，どんな大きさのものも存在する．対称魔方陣は，造りが美しいので魔方陣の世界では尊重されている．

次は，7次，8次の対称魔方陣の例である．

4	43	40	49	16	21	2
44	8	33	9	36	15	30
38	19	26	11	27	22	32
3	13	5	25	45	37	47
18	28	23	39	24	31	12
20	35	14	41	17	42	6
48	29	34	1	10	7	46

1	2	59	60	61	62	7	8
16	15	54	53	52	51	10	9
17	18	43	44	45	46	23	24
32	31	38	37	36	35	26	25
40	39	30	29	28	27	34	33
41	42	19	20	21	22	47	48
56	55	14	13	12	11	50	49
57	58	3	4	5	6	63	64

なお，6次や10次などの半偶数（4で割りきれない偶数）次の対称魔方陣は，存在しないことが証明される．

§6　完全魔方陣

完全魔方陣というのは，普通の方陣としての性質に加えて，両対角線に平行な切れた対角線上の4数の和もすべて相等しくなっているもののことである．

7	12	1	14
2	13	8	11
16	3	10	5
9	6	15	4

カジュラホ

15	10	3	6
4	5	16	9
14	11	2	7
1	8	13	12

ガリオール

8	11	14	1
13	2	7	12
3	16	9	6
10	5	4	15

西安出土

たとえば，上記の左側の方陣についていえば，普通の方陣としての性質をもつ他に，次のように，両対角線に平行な**切れた対角線**上の 4 数の和もすべて一定 34：

$$7+13+10+4=12+8+5+9=1+11+16+6=14+2+3+15=34$$

$$14+8+3+9=1+13+16+4=12+2+5+15=7+11+10+6=34$$

となっている．

他の 2 つの方陣も，まったく同じ性質をもっていることを確認しよう．

両対角線に平行な**切れた対角線**は，**分離対角線**と呼ばれる．両対角線と分離対角線をあわせた 8 本の対角線は，**汎対角線**と呼ばれる．汎対角線上の 4 数の和がすべて定和 34 になっているわけである．普通の方陣としての性質に加えて，このような性質をもつ方陣は "**完全魔方陣**（Perfect square）" あるいは "**ナーシク方陣**（Nasik square）" と呼ばれている．

なお，上記の左側と中央は，§1 で紹介した魔方陣である．左側の方陣は，インド中部の古都カジュラホで見いだされたジャイナ教の碑銘の方陣である．中央の方陣はガリオールの門に刻まれたものである．右側の方陣は，中国の西安出土の「鉄板 6 次魔方陣」（§34，157 ページ）の中央部の 4 次配列の各数から 10 を引いたものである．

上記は，いずれも 4 次の完全魔方陣であるが，次は，5 次の完全魔方陣である．完全魔方陣としての性質をもっていることを確かめてみよう．

1	**17**	**8**	**24**	**15**
9	**25**	**11**	**2**	**18**
12	**3**	**19**	**10**	**21**
20	**6**	**22**	**13**	**4**
23	**14**	**5**	**16**	**7**

この完全魔方陣は，§41「奇数完全方陣(1)」の解法によって作ったものである．完全魔方陣は，任意の奇数次および全偶数次について存在する．

なお，半偶数次の完全魔方陣は存在しないことが証明できる．したがって，6 次の完全魔方陣は存在しない．

§7　魔方陣の連結線模様

魔方陣の最小数 1 と最大数 n^2 の和 $1+n^2$ を和とする 2 数を結ぶ線分を**連結線**という．

たとえば，4 次の魔方陣の場合は，和が 17 となる 2 数を結ぶ 17 連結線である．連結線は，しばしば美しい模様をつくる．魔方陣には，連結線模様が隠れている．

対称魔方陣の連結線模様は，右側のようになることは当然である．

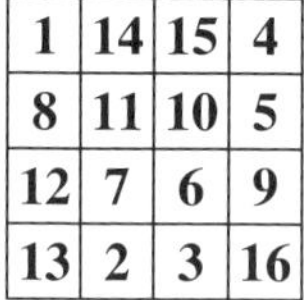

1	14	15	4
8	11	10	5
12	7	6	9
13	2	3	16

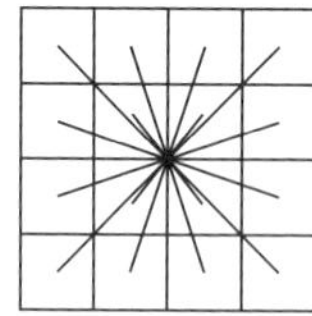

17 連結線模様

7	3	24	20	11
4	25	16	12	8
21	17	13	9	5
18	14	10	1	22
15	6	2	23	19

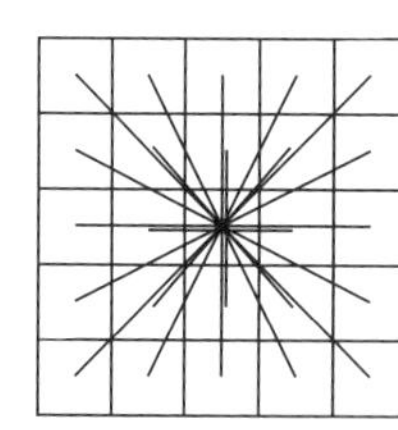

26 連結線模様

他にもいろいろな連結線模様があることはもちろんである．次は，4 次の魔方陣の 17 連結線模様の例である．美しすぎるとは思わないだろうか．

16	1	13	4
7	10	6	11
2	15	3	14
9	8	12	5

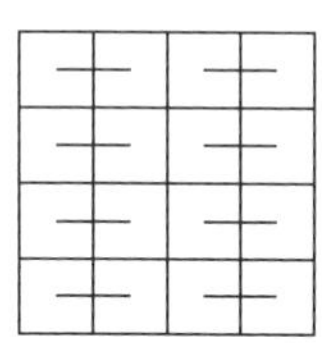

1	7	14	12
10	16	5	3
15	9	4	6
8	2	11	13

1	13	4	16
8	12	5	9
14	2	15	3
11	7	10	6

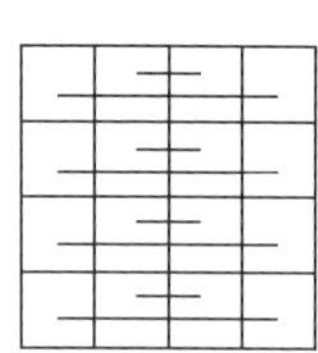

次は，5, 6, 7, 8 次の魔方陣の連結線模様の一例である．その素晴らしさに驚愕する．

25	1	23	6	10
12	14	3	20	16
2	24	13	8	18
11	7	21	9	17
15	19	5	22	4

26 連結線模様

1	2	3	34	35	36
31	32	33	4	5	6
24	16	22	14	17	18
13	21	15	23	20	19
30	29	28	9	8	7
12	11	10	27	26	25

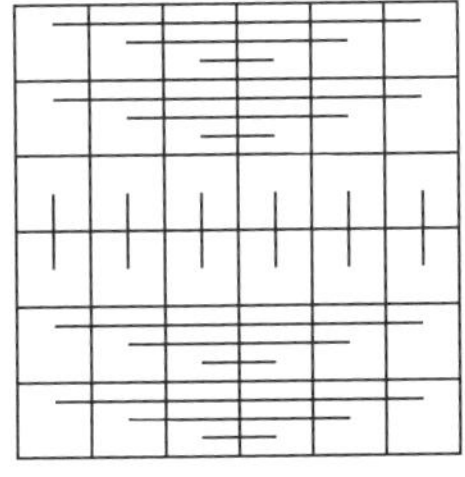
37 連結線模様

44	39	41	42	5	3	1
6	11	9	8	45	49	47
30	34	33	13	15	48	2
20	16	17	35	37	7	43
26	21	28	14	36	10	40
27	25	23	32	18	12	38
22	29	24	31	19	46	4

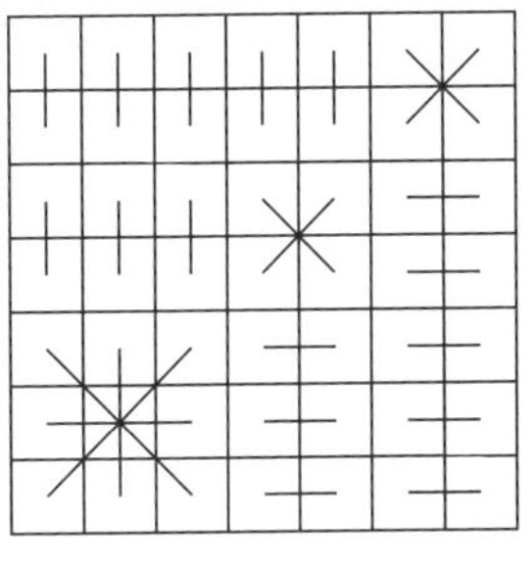
50 連結線模様

1	25	56	48	2	26	55	47
40	64	17	9	39	63	18	10
57	33	16	24	58	34	15	23
32	8	41	49	31	7	42	50
3	27	54	46	4	28	53	45
38	62	19	11	37	61	20	12
59	35	14	22	60	36	13	21
30	6	43	51	29	5	44	52

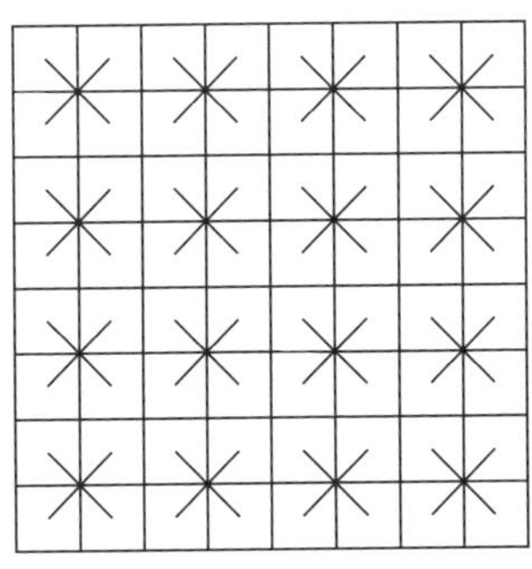
65 連結線模様

§8　魔方陣の変換

すべての魔方陣に，常に可能な交換法がある．それは，1 つの魔方陣があるとき，ある変換（入れ替え）を施すと必ず，別の魔方陣が得られる，というものである．そのような“変換”は，実は他にもいろいろなものがあるが，それはあとでの“お楽しみ”として，ここでは，**偶数方陣変換**と**奇数方陣変換**だけ紹介しよう．

◎ 偶数方陣変換

偶数次の魔方陣の場合，下図左側のように 4 等分して，左上と右下および右上と左下の部分をそのまま入れ替えると，右側のような元の魔方陣とは異なるものができる．この変換により，もとの魔方陣の 4 隅の 4 数は，中心の周りに集まる．

こうして得られる新魔方陣も魔方陣としての性質をもっていることを確かめよう．この変換によって，行の和・列の和・両対角線上の和が変わらない理由も分かるであろう．

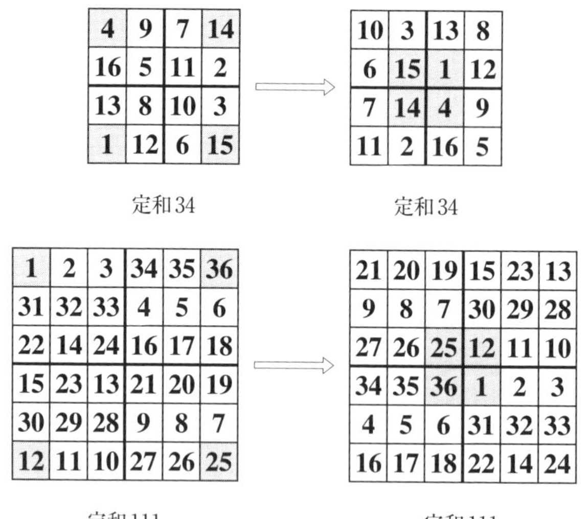

4	9	7	14
16	5	11	2
13	8	10	3
1	12	6	15

定和 34

→

10	3	13	8
6	15	1	12
7	14	4	9
11	2	16	5

定和 34

1	2	3	34	35	36
31	32	33	4	5	6
22	14	24	16	17	18
15	23	13	21	20	19
30	29	28	9	8	7
12	11	10	27	26	25

定和 111

→

21	20	19	15	23	13
9	8	7	30	29	28
27	26	25	12	11	10
34	35	36	1	2	3
4	5	6	31	32	33
16	17	18	22	14	24

定和 111

1	59	56	14	2	60	53	15
46	24	27	33	47	21	28	34
32	38	41	19	31	37	44	18
51	9	6	64	50	12	5	63
3	57	54	16	4	58	55	13
48	22	25	35	45	23	26	36
30	40	43	17	29	39	42	20
49	11	8	62	52	10	7	61

定和260

⇒

4	58	55	13	3	57	54	16
45	23	26	36	48	22	25	35
29	39	42	20	30	40	43	17
52	10	7	61	49	11	8	62
2	60	53	15	1	59	56	14
47	21	28	34	46	24	27	33
31	37	44	18	32	38	41	19
50	12	5	63	51	9	6	64

定和260

◎ 奇数方陣変換

奇数方陣の場合も，ほぼ同様である．奇数の場合は，中央行・中央列がある．中央行・中央列を別にして，4隅の小正方形配列を，偶数方陣の場合と同様に斜めに入れ替える．中央行・中央列については，中央数の左と右・上と下の部分をそのまま入れ替える．中央数は動かさない．

この変換によって，行の和・列の和・両対角線上の和が変わらないことも分かるであろう．

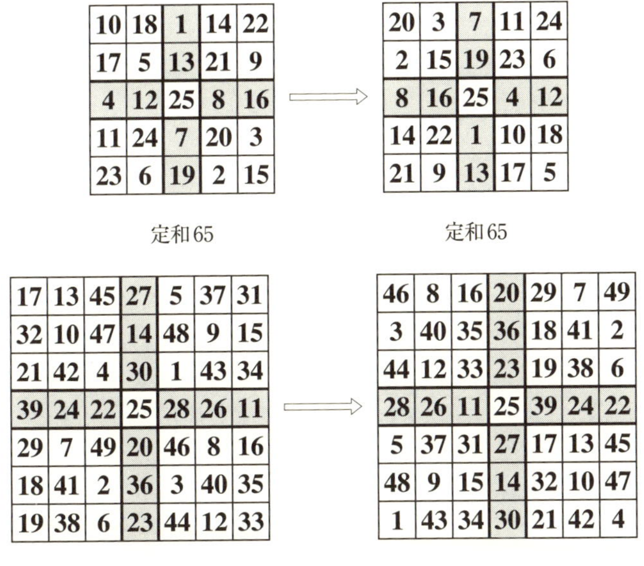

10	18	1	14	22
17	5	13	21	9
4	12	25	8	16
11	24	7	20	3
23	6	19	2	15

定和65

⇒

20	3	7	11	24
2	15	19	23	6
8	16	25	4	12
14	22	1	10	18
21	9	13	17	5

定和65

17	13	45	27	5	37	31
32	10	47	14	48	9	15
21	42	4	30	1	43	34
39	24	22	25	28	26	11
29	7	49	20	46	8	16
18	41	2	36	3	40	35
19	38	6	23	44	12	33

定和175

⇒

46	8	16	20	29	7	49
3	40	35	36	18	41	2
44	12	33	23	19	38	6
28	26	11	25	39	24	22
5	37	31	27	17	13	45
48	9	15	14	32	10	47
1	43	34	30	21	42	4

定和175

〔コラム 1〕 河図・洛書

下図は『易経集註』の中に見られる．各 1 ページの大きな図である．

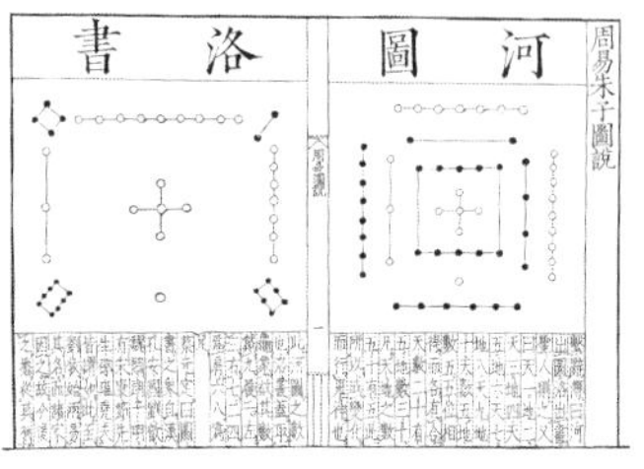

4	9	2
3	5	7
8	1	6

左側の図が§1 に載せた図で，「洛書」である．これを算用数字に書き直すと，右側の 3×3 の魔方陣になる．この図は魔方陣の元祖として，どの方陣書にも出てくる．4 隅は偶数であり，中央行と中央列は奇数で，ともに等差数列になっている．中心は 1〜9 の中央数の 5 である．

仏教では，奇数は良い数と考えられ，白丸で表され尊重された．1, 3, 5, 7, 5×7 = 35, 7×7 = 49 などである．7 は「完成」を意味するそうである．

「洛書」の前のページに「河図（かと）」がある．この図も黄河から出た聖なる亀の背にあったという．この図を算用数字に書き直せば，次のようになる．

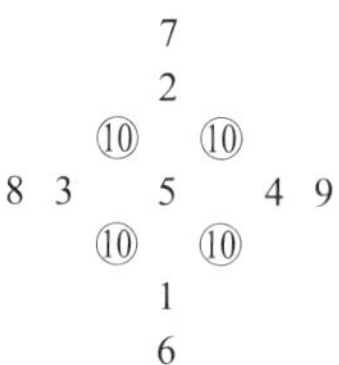

この図は外側の斜正方形の中に，3×3 の斜正方形が入った形と見ることができる．中心数（天元）はやはり 5 で，最大数は 10 である．中心数 5 は 10 に囲まれている．「河図」においても，奇数は白丸で，偶数は黒丸で表されている．さらに，よく見ると，

（1）中心 5 とその上下左右にある 2 数の和が外側の正方形の 4 隅の数になっている： 5+2 = 7，5+1 = 6，5+3 = 8，5+4 = 9.

（2）斜 3×3 正方形の辺上の 3 数の和が，外側の正方形の辺の両端の 2 数の和になっている： 2+10+3 = 7+8，3+10+1 = 8+6，1+10+4 = 6+9，4+10+2 = 9+7.

河図・洛書の図は，組合せ論や数学史の書物にしばしば現れる．河図・洛書は，第 8 章で述べる「図形陣」の元祖であろう．

0	2	4	1	3
4	1	3	0	2
3	0	2	4	1
2	4	1	3	0
1	3	0	2	4

2	3	4	0	1
1	2	3	4	0
0	1	2	3	4
4	0	1	2	3
3	4	0	1	2

直交する 5 次の補助方陣

第2章

魔方陣の作り方

魔方陣にはその裏に常に 2 つの「補助方陣」があり,「補助方陣」は今後, いたるところで出てくることになる.「補助方陣」については,「定和性」と「直交性」が問題になる.

魔方陣の作り方については, ここでは, よく知られた作り方についてだけ,「補助方陣」や図式を使って説明する. ここで, 奇数と偶数, さらに偶数については, 4 で割り切れる偶数と 4 で割り切れない偶数の性質の違いを身をもって体験することになる.

§9　2つの補助方陣

方陣の作り方についてであるが，一般に n 次方陣を実際に作るには，n 進法の記数法が役立つ．次に，これについて説明しよう．

たとえば，5次方陣を作るには5進法を用いるのである．5進法を用いるならば，

	$1=5\times0+1$	$2=5\times0+2$	$3=5\times0+3$	$4=5\times0+4$
$5=5\times1+0$	$6=5\times1+1$	$7=5\times1+2$	$8=5\times1+3$	$9=5\times1+4$
$10=5\times2+0$	$11=5\times2+1$	$12=5\times2+2$	$13=5\times2+3$	$14=5\times2+4$
$15=5\times3+0$	$16=5\times3+1$	$17=5\times3+2$	$18=5\times3+3$	$19=5\times3+4$
$20=5\times4+0$	$21=5\times4+1$	$22=5\times4+2$	$23=5\times4+3$	$24=5\times4+4$
$25=5^2\times1+5\times0+0$				

であるから，10進法による1〜25の自然数は，0, 1, 2, 3, 4の5個の数字を用いて，下記 → の右側のように表せる．

	1 → 01	2 → 02	3 → 03	4 → 04
5 → 10	6 → 11	7 → 12	8 → 13	9 → 14
10 → 20	11 → 21	12 → 22	13 → 23	14 → 24
15 → 30	16 → 31	17 → 32	18 → 33	19 → 34
20 → 40	21 → 41	22 → 42	23 → 43	24 → 44
25 → 100				

このように，10進法による1〜25までの自然数は5進法で表記すると，01〜100までとなり，25だけが3桁になる．そこで，これらの各数から1を引くと，00〜44（5進法）までの2桁の数字で表すことができる．

この5進法の記数法を用いて5次方陣を作るのであるが，その際，第2桁（上の位）と第1桁（下の位）とを分離して考える．そして，0, 1, 2, 3, 4の5個の数字を5個ずつ用いて普通の方陣と同じ性質をもつものを2つ作るのである．

たとえば，次ページ上の図のような具合にである．このような方陣は，**補助方陣**（auxiliary square）と呼ばれる．

ただし，この2つを重ね合わせて作るので，同じ数字が出てこないようにするために，第2桁の補助方陣から第1桁の補助方陣を作るとき，同じ数字が2度以上重ならないようにする．すなわち，たとえば，第2桁の補助方陣のある場所の0の所に，第1桁の補助方陣の2が重なったなら，その他の場所においては，再び0に2が重ならないように考慮するのである．

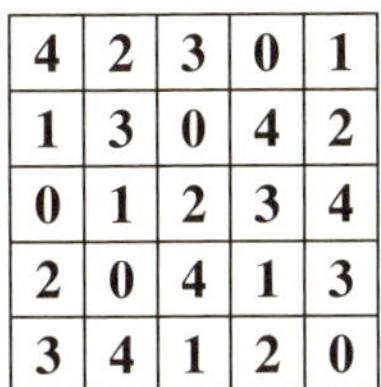

4	2	3	0	1
1	3	0	4	2
0	1	2	3	4
2	0	4	1	3
3	4	1	2	0

第2桁

4	3	0	2	1
2	1	3	0	4
1	0	2	4	3
0	4	1	3	2
3	2	4	1	0

第1桁

上記のような2つの補助方陣を重ね合わせると，下記の第1図（2重配列）のようになり，これを10進法の記数法に変換する（前ページ中央の対応表の右方から左方を見る）と，右側の第2図のようになる．なお，第1図では2重記号（double symbols）はすべて異なることに注意しよう．

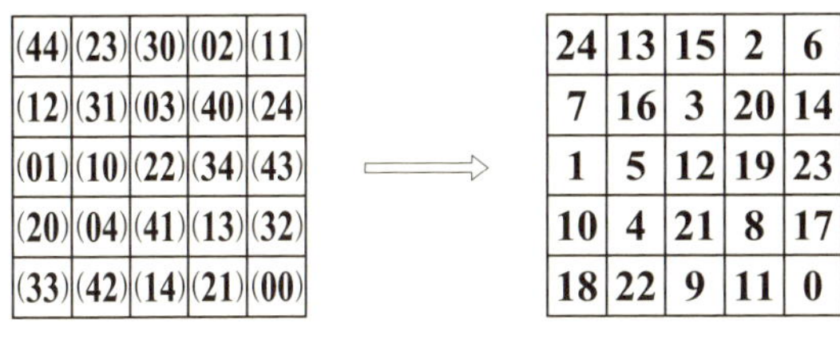

(44)	(23)	(30)	(02)	(11)
(12)	(31)	(03)	(40)	(24)
(01)	(10)	(22)	(34)	(43)
(20)	(04)	(41)	(13)	(32)
(33)	(42)	(14)	(21)	(00)

⇒

24	13	15	2	6
7	16	3	20	14
1	5	12	19	23
10	4	21	8	17
18	22	9	11	0

第1図　　第2図

第2図は，方陣としての性質をもっているが，0から始まって24までとなっているので，これらの各数に1を加えると次図に示すような1から25までの数からなる1つの5次方陣が完成する．

25	14	16	3	7
8	17	4	21	15
2	6	13	20	24
11	5	22	9	18
19	23	10	12	1

定和65

この方法でよいことは，5進法という記数法と補助方陣の作り方とから容易に見てとることができよう．なお，2つの補助方陣の数の配置の異なるものを作れば，もちろん，別の方陣が完成するわけである．

さて，上記の方陣の作り方を組合せ論の用語を使って説明するならば，以下のようになる．

定義（直交性・直交配列）　$0,1,2,\cdots,n-1$ の n 個の数字を要素としてもつ 2 つの n 次行列を，$A=(a_{ik})$，$B=(b_{ik})$ とする．この A,B を重ねて生ずる配列（2 重配列）において，もし各枡（ます）に現れる n^2 個の順序対がすべて相異なるならば，すなわち，$0,1,2,\cdots,n-1$ からなるすべての対 (a,b) をちょうど 1 度ずつ含むならば，A と B とは**互いに直交する**（orthogonal）といい，その重ねられた配列を**直交配列**という．

たとえば，次に示す行列 A と B は，互いに直交している．なぜならば，それらを重ねて生ずる右側の 2 重配列はすべての要素が相異なるからである．

$$A=\begin{pmatrix}0&1&2&3\\0&1&2&3\\0&1&2&3\\0&1&2&3\end{pmatrix},\quad B=\begin{pmatrix}0&0&0&0\\1&1&1&1\\2&2&2&2\\3&3&3&3\end{pmatrix}$$

(00)	(10)	(20)	(30)
(01)	(11)	(21)	(31)
(02)	(12)	(22)	(32)
(03)	(13)	(23)	(33)

2重配列

（注） 直交しない 2 つの補助方陣からは，方陣を構成し得ない．なぜならば，それらを重ね合わせると，同じ数が 2 度以上現れるからである．

一般に，n 次方陣に使う $1\sim n^2$ のそれぞれの数を，n で割ったときの余りは $0,1,2,\cdots,n-1$ であり，それぞれ n 個ずつ出てくる．2 つの「直交」する補助方陣 A,B は，これらの数を使って作る．

なお，本書では，補助方陣 A,B は「定和性」をもつものを使う．

◎ n 次方陣の解法

$0,1,2,\cdots,n-1$ の n 個の数字を n 個ずつ含み，方陣としての定和条件を満たし，かつ，互いに直交する 2 つの補助方陣 A,B を作り，これから，$M=nA+B+E$ を構成すると，M は 1 つの n 次方陣を与える．

［証明］　$0,1,2,\cdots,n-1$ から成る 2 つの補助方陣 A,B が互いに直交するとき，A,B を重ねて生じる 2 重配列において，各区画について (a,b) から $na+b+1$ を算出すると，これによって作られる n^2 個の数はすべて異なる．このことは，明らかであるが，一応説明しておこう．

いま，2 つの区画 (a,b), (a',b') について，$na+b+1=na'+b'+1$ であると仮定すると，

$$b-b' = n(a'-a) \qquad \cdots\cdots ①$$

よって，$b-b'$ は n の倍数であるが，$-(n-1) \leqq b-b' \leqq n-1$ であるから，

$$b-b' = 0 \qquad \therefore\ b = b'$$

このとき，①式から，$a = a'$ となる．

ゆえに，$(a,b) \neq (a',b')$ ならば，$na+b+1 \neq na'+b'+1$ となる．

しかも，これら n^2 個のうち最小数，最大数はそれぞれ，

$$n \cdot 0+0+1 = 1, \qquad n(n-1)+(n-1)+1 = n^2$$

であるから，これらの n 個の数は，$1 \sim n^2$ にわたる．

さらに，それらの補助方陣 A, B の定和 α が，

$$\alpha = 0+1+2+\cdots+(n-1) = \frac{n(n-1)}{2}$$

であるならば，これらの A, B から $M = nA+B+E$ を構成すれば，M も定和性をもつ．

なぜならば，補助方陣 A, B の対応する任意の行，列，対角線上の要素を，それぞれ $a_1, a_2, \cdots, a_n$; $b_1, b_2, \cdots, b_n$ とすれば，

$$a_1+a_2+\cdots\cdots+a_n = b_1+b_2+\cdots\cdots+b_n = \frac{n\,(n-1)}{2}$$

であるから，M の任意の行，列および対角線上の要素の和は，

$$\begin{aligned}
&(na_1+b_1+1)+(na_2+b_2+1)+\cdots+(na_n+b_n+1) \\
&\quad = n(a_1+a_2+\cdots+a_n)+(b_1+b_2+\cdots+b_n)+(1+1+\cdots+1) \\
&\quad = n \times \frac{n\,(n-1)}{2} + \frac{n\,(n-1)}{2} + 1 \times n \\
&\quad = \frac{n\,(n^2+1)}{2} = S \qquad (=\text{一定，}n\text{ 次方陣の定和})
\end{aligned}$$

となる．　[証明終]

なお，上記の n 次方陣の解法では「定和性」，「直交性」をもつ2つの補助方陣 A, B を，それぞれ $0,1,2,\cdots,n-1$ を使って作ることを考えたが，$1,2,3,\cdots,n$ を使って作ることもできる．このときには，M を作るとき，A, B から，$M = n(A-E)+B$ を構成すればよいわけである．

（注1） 上記の証明の前半は，2つの補助方陣が直交するならば，それらから生成される方陣のすべての数は異なる（同じ数はない）ことをのべている．これは方陣と

しての最も基本的で絶対必要な要件である．この要件を，本書では方陣の数の「**独立性**」と呼ぶ．

（**注 2**）補助方陣 A, B の各行，各列および両対角線上の要素はすべて相異なる必要はない．要するに，定和性を有し，しかも，互いに直交しさえすればよいのである．

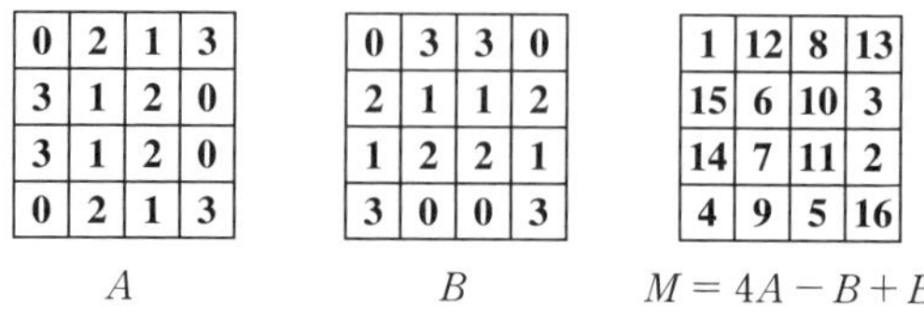

0	2	1	3
3	1	2	0
3	1	2	0
0	2	1	3

A

0	3	3	0
2	1	1	2
1	2	2	1
3	0	0	3

B

1	12	8	13
15	6	10	3
14	7	11	2
4	9	5	16

$M = 4A - B + E$

問題 2　第 2 桁，第 1 桁の補助方陣として，それぞれ次のものを採用すれば，右端の 4 次方陣を得ることを確かめよ．

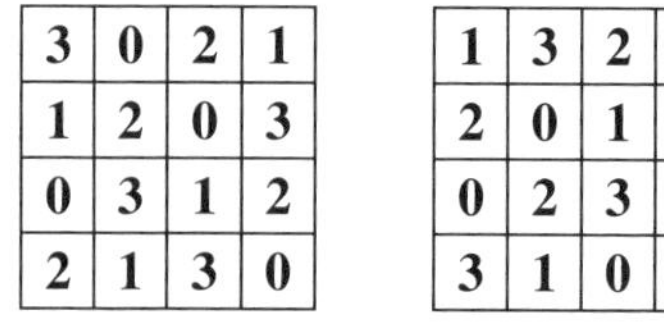

3	0	2	1
1	2	0	3
0	3	1	2
2	1	3	0

第2桁

1	3	2	0
2	0	1	3
0	2	3	1
3	1	0	2

第1桁

14	4	11	5
7	9	2	16
1	15	8	10
12	6	13	3

問題 3　第 2 桁，第 1 桁の補助方陣として，それぞれ次のものを採用すれば，右端の 5 次方陣が完成することを確かめよ．

1	0	4	3	2
0	4	3	2	1
4	3	2	1	0
3	2	1	0	4
2	1	0	4	3

第2桁

2	3	4	0	1
1	2	3	4	0
0	1	2	3	4
4	0	1	2	3
3	4	0	1	2

第1桁

8	4	25	16	12
2	23	19	15	6
21	17	13	9	5
20	11	7	3	24
14	10	1	22	18

問題 4　上記の方法により，他の別な 4 次方陣，5 次方陣をいくつかずつ作ってみよ．

（**注 3**）上記の n 次方陣の解法において，2 つの補助方陣 A, B の「直交性」は方陣を生成するためには欠くことのできない絶対条件であるが，「定和性」については実は必ずしも要求されないのである．すなわち，「定和性」をもっていなくても，方陣を生成しうるのである．

たとえば，§12 の方法 I による 6 次方陣（47 ページの右側の図）を生成する 2 つの補助方陣は次の A, B であるが，いずれも「定和性」をもたない．

2	2	5	5	1	0
2	2	5	5	0	1
1	1	2	2	4	4
1	1	3	3	4	4
4	4	0	0	3	3
5	5	0	0	3	3

A

0	1	5	3	1	5
3	2	2	4	4	0
5	3	4	5	3	1
2	4	1	0	0	2
4	5	3	1	5	3
1	0	0	2	2	4

B

13	14	36	34	8	6
16	15	33	35	5	7
12	10	17	18	28	26
9	11	20	19	25	27
29	30	4	2	24	22
32	31	1	3	21	23

M

これらの補助方陣 A, B では，ともに副対角線，第 3 行，第 4 行，第 5 行，第 6 行において補助方陣の定和 15 をもっていない．にもかかわらず，この A, B から作った右端の $M = 6A+B+E$ では，副対角線，第 3 行，第 4 行，第 5 行，第 6 行においても魔方陣の定和 111 になっている．読者はこのことを確認してほしい．

このような事情があるものの，本書では，方陣の定和の確実確保と思考の単純化のために，補助方陣を使って魔方陣を作る場合は，補助方陣は必ず「定和性」をもつものを使う．

このようにして任意次数の方陣を作り得るのであるが，この方法は次数が高くなるにつれ，互いに直交する 2 つの補助方陣を作るときにいくぶんの根気を要するようになる．

ある 1 つの簡単な法則によって，任意次数の互いに直交する 2 つの補助方陣を作る方法があればよいのであるが，これはないようである．ただし，任意自然数 n を奇数（odd number），偶数（even number）と分けて考えると，作法に法則性を見いだすことができる．その法則については次節以降で解説する．そこで，奇数と偶数の違いを身をもって体験することになる．

§10 奇数方陣の作り方

奇数方陣の作り方にはいろいろの方法が考えられようが，それらのうちで比較的簡単な方法を次に述べる．その際，奇数方陣には必ず中央の行・中央の列があること，したがって，中央の数があることに留意しておこう．これは奇数方陣の 1 つの特徴である．

◎ 方法 I　2 つの補助方陣を使う

n 次の奇数方陣の互いに直交する 2 つの補助方陣は，次のようにして作る．

これを，たとえば，5次方陣について説明しよう．

（1）第2桁の補助方陣 A の作り方：まず，中央の列に下から順に1, 2, 3, 4, 5と入れる．次に下図のように，主対角線に平行な方向に同じ数を5個ずつ配列する．

$A =$

3	4	5	1	2
2	3	4	5	1
1	2	3	4	5
5	1	2	3	4
4	5	1	2	3

（2）第1桁の補助方陣 B の作り方：主対角線上に左上から順に1, 2, 3, 4, 5と入れると，各列には1個ずつ数字が入るが，さらに，各数の上の方向に，輪環（各数をこの中に含む）の順に，下図のように配列する．すなわち，

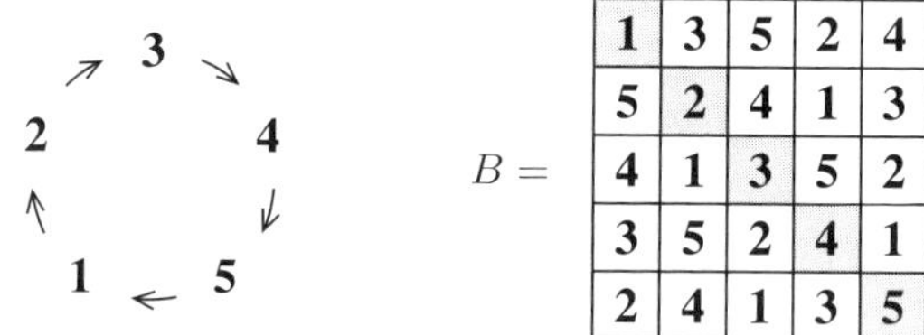

$B =$

1	3	5	2	4
5	2	4	1	3
4	1	3	5	2
3	5	2	4	1
2	4	1	3	5

を作る．

上記の2つの補助方陣 A, B は互いに直交し（確認して），これらから $M = 5(A-E)+B$ を構成すれば，次に示す5次方陣を得る．

11	18	25	2	9
10	12	19	21	3
4	6	13	20	22
23	5	7	14	16
17	24	1	8	15

なお，上記の補助方陣の作り方は，任意奇数次の方陣について通用する．第1章の初めに掲げた3次，5次，7次の方陣は，実はこの方法で作ったものである．

また，この方法Ⅰによって作った方陣を直接に1回で書き下すには，次のようにすればよい．

◎ **方法 I′　ヒンズーの連続方式**

正方形の最下行の中央に 1 を置き，以下は次の法則によって右斜下方に連続自然数を順に並べていけば方陣が完成する．この方法は，「ヒンズーの連続方式」（ブリタニカ国際大百科事典 18）と呼ばれる．

（i） 最下行にきたときは，次の列の一番上に続け，そこからさらに，右斜下方に進む．

（ii） 最右列にきたときは，そのすぐ下の行の一番左の隅に続け，そこから順に右斜下方に進む．

（iii） すでに数字の入っている目に出会ったときには，いま，書いた数字のすぐ上に進み，そこからは，やはり右斜下方に続けるのである．

（**注 1**）（i）は方陣の上辺と下辺，（ii）は右辺と左辺を張り合わせて考えると分かりやすい．また，数を 5 個配置するごとに（iii）の状況になる．このときの進路変更を**ブレイクムーブ**（break move）という．5 回のブレイクムーブで全部のマスが埋まる．

（**注 2**）この方法により，3 次，5 次，7 次，…といくらでも次数の高い奇数方陣が機械的に作れるわけであるが，この方法 I′ による方陣の書き下し方は，第 1 章の初めに示した奇数方陣の例を観察しながら記憶しておくとよい．

◎ **方法 II　別の 2 つの補助方陣を使う**

奇数方陣の補助方陣の作り方として，次のようなものも考えられる．これを，5 次方陣について説明する．この方法も任意の大きさの奇数方陣に通用する．

（1） 第 2 桁の補助方陣 A の作り方： まず，副対角線上に右上から順に 1, 2, 3, 4, 5 を入れる．次に，主対角線方向に，次図のように同じ数字を 5 個ずつ入れる．

（2） 第 1 桁の補助方陣 B の作り方： (1) で作った第 2 桁の補助方陣 A を，その中央の列に関して左右対称に移す．

$A =$

3	5	2	4	1
1	3	5	2	4
4	1	3	5	2
2	4	1	3	5
5	2	4	1	3

$B =$

1	4	2	5	3
4	2	5	3	1
2	5	3	1	4
5	3	1	4	2
3	1	4	2	5

これらの2つの補助方陣 A,B から，$M=5(A-E)+B$ を構成すると，M は次の5次方陣を与える．

11	**24**	**7**	**20**	**3**
4	**12**	**25**	**8**	**16**
17	**5**	**13**	**21**	**9**
10	**18**	**1**	**14**	**22**
23	**6**	**19**	**2**	**15**

なお，この方法IIによって得られる方陣を直接に書き下すには，次のようにする．

◎ 方法 II′　ペルシャの連続方式

正方形の中央の目の1つ下に1を置き，以下，次の法則によって，連続自然数を右斜下方に順次並べていく．この方法は，「ペルシャの連続方式」（ブリタニカ国際大百科事典 18）と呼ばれる．

（i）方法 I′ の（i）に同じ．

（ii）方法 I′ の（ii）に同じ．

（iii）方法 I′ の場合の，すぐ上に進む代わりに，その真下2つ目の場所に続ける．

問題 5　この方法 II′ によって，3次，7次，9次，11次，13次，15次の方陣を作ってみよ．

（**注 1**）ここで，3次方陣については，この方法 II′ によって作ったものと方法 I′ によって作ったものとは同一物である．

（**注 2**）これらの2つの方法において，右斜下方でなく左斜下方に進んでもよいことは当然である．この場合には左右対称の方陣が得られるわけである．

また，最初に1を置く場所についてであるが，最下行の中央に置く代わりに最上行の中央に置き，右斜下方に進む代わりに右斜上方に進んでもよい．同様に，1を中央の目のすぐ真上においた場合も，右斜上方に進めば，やはり方陣が完成するが，その根本は変わらない．

上記の方法 II′ によって得られる方陣を図式によって求める方法に，次のように“**自然配列**（natural arrangement）”を変形する方法がある．自然配列は方陣を作るとき，必ず役に立つのである．

◎ **方法 II″　バシェー方式** (Bachet method)

奇数次（n 次）枠の外側に，両対角線に平行に次図のような枠組みを作り，最上枡から右斜下方向に 1 行おきに，1〜n^2 の数字を順に記入する（自然配列）．そして，奇数方陣の枠の外側の上下左右の 4 個の部分を，次の要領でそのままずらして方陣の枠の中に入れる．たとえば，$n = 5$ のとき，

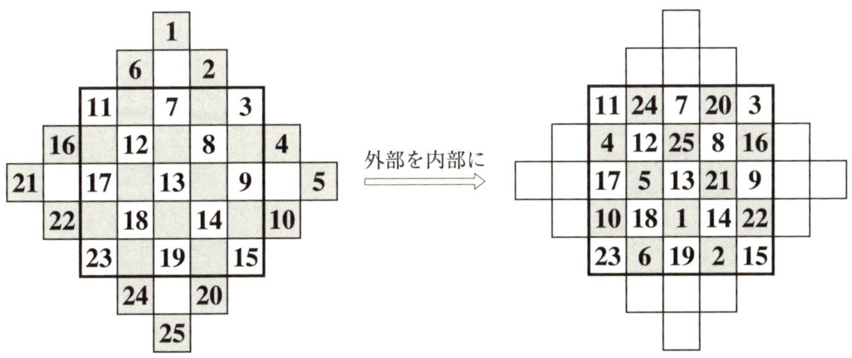

すなわち，上部の突出部（1, 6, 2）は方陣枠内の下部の空所（19 の周り）に，また，下部の突出部（24, 20, 25）は方陣枠内の上部の空所（7 の周り）に，同様に左の突出部は枠内の右側の空所に，右の突出部は左側の空所に入れるのである．これによって，右側の 5 次方陣が完成する．

この解法は，一般の奇数方陣についても適用される．

方法 II″ によるこの 5 次方陣は結果的には，方法 II の 5 次方陣（32 ページ）と同一である．つまり，方法 II′ と方法 II″ とは，結果的には同じ魔方陣を与える．

また，次のように，この方法 II″ とまったく逆の方法でも奇数方陣を作ることができる

◎ **方法 II‴　奇数・偶数分離魔方陣**

下図左側の内部の太線（2 重線）正方形で囲まれた 7×7 の“自然配列”において，すべての偶数を方法 II″ の操作とは逆に，方陣枠の外側に次のように移動する．つまり，方陣枠内の“自然配列”の両対角線によって区切られる 4 つの直角二等辺三角形の，たとえば，上部の下向きの三角形に含まれる偶数をすべ

て下部枠外突出部に取り出すのである．同様に，他の3つの三角形に含まれる偶数についても枠外の対応する位置に移動する（取り出す）のである．

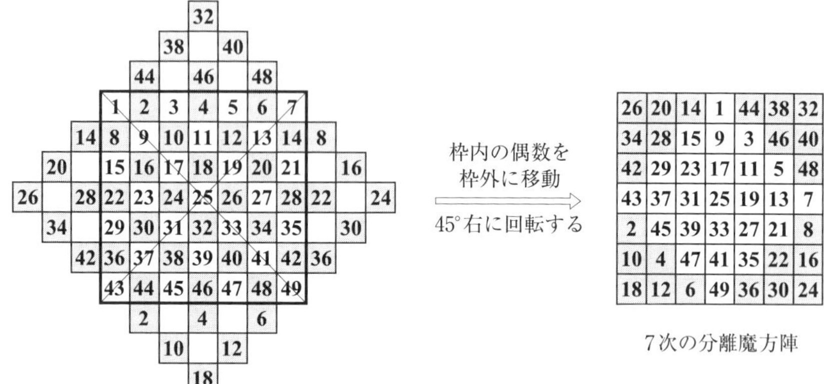

7次の分離魔方陣

偶数を枠外に取り出した左側の図を45° 右に回転したものが右側の図である．これは，7次の魔方陣である．この方陣では，奇数が中央に斜め正方形状に残され，偶数は4隅に三角形状に分離されている．また，その中心に関して対称の位置にある2数の和はすべて一定（50，一般には，n^2+1）である．

（注）この7次方陣は方法IIにおいて，補助方陣 A の中央列を上から順に1, 2, 3, 4, 5, 6, 7として得られるものである．読者はこれを確かめてみるとよい．

なお，この奇数・偶数分離魔方陣は，次のようにして作るのも面白い．すなわち，下の図式が示すように連続奇数，連続偶数を順に右斜下方向に記入し，枠外の部分をそのまま平行移動して枠内に納めるようにするのである．

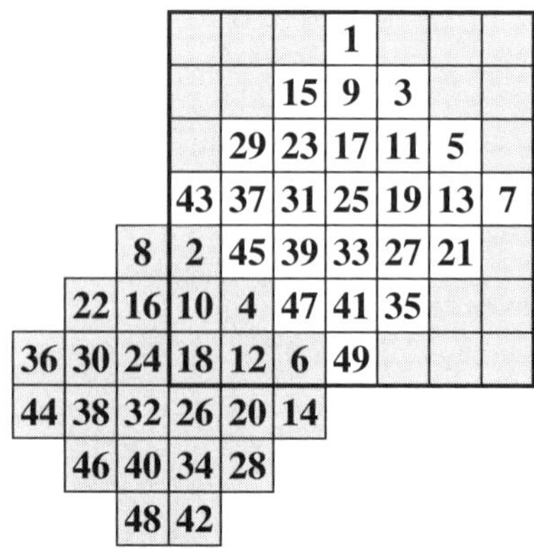

次の左側の図は，この方法で作った 9 次の奇数・偶数分離魔方陣である．この方法で，より大きな奇数次の奇数・偶数分離方陣が作れる．奇数は中央部に斜め正方形状に，偶数は 4 隅に三角形状に分離されている．

なお，右側のフライアーソンの奇数・偶数分離方陣では，網かけ部の斜め正方形は 5 次の魔方陣（定和 205）になっている．その内側は 4 次の魔方陣（定和 164）になっている．

両図とも，中央行・中央列は同一で，定和は 369，対称魔方陣である．

42	34	26	18	1	74	66	58	50
52	44	36	19	11	3	76	68	60
62	54	37	29	21	13	5	78	70
72	55	47	39	31	23	15	7	80
73	65	57	49	41	33	25	17	9
2	75	67	59	51	43	35	27	10
12	4	77	69	61	53	45	28	20
22	14	6	79	71	63	46	38	30
32	24	16	8	81	64	56	48	40

9次の奇数・偶数分離魔方陣

42	58	68	64	1	8	44	34	50
2	66	54	45	11	77	78	26	10
12	6	79	53	21	69	63	46	20
52	7	35	23	31	39	67	55	60
73	65	57	49	41	33	25	17	9
22	27	15	43	51	59	47	75	30
62	36	19	13	61	29	3	76	70
72	56	4	5	71	37	28	16	80
32	48	38	74	81	18	14	24	40

フライアーソン

◎ **方法 III　方法 I の補助方陣 A と B を入れ換えて使う**

（1） 第 2 桁の補助方陣 A の作り方： 前記の方法 I における第 1 桁の補助方陣 B の作り方と同じ．

（2） 第 1 桁の補助方陣 B の作り方： 前記の方法 I における第 2 桁の補助方陣 A の作り方と同じ．

つまり，前記の方法 I における補助方陣 A と B を入れ換えて使うのである．5 次方陣について図解するが，この方法も任意の大きさの奇数方陣に通用する．

$A =$

3	5	2	4	1
1	3	5	2	4
4	1	3	5	2
2	4	1	3	5
5	2	4	1	3

$B =$

1	4	2	5	3
4	2	5	3	1
2	5	3	1	4
5	3	1	4	2
3	1	4	2	5

これら 2 つの補助方陣 A, B から，$M = 5(A-E)+B$ を構成すると，M は次に示す 5 次方陣を与える．

3	14	25	6	17
22	8	19	5	11
16	2	13	24	10
15	21	7	18	4
9	20	1	12	23

なお，この方法IIIによって得られる方陣を直接に一気に書き下すには，次のようにする．

◎ **方法 III′　桂馬飛びの方法**

正方形の最下行の中央に1を置き，以下は次の法則によって，連続自然数を左上方向に桂馬飛びに順次並べていく．

（i）第1行，または第2行に来たときは，すぐ左の列の相当する場所に続け，そこからさらに，左上方向に桂馬飛びに進む．

（ii）第1列にきたときは，最右列の相当する場所に続け，そこからまた，左上方向に桂馬飛びを続ける．

（iii）すでに数字の入っている目に出会ったときには，いま書いた数字のすぐ上に進み，そこから，やはり左上方向に桂馬飛びを続ける．

（注1）「左上に**桂馬飛び**（小桂馬飛び）」というのは，左斜め上の「1つ上」に飛ぶ動きのことである．

桂馬飛びの方向は左上だけとは限らない．2の位置は他に右図のような6通りの飛び方があるが，ただ，×印のところへ飛ぶと魔方陣は作れないことが分かっている．

2				2
	2		2	
	2		2	
×				×
		1		

（注2）「桂馬飛びの方法」には，別に「正方形の中央に1を置き，（左上に）桂馬飛びする方法もある．この方法では，ブレイクムーブは，たとえば，5の次の6は（1に重なる）5の1つ下に置き，以下同様に，6, 7, …と続けるのである．

15	2	19	6	23
16	8	25	12	4
22	14	1	18	10
3	20	7	24	11
9	21	13	5	17

問題6　この方法III′によって，7次，9次，11次，13次，15次の方陣を作ってみよ．

◎〔付記〕（奇数次の）補助方陣の数字の入れ方について

奇数次の補助方陣の「定和性」を確保するための数字の入れ方には，相当に自由性がある．

方法 I（29 ページ）においては，補助方陣 A を作るときに，中央の列に下から順に 1, 2, 3, 4, 5 と入れたが，この作法は，要するに，主対角線要素をすべて 3（一般には，$(n+1)/2$）にする方法であって，3 以外の 4 個（一般には，$n-1$ 個）の数字は任意に入れ換えてよいわけである．

補助方陣 B では，主対角線上に左上から順に 1, 2, 3, 4, 5 と入れたが，$n=5$ の場合のように次数 n が 3 の倍数でないときは，任意の順序に入れ換えてよいのである．

また．n が 3 の倍数のときは，たとえば，$n=9$ の場合，副対角線上に 3 種の数字が 3 回ずつ現れるが（次図を参照），これら 3 個の数字の間で（同時に，それら 3 個以外の数字の間で）任意に入れ（置き）換えを行ってもよいわけである．

1	**3**	**5**	**7**	**9**	**2**	**4**	**6**	**⑧**
9	**2**	**4**	**6**	**8**	**1**	**3**	**⑤**	**7**
8	**1**	**3**	**5**	**7**	**9**	**②**	**4**	**6**
7	**9**	**2**	**4**	**6**	**⑧**	**1**	**3**	**5**
6	**8**	**1**	**3**	**⑤**	**7**	**9**	**2**	**4**
5	**7**	**9**	**②**	**4**	**6**	**8**	**1**	**3**
4	**6**	**⑧**	**1**	**3**	**5**	**7**	**9**	**2**
3	**⑤**	**7**	**9**	**2**	**4**	**6**	**8**	**1**
②	**4**	**6**	**8**	**1**	**3**	**5**	**7**	**9**

$n=9$（3の倍数の奇数）のときの補助方陣 B

方法 II（31 ページ）においては，補助方陣 A を副対角線上に右上から順に 1, 2, 3, 4, 5 を入れて作ったが，この作法も主対角線要素をすべて 3（一般には，$(n+1)/2$）にする方法であり，3 以外の 4 個（一般には，$n-1$ 個）の数字の順序は任意でよいわけである．

方法 III の補助方陣 A, B については，それぞれ，方法 I の補助方陣 B, A の場合と同様である．

問題 7　方法 I において，補助方陣 A を中央の列に下から順に 4, 1, 3, 5, 2 と入れて作り，補助方陣 B は方法 I の補助方陣 B において 1 と 5，2 と 4 を入れ換えて作り，これらを用いた 5 次方陣を作れ．

問題 8　方法 II において，補助方陣 A を副対角線上に右上から順に 4, 5, 3, 1, 2 と入れて作り，これから補助方陣 B を作成して，5 次方陣を作れ．

問題 9　補助方陣 A を方法 III による補助方陣 A において，1 と 6，2 と 3，4 と 7 を入れ換えて作り，補助方陣 B を中央の列に下から順に 7, 1, 3, 4, 2, 6, 5 を入れて作ったときの 7 次方陣を作れ．

問題 10　方法 I による 9 次の補助方陣 B において，1 と 9，2 と 8 を入れ換えて得られる補助方陣から，9 次方陣を作れ．

§11　全偶数方陣の作り方

偶数方陣一般に適用できる 1 つの簡単な法則というものはない．しかしながら，偶数（even number）には 4 で割り切れるものと，割り切れないものがあるが，偶数をこの 2 つに分けて考えると，そこには比較的簡単な法則性を見いだすことができる．前者は**全偶数**（doubly even number），後者は**半偶数**（singly even number）と呼ばれる．これらを数式を用いて表すならば，

全偶数：$n = 4m$　　（m は自然数）

半偶数：$n = 4m+2$（m は自然数）

となる．この節では，全偶数方陣の作り方を解説する．

まず，最小の全偶数 $n = 4$（$m = 1$）の場合について解説する．いま，仮に右のように自然数を小さい順に並べてみる．この図は，4×4 の“自然配列”である．

1	**2**	**3**	**4**
5	**6**	**7**	**8**
9	**10**	**11**	**12**
13	**14**	**15**	**16**

自然配列

この図における数の配列の中には，次のような状況が生起している．

（i）第 1 行と第 4 行に着目すると，同じ列にある 2 数の差が常に一定 12 である．そこで，これらの行において適当な同じ列の 2 組の数字を交換すれば，第 1 行の和は $12\times 2 = 24$ だけ増し，第 4 行の和は同じだけ減るから，第 1 行と第 4 行それぞれの和は相等しくなる．第 2 行と第 3 行についても，同様な事情がある．

（ii）列に関しても，事情は同様であり，この場合は第 1 列と第 4 列の同じ行の適当な 2 組の数を交換すれば，第 1 列と第 4 列の数の和は相等しくなる．第

2 列と第 3 列についても同様である.

(iii)　両対角線要素の和は，ともに 34 で 4 次方陣としての条件を満たしている.

上記の(i),(ii),(iii)の事実から，(i),(ii)における適当な交換としては，次のものが採用できる.

◎ **方法 I　自然配列網かけ交換法**

両対角線要素は動かさず，残りの他の数は全部，方陣の中心に関して対称の位置に移す.

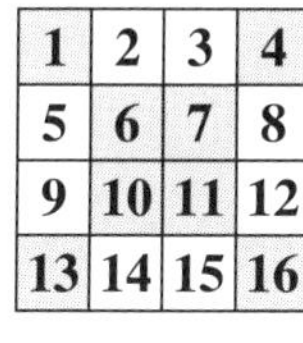

1	2	3	4
5	6	7	8
9	10	11	12
13	14	15	16

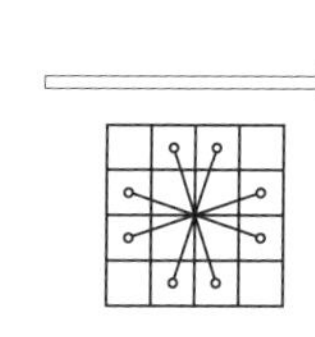

1	15	14	4
12	6	7	9
8	10	11	5
13	3	2	16

この作法は完成した右上の方陣の形式に注目すれば，次のように一回で書き下すことができる.

◎ **方法 I′　書き下し法**

まず，右の第 1 図のように両対角線部分に網をかける．その網かけ部分に，左上隅から右へ順に 1,2,3,4,⋯ と，空所に当たるところは抜きながら入れていく．右下隅の 16 に到達したら，こんどは逆に右下隅から左へ順に 1,2,3,4,⋯ と，先程抜きながらきた空所にだけ相当する数字を入れる.

1			4
	6	7	
	10	11	
13			16

第 1 図

次の全偶数方陣である 8 次方陣の場合は，次のようにする．まず，4 次方陣の場合と同様に，下図左側のように自然数を小さい順に配列していき，8×8 の“自然配列”を作る．次に，この“自然配列”を 4 分割してできる 4 個の 4 次配列に第 1 図の網かけをする．そして，4 次方陣の場合と同様に，網かけ部分の数は動かさず，その他の数字は，“自然配列”の中心に関して対称の位置に移す.

1	2	3	4	5	6	7	8
9	10	11	12	13	14	15	16
17	18	19	20	21	22	23	24
25	26	27	28	29	30	31	32
33	34	35	36	37	38	39	40
41	42	43	44	45	46	47	48
49	50	51	52	53	54	55	56
57	58	59	60	61	62	63	64

⇒

1	63	62	4	5	59	58	8
56	10	11	53	52	14	15	49
48	18	19	45	44	22	23	41
25	39	38	28	29	35	34	32
33	31	30	36	37	27	26	40
24	42	43	21	20	46	47	17
16	50	51	13	12	54	55	9
57	7	6	60	61	3	2	64

この 8 次方陣（右図）も，4 次方陣の場合と同様に，一気に一筆で書き下すことができる．

すなわち，まず，上の第 1 図を 4（$=2\times 2$）個連結した模様（網かけ部分）を作る．次に，左上隅から右方へ順に 1,2,3,4,$\cdots$ と網かけ部分にだけ数字を入れていく．つまり，空所に当たるところは，抜きながら入れていくわけである．こうして，右下隅の 64 に到達したら，今度は，逆に右下隅から左方に先ほど抜きながら来た空所に，1,2,3,$\cdots$ の相当する数字を入れていくわけである．

この方法は，12 次，16 次，20 次，$\cdots$というように全偶数（4 の倍数）次の方陣については常に適用できる．

（**注 1**）この方法により完成した，$n=4m$ 次方陣においては，その中心に関して対称の位置にある要素の和は，すべて n^2+1 である．これを対称方陣という．

（**注 2**）この方法は非常に簡単であるが，6 次，10 次，14 次などの半偶数方陣については 4 次配列に分割できないので適用されない．

上記の方法 I の 8 次方陣では，第 1 図を 4（$=2\times 2$）個連結した網かけ図を利用したが，次に，第 1 図を 2 倍に拡大した網かけ図を利用する解法を紹介しよう．

◎ 方法 II　自然配列拡大網かけ法

8 次方陣を作るには，8 次の自然配列に，方法 I の第 1 図を 2 倍に拡大した網かけ図を使う．そして，網かけ部分に入った数字は動かさず，その他の数字は図の中心に関して対称の位置に移す．すると，次のような 8 次方陣が完成する．

1	2	62	61	60	59	7	8
9	10	54	53	52	51	15	16
48	47	19	20	21	22	42	41
40	39	27	28	29	30	34	33
32	31	35	36	37	38	26	25
24	23	43	44	45	46	18	17
49	50	14	13	12	11	55	56
57	58	6	5	4	3	63	64

定和 260

同様に，12 次方陣を作るには，12 次の自然配列に，方法 I の第 1 図を 3 倍に拡大した網かけ図を使う．なお，この方法は完成した結果の方陣の形式に注目すれば，一般には，次のように述べることができる．

◎ **方法 II′**

一般に，全偶数 $4m$ 次方陣を作るには，次に示すような第 1 図を m 倍に拡大した網かけ模様図を利用する．ここでは，4 隅においては m^2 個の，また，中央の網かけ部分においては $(2m)^2$ 個の数字を含むわけである．

数字の記入法は，方法 I と同じ要領で行う．

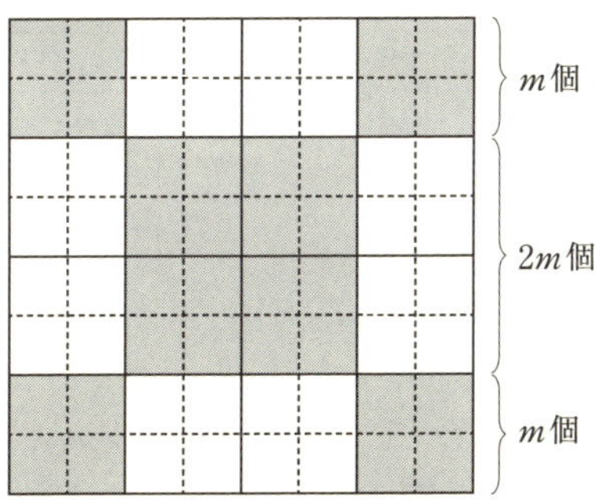

（**注 1**）第 1 章の初めに掲げた全偶数方陣は，方法 I によって作成したものである．

（**注 2**）これらの方法により完成した n（$=4m$）次方陣においては，いずれもその中心に関して対称な位置にある 2 数の和は，すべて n^2+1 である（対称方陣）．

問題 11　方法 I，方法 II によって，12 次方陣を作れ．

次に，江戸時代中期の和算家である久留島義太（くるしまよしひろ）の方法を紹介しよう．彼の方法は，“連続数を半行ずつ進路変更しながらビン形に一筆で書き入れていく”簡明な解法である．

ただし，最後に決まった場所の2組の上下2数の交換が必要である．

◎ 方法 III　久留島の（ビン形）方式

8次方陣の作り方について説明する．まず，下図のようなビン形の折れ線に沿って，その下の図左側のように左上隅から左下隅まで，1,2,3,$\cdots$,32と右ビン形を2回繰り返す．これで，半分終わり．

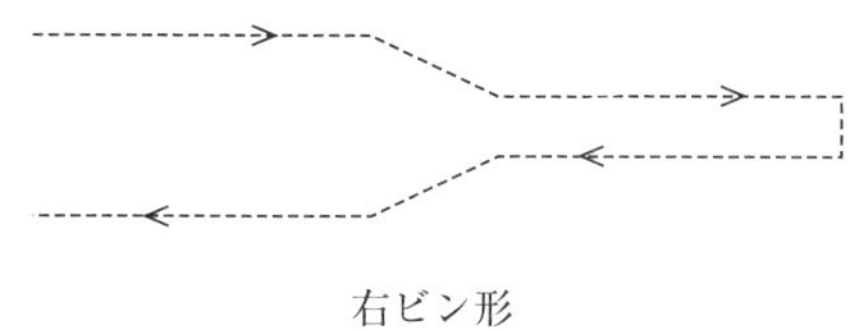

右ビン形

次に，右下隅から右上隅まで，33から64までの数を逆方向（左ビン形）に空所に書き入れていく．

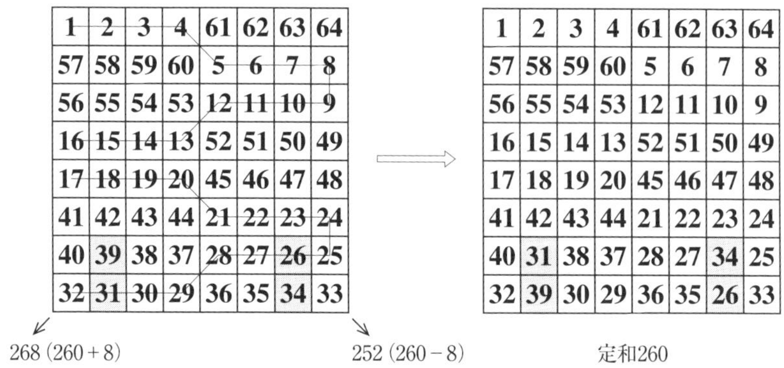

1	2	3	4	61	62	63	64
57	58	59	60	5	6	7	8
56	55	54	53	12	11	10	9
16	15	14	13	52	51	50	49
17	18	19	20	45	46	47	48
41	42	43	44	21	22	23	24
40	39	38	37	28	27	26	25
32	31	30	29	36	35	34	33

1	2	3	4	61	62	63	64
57	58	59	60	5	6	7	8
56	55	54	53	12	11	10	9
16	15	14	13	52	51	50	49
17	18	19	20	45	46	47	48
41	42	43	44	21	22	23	24
40	31	38	37	28	27	34	25
32	39	30	29	36	35	26	33

左側の図の各行，各列は，定和260を与える．主対角線の和は，252で定和に8だけ足りない．副対角線の和は，268で定和より8だけ多い．そこで，最下行とその上の行の左から2つ目と右から2つ目の2数の間で上下に数の入れ換えを行えば，最下行とその上の行の定和を崩すことなく，両対角線上でも定和を与える．右側のような8次方陣ができる．

なお，交換する2数の場所は，一般の場合にも，最下行とその上の行の左右両列から2つ目の列の上下2数である．

次図はこの方法で作った4次，12次方陣である．

1	2	15	16
13	14	3	4
12	7	10	5
8	11	6	9

定和34

1	2	3	4	5	6	139	140	141	142	143	144
133	134	135	136	137	138	7	8	9	10	11	12
132	131	130	129	128	127	18	17	16	15	14	13
24	23	22	21	20	19	126	125	124	123	122	121
25	26	27	28	29	30	115	116	117	118	119	120
109	110	111	112	113	114	31	32	33	34	35	36
108	107	106	105	104	103	42	41	40	39	38	37
48	47	46	45	44	43	102	101	100	99	98	97
49	50	51	52	53	54	91	92	93	94	95	96
85	86	87	88	89	90	55	56	57	58	59	60
84	71	82	81	80	79	66	65	64	63	74	61
72	83	70	69	68	67	78	77	76	75	62	73

定和870

◎ 方法 IV　“コの字形 逆コの字形” 配列を利用する方法

自然配列とともに，“コの字形 逆コの字形” とも言うべき配列を変形する方法も，きわめて有効である．

4×4 の “コの字形 逆コの字形” 配列は，次のようなものである．

1	2	3	4
8	7	6	5
12	11	10	9
13	14	15	16

コの字形

逆コの字形

左上隅から 1,2,3,⋯ と始めると，右下隅（16）で終わる．ここでは，すべての列の和は，4 次方陣の定和 34 になっている．すべての行の和も定和を与えるために，中央の 2 列（第 2 列と第 3 列）を上下逆順に入れ換えて出来上がり（下図）である．すべての行・両対角線の和も定和 34 になっている．

1	14	15	4
8	11	10	5
12	7	6	9
13	2	3	16

この方法で，8次方陣を作ってみよう．この場合は，コの字形と逆コの字形を2回ずつ繰り返すのである．

下の左側の図のようになる．ここでは，すべての列の和は，8次方陣の定和260になっている．

ここで，中央の4列を上下に逆順に並べ換えれば，完成（右側図）である．すべての行・両対角線の和も定和260になっている．上記の方法IIIの久留島方式と違って，最後の2数の交換が必要ない．

1	2	3	4	5	6	7	8
16	15	14	13	12	11	10	9
24	23	22	21	20	19	18	17
25	26	27	28	29	30	31	32
33	34	35	36	37	38	39	40
48	47	46	45	44	43	42	41
56	55	54	53	52	51	50	49
57	58	59	60	61	62	63	64

“コの字形 逆コの字形”配列

1	2	59	60	61	62	7	8
16	15	54	53	52	51	10	9
24	23	46	45	44	43	18	17
25	26	35	36	37	38	31	32
33	34	27	28	29	30	39	40
48	47	22	21	20	19	42	41
56	55	14	13	12	11	50	49
57	58	3	4	5	6	63	64

8次方陣（定和260）

同様にして，12次，16次などより大きな全偶数次の方陣を作ることができる．

◎ **方法V　定和をもち，かつ，直交する2つの補助方陣を利用する**

8次方陣の場合について説明する．この方法も任意の大きさの全偶数方陣に通用する．

（1）補助方陣Aの作り方：まず，主対角線上に左上から順に1, 2, 3, 4, 5, 6, 7, 8を入れる．次に，副対角線上にも右上から順に1, 2, 3, 4, 5, 6, 7, 8を入れる．そして，各行には和が9（一般には，$n+1$）になるような2数を交互に4（一般には，$n/2$）組ずつ入れる．ただし，左右は対称にする．

（2）補助方陣Bの作り方：補助方陣Aをその主対角線に関して対称に移す．すなわち，第1行を第1列に，第2行を第2列に，…という具合に，行と列を入れ換えて作る．つまり，BはAの転置行列である．

$A =$

1	8	1	8	8	1	8	1
7	2	7	2	2	7	2	7
3	6	3	6	6	3	6	3
5	4	5	4	4	5	4	5
4	5	4	5	5	4	5	4
6	3	6	3	3	6	3	6
2	7	2	7	7	2	7	2
8	1	8	1	1	8	1	8

$B =$

1	7	3	5	4	6	2	8
8	2	6	4	5	3	7	1
1	7	3	5	4	6	2	8
8	2	6	4	5	3	7	1
8	2	6	4	5	3	7	1
1	7	3	5	4	6	2	8
8	2	6	4	5	3	7	1
1	7	3	5	4	6	2	8

これら 2 つの補助方陣 A, B から，$M = 8(A-E)+B$ を構成すると，M は下記の 8 次方陣を与える．

1	63	3	61	60	6	58	8
56	10	54	12	13	51	15	49
17	47	19	45	44	22	42	24
40	26	38	28	29	35	31	33
32	34	30	36	37	27	39	25
41	23	43	21	20	46	18	48
16	50	14	52	53	11	55	9
57	7	59	5	4	62	2	64

定和260

なお，この方法によって 4 次方陣を作れば次のようになる（図式のみ示す）．

1	4	4	1
3	2	2	3
2	3	3	2
4	1	1	4

A

1	3	2	4
4	2	3	1
4	2	3	1
1	3	2	4

B

1	15	14	4
12	6	7	9
8	10	11	5
13	3	2	16

4次方陣

（**注 1**）補助方陣 A, B の両対角線上に入れる数字の順序は，中心に関し対称の位置にある 2 数の和が一定（一般に，n 次の場合，$n+1$）でありさえすればよい．

（**注 2**）方法 I，方法 II，方法 III による 8 次方陣から，逆に 2 つの補助方陣 A, B を導き，それらの性質を解析することは，他の多くの 8 次方陣を作る 1 つのヒントになる．

問題 12　補助方陣 A を，両対角線上に上から順に 4, 7, 1, 6, 3, 8, 2, 5（$4+5=7+2=1+8=6+3=9$）と入れて作ったときの 8 次方陣を作れ．

問題 13　上記の方法 IV によって，12 次方陣を作れ．

§12　半偶数方陣の作り方

半偶数 $n=4m+2$（m は整数）は，これを 2 で割るなら，割り切れて商は奇数となる．すなわち，$n=4m+2=2\times(2m+1)$ である．そこで，半偶数方陣は，2 次配列と $(2m+1)$ 次方陣を利用して作ることを考えよう（奇数方陣を作る方法は，私達はすでに知っている）．

◎ 方法 I　$(2m+1)$ 次の奇数方陣の各数に 2 次配列を取り込む

次に，6 次方陣について，その作り方を示そう．$6=2\times3$ であるから，この場合は 3 次方陣を「基礎方陣」として利用するのである．

4	**9**	**2**
3	**5**	**7**
8	**1**	**6**

基礎方陣

まず，次ページの左側の図のように，6 次方陣を 3×3 個の 2 次配列に分け，次に，右の 3 次方陣の 1 に相当する部分に 1 から 4 まで，2 に相当する部分には 5 から 8 まで，…という具合に，しかも，その順序は

$$\begin{array}{ccccccccccc} 1 & \to & 2 & & 5 & \to & 6 & & 9 & \to & 10 \\ & & \downarrow & & & & \downarrow & & & & \downarrow & \cdots\cdots \\ 4 & \leftarrow & 3 & & 8 & \leftarrow & 7 & & 12 & \leftarrow & 11 \end{array}$$

というようにコの字形に入れていく．

このとき，次の (1)〜(3) に示すような状況が生起している．

（1）列については，各列の要素の和はすべて 111 で 6 次方陣の定和 111 に合致している．

（2）行の要素の和については，第 1 行から 1 行おきに 105（$=111-6$），117（$=111+6$）を繰り返す．すなわち，6 だけの過不足がある．

（3）主対角線要素の和は 108 で定和 111 には 3 だけ足りない．また，副対角線要素の和は 114 で 111 より 3 だけ多い．

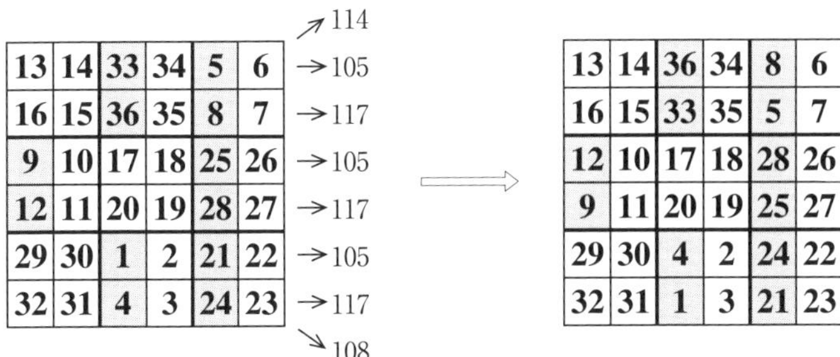

そこで，左図において，たとえば，網かけ部分である：

$$a_{13} \text{ と } a_{23}, \quad a_{15} \text{ と } a_{25}, \quad a_{31} \text{ と } a_{41}$$

$$a_{35} \text{ と } a_{45}, \quad a_{53} \text{ と } a_{63}, \quad a_{55} \text{ と } a_{65}$$

を交換すれば，(2),(3)の問題は一挙に解決し，右図に示す6次方陣を得る．

この方法によって，任意の半偶数方陣を作ることができるが，その場合も第1行と第2行，第3行と第4行，…などの2行間で適当に数字を交換することが必要である．第1章の初めに掲げた6次方陣は，上記のものである．

◎ 方法 II　方陣枠に 4 つの $(2m+1)$ 次の奇数方陣をはめ込む

方陣枠に4つの $(n/2=2m+1)$ 次の奇数方陣を取り込む方法を，$n=6$ の場合について説明する．

まず，次ページの図のように6次方陣の枠を4つの3次の区画に分割し，その左上隅の区画に1〜9までの普通の3次方陣を入れる．次に右下隅に移り，ここに10〜18の各数を普通の3次方陣の順に入れる．こんどは，右上隅に進み，19〜27の各数を同様の順序で入れる．さらに，左下隅に28から記入すると36で終わる．

このとき，次に示すような状況が生起している．

（1）列については，各列の要素の和はすべて111で，6次方陣の定和となっている．

（2）行の要素の和については，第1, 2, 3行は84で定和111には27だけ足りない．第4, 5, 6行は各138で定和より27だけ多い．

（3）主対角線要素の和は57で111には54（$=27\times2$）だけ足りない．また，副対角線要素の和は165で111より54（$=27\times2$）だけ多い．

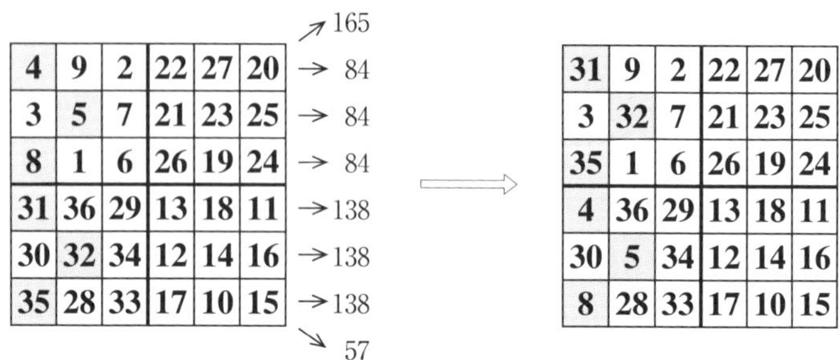

そこで，左側の2つの3次方陣における網かけ部分の各3つの要素を，部分的にそっくり上下を入れ換えれば，(2),(3)の問題は一挙に解決し，右側に示す6次方陣を得る．

この方法によって，任意次数の半偶数方陣を作ることができる．ただし，その都度適当な数字の入れ換えが必要であるが，その工夫は簡単である．

（注）適当な数字の入れ換えは方陣を作るときの1つの重要な手法である．2数の交換によって，方陣の数の「独立性」を崩さず（保存し），行和・列和・対角和を変えることができる．

問題 14　上記の6次方陣の要素の入れ換え方法とは別の入れ換え方法を述べよ．

問題 15　上記の方法で10次方陣を作ってみよ．

◎ 方法 III　久留島の（ビン形）方式

$n=4m+2$ は4で割ると，商が m で2余る．久留島義太は半偶数方陣を，$m=$(奇数)の場合と，$m=$(偶数)の場合の2つに分けて解いている．m が奇数であるか偶数であるかによって，最後の2行の数字の記入法を変えている．

（i）$m=$(奇数)の場合

この場合，まず，全偶数方陣のときと同様に，$1,2,3,4,\cdots$ の数字を左上から，

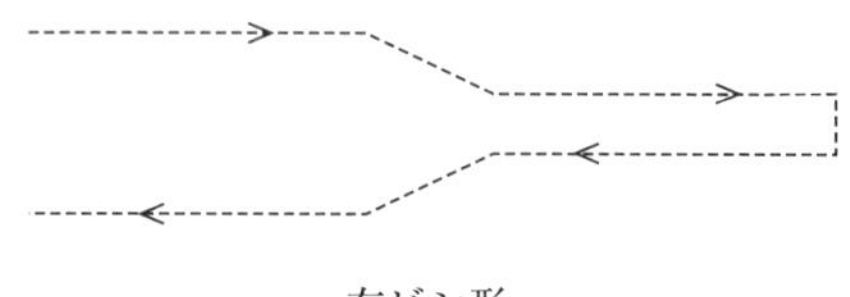

右ビン形

の形にしたがって，m（奇数）回入れると，最後に 2 行が残るが，この 2 行には数字を次図のように入れる．

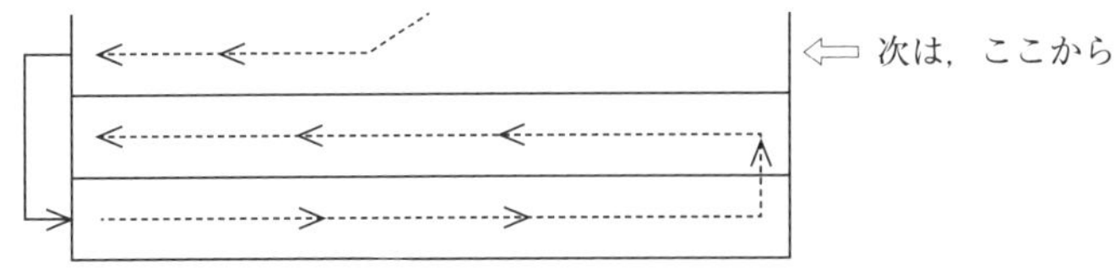

そして，まだ数字の入っていない所には，上図の矢印の所から逆の方向に，

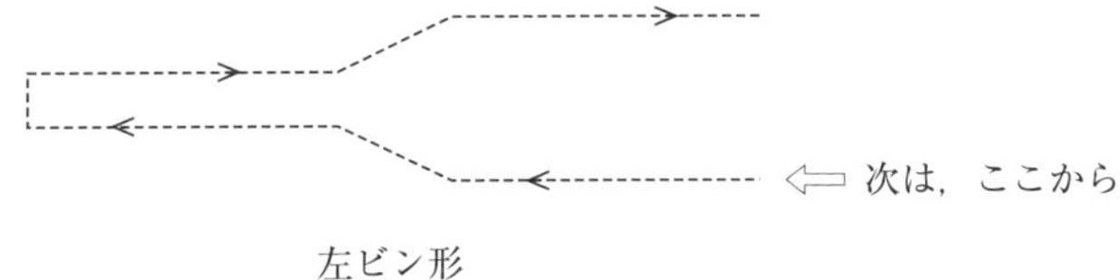

左ピン形

の形を m（奇数）回繰り返すと，右上隅（n^2）で終わる．最小の 6 次方陣（$m=1$；奇数）の場合は，下図左側のようになる．

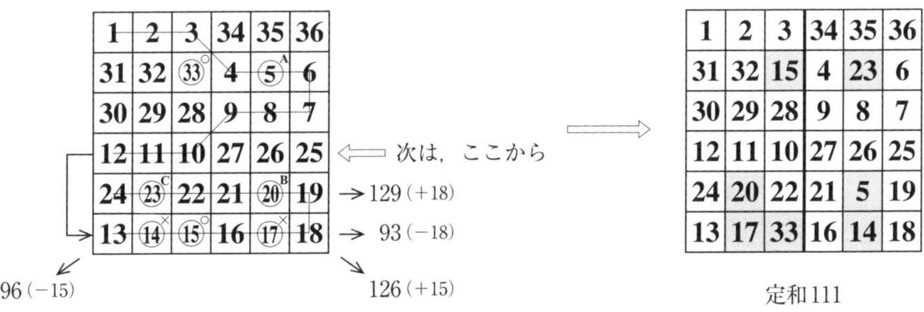

1	2	3	34	35	36
31	32	33	4	5	6
30	29	28	9	8	7
12	11	10	27	26	25
24	23	22	21	20	19
13	14	15	16	17	18

1	2	3	34	35	36
31	32	15	4	23	6
30	29	28	9	8	7
12	11	10	27	26	25
24	20	22	21	5	19
13	17	33	16	14	18

定和 111

この図では，両対角線と最後の 2 行（下部）において定和を与えないが，その他の行，列においてはすべて定和 111 を与える．

両対角線と下の 2 行においても定和 111 を与えるようにするには，○印と○印，× 印と × 印を交換し，さらに，A → B → C → A の巡回変換を行う．

一般に，2 個の○印の位置は，図のように常に第 2 行と最下行で中央線の左隣，2 個の × 印の位置は常に最下行で左右の隅の隣の数である．また，A は右上隅の左下，B は右下隅の左上，C は左下隅の右上の数である．

この変換によって，両対角線と下部の 2 行の定和性の問題は解決し，上記右側の 6 次方陣が完成する．

この方法で，一般に，14 次，22 次方陣などを作ることができる．

（ii）$m=$（偶数）の場合

数字の入れ方は，（i）の場合とほぼ同様である．この場合は，

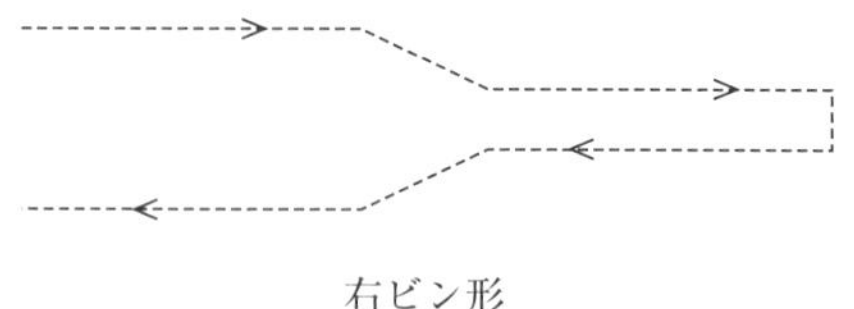

右ビン形

の形を m（偶数）回繰り返す．$m=$（偶数）の場合は，下部に残った2行の数の入れ方がやさしい．下部の2行には，数字を次のように自然に続けて記入していくのである．その後は左ビン形をやはり m（偶数）回繰り返すと，右上隅（n^2）に到達して全体が埋まる．

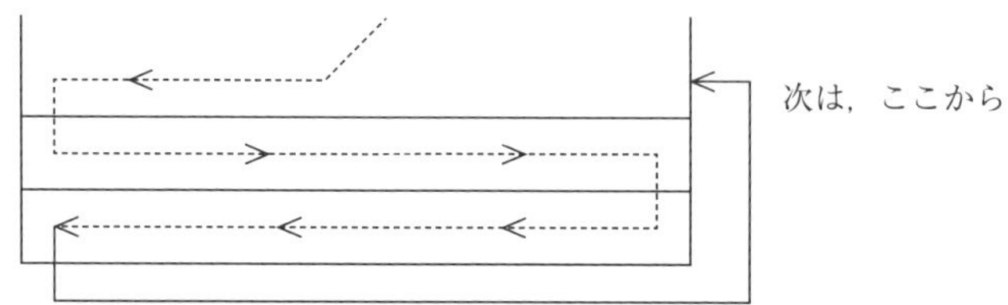

たとえば，最小の10次方陣（$m=2$；偶数）の場合には，下図左側のようになる．

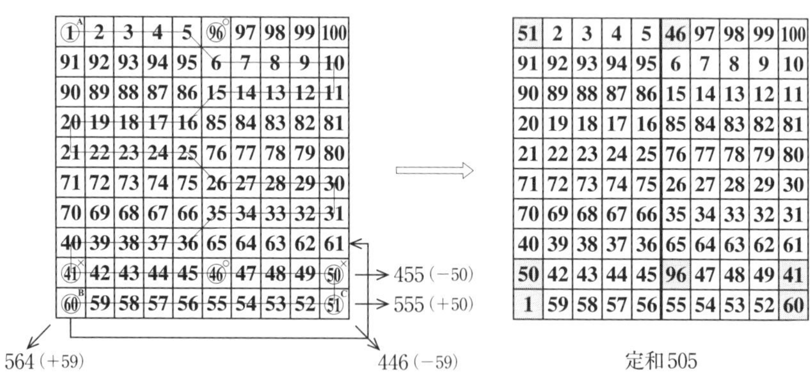

1	2	3	4	5	96	97	98	99	100
91	92	93	94	95	6	7	8	9	10
90	89	88	87	86	15	14	13	12	11
20	19	18	17	16	85	84	83	82	81
21	22	23	24	25	76	77	78	79	80
71	72	73	74	75	26	27	28	29	30
70	69	68	67	66	35	34	33	32	31
40	39	38	37	36	65	64	63	62	61
41	42	43	44	45	46	47	48	49	50
60	59	58	57	56	55	54	53	52	51

51	2	3	4	5	46	97	98	99	100
91	92	93	94	95	6	7	8	9	10
90	89	88	87	86	15	14	13	12	11
20	19	18	17	16	85	84	83	82	81
21	22	23	24	25	76	77	78	79	80
71	72	73	74	75	26	27	28	29	30
70	69	68	67	66	35	34	33	32	31
40	39	38	37	36	65	64	63	62	61
50	42	43	44	45	96	47	48	49	41
1	59	58	57	56	55	54	53	52	60

定和505

この図では，両対角線と下の2行において定和を与えないが，その他の行，列においてすべて定和505を与える．

問題の両対角線と下の2行においても定和505を与えるようにするには，（i）の場合と同様に，○印と○印，×印と×印を交換し，さらに，A → B → C → A の巡回変換を行えばよい．

一般に，2 つの ○ 印は常に中央縦線の右列の最上数と最下から 2 番目の数であり，2 つの × 印は常に下から 2 行目の左右両端の数である．また，A は左上隅，B は左下隅，C は右下隅の数である．

この変換によって，上記右側に示す 10 次方陣が完成する．久留島のこの方法によって，一般に，18 次，26 次方陣などを作ることができる．

問題 16　久留島義太の方法によって，14 次方陣，18 次方陣を作ってみよ．

◎ **方法 III′　久留島の解法の変化形**

久留島義太の半偶数魔方陣の解法では，余りの 2 行を方陣の下部に置いたが，中央の 2 行に置く方法も考えられる．

1	2	3	34	35	36
31	32	33	4	5	6
24	23	22	16	17	18
13	14	15	21	20	19
30	29	28	9	8	7
12	11	10	27	26	25

（**6 次方陣の解法 1**）まず，方陣枠内に 1 から 36 までの数を右図のように順に記入する．すると，列については，全部方陣の定和 111 になっている．行については，中央部の第 3 行と第 4 行で過不足がある．第 3 行の和は，120 であるから 9 だけ超過．第 4 行の和は，102 であるから 9 だけ不足である．また，両対角線においても過不足がある．主対角線の和は 109 であるから 2 だけ不足．副対角線の和は 113 であるから 2 だけ超過である．

これらの過不足を調整するために，下図左側のように ○ どうし，△ どうし，□ どうしの 3 か所 2 数の交換をする．すると，○ どうしの交換により，主対角線の和が 2 だけ増加し，△ どうしの交換により，副対角線の和が 2 だけ減少し，□ どうしの交換により，第 3 行と第 4 行での過不足が解消し，問題は簡単に解決する．

○	□	○			
△	□	△			

⇒

1	2	3	34	35	36
31	32	33	4	5	6
22	14	24	16	17	18
15	23	13	21	20	19
30	29	28	9	8	7
12	11	10	27	26	25

定和 111

（**解法 2**）上記の解法 1 とほとんど同じだが，最初に次の左側のように数字を順に並べ，中央の図のような交換をしてもよい．○ どうしの交換により，副対角線での過不足が，△ どうしの交換により，主対角線での過不足が，□ どうしの交換により，第 3 行と第 4 行での過不足が解消し，右側のように完成する．

1	2	3	34	35	36
31	32	33	4	5	6
24	14	22	16	20	18
13	23	15	21	17	19
30	29	28	9	8	7
12	11	10	27	26	25

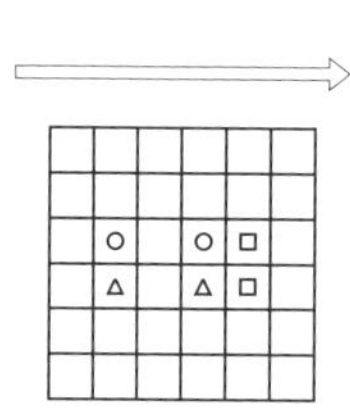

1	2	3	34	35	36
31	32	33	4	5	6
24	16	22	14	17	18
13	21	15	23	20	19
30	29	28	9	8	7
12	11	10	27	26	25

定和 111

（**10 次方陣**）自然数を小さい順に記入していく久留島の解法の変化形によって，10 次の魔方陣を作ってみる．変化形というのは，久留島の解法とはビン形の余り 2 行の位置と並べ方が異なるのであった．

1	2	3	4	5	96	97	98	99	100
91	92	93	94	95	6	7	8	9	10
90	89	88	87	86	15	14	13	12	11
20	19	18	17	16	85	84	83	82	81
60	59	58	57	56	46	47	48	49	50
41	42	43	44	45	55	54	53	52	51
21	22	23	24	25	76	77	78	79	80
71	72	73	74	75	26	27	28	29	30
70	69	68	67	66	35	34	33	32	31
40	39	38	37	36	65	64	63	62	61

右図においては，すべての列において，定和 505 を与える．行については，中央の 2 行以外は定和 505 を与える．第 5 行の和は 530 であるから，定和より 25 だけ多い．第 6 行の和は 480 であるから，定和より 25 だけ少ない．また，主対角線の和は 507 であるから，定和より 2 だけ多い．副対角線の和は 503 であり，定和より 2 だけ少ない．そこで，これらの問題点を解消するための 2 数の交換を考える．まず，第 5 行と第 6 行に定和を与えるために，たとえば，下図左側のような 3 組の ○ 印どうしを交換する．次に，両対角線も定和を与えるために，4 組の △ 印どうしを交換する．

すると，右側のような 10 次の魔方陣が完成する．最後の 2 数の交換は避けられない．

1	2	3	4	5	96	97	98	99	100
92	91	93	94	95	6	7	8	9	10
90	89	87	88	86	15	14	13	12	11
20	19	18	17	16	85	84	83	82	81
60	59	43	44	56	46	47	48	52	50
41	42	58	57	45	55	54	53	49	51
21	22	23	24	25	76	77	78	79	80
71	72	74	73	75	26	27	28	29	30
69	70	68	67	66	35	34	33	32	31
40	39	38	37	36	65	64	63	62	61

定和505

◎ 方法 IV　"自然配列" 交換法

"自然配列" を使う方法は，半偶数方陣の場合も可能である．たとえば，6 次方陣の場合，まず，1～36 の数で下図左側のような "6×6 自然配列" を作る．次に，全偶数の方法 I の場合と同様に，両対角線上の数（網かけ）をそのまま残し，他の数を中心に関して対称の位置に移す（右側の図）．

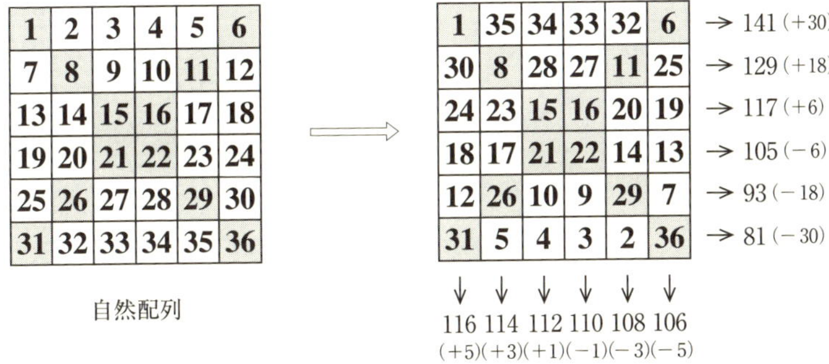

1	2	3	4	5	6
7	8	9	10	11	12
13	14	15	16	17	18
19	20	21	22	23	24
25	26	27	28	29	30
31	32	33	34	35	36

自然配列

1	35	34	33	32	6	→ 141 (+30)
30	8	28	27	11	25	→ 129 (+18)
24	23	15	16	20	19	→ 117 (+6)
18	17	21	22	14	13	→ 105 (−6)
12	26	10	9	29	7	→ 93 (−18)
31	5	4	3	2	36	→ 81 (−30)
↓ 116 (+5)	↓ 114 (+3)	↓ 112 (+1)	↓ 110 (−1)	↓ 108 (−3)	↓ 106 (−5)	

この図では，各行，各列の和は皆異なるが，定和 111 との差を調べると，図のようになっている．

そこで，第 1 行と第 6 行，第 2 行と第 5 行，第 3 行と第 4 行の同列，また，第 1 列と第 6 列，第 2 列と第 5 列，第 3 列と第 4 列の同行にある 1 組の 2 数を交換する．その際，両対角線上の数（網かけ部分）は動かさないようにすれば，2 数はどこにとってもよい．

たとえば，次ページの左側の同じ文字で示したところの数どうしを交換すると，右側の 6 次方陣ができる．

	a	z		a	
x		b	b		
c	y				c
	y				
x					
		z			

交換法

1	**32**	**4**	**33**	**35**	**6**
12	**8**	**27**	**28**	**11**	**25**
19	**17**	**15**	**16**	**20**	**24**
18	**23**	**21**	**22**	**14**	**13**
30	**26**	**10**	**9**	**29**	**7**
31	**5**	**34**	**3**	**2**	**36**

定和111

10次以上の方陣については，まず，“自然配列”を4分割した4つの小正方形の両対角線要素は動かさないようにして，その他の数は，中心に関して対称の位置に移す（図略）．

次に，行と列に定和をもたせるための交換法の例（下図左側）を示す．同じ文字どうしを交換するのである．この変換により，右側の10次方陣が完成する．

	s								
a		t							a
	b		p	q	r			b	
x		c					c		
	y	d	f			f	d		
	y	e					e		
x				g	g				
			p	q	r				
		t							
	s								

交換法

1	**9**	**98**	**97**	**5**	**6**	**94**	**93**	**92**	**10**
81	**12**	**18**	**14**	**86**	**85**	**17**	**83**	**19**	**90**
80	**72**	**23**	**27**	**26**	**25**	**74**	**28**	**79**	**71**
40	**32**	**63**	**34**	**66**	**65**	**37**	**68**	**39**	**61**
41	**49**	**53**	**54**	**45**	**46**	**57**	**58**	**52**	**50**
51	**59**	**43**	**47**	**55**	**56**	**44**	**48**	**42**	**60**
70	**62**	**38**	**64**	**35**	**36**	**67**	**33**	**69**	**31**
30	**29**	**73**	**77**	**76**	**75**	**24**	**78**	**22**	**21**
20	**82**	**88**	**84**	**16**	**15**	**87**	**13**	**89**	**11**
91	**99**	**8**	**7**	**95**	**96**	**4**	**3**	**2**	**100**

定和505

なお，この方法では，次数が大きくなるにつれ動かす数字の組が増加し，作業に手数がかかるようになる．

◎ 方法V　外周追加法

この方法は，全偶数方陣（この作法はすでに知っている）を核とし，これに外周をひと回り追加して，半偶数方陣を作ろうとする方法である．これも自然な考え方である．

ここでも，6次の場合について説明する．4次方陣の周りにひと側（かわ）つけて，6次方陣を作るわけである．6次方陣の外周は，1から36までの数の中で，初めの 10 個（一般には，$2(n-1)$ 個）と終わりの 10 個を使って作る．

核となる 4 次方陣は，残りの 11,12,13,⋯,26 で作る．これは簡単である．すなわち，任意の 4 次方陣の各要素に 10 ずつ加えればよいわけである．

よって，外周の向かい合った 2 数は，行・列・両対角線の定和を確保するためには，6 次方陣の定和は 111 から，4 次方陣の定和 34 とその増分を引いて，37（$= 111-34-40$）とする必要がある．

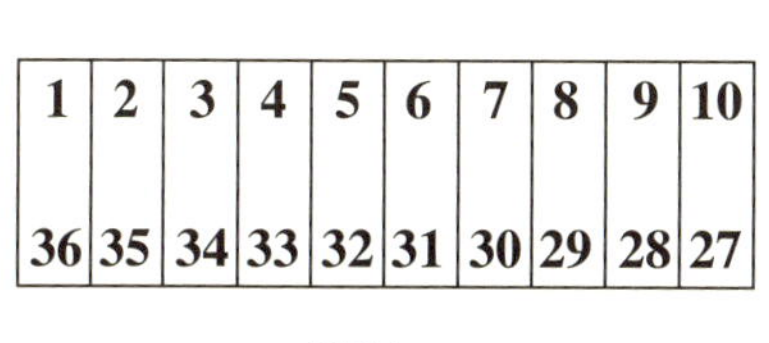

1	2	3	4	5	6	7	8	9	10
36	35	34	33	32	31	30	29	28	27

相対和 37

1	34	33	32	9	2
6					31
10					27
30					7
29					8
35	3	4	5	28	36

その際，外周の定和は 111 であることに留意しなければならない．

このとき，たとえば，右上図のような外周が出来上がる．辺の 4 数の順序は任意でよいから，並べ方を変えたものだけで $4!\times4! = 576$ 通り，また，4 隅も他に多数可能である．

さらに，核としての 4 次方陣は，任意の 4 次方陣（§22 の 880 通り；回転・裏返したものも使用可能）を用いることができるから，この方法により非常に多くの 6 次方陣が得られるわけである．

前節で作った 4 次方陣を用いて作った核と右上の外周とを組合せると，次に示す 6 次方陣が得られる．

1	34	33	32	9	2
6	11	25	24	14	31
10	22	16	17	19	27
30	18	20	21	15	7
29	23	13	12	26	8
35	3	4	5	28	36

定和 111

この方法を反復すれば，8 次，10 次，12 次⋯と「同心魔方陣」ともいうべき任意次数の偶数方陣が作られる．

なお，この外周追加法は，前節，前々節では述べなかったが，全偶数方陣，奇数方陣を作るときにも使えることはもちろんである．この外周追加法は，方陣を作る方法として一般的に利用される．

第 8 章 §45 において改めて詳しく解説する．

問題 17　6 次方陣の外周で，本節のものとは別種のものを作ってみよ．

問題 18　全偶数方陣の作り方の方法 I による 8 次方陣に外周を付けて，10 次方陣を作ってみよ．

最後に，前節と同様，補助方陣を用いる解法に触れておく．

◎ **方法 VI　定和をもち，かつ，直交する 2 つの補助方陣を利用する**

6 次方陣の場合について説明する．補助方陣の定和は 21（$= 1+2+3+4+5+6$）である．

（1）補助方陣 A の作り方

まず，下図のように主対角線上に左上から順に 1, 2, 3, 4, 5, 6 を入れる．次に，副対角線上にも右上から順に 1, 2, 3, 4, 5, 6 を入れる．

そして，第 1, 6 行には和が 7（一般には，$n+1$）になるような 2 数 (1,6) を交互に 3（一般には，$n/2$）組ずつ入れる．ただし，最後の 2 数は逆順にする．第 2, 5 行には 2 数 (2,5) を 3 組ずつ入れる．第 3, 4 行には 2 数 (3,4) を 3 組ずつ入れる．

（2）補助方陣 B の作り方

補助方陣 A をその主対角線に関して対称に移す．すなわち，B は A の転置行列である．

$A =$

1	6	1	6	6	1
2	2	5	5	2	5
4	4	3	3	3	4
3	3	4	4	4	3
5	5	2	2	5	2
6	1	6	1	1	6

$B =$

1	2	4	3	5	6
6	2	4	3	5	1
1	5	3	4	2	6
6	5	3	4	2	1
6	2	3	4	5	1
1	5	4	3	2	6

これらの補助方陣 A, B は直交する．これらから，$M = 6(A-E)+B$ を構成すると，M は次の 6 次方陣を与える．

1	32	4	33	35	6
12	8	28	27	11	25
19	23	15	16	14	24
18	17	21	22	20	13
30	26	9	10	29	7
31	5	34	3	2	36

また，補助方陣 A はそのままとして，補助方陣 B は上記の補助方陣 B を中央縦線に関して対称に移すと，下図左側のようになる．これらの補助方陣 A,B も直交する．

これらから，同様に $M=6(A-E)+B$ を構成すると，M は下図右側の 6 次方陣を与える．

$B=$

6	5	3	4	2	1
1	5	3	4	2	6
6	2	4	3	5	1
1	2	4	3	5	6
1	5	4	3	2	6
6	2	3	4	5	1

$M=$

6	35	3	34	32	1
7	11	27	28	8	30
24	20	16	15	17	19
13	14	22	21	23	18
25	29	10	9	26	12
36	2	33	4	5	31

この方法も任意の大きさの半偶数方陣に通用する．

半偶数方陣の作法は，以上のように，どの解法も決して平易とは言えない．半偶数方陣は，取り扱いにくいのである．これは，半偶数が 4 で割り切れず 2 余ること，また，2 で割ると商が奇数であることに起因するように思われる．半偶数は，半端な偶数と言えよう．

〔コラム 2〕『算法統宗』と『算法闕疑抄』の魔方陣

和算家は，中国の程大位（ていだいい）の『算法統宗』（1593）によって，「方陣」を知ることとなった．この書物は，和算の初期において広く研究されたという．

第 1 巻に 3 次方陣の「洛書」の図とその作り方の図がある．第 12 巻で 4 次方陣から 10 次方陣までを説いている．4 次方陣は四四図，5 次方陣は五五図，…のように名付けられている．そして，方陣の数字は漢数字で，すべて丸○で囲まれている．ここでは，方陣に枠はない．

次は，「九九図」（9 次方陣）である．

日本で初めて方陣が印刷されたのは，福島県二本松藩士 礒村吉徳の『算法闕疑抄』（1659）であるといわれる．これにも第 2 巻において，3 次方陣から 10 次方陣まで載せてあるが，『算法統宗』のものとは 3 次方陣以外はすべて異なるものである．

彼の方陣の呼び方は，それぞれ，三三九曜之直，四四十六曜之直，…，十自因百曜之直である．作り方については説明がなく，結果のみ挙げてある．礒村の方陣の数字は，今日の方陣のように正方形格子枠の中に入っている．

次は，「十自因百曜之直」（10 次方陣）の図である．

九十二	九十一	十五	八十九	四	八十四	十四	九十九	十一	六
十三	七十三	廿二	二十	八十	八十三	七十八	廿四	廿五	八十八
八十五	六十九	廿八	四十	廿五	六十八	六十	六十三	廿二	十六
三	廿七	六十七	五十八	四十六	四十三	五十五	廿四	七十四	九十八
九十六	三十	六十四	四十七	四十九	五十二	五十四	廿七	七十一	五
八	廿二	廿六	五十三	五十一	五十	四十八	六十五	七十	九十三
十八	七十二	五十九	四十四	五十六	五十七	四十五	四十二	廿九	八十三
九十四	廿六	廿九	六十一	六十六	廿三	四十一	六十二	七十五	七
一	七十六	七十九	八十一	廿一	十九	廿三	七十七	廿八	百
九十五	十	八十六	十二	九十七	十七	八十七	二	九十	九

『算法闕疑抄』では，遺題 100 題の中で，十九方陣の作り方と円陣の作り方を提出した．数年後，関孝和はこの遺題に答えて『闕疑抄一百問答術』を著して十九方陣と円陣を掲げている．当時，多くの数学者が礒村の『算法闕疑抄』を研究したという．

お守り（ブータン）

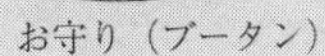

お守り（ネパール）

第3章

1次・2次・3次の魔方陣

1 次の魔方陣はあまりにもつまらない．2 次の魔方陣は存在しない．3 次の魔方陣は回転・裏返したものを同一視すると，ただ 1 つであり，その図は良く知られたものである．3 次の魔方陣は，「洛書」とともに魔方陣の紹介には必ず出てくる．3 次の魔方陣は昔から，護符に取り入れられており，今でもインドやチベットでは護符の図模様に使われている．上の左側の丸形のお守りは黄銅製で，ブータンで入手した．右側のお守りは鉄製で，ネパールで入手したものである．どちらも絵図は同様で，十二支に囲まれて中央部に 9 つの数字が見られる．これが，3×3 の魔方陣である．

§13　1次方陣

1次の場合，もちろん空欄は1個である．また，この空欄に入れるべき数は，当然のことながら1である．

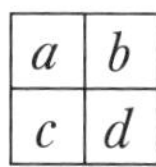

1次方陣は上記の1個で，これ以外にはない．これは，つまらない例（trivial example）ではあるが，念のため形を整えた．

§14　2次方陣

2次の場合，空欄は4（$=2\times2$）個あり，これらに入れるべき数は1, 2, 3, 4の4個である．いま，仮に2次方陣が存在し，それが

a	b
c	d

であるとすると，このとき，

$$a+b=a+d=a+c \qquad \therefore\ b=d=c$$

でなければならないが，b, d, c は当然ながら相異なる数であるから，2次方陣は作ることができない．方陣の数の独立性により，2次方陣は不可能であるわけである．

> **事実1**　2次方陣は存在しない．したがって，2次方陣を作ることはできない．

§15　3次方陣

◎ **3次方陣を作る**

3次の場合，空欄は9（$=3\times3$）個あり，ここに入れるべき数は1～9の9個である．また，3次方陣の各行・各列・両対角線要素の「定和」は，§3で述べたように15である．

いま，仮に3次方陣が存在し，それが次図のようになると仮定する．すなわち，

a	p	b
s	m	q
d	r	c

とする．まず，中央の数 m は 1〜9 の平均数 5 であることを示そう．

［証明］ いま，第 2 行と第 2 列と両対角線において，各要素の和を作れば，この和の中に m 以外の数はちょうど 1 回だけ現れ，m は 4 つの和のどれにも現れる．したがって，

$$
\begin{aligned}
15\times4 &= (s+m+q)+(p+m+r)+(a+m+c)+(b+m+d)\\
&= 3m+(a+p+b+s+m+q+d+r+c)\\
&= 3m+(1+2++9) = 3m+45
\end{aligned}
$$

となり，これから，

$$3m = 15\times4-45 = 15 \qquad \therefore\ m = 5$$

となるのである．［証明終］

次に，1 は中央の m 以外の 8 個の場所のいずれかに位置するわけであるが，1 の入り得る場所としては，「d か r のいずれかである」としても一般性は失われない．なぜならば，方陣の回転を考えると，

（1） 1 を a,b,c に置くことは，d に置くのと同じであり，

（2） 1 を p,q,s に置くことは，r に置くのと同じである

からである．

よって，$d=1$ の場合と $r=1$ の場合を調べればよい．

a	p	b
s	**5**	q
1	r	c

（case1） 仮に，$d=1$ とする．このとき，定和は 15 だから，$b=9$ となる．さて，$1+s+a=1+r+c=15$ であるから，$s+a=r+c=14$ となり，2 数の和が 14 となる組が 2 組必要である．ところが，残っている数は 1, 5, 9 以外の 2, 3, 4, 6, 7, 8 であり，この中の 2 数で和が 14 となるものは，{6,8} の 1 組しかない．ゆえに，$d=1$ は不可能である．

a	p	b
s	**5**	q
d	**1**	c

（case2） 仮に，$r=1$ とする．今度は，中央列の定和から $p=9$ となる．また，最下行の定和から $d+1+c=15$ であるから，$d+$

$c = 14$ となり，2数の和が 14 となる組が1組あればよい．ここで，case1 とまったく同様に，残っている数は，1, 5, 9 以外の 2, 3, 4, 6, 7, 8 であり，この中の2数で和が 14 となるものは，ちょうど {6,8} の1組がある．

ところで，第2列（中央列）に関して左右対称なものは同じ方陣であるから，$d < c$ としてもよい．よって，$(d,c) = (6,8)$ となる．このとき，右図のようになるから，まず，対角定和から $a = 2$，$b = 4$ が決定し，すると列和から $s = 7$，$q = 3$ が決定する．これは，確かに方陣としての条件を満たしている．完成した姿は下図のようになる．

a	**9**	b
s	**5**	q
6	**1**	**8**

2	9	4
7	5	3
6	1	8

以上により，3次方陣は1個のみ存在する．回転・裏返したものは同じものと考えてのことである．

> **事実2**　3次方陣は，上図に示したただ1個のみ存在する．

◎ **3次方陣の図式による簡明な作り方**

（I）バシェーの方法

次の3次方陣の簡単な作り方は，17世紀に，フランスのバシェー（Claude Gaspar Bachet；1581〜1638）により考案された．下図のように，3×3 の太枠の外側中央にマスをつけ，最上マスから左斜下方向に1行おきに1から9までの数字を順に記入し（網かけ部分；自然配列），はみ出し部分 {1,3,7,9} を内部へ（図のように）移動するというものである．

		1		
	2	9	4	
3	7	5	3	7
	6	1	8	
		9		

なお，この「バシェーの方法」は前章において，紹介済みである．

（II）自然配列変形法——自然配列から出発して，回転移動と交換（対称移動）

をする.

作法1　(回転)＋(交換)

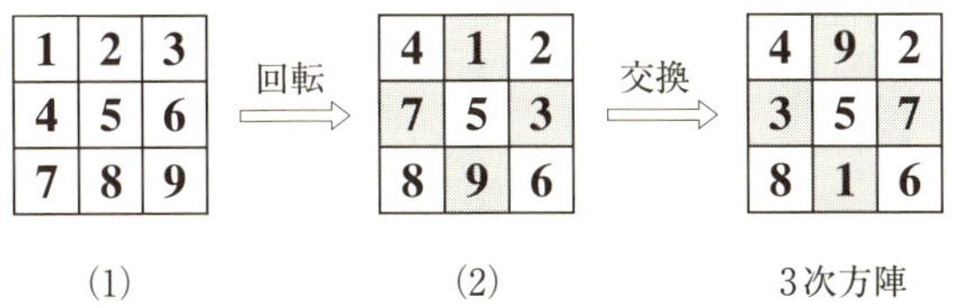

（1） まず，1 ～ 9 の自然数を上記の(1)図（自然配列）のように配置する．この図では，第2行，第2列，両対角線要素の和は定和の15である．

（2） (1)の図の各要素を中心5の周りに右に45°（1マス）回転すれば，(2)の図になる．

（3） (2)の図の第2行の左右の7と3，第2列の上下の1と9を交換（網かけ部分）すれば，右側の3次方陣が完成する．

作法2　(交換)＋(回転)

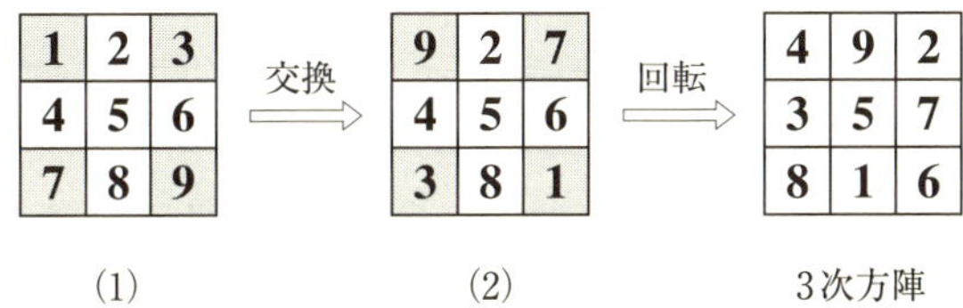

（1） まず，3×3の自然配列を作る．

（2） (1)の図の4隅の各数を対角の数と交換（網かけ部分）する．

（3） (2)の図の各要素を中心5の周りに右に45°（1マス）回転すれば，右側の3次方陣が完成する．

なお，この作法2の(2)で，辺の中央の4数を対辺の数と交換してもよい．

(注1) 1から9までの9個の数を3×3の枠の中に入れる入れ方は，全部で 9!÷8＝45360 通りあることを考えると，その中のたった1つの「3次方陣」はきわめて貴重な配列と言える．

(注2) 完成した3次方陣は，左上隅から右方向に次のように記憶しておくとよい．

憎し（2 9 4）と思う七五三（7 5 3）六一坊（6 1）に蜂（8）が刺す．

これを覚えておけば，3次方陣を一気に書き下すことができる．

この結果の図は，本書の他所でもしばしば使われる．

〔コラム3〕 建築物の装飾に使われた4次の魔方陣

（安野光雅美術館の魔方陣） 島根県津和野町にある「安野光雅美術館」では，ロビーの壁面の一面全体が，タイルの4次の魔方陣の連続模様になっている．すなわち，右のような空所がある同じ4×4魔方陣が，床から天井まで繰り返し繋がって張られている．

3	10	15	6
	5	4	9
2	11	14	7
13	8	1	

ただし，空所は2つあるものと1つのものがあり，しかも，方陣によって空所の位置が異なる．したがって，空所の数は考えなくても（定和34から，計算で求めなくても），隣の方陣を見れば分かる．1つひとつのタイルが大きなもので，一辺の長さが29.5 cmもある．

この魔方陣は完全魔方陣であるので，魔方陣の4×4外枠をどこにとっても，4次の魔方陣になっている．これは，§23の代表型(III)に属する完全魔方陣（100ページ）である．

なお，上記と同じ魔方陣のタイルは，東京都小金井市緑町の「緑センター」の階段脇の壁一面にも張られている．やはり，安野光雅氏の発案である．こちらでは，空所部分には“ロゴマーク”が入っている．

（サグラダ・ファミリア大聖堂の魔方陣） バルセロナ（スペイン）の「サグラダ・ファミリア大聖堂（La Sagrada Familia）」には，西門「受難のファサード(facade)」に，次のような同じ数が2個ずつある4次魔方陣がある．同じ数字が用いられているので，正しくは魔方陣とは言えないが．

1	14	14	4
11	7	6	9
8	10	10	5
13	2	3	15

ここでは，10と14が2個ずつあって，12と16がないことが分かる．縦・横・両対角線の定和は33であり，他にも4数の和が33となる2×2小正方形が5組ある．

なお，定和33はキリストが亡くなったときの年齢を示すと言われる．

1	8	11	14
15	10	5	4
6	3	16	9
12	13	2	7

幸田露伴『方陣秘説』

1	15	14	4
12	6	7	9
8	10	11	5
13	3	2	16

高木貞治『数学小景』

第4章

4次の魔方陣

4 次方陣については，数多くの人々が研究したものと思われる．上記の 4 次方陣は，幸田露伴の『方陣秘説』(1883 頃)，高木貞治の『数学小景』(1943) の中に見られるものである．

4 次の魔方陣は 880 個あると百科事典などに書かれているが，ここではそれらの全部を作ることを試みる．最小数 1 と最大数 16 の位置に着目して，いくつかの型に分けて総当り法で調べた．なお，各型間には興味深い数学的形式（交換関係）を見いだすことができる．さらに，4 次の完全魔方陣や対称魔方陣の性質についても述べた．

§16　4 次の魔方陣

4 次の魔方陣は，昔から多くの人々が作っている．4 次方陣は，3 次の場合と違って多数存在する．百科事典には「880 種類作り得ることが知られている」と述べられている．4 次方陣の定和は 34 である．

2	16	13	3
11	5	8	10
7	9	12	6
14	4	1	15

楊輝『楊輝算法』

16	2	3	13
5	11	10	8
9	7	6	12
4	14	15	1

楊輝『楊輝算法』

4	9	5	16
14	7	11	2
15	6	10	3
1	12	8	13

程大位『算法統宗』

16	15	2	1
4	3	14	13
5	10	7	12
9	6	11	8

田中由真『洛書亀鑑』

16	4	1	13
5	7	10	12
11	9	8	6
2	14	15	3

磯村吉徳『算法闕疑抄』

16	3	2	13
5	10	11	8
9	6	7	12
4	15	14	1

「メランコリア I」

4	9	5	16
14	7	11	2
15	6	10	3
1	12	8	13

関孝和『方陣之法』

1	8	11	14
15	10	5	4
6	3	16	9
12	13	2	7

幸田露伴『方陣秘説』

1	2	15	16
12	14	3	5
13	7	10	4
8	11	6	9

浦田繁松『四方陣』

1	12	14	7
4	15	9	6
13	2	8	11
16	5	3	10

H. E. デュードニー

16	2	3	13
5	11	10	8
9	7	6	12
4	14	15	1

建部賢弘『方陣新術』

1	4	14	15
13	16	2	3
12	9	7	6
8	5	11	10

佐藤穂三郎『方陣』

1	14	15	4
8	11	10	5
12	7	6	9
13	2	3	16

境 新『魔方陣』

1	8	10	15
14	11	5	4
7	2	16	9
12	13	3	6

阿部楽方

9	6	3	16
7	12	13	2
14	1	8	11
4	15	10	5

山本行雄『完全方陣』

上記の魔方陣の中にはいくつも対称魔方陣が見られる．中心に関して対称の位置にある2数の和は，17である．

楊輝『楊輝算法』，程大位『算法統宗』，「メランコリアI」，関孝和『方陣之法』，建部賢弘『方陣新術』，境 新『魔方陣』の作品は，いずれも対称魔方陣である．

上記の魔方陣の中にも完全魔方陣が見られる．両対角線に平行な分離（切れた）対角線上の4数の和も，すべて定和34である．完全魔方陣を作るには，高度な知識が必要である．

幸田露伴『方陣秘説』，阿部楽方，山本行雄『完全方陣』の各作品は，いずれも完全魔方陣である．

4次方陣は，対称魔方陣でも完全魔方陣でもないものが一般的である．それらも，同様に尊重されなくてはならないことはもちろんである．

§17　4次の魔方陣を作る

4次方陣の話をするには，4次方陣を作って見せなければならない．4次方陣は，§11「全偶数方陣の作り方」で作ることができるが，改めて，ここで4次方陣をいくつか作ってみよう．

（1）　自然配列を使う

まず，1から16までの16個の数を，下図左側のように小さい順に書き並べる．次に，両対角線上の数はそのままにして，その他の数については中心に関して対称の位置にある2数を交換する．これで右側のように出来上がり．

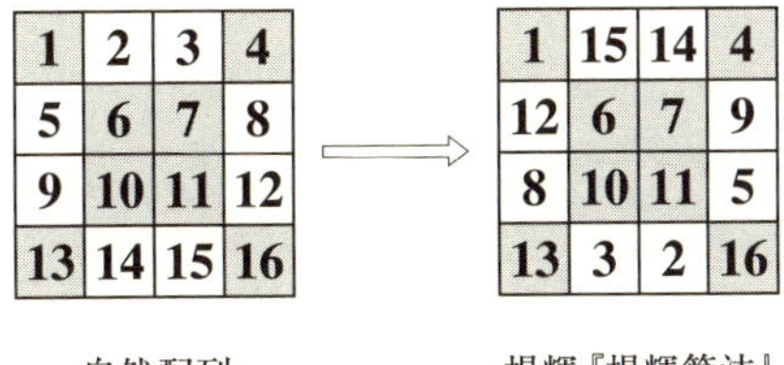

1	2	3	4
5	6	7	8
9	10	11	12
13	14	15	16

自然配列

1	15	14	4
12	6	7	9
8	10	11	5
13	3	2	16

楊輝『楊輝算法』

（2）　自然配列を使う

1から16までの数を，上記と同じに書き並べる．次に，両対角線上の数を逆順に入れ替える．これで右側のように出来上がり．

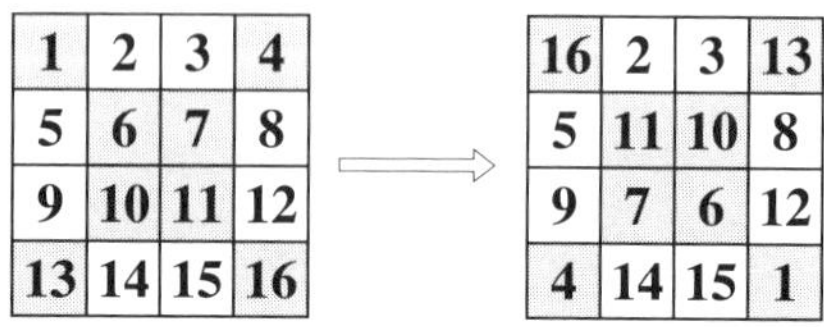

1	2	3	4
5	6	7	8
9	10	11	12
13	14	15	16

16	2	3	13
5	11	10	8
9	7	6	12
4	14	15	1

この方陣は，上記の(1)で作った『楊輝算法』の方陣を中心の周りに180° 回転したものである．つまり，上記の(1)と結果は同じ.

（3）　田中由真の『洛書亀鑑』(1683) の4次方陣……配列法は見ての通り．

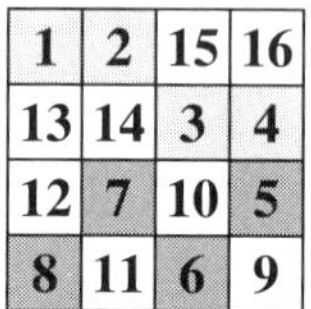

1	2	15	16
13	14	3	4
12	7	10	5
8	11	6	9

（4）　久留島義太の全偶数次方陣のビン形配列の交換による4次方陣

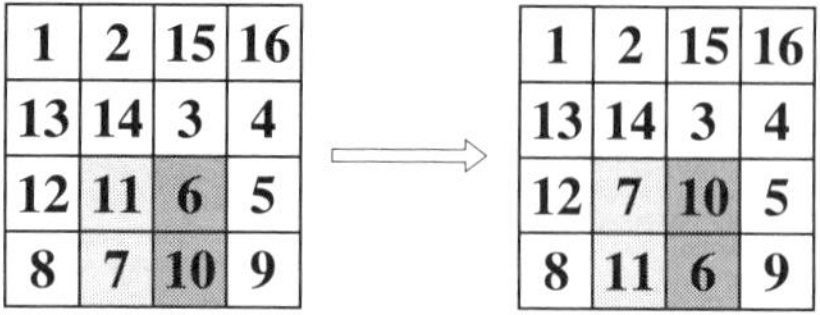

1	2	15	16
13	14	3	4
12	11	6	5
8	7	10	9

1	2	15	16
13	14	3	4
12	7	10	5
8	11	6	9

ビン形配列

結果的には，上記の田中由真の方陣と同一.

（5）　コ・逆コ形配列を使う

まず，1から16までの16個の数を，下図左側のようにコの字形と逆コの字形に小さい順に書き並べる．次に，中の2列だけ上下逆にする．すると，右側のように出来上がる.

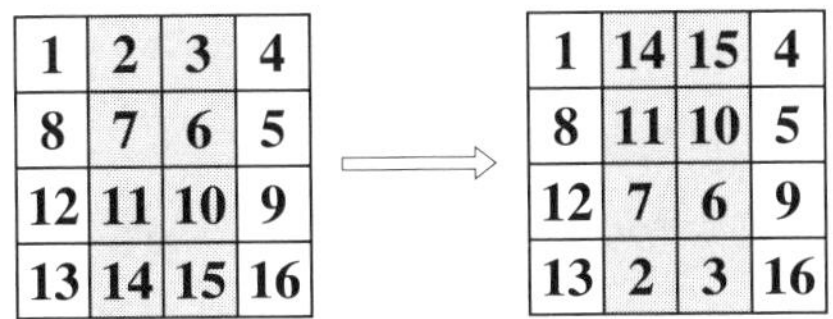

1	2	3	4
8	7	6	5
12	11	10	9
13	14	15	16

1	14	15	4
8	11	10	5
12	7	6	9
13	2	3	16

境 新『魔方陣』

（6） コの字形配列を使う

まず，1から16までの16個の数を，下図左側のようにコの字形に小さい順に2回書き並べると，縦方向の4数の和はどこも34になっている．次に，中の2列だけ上下逆にする．これで，横方向も4数の和が34になったが，

まだ両対角線上で34にならない．そこで，さらに（行和・列和を変えないように）中の2行で図のような2数の入れ替えを行う．これで出来上がり．

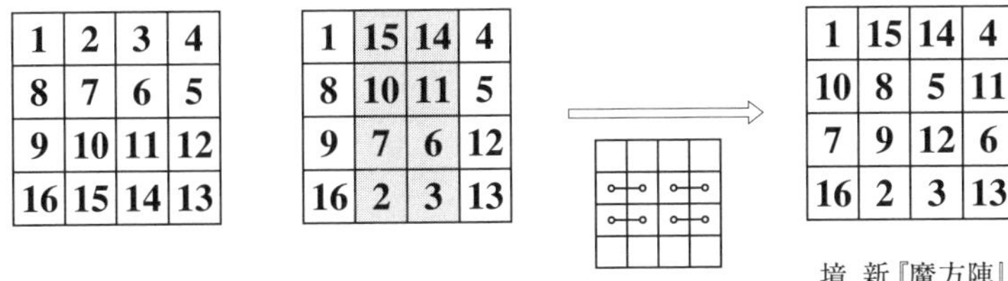

1	2	3	4
8	7	6	5
9	10	11	12
16	15	14	13

1	15	14	4
8	10	11	5
9	7	6	12
16	2	3	13

1	15	14	4
10	8	5	11
7	9	12	6
16	2	3	13

境 新『魔方陣』

（7） 万能補助方陣を使う

次の2つの補助方陣は，重ね合わせたときに同じ組合せがない．すなわち，直交する補助方陣である．

a	b	c	d
d	c	b	a
b	a	d	c
c	d	a	b

A	B	C	D
C	D	A	B
D	C	B	A
B	A	D	C

ここでは，各行・各列・両対角線には異なる文字が入っている．文字の補助方陣であるから，a,b,c,d；A,B,C,D には1, 2, 3, 4を自由に割り当ててよい．

ここで，これらの文字に条件を付ければ，いろいろなタイプの方陣が得られる．たとえば，

$$a+b=c+d=A+C=B+D=5$$

なる条件を付ければ，対称方陣が得られる．また，

$$a+d=b+c=A+B=C+D=5$$

なる条件を付ければ，完全方陣が得られる．

つまり，この 1 組の補助方陣で，普通の方陣も対称方陣も完全方陣でも作ることができる．このような補助方陣は，4 次の**万能補助方陣**と呼ばれる．

これらの補助方陣において，たとえば，

$$a=2,\quad b=3,\quad c=1,\quad d=4;$$

$$A=4,\quad B=3,\quad C=1,\quad D=2$$

とおけば，

$$a+b=c+d=A+C=B+D=5$$

なる条件を満たすから，対称方陣ができる．

2	3	1	4
4	1	3	2
3	2	4	1
1	4	2	3

4	3	1	2
1	2	4	3
2	1	3	4
3	4	2	1

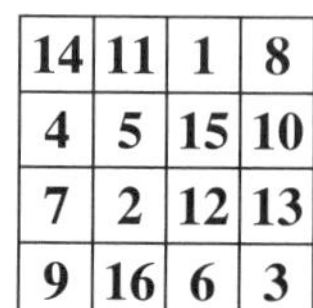

14	11	1	8
4	5	15	10
7	2	12	13
9	16	6	3

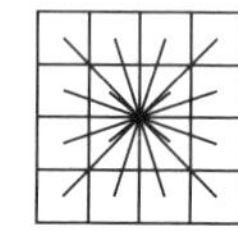

たとえば，

$$a=1,\quad b=2,\quad c=3,\quad d=4;$$

$$A=1,\quad B=4,\quad C=3,\quad D=2$$

とおくと，

$$a+d=b+c=A+B=C+D=5$$

なる条件を満たすから，次の完全方陣ができる．

1	2	3	4
4	3	2	1
2	1	4	3
3	4	1	2

1	4	3	2
3	2	1	4
2	3	4	1
4	1	2	3

1	14	11	8
12	7	2	13
6	9	16	3
15	4	5	10

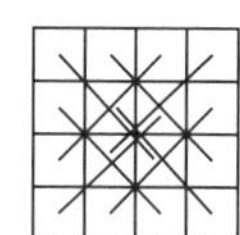

§18　4 次方陣の性質

この場合，空欄は $4\times 4=16$ 個あり，そこに入れるべき数は 1～16 の自然数である．また，4 次方陣の各行，各列，両対角線要素の和 S は§3 で述べたように $S=34$ である．

いま，4 次方陣が右側の図のように完成したものとすると，図における 16 個の数 a,a_1,a_2,a_3；b,b_1,b_2,b_3；c,c_1,c_2,c_3；d,d_1,d_2,d_3 の間には，次の性質 1～性質 4 のような興味深い関係が見られる．これらは，4 次方陣に特有の性質である．

性質 1（4 数の和の法則）

$$\begin{cases} a+b+c+d=34 \\ a_1+b_1+c_1+d_1=34 \\ a_2+b_2+c_2+d_2=34 \\ a_3+b_3+c_3+d_3=34 \end{cases}$$

a	a_1	b_1	b
a_2	a_3	b_3	b_2
d_2	d_3	c_3	c_2
d	d_1	c_1	c

性質 2（台形上底下底辺和の法則）

$$\begin{cases} a+b=d_1+c_1 \\ b+c=a_2+d_2 \\ c+d=a_1+b_1 \\ d+a=b_2+c_2 \end{cases}$$

a	a_1	b_1	b
a_2	a_3	b_3	b_2
d_2	d_3	c_3	c_2
d	d_1	c_1	c

性質 3（斜め菱形対角和の法則）

$$\begin{cases} a+c=b_3+d_3 \\ b+d=a_3+c_3 \end{cases}$$

a	a_1	b_1	b
a_2	a_3	b_3	b_2
d_2	d_3	c_3	c_2
d	d_1	c_1	c

性質 4（台形辺和の法則）

$$\begin{cases} a_1+d_1=b_3+c_3 \\ b_1+c_1=a_3+d_3 \\ a_2+b_2=d_3+c_3 \\ d_2+c_2=a_3+b_3 \end{cases}$$

a	a_1	b_1	b
a_2	a_3	b_3	b_2
d_2	d_3	c_3	c_2
d	d_1	c_1	c

［証明］ これらの 4 つの性質をまとめて証明する．4 次方陣の各行・各列・両対角線の 4 数の和は 34 であるから，次の①〜⑩が成り立つ．

$$a+a_1+b_1+b=34 \quad \cdots\cdots①$$

$$a_2+a_3+b_3+b_2=34 \quad \cdots\cdots②$$

$$d_2+d_3+c_3+c_2=34 \quad \cdots\cdots③$$

$$d+d_1+c_1+c=34 \quad \cdots\cdots④$$

$$a+a_2+d_2+d=34 \quad \cdots\cdots⑤$$

$$a_1+a_3+d_3+d_1=34 \quad \cdots\cdots⑥$$

$$b_1+b_3+c_3+c_1=34 \quad \cdots\cdots⑦$$

$$b+b_2+c_2+c=34 \quad \cdots\cdots⑧$$

$$a+a_3+c_3+c=34 \quad \cdots\cdots⑨$$

$$b+b_3+d_3+d=34 \quad \cdots\cdots⑩$$

性質 1 について

① + ④： $(a+b+c+d)+(a_1+b_1+c_1+d_1)=34\times 2$ ……⑪

⑤ + ⑧： $(a+b+c+d)+(a_2+b_2+c_2+d_2)=34\times 2$ ……⑫

⑨ + ⑩： $(a+b+c+d)+(a_3+b_3+c_3+d_3)=34\times 2$ ……⑬

② + ③： $(a_2+b_2+c_2+d_2)+(a_3+b_3+c_3+d_3)=34\times 2$ ……⑭

まず，⑫ + ⑬と⑭から⑮を得る．続いて，⑮と⑪,⑫,⑬から，⑯,⑰,⑱を得る．

$$a+b+c+d=34 \quad \cdots\cdots⑮$$

$$a_1+b_1+c_1+d_1=34 \quad \cdots\cdots⑯$$

$$a_2+b_2+c_2+d_2=34 \quad \cdots\cdots⑰$$

$$a_3+b_3+c_3+d_3=34 \quad \cdots\cdots⑱$$

性質 2 について

①,⑯から，　$a+b=c_1+d_1$

⑧,⑰から，　$b+c=a_2+d_2$

④,⑯から，　$c+d=a_1+b_1$

⑤,⑰から，　$d+a=b_2+c_2$

性質 3 について

$$⑨,⑱ \text{から，}\quad a+c=b_3+d_3$$

$$⑩,⑱ \text{から，}\quad b+d=a_3+c_3$$

性質 4 について

$$⑥,⑱ \text{から，}\quad a_1+d_1=b_3+c_3$$

$$⑦,⑱ \text{から，}\quad b_1+c_1=a_3+d_3$$

$$②,⑱ \text{から，}\quad a_2+b_2=d_3+c_3$$

$$③,⑱ \text{から，}\quad d_2+c_2=a_3+b_3$$

［証明終］

§19　4 次方陣の型（3 種 21 型）

◎ 1 が入る場所は，次の 3 か所と考えてよい

まず，最小の数 1 に着目し，その入り得る場所について考える．1 はもちろん，16 個の空欄のどこにでも入り得るわけであるが，その入る場所としては下図に示す 3 か所としても一般性は失われない．

a	a_1	b_1	b
a_2	a_3	b_3	b_2
1	**1**	c_3	c_2
1	d_1	c_1	c

なぜならば，方陣の回転・裏返しなどを考えると，

（1）1 を a, b, c に入れるのは，左下隅の $d=1$ とするのと同一視できる，

（2）1 を a_1, b_2, c_1 および a_2, b_1, c_2, d_1 に入れるのは，$d_2=1$ とするのと同一視できる，

（3）1 を a_3, b_3, c_3 に入れるのは，$d_3=1$ とするのと同一視できる，

からである．

本論では，$d=1$，$d_2=1$，$d_3=1$ とする型を，それぞれ A 型，B 型，C 型と呼ぶ．

◎ さらに，16 の入る場所も考えると

次に，最大の数 16 の入り得る場所に着目すると，A, B, C の各型はさらにいくつかの型に分けることができる．

［I］（A 型は，6 つの型に分けられる）

A 型においては，16 の入り得る場所は下記以外にはない（としても一般性は失われない）．

16	a_1	b_1	**16**
16	a_3	**16**	b_2
16	**16**	c_3	c_2
1	d_1	c_1	c

A型

なぜならば，

（1）16 を d_1, c_1, c に入れるのは，それぞれ，d_2, a_2, a に入れるのと同一視できる．

（2）$d = 1$ のときは，a_1, b_1, a_3 に 16 は入れない．実際，仮に，$a_1 = 16$ とすると，台形辺和の法則から，

$$16+b_1 = 1+c \qquad \therefore\ b_1 = c-15$$

ところが，$c \leqq 15$ であるから，$b_1 \leqq 0$ となり，これはあり得ない．同様に，$b_1 = 16$ もあり得ないことが分かる．

また，仮に，$a_3 = 16$ とすると，斜め菱形対角和の法則から，$16+c_3 = 1+b$，よって，$c_3 = b-15$．ところが，$b \leqq 15$ であるから，$c_3 \leqq 0$ となり，これもあり得ない．

（3）16 を b_2, c_2, c_3 に入れるのは，それぞれ，b_1,a_1,a_3 に入れるのと同一視できる．

からである．

［II］（B 型は，9 つの型に分けられる）

B 型においては，16 の入り得る場所は下図のようになる．

16	a_1	**16**	b
16	a_3	b_3	**16**
1	**16**	**16**	**16**
16	**16**	c_1	c

B型

図の a_1, c_1, b, c, a_3, b_3 は 16 になり得ないのである．なぜならば，

（i） 仮に，$a_1=16$ とする．このとき，第 3 行の和も第 2 列の和も 34 であるから，

	16		
	a_3		
1	d_3	c_3	c_2
	d_1		

$$d_3+c_3+c_2=33 \qquad \cdots\cdots ①$$

$$a_3+d_3+d_1=18 \qquad \cdots\cdots ②$$

ここで，1 の行と 16 の列の交点である d_3（$=2\sim15$）について，実際に $(c_3,\ c_2;\ a_3,\ d_1)$ を求めてみる．

（1） $d_3=2$ とすると，①から，$c_3+c_2=31$ であるが，3, 4, 5, 6, 7, 8, 9, 10, 11, 12, 13, 14, 15 を用いてこれを満たすことはできない．

（2） $d_3=3$ とする．このときは，①から，$c_3+c_2=30$ となるが，この場合も (1) と同様に不可能である．

（3） $d_3=4$ とする．このときは，①,②から，$c_3+c_2=29$，$a_3+d_1=14$ である．したがって，

$$(c_3,\ c_2)=(14,15),(15,14)$$

$$(a_3,\ d_1)=(2,12),(12,2);\ (3,11),(11,3);\ (4,10),(10,4);$$

$$(5,9),(9,5);\ (6,8),(8,6)$$

の $2\times10=20$ 通りの組合せがある．

（イ） $(c_3,\ c_2)=(14,15)$ かつ $(a_3,\ d_1)=(2,12)$ のとき，4 数和の法則から，

	16		
	2	b_3	
1	**4**	**14**	**15**
	12		

$$2+b_3+14+4=34 \qquad \therefore\ b_3=14$$

ところが，この 14 はすでに c_3 に現れている．

（ロ） 同様にして，他の 19 通りのすべての組合せについて実際に調べると，いずれの場合にも方陣は完成しないことが知られる．

（4） $d_3=5\sim15$ についても同様に調べると，いずれの場合にも，方陣は完成しないことが知られる．

ゆえに，$a_1\neq16$ である．

（ii） $c_1=16$ の場合も，（i）の場合と同様に調べていくと，やはり方陣は完成しないことが知られる．

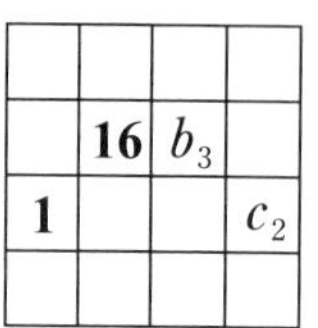

(iii)　$a_3 = 16$ とする．この場合，台形辺和の法則より，

$$16 + b_3 = 1 + c_2 \qquad \therefore\ b_3 = c_2 - 15$$

ここで，$c_2 \leqq 15$ だから，$b_3 \leqq 0$ となって不都合である．

(iv)　また，$b_3 = 16$，$b = 16$，$c = 16$ のどの場合も，(iii)と同様に不可能である．

[III]（C 型は，6 つの型に分けられる）

C 型においては，16 の入り得る場所は下図の 6 か所である．

a	**16**	b_1	**16**
a_2	**16**	**16**	b_2
16	**1**	c_3	c_2
16	d_1	c_1	c

C型

つまり，16 は，上図の a, b_1, a_2, b_2, c_3, c_2, d_1, c_1, c には入らない．なぜならば，

（1）$a = 16$ のときは，斜め菱形対角和の法則から，

$$16 + c = b_3 + 1 \qquad \therefore\ c = b_3 - 15$$

ところが，$b_3 \leqq 15$ であるから，$c \leqq 0$ となり，これはあり得ない．

（2）$b_1 = 16$ のときは，台形辺和の法則より，

$$16 + c_1 = a_3 + 1 \qquad \therefore\ c_1 = a_3 - 15$$

ところが，$a_3 \leqq 15$ であるから，$c_1 \leqq 0$ となり，これはあり得ない．

（3）同様に，台形辺和の法則により，$a_2 = 16$ もあり得ないことが分かる．

（4）また，この型の方陣は，副対角線に関して対称なものは同一視されるから，16 を d_1, c_1, c に入れるのは，それぞれ，d_2, a_2, a に入れるのと同じであり，16 を b_2, c_2, c_3 に入れるのは，それぞれ，b_1, a_1, a_3 に入れるのと同じである．

からである．

以上のように，4 次方陣は 1 の位置によって A, B, C の 3 つの型に，さらに 16 の位置に着目して，合計 $6+9+6=21$ の型に分類することができる．

ここで，以上の結果をまとめておこう．各型は次のように命名する．

［I］ A 型には，6 つの型がある．

（1） $a=16$ 　の型を，(A-1) 型とする．

（2） $a_2=16$ の型を，(A-2) 型とする．

（3） $d_2=16$ の型を，(A-3) 型とする．

（4） $d_3=16$ の型を，(A-4) 型とする．

（5） $b_3=16$ の型を，(A-5) 型とする．

（6） $b=16$ 　の型を，(A-6) 型とする．

16			16
16		16	
16	16		
1			

A 型

［II］ B 型には，9 つの型がある．

（1） $a=16$ 　の型を，(B-1) 型とする．

（2） $a_2=16$ の型を，(B-2) 型とする．

（3） $d=16$ 　の型を，(B-3) 型とする．

（4） $d_3=16$ の型を，(B-4) 型とする．

（5） $d_1=16$ の型を，(B-5) 型とする．

（6） $b_1=16$ の型を，(B-6) 型とする．

（7） $c_3=16$ の型を，(B-7) 型とする．

（8） $b_2=16$ の型を，(B-8) 型とする．

（9） $c_2=16$ の型を，(B-9) 型とする．

16		16	
16			16
1	16	16	16
16	16		

B 型

［III］ C 型には，6 つの型がある．

（1） $d_2=16$ の型を，(C-1) 型とする．

（2） $d=16$ 　の型を，(C-2) 型とする．

（3） $a_1=16$ の型を，(C-3) 型とする．

（4） $a_3=16$ の型を，(C-4) 型とする．

（5） $b_3=16$ の型を，(C-5) 型とする．

（6） $b=16$ 　の型を，(C-6) 型とする．

	16		16
	16	16	
16	1		
16			

C 型

本書では，次節以降において，この 3 種 21 型の分類にしたがって，4 次方陣のすべてを求める．

その際，各型間には§21で述べるようなある種の関係（流れ図1〜5）があるので，21のすべての型を調べる必要はないのである．また，いくつかの型については，さらに深く考察する．

§20　4次方陣の交換様式

すべての4次方陣は，次の2つの交換様式をもつ．

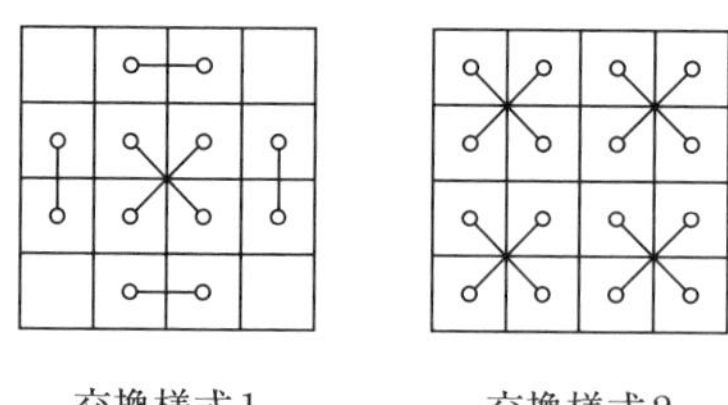

交換様式1　　交換様式2

すなわち，1つの4次方陣があるとき，これらの線で結ばれた数字を交換して得られる新しい配列も，必ず，方陣としての条件を満たしている．これらの交換様式による変換は，方陣性を保存するのである．

たとえば，下図の左側の(A-2)型の4次方陣に交換様式1による変換を行うと右側の(A-3)型の4次方陣を得る．

逆に，右側の4次方陣に交換様式1による変換を行うと左側の4次方陣を得る．

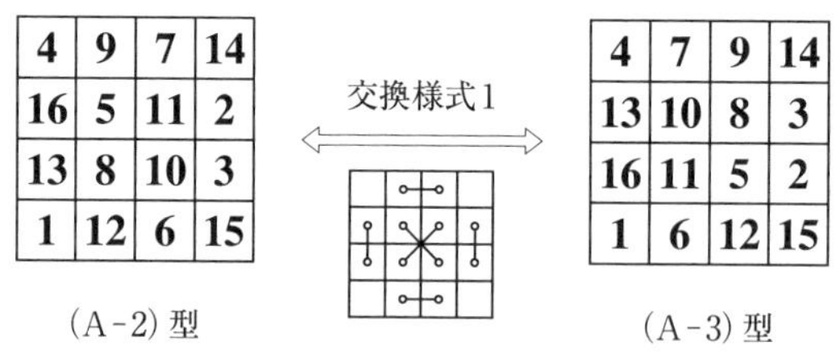

4	9	7	14
16	5	11	2
13	8	10	3
1	12	6	15

(A-2)型

4	7	9	14
13	10	8	3
16	11	5	2
1	6	12	15

(A-3)型

したがって，この変換は，一対一の対応を与える．ゆえに，(A-2)型の方陣の個数と(A-3)型の方陣の個数は等しい．

また，交換様式2によれば，A型の4次方陣とC型の4次方陣は，次図のように一対一に対応する．

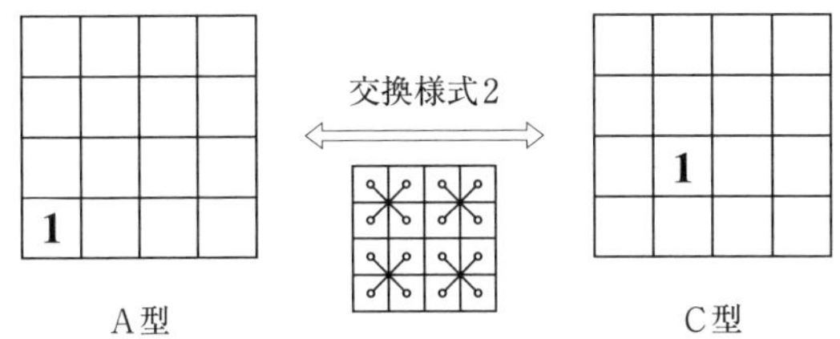

したがって，すべての A 型の 4 次方陣が求まれば，それらに交換様式 2 による変換を施すことにより，すべての C 型の 4 次方陣が求まる．また，その逆も可能である．A 型の 4 次方陣の個数と C 型の 4 次方陣の個数は等しいわけである．

交換様式 1 によっては，4 隅の数は動かないが，交換様式 2 によれば，すべての数が移動する．

なお，本書では表記の都合で，次の 3 つの交換様式も用いる．

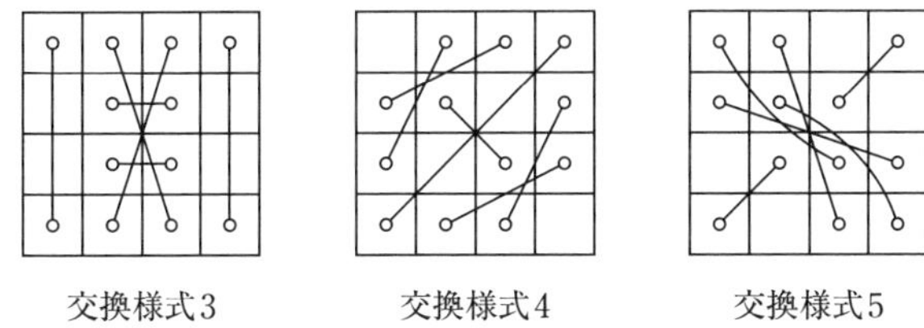
交換様式3　交換様式4　交換様式5

たとえば，交換様式 3 による変換については，上と同様に，次のようになる．

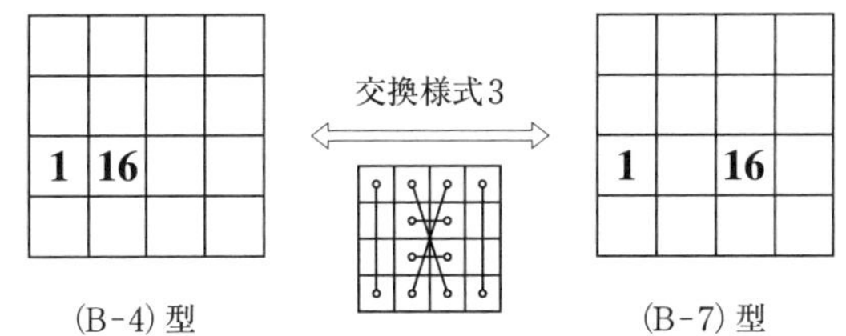

したがって，すべての(B-4)型の方陣は，交換様式 3 により，(B-7)型の方陣に変換される．また，その逆も可能である．

また，交換様式 4，交換様式 5 による変換についても同様である．これらも，次節§21 において大いに活躍する．

なお，交換様式 3, 4, 5 は，次の注に示すように，上記の交換様式 1, 2 の変化形である．

（注 1） 交換様式 3, 4 と交換様式 1 の間には，次に示すような関係がある．
左右の交換様式は，それぞれ中央部に示した変換により互いに左右に行き来できる．

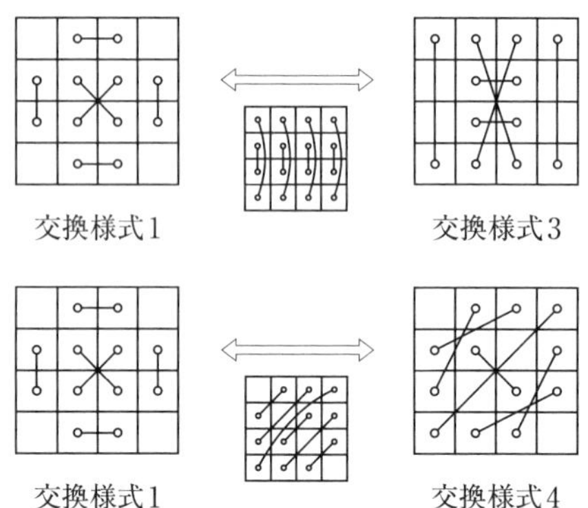

交換様式 5 と交換様式 2 の間には，次に示すような関係がある．

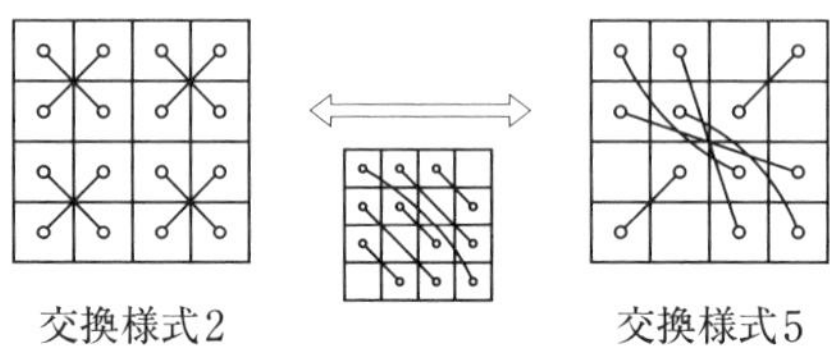

(**注 2**)　上記の 3 つの関係図の中央部に示した各変換図について．

一般に，任意の 4 次方陣と，それをその中心に関して 0°, 90°, 180°, 270° 回転した 4 つの方陣を裏側から見たものは，それぞれ，元の方陣を次の図式によって変換したものである．

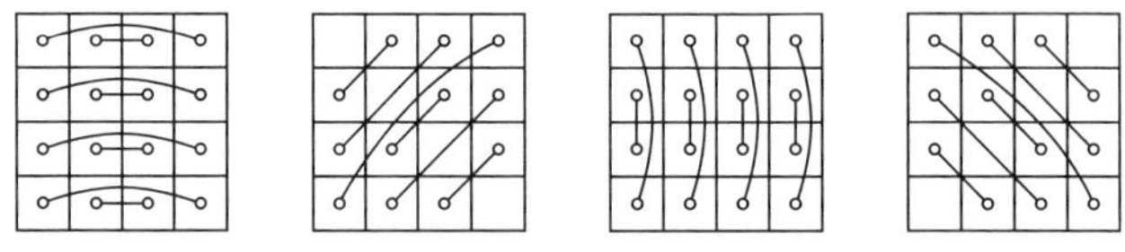

(注 1),(注 2) より，交換様式 3 と交換様式 4 は，交換様式 1 と様式の構造は同じである．また，交換様式 5 は交換様式 2 と様式の本質は変わらない．

上記の交換様式の他に，一般の 4 次方陣には使えないが，$a_1+a_2+c_2+c_1=34$ なる性質をもつ方陣に適用される次のような交換様式 6 がある．これも，重要な交換様式である．

(**交換様式 6**)　$a_1+a_2+c_2+c_1=34$ なる性質をもつ方陣は，必ず，次ページ図右側の交換様式 6 をもつ．

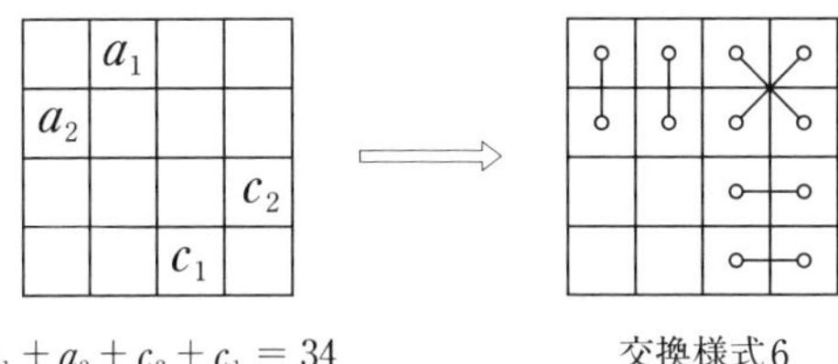

$a_1+a_2+c_2+c_1=34$　　交換様式6

この交換様式 6 は，実は，第 1 行と第 2 行，第 3 列と第 4 列を入れかえる変換である．

（注）なお，この $a_1+a_2+c_2+c_1=34$ の性質をもつ方陣としては，完全魔方陣（§1, §23, §24 参照）と対称魔方陣（§25 参照）があることを注意しておく．

完全方陣がこの性質をもつことは，その定義から明らかである．また，対称魔方陣では，$a_1+c_1=17$，$a_2+c_2=17$ であるから，必ずこの性質をもつのである．

したがって，この交換様式 6 は，完全魔方陣と対称魔方陣の項目において出てくる．

問題 19　4 次方陣に，これらの交換様式 1〜6 による変換を施しても，各行・各列および両対角線の和は不変であることを確かめよ．

◎ "補数変換" と "補数魔方陣"

上記のような交換様式とともに，方陣の研究において非常に重要な変換がある．この変換は，4 次方陣に限らず任意次数の任意の魔方陣について，常に可能な（魔方陣性を保存する）変換であるので，心得ておく必要がある．

> 一般に，n 次の魔方陣において，すべての要素を "n^2+1 に関する補数に置き換えてできる配列" も，1 から n^2 までの数からなる魔方陣となる．

魔方陣のすべての要素を "n^2+1 に関する補数（complement）に置き換える" この変換は，**補数変換**（complementary transformation）と呼ばれる．また，この変換によって得られる方陣は，**補数魔方陣**（complementary magic square）と呼ばれる．

この置き換えによって，すべての行・列・両対角線において，定和性が保存されることを示そう．

たとえば，$n=4$ のとき，任意の行・列・両対角線上の 4 数を，a, b, c, d（$a+b+c+d=34$）として，これらの各数を補数で置き換えると，置き換えられた 4 数の和は，a, b, c, d にかかわらず，

$$(17-a)+(17-b)+(17-c)+(17-d) = 17\times 4-(a+b+c+d)$$
$$= 34\times 2-34 = 34 \qquad (\text{定和})$$

となり定和性を保存するのである．また，数の独立性も保存されることは明らかであろう．

たとえば，$n = 4$ のとき，下図左側の方陣のすべての数を 17 に関する補数で置き換えると，右側のような配列になるが，これも 1 から 16 の数からなる 4 次方陣である．

4	9	7	14
16	5	11	2
13	8	10	3
1	12	6	15

13	8	10	3
1	12	6	15
4	9	7	14
16	5	11	2

(A-2) 型　　(B-1) 型

この補数変換を，すべての4次方陣に適用してみよう．

◎ 4次方陣の型と補数魔方陣

4次方陣の 1 と 16 の位置に着目すると，下記の 6 組の型の方陣は，互いに他の補数魔方陣であることが分かる．

（1）(A-2) 型の方陣と (B-1) 型の方陣

（2）(A-3) 型の方陣と (B-3) 型の方陣

（3）(A-4) 型の方陣と (C-2) 型の方陣

（4）(A-5) 型の方陣と (C-6) 型の方陣

（5）(B-4) 型の方陣と (C-1) 型の方陣

（6）(B-7) 型の方陣と (C-3) 型の方陣

したがって，(1) の (A-2) 型の方陣の個数と (B-1) 型の方陣の個数は相等しい．(2)～(6) の各型の方陣についても，同様である．

上記以外の合計 9 つの型については，すべて補数魔方陣は自分自身の型の方陣となる．

（**注 1**）対称魔方陣（後述）は，上記の 9 つの型の中にある．A, B, C の各型に 1 つずつの型がある．(A-6) 型と (B-8) 型と (C-5) 型の 3 つである．

これらの型の補数魔方陣は，すべて自分自身になる．

（注 **2**） 上記(4)の(A-5)型と(C-6)型の方陣は，ともに完全方陣である（後述）．また，(B-6)型の完全方陣の補数魔方陣は，自分自身の(B-6)型になる．完全方陣においては，補数変換によって，すべての汎対角線上の4数の和も保存されるからである．

§21　4次方陣の各型間の関係

4次方陣は前述のように3種21型あるが，それらの各型の間には，非常に興味深いある関係が見られる．それは，ある型の方陣の各々に前節§20のような変換を施すと，他の1つの型の方陣がすべて得られる，という種類のものである．

前節の交換様式1〜6を用いるならば，3種21型の各型間の関係として，次に示すような「流れ図1」〜「流れ図5」の5つの系統図が挙げられる．

◎ 流れ図 **1**： **(A-1)**型と**(C-4)**型との関係

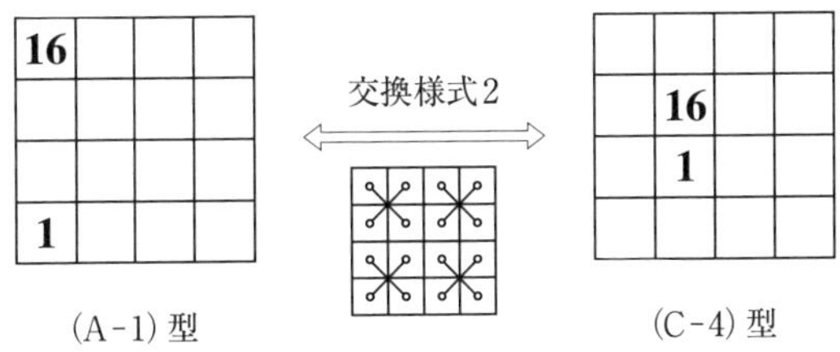

（注） 両型とも方陣の個数は，相等しい．

◎ 流れ図 **2**： **(B-2)**型の方陣と**(B-9)**型の方陣の間の関係

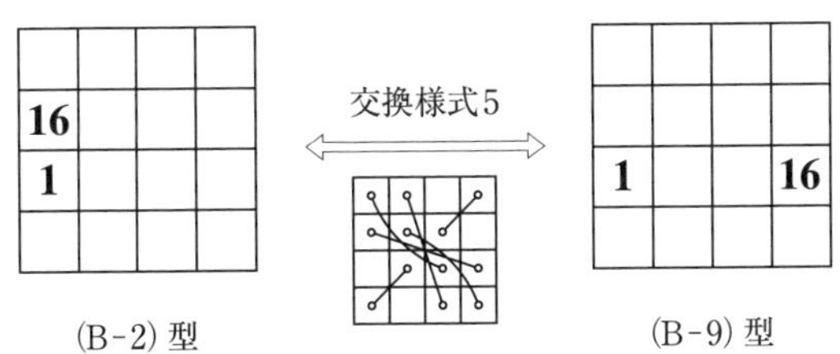

（注） 両型とも方陣の個数は，相等しい．

◎ 流れ図 **3**： 次ページの左側の列と右側の列は，前節の "補数変換" により，互いに他方に移る

- 左側縦列に並ぶ(A-2)型，(A-3)型，(C-1)型，(C-3)型の方陣の間には，左側縦方向の流れ図に示すような双方向の相互関係がある．

- 右側縦列に並ぶ (B-1)型，(B-3)型，(B-4)型，(B-7)型の方陣の間には，右側縦方向の流れ図に示すような双方向の相互関係がある．
- (左側と右側の関係) 記号 $\Longleftrightarrow$ で示した左側と右側の方陣は，互いに補数魔方陣である．

  ただし，右上の(B-1)型の図は，変換後，中央横線に関して，折り返してある．また，右下の(B-7)型の図は，変換後，左に 90° 回転してある．

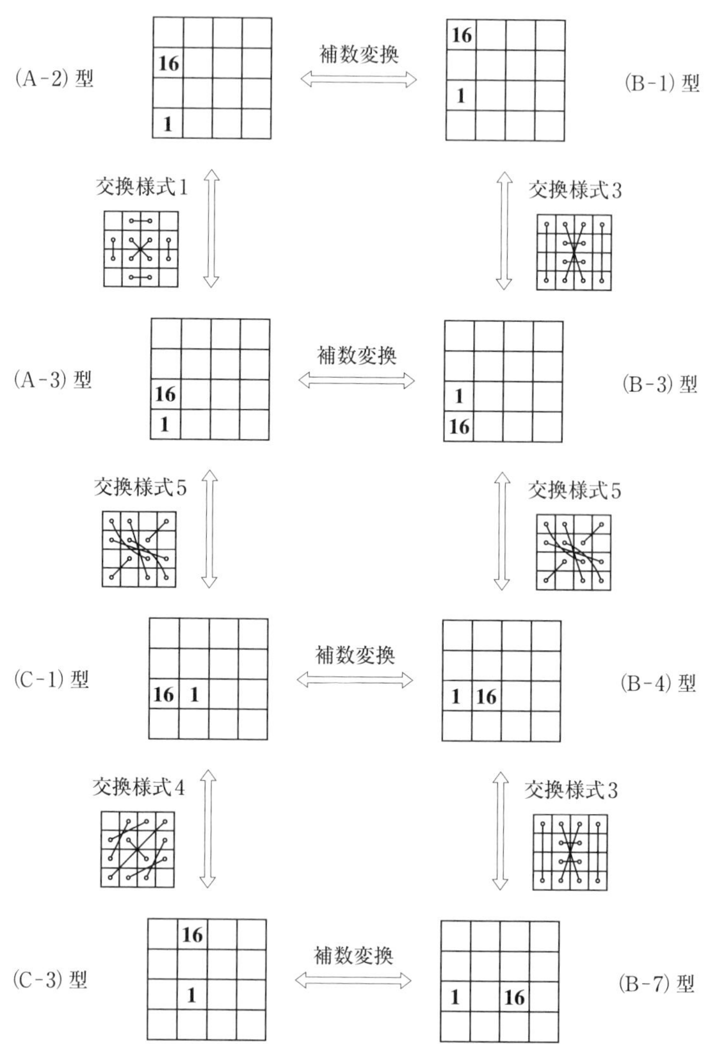

（注）したがって，左側の(A-2),(A-3),(C-1),(C-3)型と右側の(B-1),(B-3),(B-4),(B-7)型の計 8 つの型の方陣の個数は，相等しい.

◎ **流れ図 4**：ひと回りする輪環形になっている

(A-4)型，(A-5)型，(A-6)型，(C-2)型，(C-5)型，(C-6)型の方陣の間には，下図のような関係がある．これらの 6 つの型は，輪環形になっているので，どの型から出発してもよい.

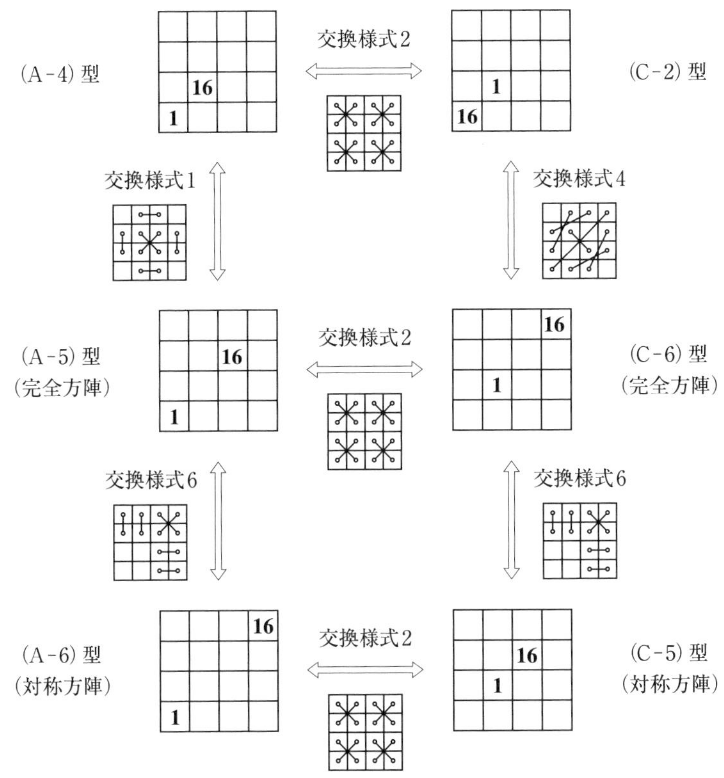

（**注 1**）(A-4),(A-5),(A-6),(C-2),(C-5),(C-6)の 6 つの型の方陣の個数は相等しい.

（**注 2**）(A-5),(C-6)型の方陣がすべて完全魔方陣であることは後の§23 を参照のこと．また，(A-6),(C-5)型の方陣がすべて対称魔方陣であることは§25 を参照のこと．完全方陣と対称方陣は前節§20 で述べた交換様式 6 で結ばれている.

（**注 3**）(A-4)型と(C-2)型の方陣は，互いに他の補数魔方陣である．また，(A-5)型と(C-6)型の方陣も，互いに他の補数魔方陣である.

◎ 流れ図 **5**：（**B-5**）型，（**B-6**）型，（**B-8**）型の方陣の間の関係

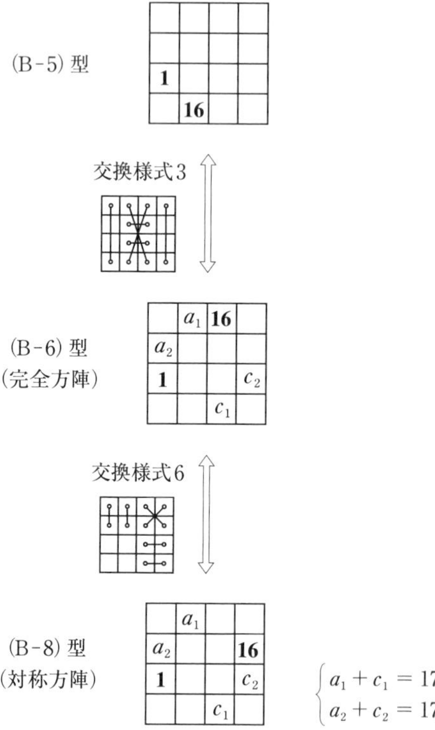

（**注 1**）これら(B-5)，(B-6)，(B-8)の 3 つの型の方陣の個数は，相等しい．

（**注 2**）§23 で見るように，(B-6)型の方陣は，すべて完全魔方陣である．また，§25 で見るように，(B-8)型の方陣は，すべて対称魔方陣である．完全方陣と対称型の方陣では，ともに前節§20 の注で述べたように，$a_1 + a_2 + c_2 + c_1 = 34$ が成り立っているから，交換様式 6 が使えるのである．

§22　4 次方陣の存在（880 個）

4 次方陣は§19 で述べたように，A, B, C の 3 種 21 型に分けられるが，ここでは，紙面の都合で，前節§21 における「流れ図 1」から「流れ図 5」までの 5 つの流れ図の源流の型についてだけ調査結果を掲げる．§18 の 4 次方陣の性質を用いて，すべての場合を全面的に調査するのである．

◎「流れ図 **1**」の源流 ―― (**A-1**)型の方陣

16	5	9	4
7	2	14	11
10	15	3	6
1	12	8	13

16	5	9	4
11	2	14	7
6	15	3	10
1	12	8	13

16	9	5	4
7	2	14	11
10	15	3	6
1	8	12	13

16	9	5	4
11	2	14	7
6	15	3	10
1	8	12	13

16	5	9	4
6	3	15	10
11	14	2	7
1	12	8	13

16	5	9	4
10	3	15	6
7	14	2	11
1	12	8	13

16	9	5	4
6	3	15	10
11	14	2	7
1	8	12	13

16	9	5	4
10	3	15	6
7	14	2	11
1	8	12	13

16	3	10	5
8	2	13	11
9	15	4	6
1	14	7	12

16	3	10	5
11	2	13	8
6	15	4	9
1	14	7	12

16	10	3	5
8	2	13	11
9	15	4	6
1	7	14	12

16	10	3	5
11	2	13	8
6	15	4	9
1	7	14	12

16	3	10	5
6	4	15	9
11	13	2	8
1	14	7	12

16	3	10	5
9	4	15	6
8	13	2	11
1	14	7	12

16	10	3	5
6	4	15	9
11	13	2	8
1	7	14	12

16	10	3	5
9	4	15	6
8	13	2	11
1	7	14	12

16	3	9	6
7	2	12	13
10	15	5	4
1	14	8	11

16	3	9	6
13	2	12	7
4	15	5	10
1	14	8	11

16	9	3	6
7	2	12	13
10	15	5	4
1	8	14	11

16	9	3	6
13	2	12	7
4	15	5	10
1	8	14	11

16	3	9	6
4	5	15	10
13	12	2	7
1	14	8	11

16	3	9	6
10	5	15	4
7	12	2	13
1	14	8	11

16	9	3	6
4	5	15	10
13	12	2	7
1	8	14	11

16	9	3	6
10	5	15	4
7	12	2	13
1	8	14	11

16	2	9	7
6	3	12	13
11	14	5	4
1	15	8	10

16	2	9	7
13	3	12	6
4	14	5	11
1	15	8	10

16	9	2	7
6	3	12	13
11	14	5	4
1	8	15	10

16	9	2	7
13	3	12	6
4	14	5	11
1	8	15	10

16	2	9	7
4	5	14	11
13	12	3	6
1	15	8	10

16	2	9	7
11	5	14	4
6	12	3	13
1	15	8	10

16	9	2	7
4	5	14	11
13	12	3	6
1	8	15	10

16	9	2	7
11	5	14	4
6	12	3	13
1	8	15	10

16	4	5	9
6	3	10	15
11	14	7	2
1	13	12	8

16	4	5	9
15	3	10	6
2	14	7	11
1	13	12	8

16	5	4	9
6	3	10	15
11	14	7	2
1	12	13	8

16	5	4	9
15	3	10	6
2	14	7	11
1	12	13	8

16	2	7	9
5	4	11	14
12	13	6	3
1	15	10	8

16	2	7	9
14	4	11	5
3	13	6	12
1	15	10	8

16	7	2	9
5	4	11	14
12	13	6	3
1	10	15	8

16	7	2	9
14	4	11	5
3	13	6	12
1	10	15	8

16	2	7	9
3	6	13	12
14	11	4	5
1	15	10	8

16	2	7	9
12	6	13	3
5	11	4	14
1	15	10	8

16	7	2	9
3	6	13	12
14	11	4	5
1	10	15	8

16	7	2	9
12	6	13	3
5	11	4	14
1	10	15	8

16	4	5	9
2	7	14	11
15	10	3	6
1	13	12	8

16	4	5	9
11	7	14	2
6	10	3	15
1	13	12	8

16	5	4	9
2	7	14	11
15	10	3	6
1	12	13	8

16	5	4	9
11	7	14	2
6	10	3	15
1	12	13	8

16	3	5	10
11	2	8	13
6	15	9	4
1	14	12	7

16	3	5	10
13	2	8	11
4	15	9	6
1	14	12	7

16	5	3	10
11	2	8	13
6	15	9	4
1	12	14	7

16	5	3	10
13	2	8	11
4	15	9	6
1	12	14	7

16	3	5	10
4	9	15	6
13	8	2	11
1	14	12	7

16	3	5	10
6	9	15	4
11	8	2	13
1	14	12	7

16	5	3	10
4	9	15	6
13	8	2	11
1	12	14	7

16	5	3	10
6	9	15	4
11	8	2	13
1	12	14	7

16	2	5	11
10	3	8	13
7	14	9	4
1	15	12	6

16	2	5	11
13	3	8	10
4	14	9	7
1	15	12	6

16	5	2	11
10	3	8	13
7	14	9	4
1	12	15	6

16	5	2	11
13	3	8	10
4	14	9	7
1	12	15	6

16	2	5	11
7	4	9	14
10	13	8	3
1	15	12	6

16	2	5	11
14	4	9	7
3	13	8	10
1	15	12	6

16	5	2	11
7	4	9	14
10	13	8	3
1	12	15	6

16	5	2	11
14	4	9	7
3	13	8	10
1	12	15	6

16	2	5	11
3	8	13	10
14	9	4	7
1	15	12	6

16	2	5	11
10	8	13	3
7	9	4	14
1	15	12	6

16	5	2	11
3	8	13	10
14	9	4	7
1	12	15	6

16	5	2	11
10	8	13	3
7	9	4	14
1	12	15	6

16	2	5	11
4	9	14	7
13	8	3	10
1	15	12	6

16	2	5	11
7	9	14	4
10	8	3	13
1	15	12	6

16	5	2	11
4	9	14	7
13	8	3	10
1	12	15	6

16	5	2	11
7	9	14	4
10	8	3	13
1	12	15	6

16	2	3	13
10	5	8	11
7	12	9	6
1	15	14	4

16	2	3	13
11	5	8	10
6	12	9	7
1	15	14	4

16	3	2	13
10	5	8	11
7	12	9	6
1	14	15	4

16	3	2	13
11	5	8	10
6	12	9	7
1	14	15	4

16	2	3	13
7	6	9	12
10	11	8	5
1	15	14	4

16	2	3	13
12	6	9	7
5	11	8	10
1	15	14	4

16	3	2	13
7	6	9	12
10	11	8	5
1	14	15	4

16	3	2	13
12	6	9	7
5	11	8	10
1	14	15	4

16	2	3	13
5	8	11	10
12	9	6	7
1	15	14	4

16	2	3	13
10	8	11	5
7	9	6	12
1	15	14	4

16	3	2	13
5	8	11	10
12	9	6	7
1	14	15	4

16	3	2	13
10	8	11	5
7	9	6	12
1	14	15	4

16	2	3	13
6	9	12	7
11	8	5	10
1	15	14	4

16	2	3	13
7	9	12	6
10	8	5	11
1	15	14	4

16	3	2	13
6	9	12	7
11	8	5	10
1	14	15	4

16	3	2	13
7	9	12	6
10	8	5	11
1	14	15	4

（A-1）型の 4 次方陣は，以上の合計 88 個あることが知られる．（C-4）型の方陣も，流れ図 1 に属するので，（A-1）型の方陣と同数だけある．したがって，流れ図 1 に属する方陣の総数は $88 \times 2 = 176$ 個である．

◎「流れ図 **2**」の源流 ―― **（B-2）**型の方陣

2	11	14	7
16	9	4	5
1	8	13	12
15	6	3	10

2	14	11	7
16	9	4	5
1	8	13	12
15	3	6	10

3	10	15	6
16	7	2	9
1	12	13	8
14	5	4	11

3	12	13	6
16	5	4	9
1	10	15	8
14	7	2	11

3	6	15	10
16	11	2	5
1	8	13	12
14	9	4	7

3	8	13	10
16	9	4	5
1	6	15	12
14	11	2	7

4	10	15	5
16	7	2	9
1	14	11	8
13	3	6	12

4	14	11	5
16	3	6	9
1	10	15	8
13	7	2	12

4	9	15	6
16	5	3	10
1	12	14	7
13	8	2	11

4	15	9	6
16	5	3	10
1	12	14	7
13	2	8	11

4	9	14	7
16	5	2	11
1	12	15	6
13	8	3	10

4	14	9	7
16	5	2	11
1	12	15	6
13	3	8	10

4	6	15	9
16	10	5	3
1	7	12	14
13	11	2	8

4	15	6	9
16	10	5	3
1	7	12	14
13	2	11	8

4	5	15	10
16	9	3	6
1	8	14	11
13	12	2	7

4	15	5	10
16	9	3	6
1	8	14	11
13	2	12	7

4	5	14	11
16	9	2	7
1	8	15	10
13	12	3	6

4	14	5	11
16	9	2	7
1	8	15	10
13	3	12	6

5	11	14	4
16	6	3	9
1	15	10	8
12	2	7	13

5	15	10	4
16	2	7	9
1	11	14	8
12	6	3	13

5	4	14	11
16	13	3	2
1	8	10	15
12	9	7	6

5	8	10	11
16	9	7	2
1	4	14	15
12	13	3	6

6	13	12	3
16	4	5	9
1	15	10	8
11	2	7	14

6	15	10	3
16	2	7	9
1	13	12	8
11	4	5	14

6	9	15	4
16	3	5	10
1	14	12	7
11	8	2	13

6	15	9	4
16	3	5	10
1	14	12	7
11	2	8	13

6	9	12	7
16	3	2	13
1	14	15	4
11	8	5	10

6	12	9	7
16	3	2	13
1	14	15	4
11	5	8	10

6	4	15	9
16	13	2	3
1	12	7	14
11	5	10	8

6	12	7	9
16	5	10	3
1	4	15	14
11	13	2	8

6	3	15	10
16	9	5	4
1	8	12	13
11	14	2	7

6	15	3	10
16	9	5	4
1	8	12	13
11	2	14	7

6	9	7	12
16	13	3	2
1	8	10	15
11	4	14	5

6	13	3	12
16	9	7	2
1	4	14	15
11	8	10	5

6	3	12	13
16	9	2	7
1	8	15	10
11	14	5	4

6	12	3	13
16	9	2	7
1	8	15	10
11	5	14	4

7	11	14	2
16	4	9	5
1	13	8	12
10	6	3	15

7	14	11	2
16	4	9	5
1	13	8	12
10	3	6	15

7	9	14	4
16	2	5	11
1	15	12	6
10	8	3	13

7	14	9	4
16	2	5	11
1	15	12	6
10	3	8	13

7	9	12	6
16	2	3	13
1	15	14	4
10	8	5	11

7	12	9	6
16	2	3	13
1	15	14	4
10	5	8	11

7	4	14	9
16	13	3	2
1	12	6	15
10	5	11	8

7	12	6	9
16	5	11	2
1	4	14	15
10	13	3	8

7	2	14	11
16	9	5	4
1	8	12	13
10	15	3	6

7	14	2	11
16	9	5	4
1	8	12	13
10	3	15	6

7	2	12	13
16	9	3	6
1	8	14	11
10	15	5	4

7	12	2	13
16	9	3	6
1	8	14	11
10	5	15	4

7	9	4	14
16	11	2	5
1	8	13	12
10	6	15	3

7	11	2	14
16	9	4	5
1	6	15	12
10	8	13	3

8	5	11	10
16	13	3	2
1	12	6	15
9	4	14	7

8	13	3	10
16	5	11	2
1	4	14	15
9	12	6	7

8	5	10	11
16	13	2	3
1	12	7	14
9	4	15	6

8	13	2	11
16	5	10	3
1	4	15	14
9	12	7	6

8	2	11	13
16	10	5	3
1	7	12	14
9	15	6	4

8	11	2	13
16	10	5	3
1	7	12	14
9	6	15	4

9	6	15	4
16	5	10	3
1	12	7	14
8	11	2	13

9	15	6	4
16	5	10	3
1	12	7	14
8	2	11	13

9	7	12	6
16	10	5	3
1	15	4	14
8	2	13	11

9	15	4	6
16	2	13	3
1	7	12	14
8	10	5	11

9	6	12	7
16	11	5	2
1	14	4	15
8	3	13	10

9	14	4	7
16	3	13	2
1	6	12	15
8	11	5	10

10	13	8	3
16	4	9	5
1	15	6	12
7	2	11	14

10	15	6	3
16	2	11	5
1	13	8	12
7	4	9	14

10	5	15	4
16	3	9	6
1	14	8	11
7	12	2	13

10	15	5	4
16	3	9	6
1	14	8	11
7	2	12	13

10	3	15	6
16	5	9	4
1	12	8	13
7	14	2	11

10	15	3	6
16	5	9	4
1	12	8	13
7	2	14	11

10	3	13	8
16	11	5	2
1	14	4	15
7	6	12	9

10	11	5	8
16	3	13	2
1	6	12	15
7	14	4	9

10	5	8	11
16	3	2	13
1	14	15	4
7	12	9	6

10	8	5	11
16	3	2	13
1	14	15	4
7	9	12	6

10	3	8	13
16	5	2	11
1	12	15	6
7	14	9	4

10	8	3	13
16	5	2	11
1	12	15	6
7	9	14	4

10	3	6	15
16	9	4	5
1	8	13	12
7	14	11	2

10	6	3	15
16	9	4	5
1	8	13	12
7	11	14	2

11	5	14	4
16	2	9	7
1	15	8	10
6	12	3	13

11	14	5	4
16	2	9	7
1	15	8	10
6	3	12	13

11	10	8	5
16	7	9	2
1	14	4	15
6	3	13	12

11	14	4	5
16	3	13	2
1	10	8	15
6	7	9	12

11	2	14	7
16	5	9	4
1	12	8	13
6	15	3	10

11	14	2	7
16	5	9	4
1	12	8	13
6	3	15	10

11	2	13	8
16	10	5	3
1	15	4	14
6	7	12	9

11	10	5	8
16	2	13	3
1	7	12	14
6	15	4	9

11	5	8	10
16	2	3	13
1	15	14	4
6	12	9	7

11	8	5	10
16	2	3	13
1	15	14	4
6	9	12	7

11	2	8	13
16	5	3	10
1	12	14	7
6	15	9	4

11	8	2	13
16	5	3	10
1	12	14	7
6	9	15	4

11	5	4	14
16	7	2	9
1	12	13	8
6	10	15	3

11	7	2	14
16	5	4	9
1	10	15	8
6	12	13	3

12	3	13	6
16	7	9	2
1	14	4	15
5	10	8	11

12	7	9	6
16	3	13	2
1	10	8	15
5	14	4	11

12	3	6	13
16	7	2	9
1	14	11	8
5	10	15	4

12	7	2	13
16	3	6	9
1	10	15	8
5	14	11	4

13	3	12	6
16	2	9	7
1	15	8	10
4	14	5	11

13	12	3	6
16	2	9	7
1	15	8	10
4	5	14	11

13	2	12	7
16	3	9	6
1	14	8	11
4	15	5	10

13	12	2	7
16	3	9	6
1	14	8	11
4	5	15	10

13	2	11	8
16	5	10	3
1	12	7	14
4	15	6	9

13	11	2	8
16	5	10	3
1	12	7	14
4	6	15	9

13	3	8	10
16	2	5	11
1	15	12	6
4	14	9	7

13	8	3	10
16	2	5	11
1	15	12	6
4	9	14	7

13	2	8	11
16	3	5	10
1	14	12	7
4	15	9	6

13	8	2	11
16	3	5	10
1	14	12	7
4	9	15	6

13	2	7	12
16	6	3	9
1	15	10	8
4	11	14	5

13	6	3	12
16	2	7	9
1	11	14	8
4	15	10	5

14	2	11	7
16	4	9	5
1	15	6	12
3	13	8	10

14	4	9	7
16	2	11	5
1	13	8	12
3	15	6	10

14	2	7	11
16	4	5	9
1	15	10	8
3	13	12	6

14	4	5	11
16	2	7	9
1	13	12	8
3	15	10	6

15	3	6	10
16	4	9	5
1	13	8	12
2	14	11	7

15	6	3	10
16	4	9	5
1	13	8	12
2	11	14	7

(B-2)型の方陣は，以上の 112 個である．(B-9)型の方陣も同数だけあるから，「流れ図 2」に属する方陣の総数は $112\times 2 = 224$ 個である．

◎「流れ図 **3**」の源流 ——（**A-2**）型の方陣

4	9	7	14
16	5	11	2
13	8	10	3
1	12	6	15

4	5	11	14
16	9	7	2
13	12	6	3
1	8	10	15

4	11	5	14
16	7	9	2
13	10	8	3
1	6	12	15

4	5	11	14
16	7	9	2
13	10	8	3
1	12	6	15

4	9	6	15
16	5	10	3
13	8	11	2
1	12	7	14

4	5	10	15
16	9	6	3
13	12	7	2
1	8	11	14

6	9	7	12
16	3	13	2
11	8	10	5
1	14	4	15

6	3	13	12
16	9	7	2
11	14	4	5
1	8	10	15

6	9	4	15
16	3	10	5
11	8	13	2
1	14	7	12

6	3	10	15
16	9	4	5
11	14	7	2
1	8	13	12

7	9	6	12
16	2	13	3
10	8	11	5
1	15	4	14

7	2	13	12
16	9	6	3
10	15	4	5
1	8	11	14

7	9	4	14
16	2	11	5
10	8	13	3
1	15	6	12

7	2	11	14
16	9	4	5
10	15	6	3
1	8	13	12

8	3	13	10
16	5	11	2
9	12	6	7
1	14	4	15

8	13	3	10
16	5	11	2
9	12	6	7
1	4	14	15

8	13	2	11
16	5	10	3
9	12	7	6
1	4	15	14

8	2	13	11
16	5	10	3
9	12	7	6
1	15	4	14

8	2	11	13
16	10	5	3
9	15	4	6
1	7	14	12

10	5	11	8
16	3	13	2
7	12	6	9
1	14	4	15

10	3	13	8
16	5	11	2
7	14	4	9
1	12	6	15

10	5	4	15
16	3	6	9
7	12	13	2
1	14	11	8

10	3	6	15
16	5	4	9
7	14	11	2
1	12	13	8

10	6	3	15
16	4	5	9
7	13	12	2
1	11	14	8

10	3	6	15
16	4	5	9
7	13	12	2
1	14	11	8

11	5	10	8
16	2	13	3
6	12	7	9
1	15	4	14

11	2	13	8
16	5	10	3
6	15	4	9
1	12	7	14

11	5	4	14
16	2	7	9
6	12	13	3
1	15	10	8

11	2	7	14
16	5	4	9
6	15	10	3
1	12	13	8

12	7	9	6
16	3	13	2
5	14	4	11
1	10	8	15

12	9	7	6
16	3	13	2
5	14	4	11
1	8	10	15

12	2	7	13
16	3	6	9
5	14	11	4
1	15	10	8

12	7	2	13
16	3	6	9
5	14	11	4
1	10	15	8

13	3	10	8
16	2	11	5
4	14	7	9
1	15	6	12

13	2	11	8
16	3	10	5
4	15	6	9
1	14	7	12

13	3	6	12
16	2	7	9
4	14	11	5
1	15	10	8

13	2	7	12
16	3	6	9
4	15	10	5
1	14	11	8

14	4	9	7
16	2	11	5
3	15	6	10
1	13	8	12

14	9	4	7
16	2	11	5
3	15	6	10
1	8	13	12

14	5	4	11
16	2	7	9
3	15	10	6
1	12	13	8

14	4	5	11
16	2	7	9
3	15	10	6
1	13	12	8

15	3	6	10
16	4	9	5
2	14	7	11
1	13	12	8

(A-2)型の方陣は，以上の 42 個である．(A-3)，(B-1)，(B-3)，(B-4)，(B-7)，(C-1)，(C-3)型の方陣も同数だけあるから，流れ図 3 に属する方陣の総数は $42 \times 8 = 336$ 個である．

◎「流れ図 4」の源流 —— (A-4)型の方陣

8	3	13	10
14	9	7	4
11	16	2	5
1	6	12	15

8	5	11	10
12	9	7	6
13	16	2	3
1	4	14	15

8	2	13	11
15	9	6	4
10	16	3	5
1	7	12	14

8	5	10	11
12	9	6	7
13	16	3	2
1	4	15	14

8	2	11	13
15	9	4	6
10	16	5	3
1	7	14	12

8	3	10	13
14	9	4	7
11	16	5	2
1	6	15	12

12	9	7	6
8	5	11	10
13	16	2	3
1	4	14	15

12	9	6	7
8	5	10	11
13	16	3	2
1	4	15	14

14	9	7	4
8	3	13	10
11	16	2	5
1	6	12	15

14	9	4	7
8	3	10	13
11	16	5	2
1	6	15	12

15	9	6	4
8	2	13	11
10	16	3	5
1	7	12	14

15	9	4	6
8	2	11	13
10	16	5	3
1	7	14	12

(A-4)型の方陣は，以上の12個である．(A-5),(A-6),(C-2),(C-5),(C-6)型の方陣も同数だけあるから，流れ図4に属する方陣の総数は $12\times 6=72$ 個である．

◎「流れ図5」の源流 —— (B-5)型の方陣

8	2	13	11
15	9	6	4
1	7	12	14
10	16	3	5

8	2	11	13
15	9	4	6
1	7	14	12
10	16	5	3

8	3	13	10
14	9	7	4
1	6	12	15
11	16	2	5

8	3	10	13
14	9	4	7
1	6	15	12
11	16	5	2

8	5	11	10
12	9	7	6
1	4	14	15
13	16	2	3

8	5	10	11
12	9	6	7
1	4	15	14
13	16	3	2

12	2	13	7
15	5	10	4
1	11	8	14
6	16	3	9

12	2	7	13
15	5	4	10
1	11	14	8
6	16	9	3

12	3	13	6
14	5	11	4
1	10	8	15
7	16	2	9

12	3	6	13
14	5	4	11
1	10	15	8
7	16	9	2

12	9	7	6
8	5	11	10
1	4	14	15
13	16	2	3

12	9	6	7
8	5	10	11
1	4	15	14
13	16	3	2

14	2	11	7
15	3	10	6
1	13	8	12
4	16	5	9

14	2	7	11
15	3	6	10
1	13	12	8
4	16	9	5

14	5	11	4
12	3	13	6
1	10	8	15
7	16	2	9

14	5	4	11
12	3	6	13
1	10	15	8
7	16	9	2

14	9	7	4
8	3	13	10
1	6	12	15
11	16	2	5

14	9	4	7
8	3	10	13
1	6	15	12
11	16	5	2

15	3	10	6
14	2	11	7
1	13	8	12
4	16	5	9

15	3	6	10
14	2	7	11
1	13	12	8
4	16	9	5

15	5	10	4
12	2	13	7
1	11	8	14
6	16	3	9

15	5	4	10
12	2	7	13
1	11	14	8
6	16	9	3

15	9	6	4
8	2	13	11
1	7	12	14
10	16	3	5

15	9	4	6
8	2	11	13
1	7	14	12
10	16	5	3

(B-5)型の方陣は，以上の24個である．(B-6)型，(B-8)型の方陣も同数だけあるから，流れ図5に属する方陣の総数は $24\times 3=72$ 個である．

ここでは，5つの「流れ図」の源流の型の方陣についてだけ提示したが，同じ「流れ図」に属する他の型の方陣はすべて，流れ図に示した交換様式により誘導できるわけである．

他の型の方陣の実物については，紙面の都合で掲げることはできない．単純作業で求めることができるから，各自試みてほしい．

以上が，すべての4次方陣である．4次方陣の総数は，5つの「流れ図」ごとに集計すると，

「流れ図 1」　……　88×2＝176 個

「流れ図 2」　……　112×2＝224 個

「流れ図 3」　……　42×8＝336 個

「流れ図 4」　……　12×6＝　72 個

「流れ図 5」　……　24×3＝　72 個

であるから，合計 176＋224＋336＋72＋72＝880 個となる．

この 880 個という個数については，『世界原色百科事典 8』（小学館）においても，「880 種類つくり得ることが知られている」と述べられている．

以上の結果を 4 次方陣の 3 種 21 型の型別にまとめ直すと，4 次方陣の個数は次のようになる．

（1）A 型について

16			**16**
16		**16**	
16	**16**		
1			

(A-1) 型　……　88 個

(A-2) 型　……　42 個

(A-3) 型　……　42 個

(A-4) 型　……　12 個

(A-5) 型（完全方陣）……　12 個

(A-6) 型（対称方陣）……　12 個

合計 208 個

（2）B 型について

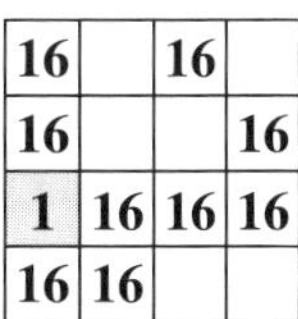

(B-1) 型　……　42 個

(B-2) 型　……　112 個

(B-3) 型　……　42 個

(B-4) 型　……　42 個

(B-5) 型　……　24 個

(B-6) 型（完全方陣）……　24 個

(B-7) 型　……　42 個

(B-8) 型（対称方陣）……　24 個

(B-9) 型　……　112 個

合計 464 個

（3）C 型について

	16		16
	16	16	
16	1		
16			

（C-1）型 ……　42 個
（C-2）型 ……　12 個
（C-3）型 ……　42 個
（C-4）型 ……　88 個
（C-5）型（対称方陣）……　12 個
（C-6）型（完全方陣）……　12 個
合計 208 個

したがって，4 次方陣の A 型，B 型，C 型の総計は，208＋464＋208 ＝ 880 個となる．なお，これらの 880 個は，それぞれ他者とは異なる個性的な存在であることを忘れてはならない．

また，上記の（1），（3）より，A 型と C 型の方陣の総数は，ともに 208 個で相等しいことが分かるが，このことは A 型と C 型とが交換様式 2 によって結ばれていることから尤もなことである．

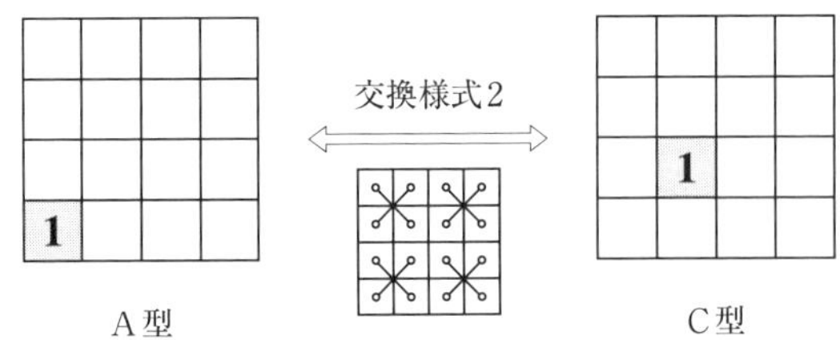

§23　4 次の完全方陣（48 個）

方陣の中には，行，列および両対角線要素の和が一定になっているばかりでなく，汎対角線上の数の和も，すべて等しいものがある．これを，**完全方陣**（perfect magic square）あるいは**汎魔方陣**（pan-magic square）という．

8	13	2	11
10	3	16	5
15	6	9	4
1	12	7	14

たとえば，上の方陣においては，行，列および両対角線要素の和が一定 34 に

なっている他に，両対角線に平行な位置にある $4\times 2=8$ 組の切れた対角線上の 4 数の和もすべて一定：

$$8+3+9+14=13+16+4+1=2+5+15+12=11+10+6+7$$
$$=11+16+6+1=2+3+15+14=13+10+4+7=8+5+9+12=34$$

となっている．したがって，これは，4 次の「完全方陣」である．

なお，両対角線に平行な位置にある切れた対角線は**分離対角線**と呼ばれる．両対角線と分離対角線をあわせて，**汎対角線**（pan-diagonal）という．

4 次方陣 3 種 21 型（880 個）をそれぞれ調べると，完全方陣の条件を満たすものは，A, B, C の各型に 1 つずつの型がある．(A-5)型と(B-6)型と(C-6)型の 3 つである．

（i）(A-5)型の方陣（12 個ある）は，すべて完全方陣である．

8	11	5	10
13	2	16	3
12	7	9	6
1	14	4	15

8	13	3	10
11	2	16	5
14	7	9	4
1	12	6	15

8	10	5	11
13	3	16	2
12	6	9	7
1	15	4	14

8	13	2	11
10	3	16	5
15	6	9	4
1	12	7	14

8	10	3	13
11	5	16	2
14	4	9	7
1	15	6	12

8	11	2	13
10	5	16	3
15	4	9	6
1	14	7	12

12	7	9	6
13	2	16	3
8	11	5	10
1	14	4	15

12	6	9	7
13	3	16	2
8	10	5	11
1	15	4	14

14	7	9	4
11	2	16	5
8	13	3	10
1	12	6	15

14	4	9	7
11	5	16	2
8	10	3	13
1	15	6	12

15	6	9	4
10	3	16	5
8	13	2	11
1	12	7	14

15	4	9	6
10	5	16	3
8	11	2	13
1	14	7	12

（ii）(B-6)型の方陣（24 個ある）も，すべて完全方陣である．

4	9	16	5
15	6	3	10
1	12	13	8
14	7	2	11

4	5	16	9
15	10	3	6
1	8	13	12
14	11	2	7

4	9	16	5
14	7	2	11
1	12	13	8
15	6	3	10

4	5	16	9
14	11	2	7
1	8	13	12
15	10	3	6

6	9	16	3
15	4	5	10
1	14	11	8
12	7	2	13

6	3	16	9
15	10	5	4
1	8	11	14
12	13	2	7

6	9	16	3
12	7	2	13
1	14	11	8
15	4	5	10

6	3	16	9
12	13	2	7
1	8	11	14
15	10	5	4

7	9	16	2
14	4	5	11
1	15	10	8
12	6	3	13

7	2	16	9
14	11	5	4
1	8	10	15
12	13	3	6

7	9	16	2
12	6	3	13
1	15	10	8
14	4	5	11

7	2	16	9
12	13	3	6
1	8	10	15
14	11	5	4

10	5	16	3
15	4	9	6
1	14	7	12
8	11	2	13

10	3	16	5
15	6	9	4
1	12	7	14
8	13	2	11

10	5	16	3
8	11	2	13
1	14	7	12
15	4	9	6

10	3	16	5
8	13	2	11
1	12	7	14
15	6	9	4

11	5	16	2
14	4	9	7
1	15	6	12
8	10	3	13

11	2	16	5
14	7	9	4
1	12	6	15
8	13	3	10

11	5	16	2
8	10	3	13
1	15	6	12
14	4	9	7

11	2	16	5
8	13	3	10
1	12	6	15
14	7	9	4

13	3	16	2
12	6	9	7
1	15	4	14
8	10	5	11

13	2	16	3
12	7	9	6
1	14	4	15
8	11	5	10

13	3	16	2
8	10	5	11
1	15	4	14
12	6	9	7

13	2	16	3
8	11	5	10
1	14	4	15
12	7	9	6

(iii) (C-6) 型の方陣（12 個ある）も，すべて完全方陣である．

2	7	9	16
13	12	6	3
8	1	15	10
11	14	4	5

2	7	9	16
11	14	4	5
8	1	15	10
13	12	6	3

3	6	9	16
13	12	7	2
8	1	14	11
10	15	4	5

3	6	9	16
10	15	4	5
8	1	14	11
13	12	7	2

5	4	9	16
11	14	7	2
8	1	12	13
10	15	6	3

5	4	9	16
10	15	6	3
8	1	12	13
11	14	7	2

9	6	3	16
7	12	13	2
14	1	8	11
4	15	10	5

9	7	2	16
6	12	13	3
15	1	8	10
4	14	11	5

9	4	5	16
7	14	11	2
12	1	8	13
6	15	10	3

9	7	2	16
4	14	11	5
15	1	8	10
6	12	13	3

9	4	5	16
6	15	10	3
12	1	8	13
7	14	11	2

9	6	3	16
4	15	10	5
14	1	8	11
7	12	13	2

4 次の完全方陣は，これら 3 つの型に集中し，また，これらの合計 $12+24+12=48$ 個以外には 1 個もないのは不思議である．これらがすべて，完全方陣としての条件を満たしていることを確かめてほしい．

◎ 4 次完全魔方陣の補数魔方陣は，完全魔方陣である

(A-5)型と(C-6)型の各 12 個の完全方陣は，§20（82 ページ）で述べたように，互いに補数魔方陣である．ともに「流れ図 4」に属する．なお，(B-6)型の補数魔方陣は，自分自身の型の方陣になる．

なお，完全方陣には，完全方陣に固有の次のような「変換」がある．

◎ 完全方陣とシフト変換

行列の変形では，行列の持つある性質を保つ特別な行や列の入れ換えは，しばしば重要な意味をもつ．

完全方陣は，すべての汎対角線で定和をもつから，ただちに次の性質に気付く．

> **性質**　n 次完全方陣においては，
> ① 最下行（第 n 行）を最上行（第 1 行）の上側に移動しても，
> ② 最右列（第 n 列）を最左列（第 1 列）の左側に移動しても，
> つねに，n 次の完全方陣が得られる．

①によって，すべての行（最下行以外）は，1 行ずつ下方にずれていく．対角線も下方にずれていく．②によって，すべての列（最右列以外）は，1 列ずつ右方にずれていく．対角線も右方にずれていく．なお，これらの①,②の変換は，いずれも n 回繰り返すともとの完全方陣に戻る．

この①,②の変換は，**シフト変換**（shift transformation）と呼ばれる．①が**行のシフト変換**で，②が**列のシフト変換**である．

上記の性質は，完全方陣の本質をついた性質である．完全方陣は，「シフト変換により魔方陣の性質を失わない方陣」としても定義できる．

◎ シフト変換による類別（classification）

上記のシフト変換①,②により，1 つの n 次完全方陣から n^2 個の同類（same class）の完全方陣が導かれる．$n=4$ の場合は，1 つの 4 次完全方陣から同類の $4^2=16$ 個の完全方陣が導かれる．

なお，これらの n^2 個からなるグループ（数学用語では，類（class）という）のどの方陣から出発しても，類の構成メンバーは変わらない．どの類も，構成

メンバーは n^2 個である．また，類の間には，共通な方陣はない．

また，どの類も，1 個の代表（representative）を考えることができる．類の代表の選び方は，任意でよい．

◎ 4 次完全方陣の 3 つの代表型

4 次の完全方陣は 98 ページのように 48 個あり，上記より 1 クラス 16 個であるから，4 次完全方陣の異なる類は，$48 \div 16 = 3$ つあることになる．この 3 が，4 次完全方陣の類数（class number）である．

これらの類の代表としては，下記の (I), (II), (III) を採用することができる．ここでは，左下隅が 1 であるものを選んだ．

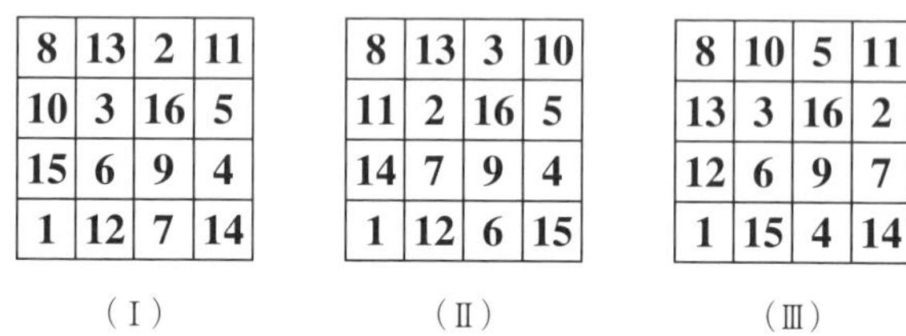

8	13	2	11
10	3	16	5
15	6	9	4
1	12	7	14

（I）

8	13	3	10
11	2	16	5
14	7	9	4
1	12	6	15

（II）

8	10	5	11
13	3	16	2
12	6	9	7
1	15	4	14

（III）

これらが互いに別の類の完全方陣であることは，各方陣において，たとえば，4 数 $\{1, 12, 7, 14\}$ の位置を見れば分かる．

遅れたが，以上の解説を具体例で確認しよう．$n = 4$ の場合には，次のようになっている．

次の [I], [II], [III] の左上隅に示した完全方陣が上記の代表型 (I), (II), (III) である．縦の並びにある 4 個は，左上隅の代表型から「行のシフト変換」によって得られるものであり，横の並びにある 4 個は，「列のシフト変換」によって得られるものである．

[I]　代表型 (I) から導かれる完全方陣（4×4 個）

8	13	2	11
10	3	16	5
15	6	9	4
1	12	7	14

11	8	13	2
5	10	3	16
4	15	6	9
14	1	12	7

2	11	8	13
16	5	10	3
9	4	15	6
7	14	1	12

13	2	11	8
3	16	5	10
6	9	4	15
12	7	14	1

1	12	7	14
8	13	2	11
10	3	16	5
15	6	9	4

14	1	12	7
11	8	13	2
5	10	3	16
4	15	6	9

7	14	1	12
2	11	8	13
16	5	10	3
9	4	15	6

12	7	14	1
13	2	11	8
3	16	5	10
6	9	4	15

15	6	9	4
1	12	7	14
8	13	2	11
10	3	16	5

4	15	6	9
14	1	12	7
11	8	13	2
5	10	3	16

9	4	15	6
7	14	1	12
2	11	8	13
16	5	10	3

6	9	4	15
12	7	14	1
13	2	11	8
3	16	5	10

10	3	16	5
15	6	9	4
1	12	7	14
8	13	2	11

5	10	3	16
4	15	6	9
14	1	12	7
11	8	13	2

16	5	10	3
9	4	15	6
7	14	1	12
2	11	8	13

3	16	5	10
6	9	4	15
12	7	14	1
13	2	11	8

［II］代表型（II）から導かれる完全方陣（4×4 個）

8	13	3	10
11	2	16	5
14	7	9	4
1	12	6	15

10	8	13	3
5	11	2	16
4	14	7	9
15	1	12	6

3	10	8	13
16	5	11	2
9	4	14	7
6	15	1	12

13	3	10	8
2	16	5	11
7	9	4	14
12	6	15	1

1	12	6	15
8	13	3	10
11	2	16	5
14	7	9	4

15	1	12	6
10	8	13	3
5	11	2	16
4	14	7	9

6	15	1	12
3	10	8	13
16	5	11	2
9	4	14	7

12	6	15	1
13	3	10	8
2	16	5	11
7	9	4	14

14	7	9	4
1	12	6	15
8	13	3	10
11	2	16	5

4	14	7	9
15	1	12	6
10	8	13	3
5	11	2	16

9	4	14	7
6	15	1	12
3	10	8	13
16	5	11	2

7	9	4	14
12	6	15	1
13	3	10	8
2	16	5	11

11	2	16	5
14	7	9	4
1	12	6	15
8	13	3	10

5	11	2	16
4	14	7	9
15	1	12	6
10	8	13	3

16	5	11	2
9	4	14	7
6	15	1	12
3	10	8	13

2	16	5	11
7	9	4	14
12	6	15	1
13	3	10	8

［III］代表型（III）から導かれる完全方陣（4×4 個）

8	10	5	11
13	3	16	2
12	6	9	7
1	15	4	14

11	8	10	5
2	13	3	16
7	12	6	9
14	1	15	4

5	11	8	10
16	2	13	3
9	7	12	6
4	14	1	15

10	5	11	8
3	16	2	13
6	9	7	12
15	4	14	1

1	15	4	14
8	10	5	11
13	3	16	2
12	6	9	7

14	1	15	4
11	8	10	5
2	13	3	16
7	12	6	9

4	14	1	15
5	11	8	10
16	2	13	3
9	7	12	6

15	4	14	1
10	5	11	8
3	16	2	13
6	9	7	12

12	6	9	7
1	15	4	14
8	10	5	11
13	3	16	2

7	12	6	9
14	1	15	4
11	8	10	5
2	13	3	16

9	7	12	6
4	14	1	15
5	11	8	10
16	2	13	3

6	9	7	12
15	4	14	1
10	5	11	8
3	16	2	13

13	3	16	2
12	6	9	7
1	15	4	14
8	10	5	11

2	13	3	16
7	12	6	9
14	1	15	4
11	8	10	5

16	2	13	3
9	7	12	6
4	14	1	15
5	11	8	10

3	16	2	13
6	9	7	12
15	4	14	1
10	5	11	8

なお，以上の[I],[II],[III]の合計 $16\times3=48$ 個の方陣の中には，本節の初めに掲げた(A-5)型，(B-6)型，(C-6)型の 48 個とは見かけ上異なるものが含まれているが，適当な回転・裏返しをすれば，全体として一致していることが分かる．

4 次の完全方陣 48 個を初めて書き並べた人は，田中由真（よしざね）（『洛書亀鑑』，1683）であるという．彼は，関孝和と同時代の京都の数学者である．

この「シフト変換」は，完全方陣に固有の変換であるが，この変換を別の視点から見てみよう．

8	13	2	11	8	13	2	11	8	13	2	11
10	3	16	5	10	3	16	5	10	3	16	5
15	6	9	4	15	6	9	4	15	6	9	4
1	12	7	14	1	12	7	14	1	12	7	14
8	13	2	11	8	13	2	11	8	13	2	11
10	3	16	5	10	3	16	5	10	3	16	5
15	6	9	4	15	6	9	4	15	6	9	4
1	12	7	14	1	12	7	14	1	12	7	14

いま，1 つの同じ完全方陣を平面上に，四方八方に無数に隙間なく敷き詰めよう．すると，4×4 の正方形枠をどこに切り取っても，それが魔方陣になっている．

すなわち，各行・各列だけでなく，両対角線上の 4 数の和が，常に一定になっているわけである．

この性質も，完全方陣の本質を突いている．したがって，上記下線部の性質をもつ方陣として，4 次完全方陣を定義することもできる．

なお，このような完全方陣の「シフト変換」は，次数 n にかかわらず可能であるので，次章の§31「5 次の完全方陣」においても出てくる．

§24　4 次完全方陣の解法

前節では，すべての 4 次完全方陣（48 個）を掲げたが，そこに潜んでいる性質については，指摘しなかった．以下に定理のみ羅列するが，前掲の具体例について確認してほしい．

◎ 4 次完全方陣の性質

まず，4（= 2×2）組の 3×3 小正方形に関して，次の定理が成り立つ．

定理 1（3×3 **隅和の法則**） 4 次完全方陣においては，4 組の 3×3 小正方形の 4 隅の数の和は，定和 $S = 34$ に等しい．すなわち，

a	a_1	b_1	b
a_2	a_3	b_3	b_2
d_2	d_3	c_3	c_2
d	d_1	c_1	c

$$a+c_3+b_1+d_2 = 34 \qquad \cdots\cdots①$$

$$a_1+c_2+b+d_3 = 34 \qquad \cdots\cdots②$$

$$a_2+c_1+b_3+d = 34 \qquad \cdots\cdots③$$

$$a_3+c+b_2+d_1 = 34 \qquad \cdots\cdots④$$

である．

［証明］ 第 1 行，第 3 行；第 2 列，第 4 列の 4 数の和は，34 で等しいから，

$$a+a_1+b_1+b = 34, \qquad d_2+d_3+c_3+c_2 = 34$$

$$a_1+a_3+d_3+d_1 = 34, \qquad b+b_2+c_2+c = 34$$

上の 2 式の左辺の和と下の 2 式の左辺の和は，等しいから

$$a+c_3+b_1+d_2 = a_3+c+b_2+d_1 \qquad \cdots\cdots⑤$$

この式の左辺と右辺の和は，主対角線要素の和と汎対角線の 1 つの和に一致するから，34×2 である．よって，⑤の両辺の値はともに $S = 34$ となる．これで，①,④が示された．

同様にして，他の 2 式②,③も成り立つ．　［証明終］

定理 2（3×3 **対角和相等の法則**） 4 次完全方陣においては，4 組の 3×3 小正方形の対角の 2 数の和は相等しい．すなわち，

a	a_1	b_1	b
a_2	a_3	b_3	b_2
d_2	d_3	c_3	c_2
d	d_1	c_1	c

$$a+c_3 = b_1+d_2 \qquad \cdots\cdots⑥$$

$$a_1 + c_2 = b + d_3 \qquad \cdots\cdots ⑦$$

$$a_2 + c_1 = b_3 + d \qquad \cdots\cdots ⑧$$

$$a_3 + c = b_2 + d_1 \qquad \cdots\cdots ⑨$$

である．

［証明］　主対角線要素の和と汎対角線要素の和は等しいから，

$$a + a_3 + c_3 + c = b_1 + a_3 + d_2 + c \ (= 34) \qquad \therefore\ a + c_3 = b_1 + d_2$$

これで，⑥が示された．

他の3式⑦,⑧,⑨についても，同様である．［証明終］

これらの定理1，定理2から，次の定理3が言える．

定理3（3×3 **対角和の法則**）　4次完全方陣においては，4組の3×3小正方形の対角の2数の和はすべて相等しく，$S/2 = 17$ である．すなわち，

a	a_1	b_1	b
a_2	a_3	b_3	b_2
d_2	d_3	c_3	c_2
d	d_1	c_1	c

$$a + c_3 = b_1 + d_2 = 17 \qquad \cdots\cdots ⑩$$

$$a_1 + c_2 = b + d_3 = 17$$

$$a_2 + c_1 = b_3 + d = 17$$

$$a_3 + c = b_2 + d_1 = 17$$

である．

［証明］　定理1, 2の①,⑥より，⑩を得る．他も，同様である．［証明終］

定理3より，4次完全方陣においては，和が17になる2数（相対数）は，必ず斜めに1つおきに位置する．和が17になる2数を線分で結んだ右の図は，4次の完全方陣の連結線模様である．

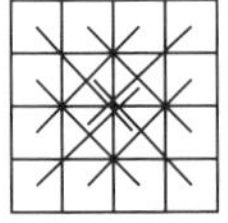

定理A（3×3 **小正方形の対角和の法則**）　4次方陣が完全方陣になるための必要十分条件は，4組の3×3小正方形の対角の2数の和が $S/2 = 17$ であることである．

［証明］　4次の完全方陣においては，すべての3×3小正方形の対角の2数の和は，$S/2 = 17$ であることは上記の定理3の通りである．ここでは，「逆」に

ついてだけ述べる．

4 次方陣のすべての 3×3 小正方形の対角の 2 数の和が $S/2=17$，すなわち，

$$a+c_3=b_1+d_2=17, \qquad a_1+c_2=b+d_3=17$$

$$a_2+c_1=b_3+d=17, \qquad a_3+c=b_2+d_1=17$$

と仮定すると，これらの等式より，主対角線に平行な 4 本の汎対角線上の 4 数の和は，

$$a+a_3+c_3+c=(a+c_3)+(a_3+c)=17+17=34$$

$$a_1+b_3+c_2+d=(a_1+c_2)+(b_3+d)=17+17=34$$

$$b_1+b_2+d_2+d_1=(b_1+d_2)+(b_2+d_1)=17+17=34$$

$$b+a_2+d_3+c_1=(b+d_3)+(a_2+c_1)=17+17=34$$

となる．

また，副対角線に平行な 4 本の汎対角線上の 4 数の和についても，同様である．　[証明終]

◎ 4 次完全方陣の代表型

4 次の完全方陣では，「シフト変換」が可能なので，代表型としては最小数 1 の場所を 4×4 区画の左下隅に $d=1$ と定めても，一般性は失われない．したがって，最大数 16 の入る場所は，上記の定理 A（定理 3）より，$b_3+d=17$ であるから $b_3=16$ となるのである．

ゆえに，4 次の完全方陣の代表型は，次のタイプに限られる．

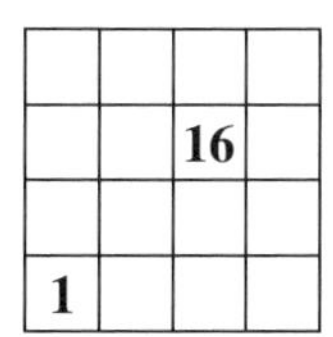

		16	
1			

したがって，4 次完全方陣は，A, B, C の各型に 1 つの型だけしかない．

◎ 9 個の 2×2 小正方形の 4 数の和

3×3 個の 2×2 小正方形に関しても，興味深い性質が潜んでいる．

a	a_1	b_1	b
a_2	a_3	b_3	b_2
d_2	d_3	c_3	c_2
d	d_1	c_1	c

定理 4（**中央** 2×2 **方和の法則**）4 次完全方陣においても，中央部の 2×2 の小正方形内の 4 数の和は定和 34 に等しい．すなわち，

$$a_3+b_3+c_3+d_3=34$$

である．

a	a_1	b_1	b
a_2	a_3	b_3	b_2
d_2	d_3	c_3	c_2
d	d_1	c_1	c

定理 5（**4 辺** 2×2 **方和の法則**）4 次完全方陣においては，

$$a_1+b_1+a_3+b_3=34$$

$$a_2+a_3+d_2+d_3=34$$

$$d_3+c_3+d_1+c_1=34$$

$$b_3+b_2+c_3+c_2=34$$

である．

a	a_1	b_1	b
a_2	a_3	b_3	b_2
d_2	d_3	c_3	c_2
d	d_1	c_1	c

定理 6（**4 隅** 2×2 **方和の法則**）4 次完全方陣においては，

$$a_1+b_1+a_3+b_3=34$$

$$a_2+a_3+d_2+d_3=34$$

$$d_3+c_3+d_1+c_1=34$$

$$b_3+b_2+c_3+c_2=34$$

である．

定理 4 は，§18 の普通の 4 次方陣の性質 1（4 数の和の法則，71 ページ）であるから，完全方陣でも当然成り立つ．また，完全方陣の「シフト変換」によって，この中央の 2×2 の小正方形を左右上下に移動した定理 5，定理 6 の 2×2 小正方形内の 4 数の和はつねに定和 $S=34$ に等しいことは明らかである．

ここで，これらの定理 4，定理 5，定理 6 をまとめて，「定理 B（相結定理）」とする．

定理 B（**相結定理**）4 次完全方陣においては，すべての 2×2 の小正方形（$3\times3=9$ 組ある）内の 4 数の和は一定 $S=34$（相結定和）である．

すなわち，4 次完全方陣は，「**相結**」である．

（注）一般に，偶数方陣において，すべての 2×2 の小正方形内の 4 数の和が一定であるとき，この方陣は「**相結**（compact）」であるといい，その一定値を「**相結定和**」

と呼んでいる．4 次完全方陣の相結定和は，定理 B のように 4 次方陣の定和 $S=34$ である．

なお，この定理 B も，「逆」も成り立つ．すなわち，「4 次方陣において，すべての 2×2 の小正方形（$3\times 3=9$ 組ある）内の 4 数の和が一定 $S=34$ であるならば，その方陣は 4 次の完全方陣である」．読者は，このことを確かめてみよう．

また，次の定理 C は，普通の 4 次方陣の性質 3「斜め菱形対角和の法則」（45 ページ）であるが，完全方陣を作るときにも有用なので，引用の都合で掲げておく．

定理 C（**斜め菱形対角和の法則**）4 次完全方陣においても，斜め菱形の対角の 2 数の和は相等しい．

$$a+c=b_3+d_3$$

$$b+d=a_3+c_3$$

a	a_1	b_1	b
a_2	a_3	b_3	b_2
d_2	d_3	c_3	c_2
d	d_1	c_1	c

準備は終わった．いよいよ，4 次の完全方陣の代表型をすべて作ろう．

◎ **4 次完全方陣の代表型の解法**

方陣には通常 1 から 16 までの数字を使うが，ここでは，作業の簡単化のため 0 から 15 までの数字を用いることにする．すると，完全方陣の最小の 0 と最大の 15 の位置は，定理 A より，105 ページの図から，次図のように定まる．

いま，15 の周り（左右上下）の数を，右図のように a,b,c,d とする．a,b,c,d は，いずれも左下隅 (あるいは，枠外) の 0 から見て，いわゆる「小桂馬」の位置にあり，0 に関して同一視される場所である．

0				**0**
		c		
	a	**15**	b	
		d		
0				**0**

まず，定理 A より，4 組の 3×3 小正方形の対角和は 15 であるから，第 1 列と第 4 行にある 4 か所の空所が，次ページ上図のように $15-d, 15-c, 15-b, 15-a$ と直ちに定まる．すると，第 1 列，第 4 行に残っている空所は，定和が 30 であるから，それぞれ $c+d, a+b$ となる．

15$-d$		c	$x=a+d$
$c+d$	a	**15**	b
15$-c$		d	
0	**15**$-b$	$a+b$	**15**$-a$

次に，右上隅の数を x とすると，定理 C より，斜め菱形の対角和は相等しいから，$0+x=a+d$ であるから，$x=a+d$ となる．

すると，定理 B（相結定理）により，右上隅の 2×2 配列の 4 数の和 $c+(a+d)+15+b$ は，定和 30 であるから，

$$c+(a+d)+15+b=30 \qquad \therefore \quad a+b+c+d=15 \qquad \cdots\cdots ①$$

ゆえに，残っている 3 か所の空所（右上隅の 3×3 配列の左上隅，左下隅，右下隅）は，定理 B（相結定理）により任意の 2×2 配列の 4 数の和が $15+a+b+c+d$ であるから，それぞれ $b+d, b+c, a+c$ となる．これは，第 1 行・第 4 列・副対角線の定和が $15+a+b+c+d$ であることからも分かる．

なお，① より，$15-a=b+c+d$，$15-b=a+c+d$，$15-c=a+b+d$，$15-d=a+b+c$ である．

15$-d$	$b+d$	c	$a+d$
$c+d$	a	**15**	b
15$-c$	$b+c$	d	$a+c$
0	**15**$-b$	$a+b$	**15**$-a$

4次の完全方陣の構造図

ここで，① より $a+b+c+d=15$ であるから，この図は 4 次の完全方陣としての性質をもつ．定和は 30 である．これが 4 次完全方陣の構造図である．

a,b,c,d に異なる数値を代入して，1 から 15 までの異なる数が並ぶようにするために，2 進法の基底（base）：$2^0, 2^1, 2^2, 2^3$ を使って，$\{a,b,c,d\}=\{1,2,4,8\}$ とする．

さて，前ページで述べたように a,b,c,d の位置は 0 に関して対等であるから，$a=1$ と固定しても一般性を失わない．したがって，b の値としては，残りの $b=2,4,8$ の 3 通りの場合が考えられる．残りの c と d であるが，c と d は，0 に関する位置は対等（右上隅の外側角にも 0 がある）であるから，$c<d$ として

も一般性を失わない．よって，c と d は 1 通りに定まる．そこで，$b=2,4,8$ の各場合について，枡目の数を算出すれば，次のような 3 つの代表型が完成する．

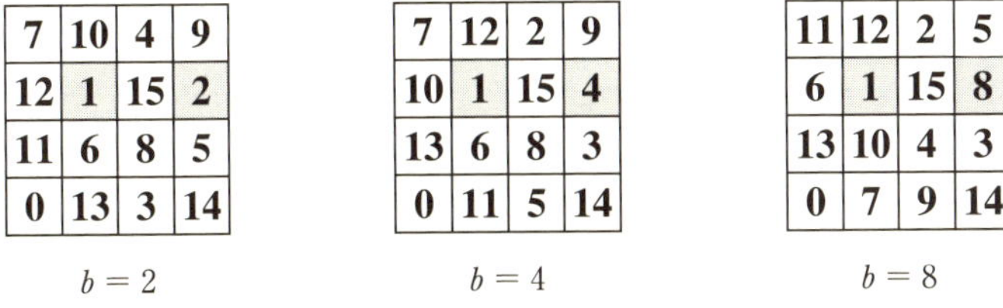

7	10	4	9
12	1	15	2
11	6	8	5
0	13	3	14

$b=2$

7	12	2	9
10	1	15	4
13	6	8	3
0	11	5	14

$b=4$

11	12	2	5
6	1	15	8
13	10	4	3
0	7	9	14

$b=8$

これらの各数に 1 を加えれば，1 から 16 までの数からなる普通の 4 次完全方陣の代表型を得る．

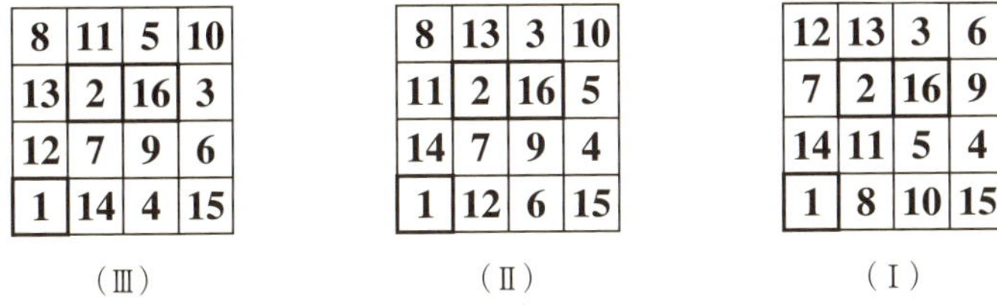

8	11	5	10
13	2	16	3
12	7	9	6
1	14	4	15

（Ⅲ）

8	13	3	10
11	2	16	5
14	7	9	4
1	12	6	15

（Ⅱ）

12	13	3	6
7	2	16	9
14	11	5	4
1	8	10	15

（Ⅰ）

これらが，異なる代表型であることは，たとえば，{1,8,12,13}, {1,8,11,14}, {1,8,10,15} の組合せを見れば，すぐに確認できる．4 次完全方陣の代表型は，上記の 3 種類である．

なお，上記左側の図は前節§23 における代表型(III)，中央の図は代表型(II)，右側の図は代表型(I)と同類である．

§25　4 次の対称魔方陣（48 個）

中心に関して対称の位置にある 2 数の和がすべて一定（n^2+1）になっている方陣が，n 次の**対称魔方陣**（symmetric magic square）である．

4 次の対称魔方陣の場合，和が 17 となる 2 数を線分で結んだ 17 連結線模様は，§7「魔方陣の連結線模様」でも掲げたように，右のようなものである．

4 次の場合，最小数 1 と最大数 16 は中心に関して対称な位置にあるので，4 次の対称魔方陣は，A, B, C の各型に 1 つずつの型がある．次の 3 つの型の他にはあり得ないことは明らかである．

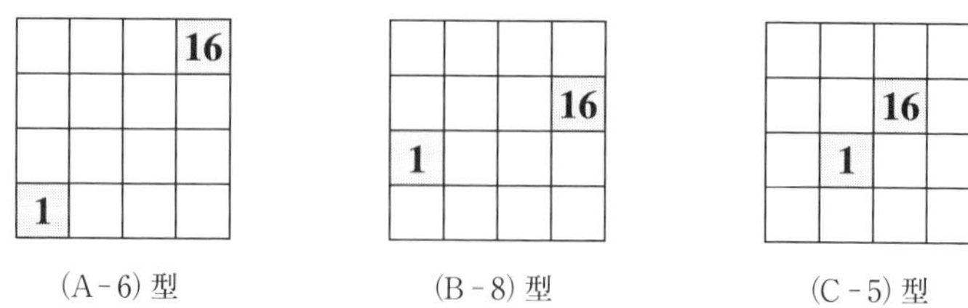

(A - 6) 型　　(B - 8) 型　　(C - 5) 型

実際に調べてみると，上記の 3 つの型の方陣はすべて対称魔方陣である．

（i）（A-6）型は，§22（95 ページ）で述べたように 12 個あるが，すべて対称魔方陣である．

10	5	3	16
15	4	6	9
8	11	13	2
1	14	12	7

10	3	5	16
15	6	4	9
8	13	11	2
1	12	14	7

10	5	3	16
8	11	13	2
15	4	6	9
1	14	12	7

10	3	5	16
8	13	11	2
15	6	4	9
1	12	14	7

11	5	2	16
14	4	7	9
8	10	13	3
1	15	12	6

11	2	5	16
14	7	4	9
8	13	10	3
1	12	15	6

11	5	2	16
8	10	13	3
14	4	7	9
1	15	12	6

11	2	5	16
8	13	10	3
14	7	4	9
1	12	15	6

13	3	2	16
12	6	7	9
8	10	11	5
1	15	14	4

13	2	3	16
12	7	6	9
8	11	10	5
1	14	15	4

13	3	2	16
8	10	11	5
12	6	7	9
1	15	14	4

13	2	3	16
8	11	10	5
12	7	6	9
1	14	15	4

（ii）（B-8）型の 24 個も，すべて対称魔方陣である．

8	10	11	5
13	3	2	16
1	15	14	4
12	6	7	9

8	11	10	5
13	2	3	16
1	14	15	4
12	7	6	9

8	10	13	3
11	5	2	16
1	15	12	6
14	4	7	9

8	13	10	3
11	2	5	16
1	12	15	6
14	7	4	9

8	11	13	2
10	5	3	16
1	14	12	7
15	4	6	9

8	13	11	2
10	3	5	16
1	12	14	7
15	6	4	9

12	6	7	9
13	3	2	16
1	15	14	4
8	10	11	5

12	7	6	9
13	2	3	16
1	14	15	4
8	11	10	5

12	6	13	3
7	9	2	16
1	15	8	10
14	4	11	5

12	13	6	3
7	2	9	16
1	8	15	10
14	11	4	5

12	7	13	2
6	9	3	16
1	14	8	11
15	4	10	5

12	13	7	2
6	3	9	16
1	8	14	11
15	10	4	5

14	4	7	9
11	5	2	16
1	15	12	6
8	10	13	3

14	7	4	9
11	2	5	16
1	12	15	6
8	13	10	3

14	4	11	5
7	9	2	16
1	15	8	10
12	6	13	3

14	11	4	5
7	2	9	16
1	8	15	10
12	13	6	3

14	7	11	2
4	9	5	16
1	12	8	13
15	6	10	3

14	11	7	2
4	5	9	16
1	8	12	13
15	10	6	3

15	4	6	9
10	5	3	16
1	14	12	7
8	11	13	2

15	6	4	9
10	3	5	16
1	12	14	7
8	13	11	2

15	4	10	5
6	9	3	16
1	14	8	11
12	7	13	2

15	10	4	5
6	3	9	16
1	8	14	11
12	13	7	2

15	6	10	3
4	9	5	16
1	12	8	13
14	7	11	2

15	10	6	3
4	5	9	16
1	8	12	13
14	11	7	2

(iii)（C-5）型の12個も，すべて対称魔方陣である．

4	14	5	11
9	7	16	2
15	1	10	8
6	12	3	13

4	15	5	10
9	6	16	3
14	1	11	8
7	12	2	13

6	12	3	13
9	7	16	2
15	1	10	8
4	14	5	11

6	15	3	10
9	4	16	5
12	1	13	8
7	14	2	11

7	12	2	13
9	6	16	3
14	1	11	8
4	15	5	10

7	14	2	11
9	4	16	5
12	1	13	8
6	15	3	10

10	15	3	6
5	4	16	9
8	1	13	12
11	14	2	7

10	15	5	4
3	6	16	9
8	1	11	14
13	12	2	7

11	14	2	7
5	4	16	9
8	1	13	12
10	15	3	6

11	14	5	4
2	7	16	9
8	1	10	15
13	12	3	6

13	12	2	7
3	6	16	9
8	1	11	14
10	15	5	4

13	12	3	6
2	7	16	9
8	1	10	15
11	14	5	4

以上のように，4次の対称魔方陣は，これら3つの型に集中し，合計 $12+24+12=48$ 個ある．

なお，これらの48個の4次の対称方陣と前記の48個の4次の完全方陣とは，まったく別の方陣である．すなわち，4次の対称方陣であり，かつ完全方陣であるものはない．このことは，完全方陣の1と16の位置を見れば明らかである．

◎ **4次の対称魔方陣は準完全魔方陣である**

（1） 4次の称魔方陣では，2本の分離対角線が

$$a_1+a_2+c_2+c_1=34 \qquad (a_1+c_1=17,\ a_2+c_2=17)$$

$$b_1+b_2+d_2+d_1=34 \qquad (b_1+d_1=17,\ b_2+d_2=17)$$

a	a_1	b_1	b
a_2	a_3	b_3	b_2
d_2	d_3	c_3	c_2
a	d_1	c_1	c

であるから，完全魔方陣の汎対角線条件の一部の条件をもっている．4次の対称魔方陣では，8本の汎対角線の中で4本の対角線において，定和34を与える．

（2）（4次の対称魔方陣の性質）上記の48個の対称魔方陣を見て分かるように，どの4次の対称魔方陣でも，4隅の4個の 2×2 正方形内の4数の和は定和34となっている．これは，4次の対称魔方陣の性質である．

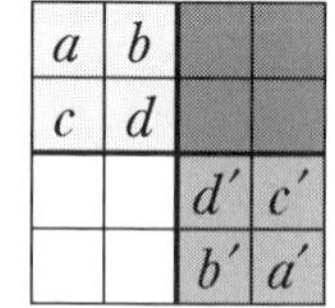

［証明］ 4次の対称方陣では，$a+a'=17$，$b+b'=17$，$c+c'=17$，$d+d'=17$ であるから，左上の 2×2 正方形内の4数と右下の 2×2 正方形内の4数の和は，17×4 である．

ところで，第1行と第2行にある8数の和と第3列と第4列にある8数の和は相等しいから，それらの共通部分である右上隅の 2×2 正方形（網かけ部分）内の4数を取り除くと，左上の 2×2 正方形内の4数の和と右下の 2×2 正方形内の4数の和は相等しいことが分かる．

したがって，左上の 2×2 正方形内の4数の和と右下の 2×2 正方形内の4数の和は，ともに $17\times2=34$ である．

同様に，右上の 2×2 正方形内の4数の和と左下の 2×2 正方形内の4数の和も，ともに $17\times2=34$ である．［証明終］

完全魔方陣では，すべての 2×2 正方形内の4数の和が34であるが，対称魔方陣は，その一部の性質をもつことになる．なお，中央の 2×2 正方形内の4数の和が34であるのは，4次方陣一般の性質である．

対称魔方陣には，対称魔方陣に特有の変換がある．4次の対称魔方陣の性質を失わない「行や列の入れ換え法」に，次のようなものがある．

◎ 4次対称魔方陣の行操作・列操作

4次の対称魔方陣においては，次のような行や列の変換①,②,③を次々に行うことによって，異なる対称魔方陣が得られる．これらの変換は，4次対称魔方陣の**行操作**，**列操作**と呼ばれる．

行操作：
- ① 第1行と第4行を入れ換える．
- ② 第1行と第2行，同時に，第3行と第4行を入れ換える．
- ③ 第2行と第3行を入れ換える．

列操作：
- ④ 第 1 列と第 4 列を入れ換える．
- ⑤ 第 1 列と第 2 列，同時に，第 3 列と第 4 列を入れ換える．
- ⑥ 第 2 列と第 3 列を入れ換える．

たとえば，下図の左上隅の対称魔方陣を基にして，①,②,③の行操作によって，横方向の対称魔方陣が，また④,⑤,⑥の列操作によって，縦方向の対称魔方陣が，全部で $4\times4=16$ 個できる．

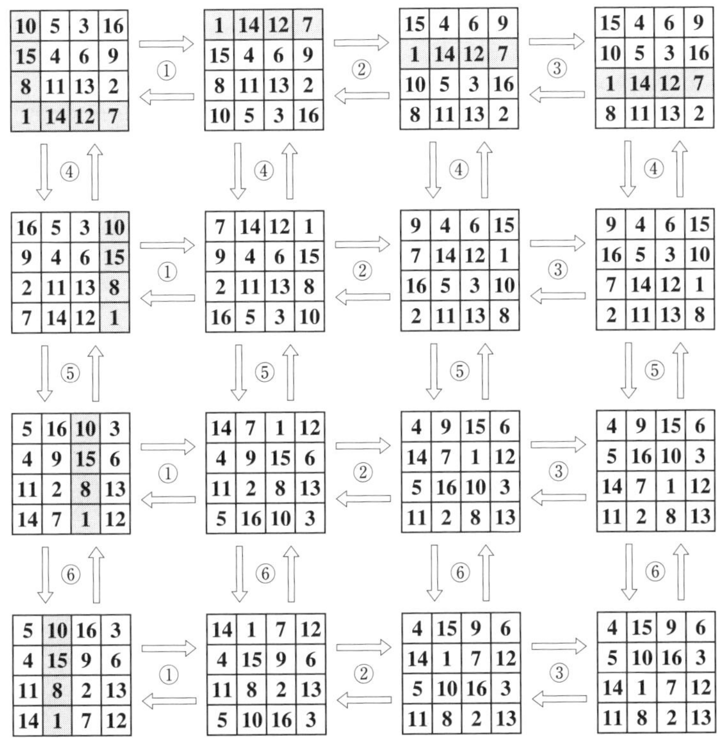

この対称魔方陣の「行操作」,「列操作」の変換と 16 個のグループは，前節の完全方陣の「シフト変換」の場合と，形式がよく似ている．

◎ 行操作・列操作による類別と 3 つの代表型

上図の左上隅の対称魔方陣は，110 ページの（A-6）型の最初の方陣である．それは，上記の 16 個からなる類（class）の代表（representative）と考えることができる．

なお，これら16個のどの方陣からこの変換を出発しても，この類の（対称）方陣となる．よって，代表（型）としては，これら16個の中のどの方陣を選んでもよい．

対称魔方陣の場合には，「行操作・列操作」による類別（classification）が可能なわけである．

1つの類は16個の方陣から構成されるので，4次の対称魔方陣48個は，完全方陣の場合と同様に，（48÷16＝）3つの類に類別される．これらの類に共通な方陣はない．

対称魔方陣の3つの代表型としては，たとえば，次を選ぶことができる．

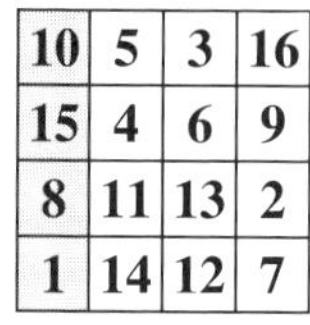

10	5	3	16
15	4	6	9
8	11	13	2
1	14	12	7

代表型 I

11	5	2	16
14	4	7	9
8	10	13	3
1	15	12	6

代表型 II

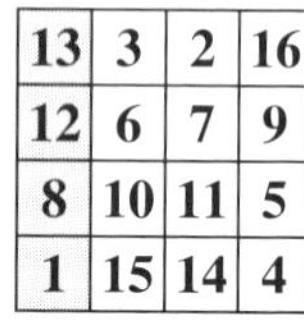

13	3	2	16
12	6	7	9
8	10	11	5
1	15	14	4

代表型 III

なお，上記の3つの対称方陣が互いに別種の代表型であることは，たとえば，1つの列に含まれる数に着目して，$\{1,8,10,15\}$, $\{1,8,11,14\}$, $\{1,8,12,13\}$ の組合せを見れば，すぐに分かる．

上記の代表型 I は，前掲（110ページ）の(A-6)型の最初の方陣であり，代表型 II は，(A-6)型の2段目の最初の方陣である．また，代表型 III は，(A-6)型の3段目の最初の方陣である．

ここでは，代表型を，いずれも(A-6)型から選んだが，(B-8),(C-5)型から選ぶこともできる．

ところで，対称魔方陣は，ある変換を施せば完全魔方陣に変換できる．対称魔方陣の連結線模様（連結型）を，完全魔方陣の連結線模様（連結型）に変える大技があるのである．

◎ 対称魔方陣（48個）から完全魔方陣（48個）を作る —— 交換様式 6

4次のすべての対称魔方陣は，次のような変換により，完全方陣に変形できる．

① 第1行と第2行を交換し，さらに，

② 第 3 列と第 4 列を交換する．

たとえば，

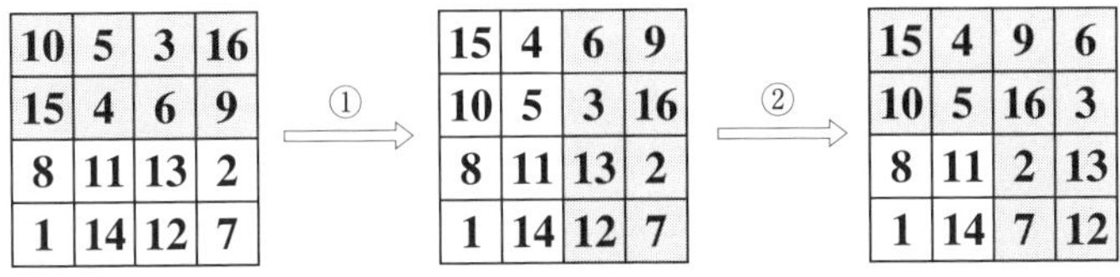

対称魔方陣　　　　　　完全魔方陣

この変換は，結果的には，§20 における交換様式 6 による変換である．

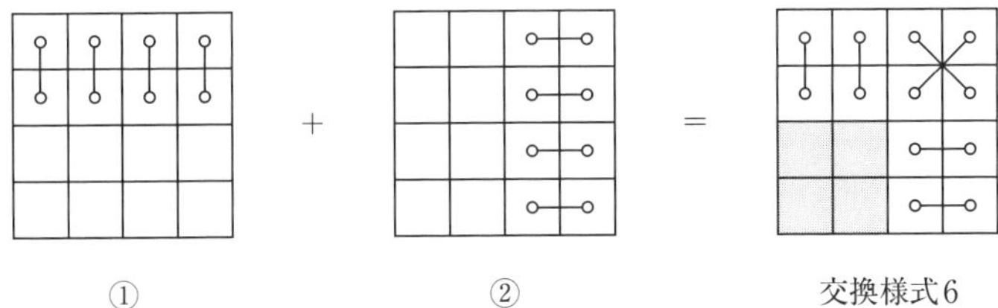

①　　　　②　　　　交換様式6

逆に，この交換様式 6 により，完全魔方陣から対称魔方陣を作ることもできる．

前に，§21 の流れ図 4, 5（85, 86 ページ）でも述べたが，4 次の対称魔方陣と完全魔方陣は，次のように交換様式 6 で結ばれているのであった．

(A-6) 型の**対称**魔方陣　$\overset{\text{交換様式 6}}{\Longleftrightarrow}$　(A-5) 型の**完全**魔方陣

(B-8) 型の**対称**魔方陣　$\overset{\text{交換様式 6}}{\Longleftrightarrow}$　(B-6) 型の**完全**魔方陣

(C-5) 型の**対称**魔方陣　$\overset{\text{交換様式 6}}{\Longleftrightarrow}$　(C-6) 型の**完全**魔方陣

そこで，対称魔方陣の総数と完全魔方陣の総数は，相等しく $12+24+12=48$ 個なのであった．

§26　4 次の補助方陣

方陣は，2 つの直交する補助方陣を使って作ることができることについては，§9 で述べた．4×4 の補助方陣には 1, 2, 3, 4 を使う．それら 4 数の和は 10 である．ここでは，定和 10 をもつ 2 つの補助方陣について紹介する．

（1）　行または列に同じ数が 2 個ずつ入った補助方陣

左端の "自然配列" の両対角線にある数を逆順にすると，中央の補助方陣が完成する．続いて，完成した中央の補助方陣において，第 1 行と第 2 行を入れ替え，さらに第 1 列と第 2 列を入れ替えると，右端の補助方陣ができる．

両図とも，列において同じ文字（a と d，b と c）が 2 つずつ入っている．そこで，定和を 10 とするために，2 組の 2 数の和を 5 とする．すなわち，$a+d=5$ かつ $b+c=5$ とする．

a	b	c	d
a	b	c	d
a	b	c	d
a	b	c	d

自然配列

d	b	c	a
a	c	b	d
a	c	b	d
a	b	c	a

補助方陣

c	a	b	d
b	d	c	a
c	a	b	d
b	d	c	a

補助方陣

①　一つ目の補助方陣（中央図）において，$a=1$，$b=2$，$c=3$，$d=4$ とおいたものが，下の左側図であり，その行と列を入れ替えたものが中央図である．右端は，左側図の各数に中央図の各数から 1 を引いた数を 4 倍した数を加えて作った 4 次方陣である．

中央の補助方陣の各文字に $a+d=5$，$b+c=5$ なる条件を付けたから，対称方陣ができている．

4	2	3	1
1	3	2	4
1	3	2	4
4	2	3	1

4	1	1	4
2	3	3	2
3	2	2	3
1	4	4	1

16	2	3	13
5	11	10	8
9	7	6	12
4	14	15	1

②　2 つ目の補助方陣において，$a=1$，$b=2$，$c=3$，$d=4$ とおいたものが，次の左端図で，その行と列を入れ替えたものが中央図である．右端は，これらから上と同様にして作った 4 次方陣である．右側の補助方陣の各文字に，$a+d=5$，$b+c=5$ なる条件を付けたから，これは完全方陣である．

3	1	2	4
2	4	3	1
3	1	2	4
2	4	3	1

3	2	3	2
1	4	1	4
2	3	2	3
4	1	4	1

11	5	10	8
2	16	3	13
7	9	6	12
14	4	15	1

③ 実は，初めに作った 2 つの補助方陣は，a,b,c,d の値にかかわらず直交する．たとえば，1 つ目の補助方陣では $a=1$, $b=2$, $c=3$, $d=4$, 二つ目の補助方陣では $a=3$, $b=4$, $c=1$, $d=2$ とおいたものが，次図である．右端は，これらから上と同様にして作った 4 次方陣である．

4	2	3	1
1	3	2	4
1	3	2	4
4	2	3	1

1	3	4	2
4	2	1	3
1	3	4	2
4	2	1	3

4	10	15	5
13	7	2	12
1	11	14	8
16	6	3	9

（2） 対角線に同じ数が 2 個ずつ入った補助方陣

次の左側の補助方陣列では，両対角線において同じ文字（a と d, b と c）が 2 つずつ入っている．そこで，両対角線上でも定和を 10 とするために，$a+d=5$ かつ $b+c=5$ とする．

この補助方陣では，右上隅と左下隅が同じ数であるから，行と列を入れ替えたのでは同じ数が出てきて直交しない．そこで，右側のような直交する補助方陣を用意しなければならない．

a	b	c	d
c	d	a	b
b	c	d	a
d	a	b	c

A	B	C	D
D	C	B	A
B	A	D	C
C	D	A	B

これらはともに完全型で，互いに直交している．たとえば，$a=A=4$, $b=B=2$, $c=C=3$, $d=D=1$（$a+d=A+D=5$；$b+c=B+C=5$）とおくと，上と同様にして 次の完全方陣ができる．

4	2	3	1
3	1	4	2
2	4	1	3
1	3	2	4

1	4	3	2
4	1	2	3
2	3	4	1
3	2	1	4

4	14	11	5
15	1	8	10
6	12	13	3
9	7	2	16

（3）行，列および両対角線に異なる文字が入っている直交する 2 つの補助方陣

例 1（万能補助方陣）

a	d	c	b
c	b	a	d
b	c	d	a
d	a	b	c

A	B	C	D
D	C	B	A
B	A	D	C
C	D	A	B

a, b, c, d；A, B, C, D には 1, 2, 3, 4 を自由に代入してよいので，多くの 4 次方陣ができる．

たとえば，$a = A = 1$，$b = B = 2$，$c = C = 3$，$d = D = 4$ とおくと，$a+d = A+D = 5$，$b+c = B+C = 5$ であるから，完全方陣ができる．

1	4	3	2
3	2	1	4
2	3	4	1
4	1	2	3

1	2	3	4
4	3	2	1
2	1	4	3
3	4	1	2

1	8	11	14
15	10	5	4
6	3	16	9
12	13	2	7

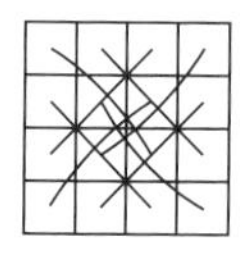

たとえば，$a = 1$，$b = 2$，$c = 4$，$d = 3$；$A = 1$，$B = 4$，$C = 3$，$D = 2$ とおくと，$a+c = A+B = 5$，$b+d = C+D = 5$ であるから，対称方陣ができる．

1	3	4	2
4	2	1	3
2	4	3	1
3	1	2	4

1	4	3	2
2	3	4	1
4	1	2	3
3	2	1	4

1	15	12	6
8	10	13	3
14	4	7	9
11	5	2	16

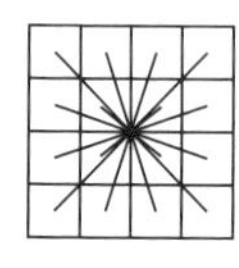

また，$a = 4$，$b = 1$，$c = 3$，$d = 2$；$A = 3$，$B = 4$，$C = 2$，$D = 1$ とおくと，$a+b = c+d = A+C = B+D = 5$ であるから，右端の 17 連結線模様をもつ 4 次方陣が得られる．

4	2	3	1
3	1	4	2
1	3	2	4
2	4	1	3

3	4	2	1
1	2	4	3
4	3	1	2
2	1	3	4

12	14	7	1
3	5	16	10
13	11	2	8
6	4	9	15

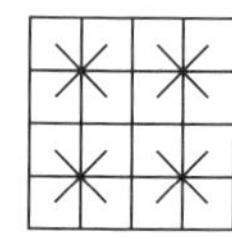

例 2（万能補助方陣）

a	d	c	b
d	c	b	a
b	a	d	c
c	d	a	b

A	B	C	D
C	D	A	B
D	C	B	A
B	A	D	C

a,b,c,d；A,B,C,D には 1, 2, 3, 4 を自由に代入してよいので，多くの 4 次方陣ができる．たとえば，

① 条件：$a+d=b+c=5$；$A+B=C+D=5$ を付ければ，完全方陣（図略）ができる．

② 条件：$a+b=c+d=5$；$A+C=B+D=5$ を付ければ，対称方陣（図略）ができる．

また，

③ $a=A=1$, $b=B=2$, $c=C=3$, $d=D=4$ とおくと，$a+d=b+c=A+D=B+C=5$ であるから，右端の 17 連結線模様をもつ 4 次方陣が得られる．

1	**2**	**3**	**4**
4	**3**	**2**	**1**
2	**1**	**4**	**3**
3	**4**	**1**	**2**

1	**2**	**3**	**4**
3	**4**	**1**	**2**
4	**3**	**2**	**1**
2	**1**	**4**	**3**

1	**6**	**11**	**16**
12	**15**	**2**	**5**
14	**9**	**8**	**3**
7	**4**	**13**	**10**

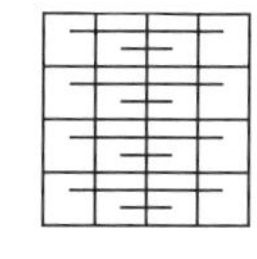

例 3（万能補助方陣）

c	a	b	d
b	d	c	a
d	b	a	c
a	c	d	b

D	B	C	A
A	C	B	D
B	D	A	C
C	A	D	B

同様に，a,b,c,d；A,B,C,D には 1, 2, 3, 4 を自由に代入してよいので，多くの 4 次方陣ができる．条件：$a+d=b+c=5$；$A+B=C+D=5$ を付ければ，完全方陣が，条件：$a+b=c+d=5$；$A+C=B+D=5$ を付ければ，対称方陣ができる．

また，条件：$a+d=b+c=5$；$A+D=B+C=5$ を付ければ，次のような 17 連結線模様をもつ 4 次方陣が得られる．たとえば，$a=4$, $b=2$, $c=3$, $d=$

1；$A=4,\ B=3,\ C=2,\ D=1$ とおくと，

3	4	2	1
2	1	3	4
1	2	4	3
4	3	1	2

1	3	2	4
4	2	3	1
3	1	4	2
2	4	1	3

3	12	6	13
14	5	11	4
9	2	16	7
8	15	1	10

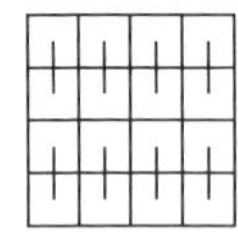

以上は定和 10 をもつ 2 つの直交する補助方陣を使って 4 次方陣を作ってきた．方陣を作るとき，直交条件は絶対必要であるが，定和性は必ずしも必要ではない．

最後に，2 つの補助方陣が，ともに両対角線で定和 10 をもたないが，方陣になる実例を挙げておこう．

4	4	1	1
3	3	2	2
1	1	4	4
2	2	3	3

4	1	2	3
4	1	3	2
1	4	2	3
1	4	3	2

16	4	5	9
15	3	10	6
1	13	8	12
2	14	11	7

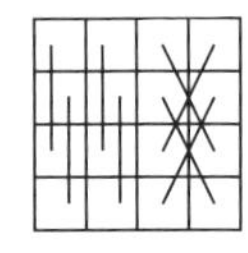

1	4	1	4
4	1	4	1
2	3	2	3
3	2	3	2

1	3	4	2
4	3	1	2
1	2	4	3
4	2	1	3

1	12	13	8
16	9	4	5
2	7	14	11
15	6	3	10

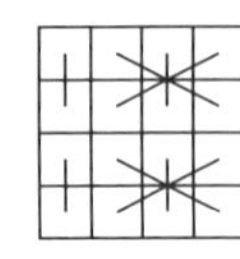

〔コラム 4〕 **17 の連結線模様（連結型）による分類**

和が 17 となるような 2 数の組は，$\{1,16\},\{2,15\},\{3,14\},\{4,13\},\{5,12\},$ $\{6,11\},\{7,10\},\{8,9\}$ の 8 組ある．17 に関して補数関係にある 2 数の組である．この 17 は，方陣の最小数 1 と最大数 16 の和である．方陣の中にあるこれらの 2 数を線分で結ぶと，ある模様が出現する．このときの線分を 17 の連結線（complement pair line）という．17 の連結線は，8 本ある．17 の連結線の作る模様図は，連結型（complement pair pattern）と呼ばれる．

4 次方陣の連結型は 12 種類ある．アンドリュース，“Magic squares and cubes”（Dover, 1960）に，この 12 種類の図が載っている．同著によれば，この 12 種類を初めて完成したのは，デュードニーであるという．4 次方陣は，この連結型により分類することができる．

佐藤穂三郎は著書『数のパズル 方陣』（1959）において，4 次方陣 880 通りを，この連結型により分類している．いずれも美しい連結線模様である．同著の第三章「偶数方陣」の「四方陣」には，次のようにある．

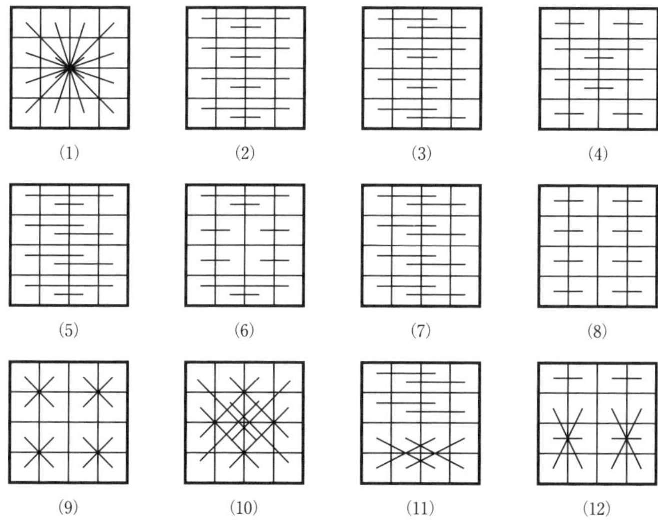

(1)の型には 48 個，(2)の型には 304 個，(3),(4),(5),(6)の型には各 56 個ずつ，(7),(8)の型には各 96 個，(9),(10)の型には各 48 個，(11),(12)の型には各 8 個，合計 880 個の方陣が完成する．と．

すべての 17 の連結線が中心に関して対称である(1)が，対称魔方陣の連結型である．また，(10)は完全方陣の連結型であり，これら 12 種類以外の連結型はないことも興味深い．

3	6	25	16	15
22	12	19	8	4
5	9	13	17	21
24	18	7	14	2
11	20	1	10	23

安藤有益『奇偶方数』

17	8	12	6	22
18	9	14	4	20
15	11	13	25	1
5	16	2	23	19
10	21	24	7	3

平山 諦『方陣の話』

第5章

5次の魔方陣

5 次の魔方陣についても，古来，多くの方陣研究者が取り組んだ．上記の 5 次方陣は，安藤有益の『奇偶方数』(1697) と，平山諦の『方陣の話』(1954) の中に見られるものである．

5 次の魔方陣の総数を求めることは，当初本書の大きなテーマであった．この結論を出すために，C 言語を自学しプログラミングに多くの時間を使った．4 次の場合と同様に型に分けて探索した．調査の結果，5 次方陣の総数は 275305224 個であった．さらに，5 次の完全魔方陣について考察し，144 種類 3600 通りを求めた．また，5 次の対称魔方陣 48544 通りについても言及した．

§27　5 次の魔方陣

5 次方陣は，§10「奇数方陣の作り方」によれば，代表的なものをいくつかは作ることができる．しかし，それら以外にも，5 次方陣はいくらでもある．4 次方陣の場合とは比べものにならない個数である．

5 次方陣には中心数がある．次に，中心数が異なるものの実例を掲げよう．定和は，65 である．

4	8	23	10	20
7	25	19	12	2
24	18	1	16	6
9	11	17	13	15
21	3	5	14	22

5	6	12	18	24
1	19	25	7	13
20	21	2	14	8
17	10	11	23	4
22	9	15	3	16

8	25	16	4	12
2	19	15	23	6
20	7	3	11	24
21	13	9	17	5
14	1	22	10	18

21	10	12	3	19
9	18	25	11	2
13	22	4	20	6
5	14	16	7	23
17	1	8	24	15

17	1	8	15	24
3	12	19	21	10
14	23	5	7	16
25	9	11	18	2
6	20	22	4	13

19	5	12	14	15
9	13	1	25	17
23	18	6	2	16
3	8	24	20	10
11	21	22	4	7

2	9	11	18	25
15	17	24	1	8
23	5	7	14	16
6	13	20	22	4
19	21	3	10	12

7	5	23	16	14
25	11	2	9	18
17	24	8	15	1
3	21	10	19	12
13	4	22	6	20

1	10	22	14	18
19	23	15	2	6
13	17	9	21	5
7	11	3	20	24
25	4	16	8	12

6	15	2	19	23
5	21	17	13	9
22	14	10	18	1
24	11	20	3	7
8	4	16	12	25

8	16	4	25	12
2	15	23	19	6
20	3	11	7	24
21	9	17	13	5
14	22	10	1	18

9	13	5	21	17
3	7	24	20	11
16	25	12	8	4
22	1	18	14	10
15	19	6	2	23

1	12	24	23	5
8	19	10	17	11
20	22	13	4	6
15	9	16	7	18
21	3	2	14	25

6	15	2	23	19
5	9	21	17	13
18	22	14	10	1
24	3	20	11	7
12	16	8	4	25

8	25	16	4	12
20	7	3	11	24
2	19	15	23	6
21	13	9	17	5
14	1	22	10	18

10	1	22	18	14
17	13	9	5	21
4	25	16	12	8
23	19	15	6	2
11	7	3	24	20

1	22	10	14	18
19	15	23	2	6
13	9	17	21	5
7	3	11	20	24
25	16	4	8	12

2	15	6	23	19
20	11	24	3	7
14	10	18	22	1
21	17	5	9	13
8	4	12	16	25

3	20	7	24	11
16	8	25	12	4
15	2	19	6	23
22	14	1	18	10
9	21	13	5	17

2	9	11	18	25
19	21	3	10	12
6	13	20	22	4
23	5	7	14	16
15	17	24	1	8

4	16	8	25	12
11	3	20	7	24
17	9	21	13	5
23	15	2	19	6
10	22	14	1	18

6	24	20	13	2
16	8	12	11	18
1	9	22	23	10
17	5	7	15	21
25	19	4	3	14

3	20	11	24	7
16	8	4	12	25
15	2	23	6	19
22	14	10	18	1
9	21	17	5	13

16	22	6	17	4
11	1	13	15	25
8	9	24	5	19
18	10	2	21	14
12	23	20	7	3

12	21	3	10	19
23	7	14	16	5
9	18	25	2	11
20	4	6	13	22
1	15	17	24	8

5 次方陣にも完全方陣や対称方陣が存在する．上記の 25 個の中には，完全方陣はないが対称方陣は一つだけある．それはどれか．完全方陣や対称方陣はごく一部なのである．

これらの 5 次方陣を見渡しても，一般の 5 次方陣に固有で特有な性質は見つからない．たとえば，4 隅と中央数の 5 数の和は，常に定和 65 であるというような性質は存在しない．5 次以上になると，既に法則性の見当たらない組合せの世界に入ってしまうように思われるのである．5 次方陣は，全部で 275305224 個あるが，パソコンを使わずして人力で解明することは不可能であろう．パソコンを使っても簡単ではないのである．

§28　5 次方陣の型

◎ 最小数の位置による分類 —— 6 つの型

5 次方陣について調べるときも，4 次方陣の場合と同様に，最小の数 1 に着目し，その入り得る場所について考える．1 はもちろん，25 個の空欄のどこにでも入り得るわけであるが，回転・裏返ししたものは同一視するので，その入る場所としては下図に示す 6 通りと考えても一般性は失われない．

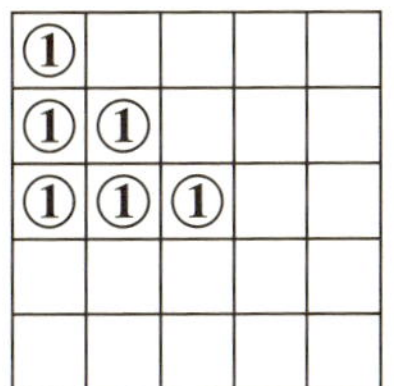

本論では，これらの各型を次のように A 型，B 型，C 型，D 型，E 型，F 型と呼ぶことにする．

①				

A 型

①				

B 型

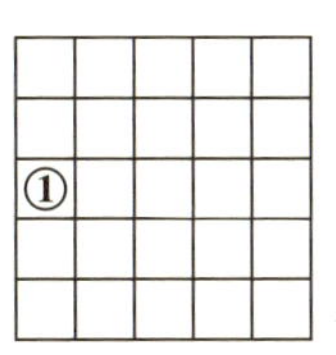

C 型

1	12	24	23	5
8	19	10	17	11
20	22	13	4	6
15	9	16	7	18
21	3	2	14	25

8	16	4	12	25
1	14	22	10	18
24	7	20	3	11
17	5	13	21	9
15	23	6	19	2

25	16	12	4	8
7	3	24	11	20
1	22	18	10	14
13	9	5	17	21
19	15	6	23	2

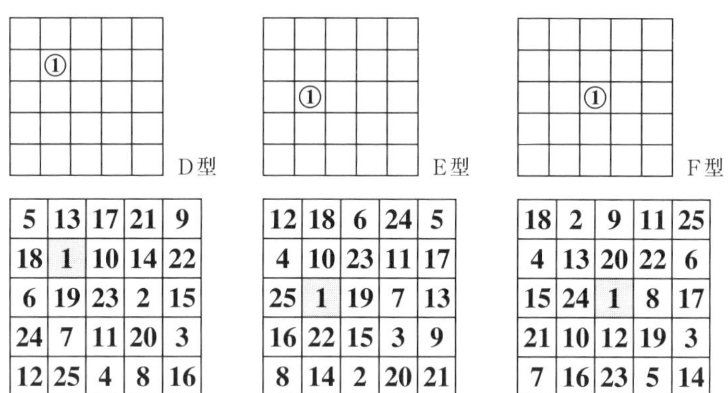

5	13	17	21	9
18	1	10	14	22
6	19	23	2	15
24	7	11	20	3
12	25	4	8	16

12	18	6	24	5
4	10	23	11	17
25	1	19	7	13
16	22	15	3	9
8	14	2	20	21

18	2	9	11	25
4	13	20	22	6
15	24	1	8	17
21	10	12	19	3
7	16	23	5	14

◎ 中心数による分類 —— 25 種類の型

5 次方陣は，その中心数によって分類することもよく行われている．中心数が 1 であるタイプから，中心数が 25 であるタイプまでの **25 種類の型**に分けるのである．

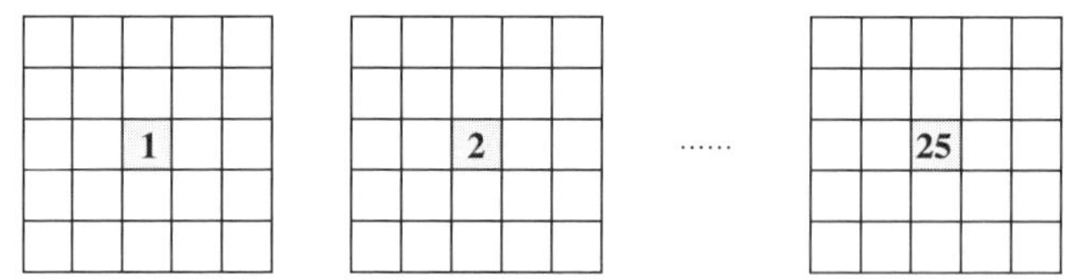

この分類法によれば，§20 の**補数変換**（方陣内のすべての数を，26 に関する補数に置き換える変換）により，中心数が 13 であるタイプの方陣以外は他の型の方陣が得られるから，結局は，すべての 5 次方陣は，中心数が 1 から 13 までの型に分類して調べることができる．

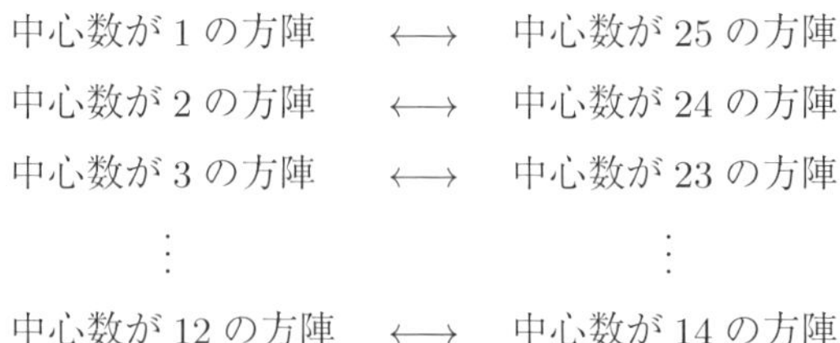
中心数が 1 の方陣　⟷　中心数が 25 の方陣
中心数が 2 の方陣　⟷　中心数が 24 の方陣
中心数が 3 の方陣　⟷　中心数が 23 の方陣
⋮　　　　⋮
中心数が 12 の方陣　⟷　中心数が 14 の方陣

上記の左側の中心数が 1〜12 の型の方陣の個数と右側の方陣の個数は等しいわけである．

§29　5次方陣の交換様式と各型間の関係

すべての5次方陣は，次の交換様式をもつ．

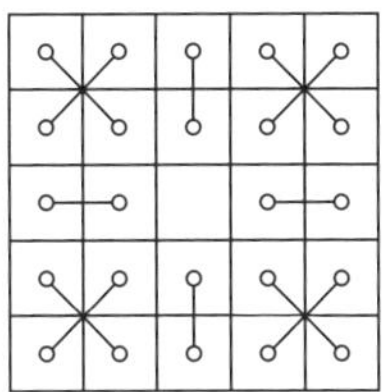

すなわち，1つの5次方陣がある場合，この交換様式によって変換して得られる新しい配列も，必ず，方陣としての条件を満たしている．

たとえば，次のとおりである．

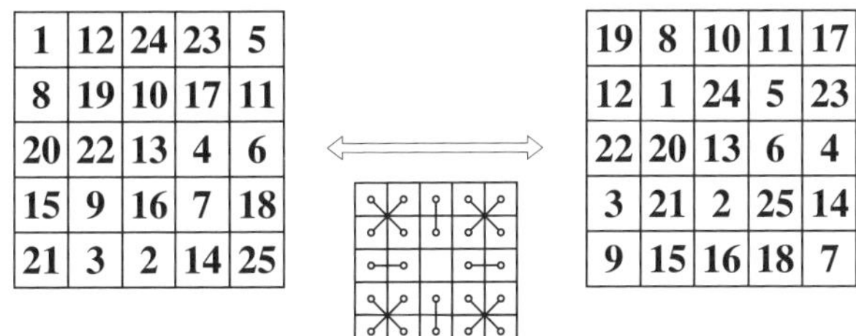

1	12	24	23	5
8	19	10	17	11
20	22	13	4	6
15	9	16	7	18
21	3	2	14	25

19	8	10	11	17
12	1	24	5	23
22	20	13	6	4
3	21	2	25	14
9	15	16	18	7

なお，この関係が可逆的であることは明らかである．また，この変換によって，中央数は変わらない．

問題 20　任意の5次方陣に，この交換様式による変換を施しても，各行・各列および両対角線要素の和は不変であることを確かめよ．

上記の交換様式によって，A型の方陣とD型の方陣，C型の方陣とE型の方陣は，下図のように，1対1に対応している．

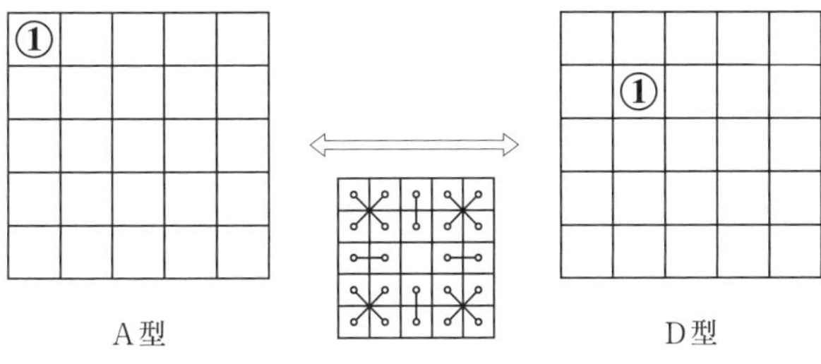

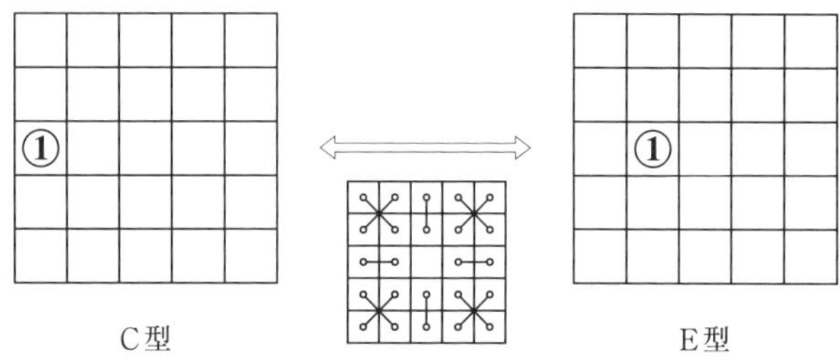

C型　E型

したがって，A 型の方陣と D 型の方陣の個数は等しく，C 型の方陣と E 型の方陣の個数は等しい．なお，残りの B 型と F 型にはこのような関係はない．

そこで，A, B, C, F の 4 つの型について調べることによって，5 次方陣の総数を知ることができる．

§30　5 次方陣の存在（275305224 個）

5 次方陣が数多く作れることは，§10 においても述べた．本章の初めにも 5 次方陣の実例を紹介したが，さらに別のものを紹介しよう．

1	23	16	4	21
15	14	7	18	11
24	17	13	9	2
20	8	19	12	6
5	3	10	22	25

『楊輝算法』

8	5	25	7	20
4	14	9	16	22
24	15	13	11	2
23	10	17	12	3
6	21	1	19	18

『算法闕疑抄』

8	7	23	25	2
22	12	17	10	4
5	11	13	15	21
6	16	9	14	20
24	19	3	1	18

『方陣之法』

11	24	7	20	3
4	12	25	8	16
17	5	13	21	9
10	18	1	14	22
23	6	19	2	15

久留島義太

18	22	1	10	14
24	3	7	11	20
5	9	13	17	21
6	15	19	23	2
12	16	25	4	8

村井中漸『算法童子問』

11	10	17	4	23
24	18	5	12	6
7	1	13	25	19
20	14	21	8	2
3	22	9	16	15

會田安明

3	16	25	6	15
22	8	19	14	2
5	9	13	17	21
24	12	7	18	4
11	20	1	10	23

『方陣新術』

8	7	23	25	2
22	12	17	10	4
5	11	13	15	21
6	16	9	14	20
24	19	3	1	18

寺村周太郎

1	14	22	10	18
25	8	16	4	12
19	2	15	23	6
13	21	9	17	5
7	20	3	11	24

『数学小景』

以上の 5 次方陣は，最後の高木貞治の『数学小景』の方陣を除いて，なぜか中央数はすべて 13 であり，2 数の和が 26 となる数を結ぶ「26 の連結線」の作る模様も美しい．いずれも外周追加法で作ったものか，対称魔方陣である．中央数が 15 の高木の方陣は，13 の相手はないが，「26 の連結線」の作る模様は，まあまあ面白い．

なお，上記の 5 次方陣は，なぜかどれも 4 隅と中央数の 5 数の和は，定和 $S = 65$ であるが，境 新は次のような 4 隅と中央数の 5 数の和が 65 でない 5 次方陣も作っている．

13	7	1	25	19
6	5	24	18	12
4	23	17	11	10
22	16	15	9	3
20	14	8	2	21

7	19	1	13	25
18	5	12	24	6
4	11	23	10	17
15	22	9	16	3
21	8	20	2	14

10	18	1	14	22
17	5	13	21	9
4	12	25	8	16
11	24	7	20	3
23	6	19	2	15

さらに，美しい 26 の連結線模様をもつ 5 次の魔方陣を以下にいくつか紹介する．26 の連結線模様は，他にも多数ある．コラム 5 で述べるように，寺村周太郎は，5 次魔方陣を 26 の連結線模様により分類して研究した．

6	3	14	25	17
20	12	23	9	1
22	19	5	11	8
4	21	7	18	15
13	10	16	2	24

3	22	12	20	8
4	23	14	18	6
9	17	13	15	11
24	1	16	5	19
25	2	10	7	21

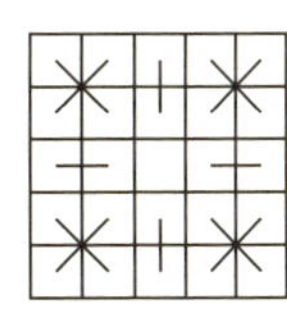

3	14	25	6	17
12	23	9	20	1
19	5	11	22	8
21	7	18	4	15
10	16	2	13	24

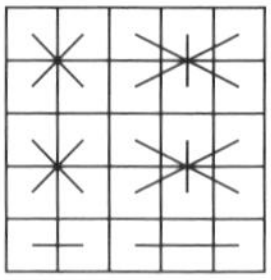

18	22	21	3	1
8	4	5	25	23
14	9	16	24	2
15	13	11	7	19
10	17	12	6	20

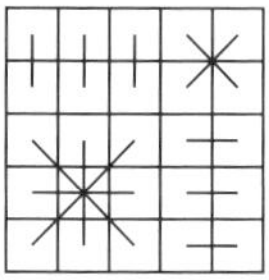

1	18	10	22	14
17	9	21	13	5
8	25	12	4	16
24	11	3	20	7
15	2	19	6	23

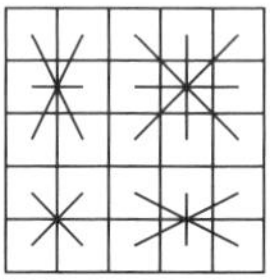

4	15	6	16	24
7	19	21	5	13
22	11	10	20	2
14	8	3	23	17
18	12	25	1	9

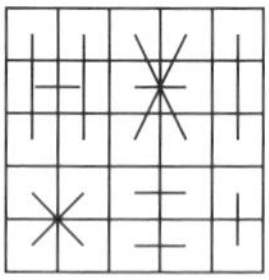

6	25	14	3	17
20	9	23	12	1
22	11	5	19	8
4	18	7	21	15
13	2	16	10	24

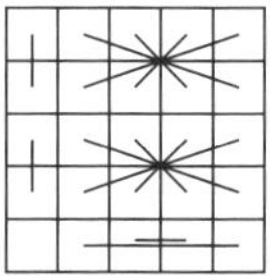

4	12	25	8	16
10	18	1	14	22
11	24	7	20	3
17	5	13	21	9
23	6	19	2	15

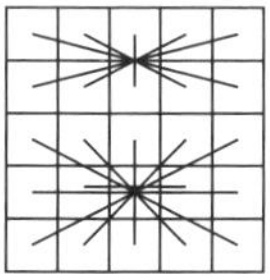

1	25	17	18	4
14	12	9	8	22
24	2	13	6	20
7	21	11	23	3
19	5	15	10	16

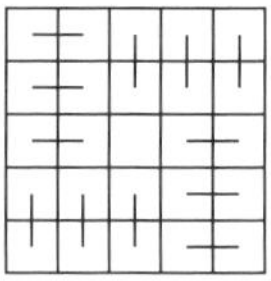

4	2	19	24	16
3	22	5	10	25
15	17	13	9	11
23	6	21	14	1
20	18	7	8	12

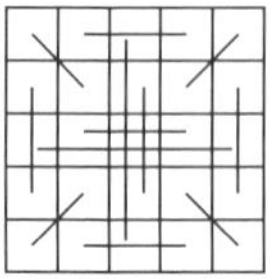

8	19	10	17	11
7	22	2	25	9
12	20	13	14	6
23	1	16	4	21
15	3	24	5	18

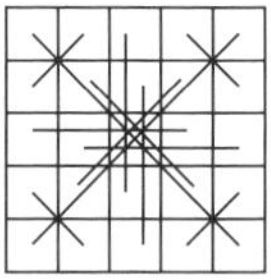

9	23	12	1	20
2	16	10	24	13
25	14	3	17	6
18	7	21	15	4
11	5	19	8	22

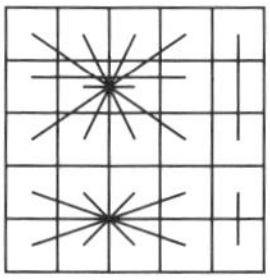

これらは，5 次方陣のほんの一部である．5 次方陣についても，昔から幾多の人々が取り組み，完全方陣や対称方陣まで数多くのものを作っている．しかしながら，数多くありすぎて全部を手作業で作ることはほとんど不可能である．

そこで，本書では 5 次方陣の総数を身近な存在になったパソコンを使って調べることにする．この問題は，パソコン・プログラミングに最適の題材である．

◎ **5 次方陣をすべて作る／求め方の概要／型別に調べる**

まず，1〜25 の数の中の異なる 5 数で，和が 5 次方陣の定和 65 になる組合せを調べておく．すると，

no.1　1, 2, 13, 24, 25
no.2　1, 2, 14, 23, 25
no.3　1, 2, 15, 22, 25
……

のように全部で 1394 組ある．なお，これらの 1394 組のうち「1」を含むものは，244 組ある．これらの組は，保管しておいて随時使う．

方陣成立の調べ方は，ごく自然で単純なものである．たとえば，A 型の 5 次方陣を作るには，方陣の 25 個の要素に，次のように変数を割り付けておく．すなわち，

$$\begin{matrix} m_{11} & m_{12} & m_{13} & m_{14} & m_{15} \\ m_{21} & m_{22} & m_{23} & m_{24} & m_{25} \\ m_{31} & r & g_1 & g_5 & g_3 \\ m_{41} & m_{42} & m_{43} & m_{44} & m_{45} \\ m_{51} & g_6 & g_4 & g_7 & g_2 \end{matrix} \qquad (m_{11}=1)$$

とする．

そして，途中の段階で 1〜25 の数が使用中か未使用かを調べ，管理しながら進めるのである．

まず，1 を左上隅に $m_{11}=1$ と固定して，第 1 列に求めてある 1 を含む 5 数を順に入れる．最初は，第 1 列に上記 no.1 の $\{1,2,13,24,25\}$ を設定する．

次に，第 1 行に 1 を含む 5 数で，1 以外は未使用である組を選んで入れる．つまり，第 1 列の $\{2,13,24,25\}$ のいずれをも含まない組を設定するわけである．

第 2 行については，第 1 列内で m_{21}（次図では 2）の交換を行いながら，m_{21} を含みしかも m_{21} 以外は未使用の数の組を選んで設定する．

第 4 行についても，同様にして設定する．

1	**3**	**16**	**22**	**23**
2	**4**	**18**	**20**	**21**
13	r	g_1	g_5	g_3
24	**5**	**6**	**11**	**19**
25	g_6	g_4	g_7	g_2

すると，第3行の g_1, g_3，第5行の g_2, g_4 が，次のように決定する．

副対角線要素の和は34であるから，　$g_1 = 65 - m_{15} - m_{24} - m_{42} - m_{51}$
主対角線要素の和も34であるから，　$g_2 = 64 - m_{22} - g_1 - m_{44}$
第5列の和も34であるから，　$g_3 = 65 - m_{15} - m_{25} - m_{45} - g_2$
第3列の和も34であるから，　$g_4 = 65 - m_{13} - m_{23} - g_1 - m_{43}$

さらに，第3行の m_{32} に入れる数 r を未使用の数の中から定めると，

第3行の和が34であるから，　$g_5 = 65 - m_{31} - r - g_1 - g_3$
第2列の和が34であるから，　$g_6 = 65 - m_{12} - m_{22} - r - m_{42}$
第4列の和が34であるから，　$g_7 = 65 - m_{14} - m_{24} - g_5 - m_{44}$

と定まる．

そこで，$g_1,\cdots,g_7$ を右辺の該当する m_{ij} を入れ換えながら計算し，それらがすべて2〜25の未使用の数であるならば，5次方陣が成立するわけである．

以上がA型の5次方陣のすべてを作る方法の概要である．他の型についても，同様にして求めることができる．

◎ **5次方陣の総数の調査結果**

このようにして，A型の5次方陣の総数を調べると，調査結果は35472326個であった．

同様な方法によって，B型，C型，F型についても，その個数を調査すると，

B型	101264196個
C型	49365292個
F型	4365792個

となる．

なお，D型，E型の5次方陣の総数は，前節で述べたように，それぞれ，A型，C型と同数であったから，

D型	35472326個
E型	49365292個

となるので，A型からF型の6つの型の総計は，275305224個となる．

なお，中心数により分類した場合の調査結果は次のようである．

中心数	個数
1, 25	4365792 個
2, 24	5464716 個
3, 23	7659936 個
4, 22	7835348 個
5, 21	9727224 個
6, 20	10403516 個
7, 19	12067524 個
8, 18	12448644 個
9, 17	13890160 個
10, 16	13376136 個
11, 15	15735272 個
12, 14	15138472 個
13	19079744 個
	合計 275305224 個

ここでは，前に§28 で述べたように，たとえば，中心数が 1 の方陣と中心数が 25 の方陣とは，補数変換により互いに変換できるから，各タイプの方陣の個数は等しい．

これが 5 次方陣の総数である．記憶しておくのも難しい．日本の人口の倍ほどもあるのである．4 次方陣の総数 880 個にくらべ飛躍的に増加する．

なお，上記の結果を求めるプログラムは，日本評論社のウェブサイトからダウンロードできる．付録を参照してほしい．

§31　5 次の完全方陣（3600 個）

完全方陣とは，すべての行，すべての列，すべての対角線上の数の和が一定である魔方陣のことであった．5 次の完全方陣も多くの人々が作っている．次は，その実例である．定和は，もちろん 65 である．

1	15	24	8	17
23	7	16	5	14
20	4	13	22	6
12	21	10	19	3
9	18	2	11	25

アンドリュース

1	7	13	19	25
18	24	5	6	12
10	11	17	23	4
22	3	9	15	16
14	20	21	2	8

境 新『魔方陣』

19	23	11	5	7
1	10	17	24	13
22	14	3	6	20
8	16	25	12	4
15	2	9	18	21

境 新『魔方陣』

1	14	22	10	18
25	8	16	4	12
19	2	15	23	6
13	21	9	17	5
7	20	3	11	24

高木貞治『数学小景』

1	17	8	24	15
9	25	11	2	18
12	3	19	10	21
20	6	22	13	4
23	14	5	16	7

加納 敏

20	11	7	3	24
8	4	25	16	12
21	17	13	9	5
14	10	1	22	18
2	23	19	15	6

山本行雄『完全方陣』

1	22	18	14	10
19	15	6	2	23
7	3	24	20	11
25	16	12	8	4
13	9	5	21	17

山本行雄『完全方陣』

23	6	19	2	15
4	12	25	8	16
10	18	1	14	22
11	24	7	20	3
17	5	13	21	9

『ブリタニカ』

1	17	8	24	15
23	14	5	16	7
20	6	22	13	4
12	3	19	10	21
9	25	11	2	18

『方陣の研究』

数字は，（右上隅以外は）1 から順に右（左）上または右（左）下方向に桂馬（小桂馬，大桂馬）の動きで規則的に配置されている．

4 次の完全方陣には，固有の連結線模様があったが，5 次の完全方陣には固有の連結線模様はない．5 次の完全方陣の連結線模様はいろいろある．次は，上掲の 9 個の 5 次完全方陣の 26 連結線模様である．なお，13 に相方はない．

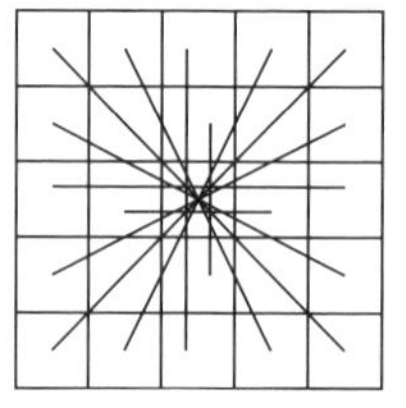
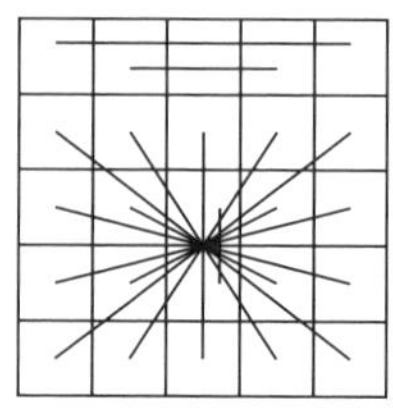
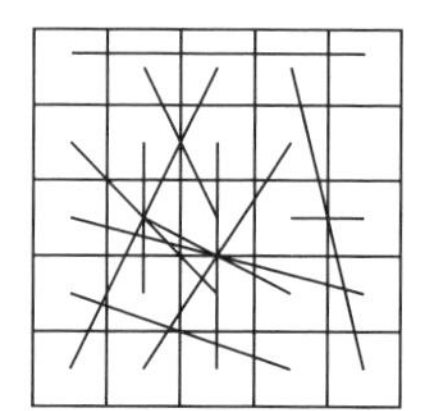

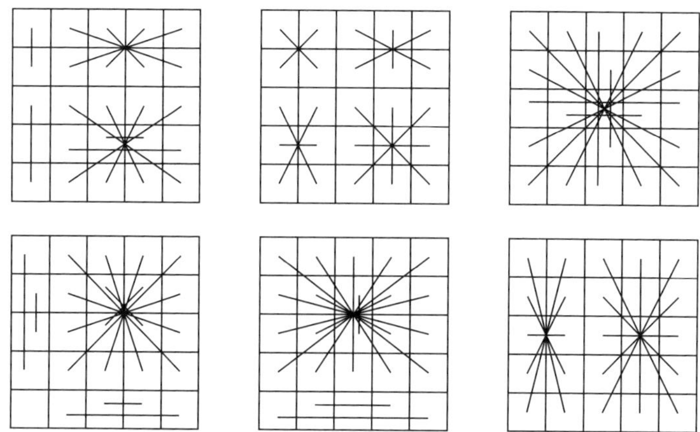

右上隅の境 新の完全方陣は，彼の『魔方陣（第一巻)』にあるもので，26連結線模様は見ての通り不規則であるが，「上部T型に2以外の素数が全部あり」と書いている．

なお，対称型の完全方陣の連結線模様は，対称方陣の連結線模様（左上隅）であることはもちろんである．

◎ 5次の完全方陣・シフト変換・補数変換

5次の完全方陣は，5次方陣275305224個中多くはない．5次完全方陣を，パソコンを用いてすべての5次方陣の中から捜すと，調査結果は3600個である．中心数が1〜25であるすべてのタイプの5次方陣の中に，144個ずつあった．したがって，総数は$144 \times 25 = 3600$個である．プログラムについては付録を参照のこと．

完全方陣は，シフト変換と切り離して考えることはできない．シフト変換については，すでに§23（4次の完全方陣）において説明した通り，次数にかかわらず可能である．

5次完全方陣の場合，1つの完全方陣から，行と列のシフト変換により$5 \times 5 = 25$個の同類の完全方陣を作ることができる．

5次の完全方陣は，シフト変換によって，25（$= 5^2$）個ずつの共通部分のない類に類別される．したがって，類の数は，$3600 \div 25 = 144$個である．

144個の類の代表としては，たとえば，中心数が1であるタイプの144個の完全方陣をそのまま採用することができる．

なお，補数変換は，方陣性を保存するだけでなく，完全方陣性をも保存する．たとえば，

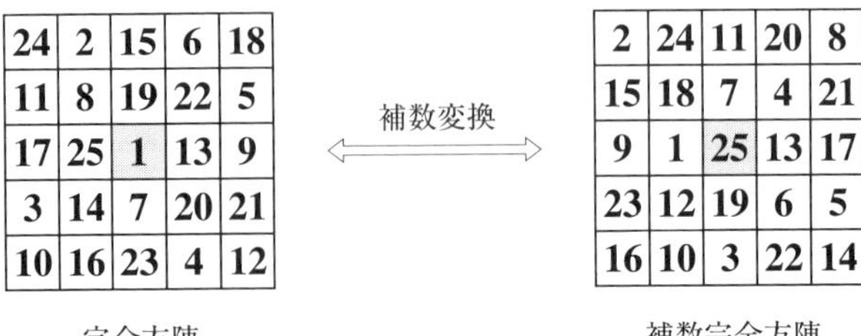

24	2	15	6	18
11	8	19	22	5
17	25	1	13	9
3	14	7	20	21
10	16	23	4	12

2	24	11	20	8
15	18	7	4	21
9	1	25	13	17
23	12	19	6	5
16	10	3	22	14

完全方陣　　　　補数完全方陣

◎ **5 数の定和の性質**

性質 1　5 次完全方陣では，下図の**十字 5 数** a, b, c, d, e の和は定和 $S = 65$ に等しい．

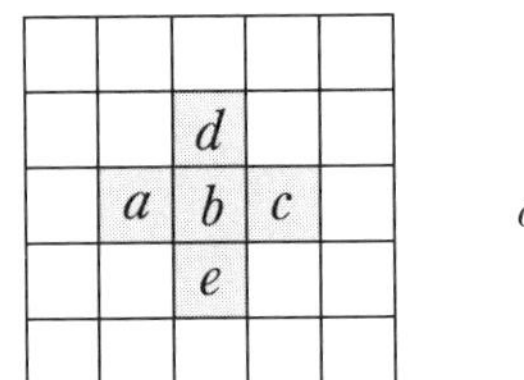

$$a+b+c+d+e = 65$$

［証明］　5 次完全方陣の定和を S（$= 65$）とする．下の 5 つの図は，それぞれ，a, b, c, d, e を含む行と列と 2 本の分離対角線上の 5 数に○印をつけたものである．

したがって，どの図においても，○印のついた数の和は，定和 S の 4 倍 $4S$ である．ただし，各図の○印はそれぞれ a, b, c, d, e だけは，4 回重複している．その他の数は重複することはない．

	○		○	○
○	○	○		
○	*a*	○	○	○
○	○	○		
	○		○	○

○		○		○
	○	○	○	
○	○	*b*	○	○
	○	○	○	
○		○		○

○	○		○	
		○	○	○
○	○	○	*c*	○
		○	○	○
○	○		○	

	○	○	○	
○	○	*d*	○	○
	○	○	○	
○		○		○
○		○		○

○		○		○
○		○		○
	○	○	○	
○	○	*e*	○	○
	○	○	○	

いま，これらの 5 つの図を重ね合わせると，次図左側のようになる．図中の○印の内部の数字は○印が重なる回数である．たとえば，③印は○印が 3 回重複することを示す．

左側の図における○印のついた数の和は，5 図の和であるから $4S \times 5 = 20S$

である．ここには，20 個の③と 5 個の⑧がある．

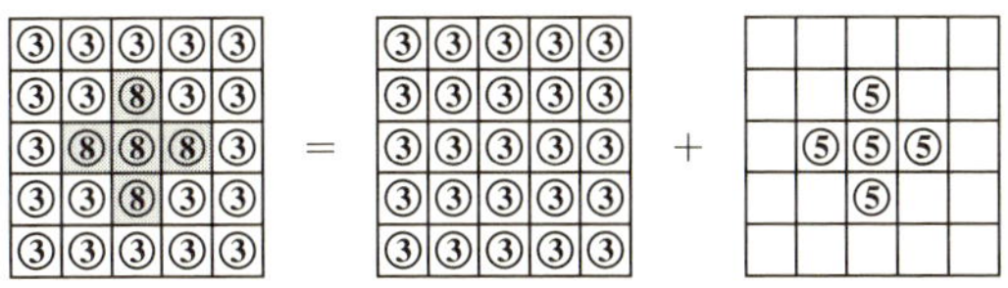

いま，左側の図において，⑧ = ③ + ⑤ と分解すれば，上図の = の右側のように分解できる．

ここで，各図における○印のついた数の和について考える．中央の③だけからなる図における○印のついた数の和は，5 行の和の 3 倍であるから $5S\times 3 = 15S$ であり，最も右側の図における十字形に○印のついた数の和は，$(a+b+c+d+e)\times 5$ である．したがって，次の等式が成り立つ．

$$20S = 5S\times 3+5(a+b+c+d+e) \qquad \therefore\ a+b+c+d+e = S$$

となる．　　　　［証明終］

上記の性質 1 と完全方陣の「シフト変換」の性質から，次の系が成立する．

性質 1 の系　性質 1 の「十字 5 数」を左右上下に平行移動した 5 数の和は，常に定和 $S = 65$ である．

性質 2（**菱形公式**，rhombus formula）　5 次完全方陣では，菱形対角の 2 数ずつの和は相等しい．

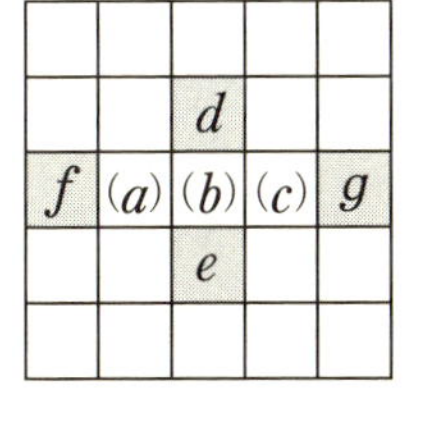

横菱形

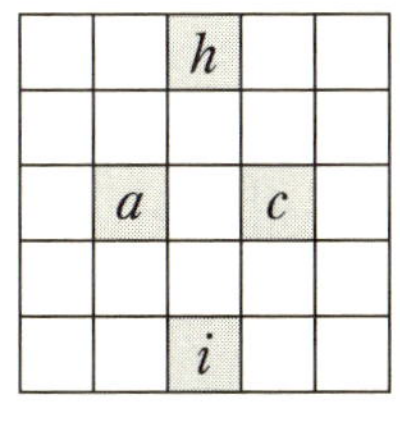

縦菱形

$$d+e = f+g$$
$$a+c = h+i$$

［証明］　上記の性質 1：$a+b+c+d+e = S$ と第 3 行の和：$a+b+c+f+g = S$ が等しいことから，左側の（横）菱形公式を得る．

また，性質 1 と第 3 列の和が等しいことから，右側の（縦）菱形公式を得る．　　　　［証明終］

性質2（菱形公式）の系　完全方陣の「シフト変換」の性質から，上記（横・縦）菱形を上下左右に平行移動したどの菱形においても，対角和は相等しい.

性質1は法則としては美しいが，実用的には，性質2（菱形公式）の系の方が4数の間の関係式だけに5次完全方陣の性質として使いやすい.

この性質2（菱形公式）およびその系を使えば，次の性質3, 4, 5を証明することができる.

性質3　5次完全方陣では，辺の中央の4数と中心数 x の（十字）5数の和は，定和 $S=65$ に等しい.

		v		
y	a	x	b	z
		w		

$$v+w+x+y+z=S$$

［証明］（縦）菱形公式の系により，$v+w=a+b$ であるから，$v+w+x+y+z=a+b+x+y+z=S$.　［証明終］

性質4　5次完全方陣では，4隅と中心数 x の（斜十字）5数の和は，定和 $S=65$ に等しい.

v		d		w
		a		
		x		
		c		
y		b		z

$$v+w+x+y+z=S$$

［証明］（横）菱形公式の系により，$v+w=a+b$，$y+z=c+d$. よって，$v+w+x+y+z=a+b+x+c+d=S$.　［証明終］

性質5　5次完全方陣では，中心の周りの 3×3 の正方形の4隅と中心数 x の（斜十字）5数の和は，定和 $S=65$ に等しい.

	v		w	
d	c	x	a	b
	y		z	

$$v+w+x+y+z=S$$

［証明］（横）菱形公式の系により，$v+y=a+b$，$w+z=c+d$．よって，$v+y+x+w+z=a+b+x+c+d=S$．［証明終］

ここで，5 次の完全方陣の代表型を全部求める〈解法〉について説明する．

◎ 144 個の代表型を求める

5 次の完全方陣の場合も，4 次の完全方陣の場合と同様に，最小数を 0 として，0 から 24 までの数字を使って作ることを考える．最小数の 0 は 25 個の枠のうち，どこにでも入りうるが，ここでは方陣の中央に置く．こうしても完全代表型としての一般性を失わない．

まず，2 つの補助方陣を使うことを考える．1 つの補助方陣は，5 個の小文字 $0, a, b, c, d$ を使って，もう 1 つの補助方陣は，5 個の大文字 $0, A, B, C, D$ を使うことにする．そして，これらを重ねて異なる 25 個の和の 2 重配列を作る．2 つの補助方陣の和として完全方陣を作ることを考えるのである．

まず，a,b,c,d と A,B,C,D を，5×5 枠の外周に中央の 0 から見て「小桂馬」の位置に下図のように記入する．ここで，a,b,c,d；A,B,C,D は，方陣の回転・裏返しを考えると，同じ位置と考えられる．

すると，辺（外周）の中央の 4 個の空欄が，5 次完全方陣の菱形公式の系（菱形平行移動公式）により，菱形の一つの頂角 0 の対角であるから，次のように定まる．

	a	$B+d$	A	
B				d
$C+a$		**0**		$A+c$
b				D
	C	$D+b$	c	

4 隅については，外周の行と列が定和をもつように，たとえば，左上隅の場合，1 行目と 1 列目にない文字を探すと，大文字でないのは D，小文字でない

のは c であるから，左上隅は $D+c$ となる．

他の3隅についても，同様に考えると，下図のようにすぐに定まる．

$D+c$	a	$B+d$	A	$C+b$
B				d
$C+a$		$\mathbf{0}$		$A+c$
b				D
$A+d$	C	$D+b$	c	$B+a$

中心の周りの 3×3 の正方形の4隅については，分離対角線が定和をもつように考えると，下図のようにすぐに定まる．

$D+c$	a	$B+d$	A	$C+b$
B	$A+b$		$D+a$	d
$C+a$		$\mathbf{0}$		$A+c$
b	$B+c$		$C+d$	D
$A+d$	C	$D+b$	c	$B+a$

中央に残った十字形の空欄については，行または列の定和を考えればすぐに定まる．

$D+c$	a	$B+d$	A	$C+b$
B	$A+b$	$C+c$	$D+a$	d
$C+a$	$D+d$	$\mathbf{0}$	$B+b$	$A+c$
b	$B+c$	$A+a$	$C+d$	D
$A+d$	C	$D+b$	c	$B+a$

これが，2つの補助方陣から作られる5次完全方陣の構造図（2重配列）である．ここで，たとえば，$0=0+0$，$a=0+a$，$A=A+0$ であることに注意しよう．

構造図では，汎対角線においても，定和を与えている．また，上記の性質1, 2, 3を確かにもっている．

なお，この構造図を2つに分解すれば，次の2つの直交する補助方陣が得られる．

c	a	d	0	b
0	b	c	a	d
a	d	0	b	c
b	c	a	d	0
d	0	b	c	a

D	0	B	A	C
B	A	C	D	0
C	D	0	B	A
0	B	A	C	D
A	C	D	0	B

これらの補助方陣の各行・各列・汎対角線上には異なる5個の文字が入っている．

この構造図から5次完全方陣を作るには，a,b,c,d には 1,2,3,4 を代入し，A,B,C,D にはそれらを5倍した 5,10,15,20 を代入する．

たとえば，$a=1$，$b=2$，$c=3$，$d=4$；$A=5$，$B=10$，$C=15$，$D=20$ とすれば，次の5次完全方陣ができる．

20 + 3	**1**	**10 + 4**	**5**	**15 + 2**
10	**5 + 2**	**15 + 3**	**20 + 1**	**4**
15 + 1	**20 + 4**	**0**	**10 + 2**	**5 + 3**
2	**10 + 3**	**5 + 1**	**15 + 4**	**20**
5 + 4	**15**	**20 + 2**	**3**	**10 + 1**

=

23	**1**	**14**	**5**	**17**
10	**7**	**18**	**21**	**4**
16	**24**	**0**	**12**	**8**
2	**13**	**6**	**19**	**20**
9	**15**	**22**	**3**	**11**

定和60

上記の構造図において，a,b,c,d；A,B,C,D の位置は同じ位置と考えられるから，この例のように $a=1$ と定めても一般性は失われない．他の b,c,d の選び方は，$3=3\times2\times1=6$ 通りある．

また，A,B,C,D の選び方は $4!=4\times3\times2\times1=24$ 通りあるから，全部で $6\times24=144$ 種類の5次完全方陣の代表型が出来上がる．これは先に述べた5次完全方陣の総数 $3600\div25=144$ と一致しているから，これらで代表型はすべてである．それらを具体的に示すことは，紙面の都合で省略する． ［解法終］

これらの144個の方陣を，1から25までの普通の完全方陣（定和65）にするには，完成した完全方陣の0から24までの各数に1を加えればよいことは，もちろんである．

これらの144個の代表型から完全方陣の「シフト変換」により，結局，$144\times5^2=3600$ 個の5次完全方陣が誘導されることは前に述べた通りである．

この解法による5次完全方陣の代表型を作るパソコンプログラムについては，付録を参照してほしい．144個の代表型が瞬時に求まる．

なお，性質2の「菱形公式」は変形して，たとえば，

$$e=f+g-d, \qquad a=h+i-c$$

として使われる．パソコン・プログラムではこの式を使った．

§32　5次の対称方陣（48544個）

5次の対称魔方陣をすべて求めることを考えよう．5次の対称魔方陣の中央数は，13である．

5次方陣のF型は，中央数は1であるから，F型には対称魔方陣はない．5次方陣のA～Eの各型については，最大数25の位置は，対称魔方陣の定義から，次のようになる．

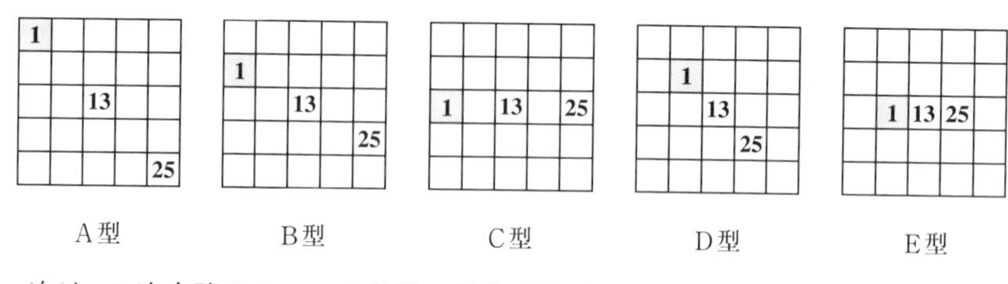

A型　B型　C型　D型　E型

次は，5次方陣のA～Eの各型の対称魔方陣の実例である．

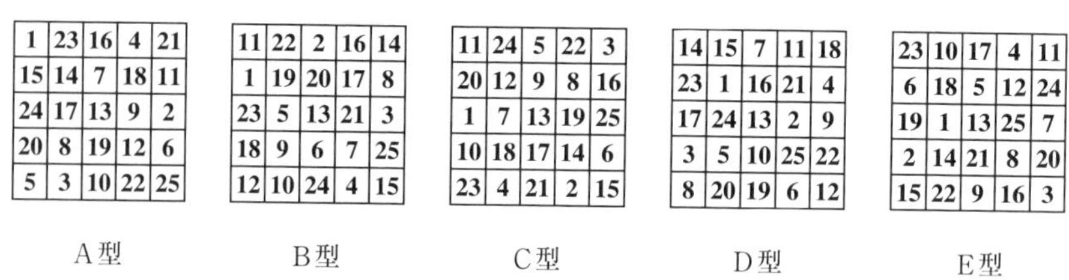

A型

1	23	16	4	21
15	14	7	18	11
24	17	13	9	2
20	8	19	12	6
5	3	10	22	25

B型

11	22	2	16	14
1	19	20	17	8
23	5	13	21	3
18	9	6	7	25
12	10	24	4	15

C型

11	24	5	22	3
20	12	9	8	16
1	7	13	19	25
10	18	17	14	6
23	4	21	2	15

D型

14	15	7	11	18
23	1	16	21	4
17	24	13	2	9
3	5	10	25	22
8	20	19	6	12

E型

23	10	17	4	11
6	18	5	12	24
19	1	13	25	7
2	14	21	8	20
15	22	9	16	3

なお，対称魔方陣を，§29の5次方陣の交換様式によって変換しても，対称性が保存されることは明らかである．

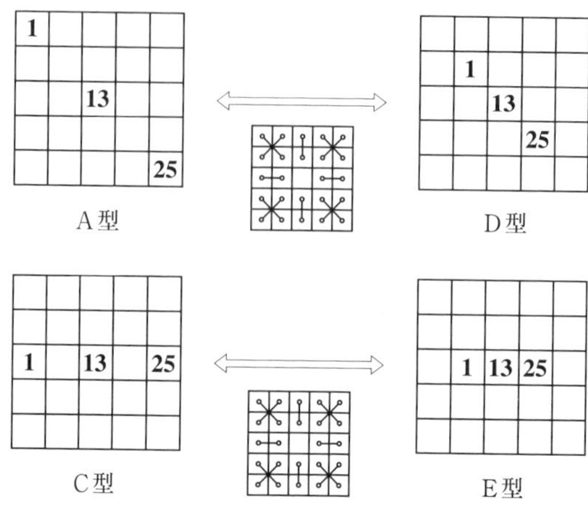

A型　D型

C型　E型

したがって，A 型と D 型の対称方陣の個数は等しく，C 型と E 型の対称方陣の個数は等しい．

各型別の対称魔方陣の個数の調査結果は，次の通りである．

A 型	7792 個	（A 型の方陣　35472326 個中）
B 型	15584 個	（B 型の方陣 101264196 個中）
C 型	8688 個	（C 型の方陣　49365292 個中）
D 型	7792 個	（D 型の方陣　35472326 個中）
E 型	8688 個	（E 型の方陣　49365292 個中）
F 型	0 個	（F 型の方陣　4365792 個中）

ゆえに，5 次の対称魔方陣は，全部で 48544 個ある．5 次の完全魔方陣の総数 3600 個と比べると，遙かに多い．なお，上記の対称魔方陣の個数は，各型とも 16 の倍数である．

この調査のパソコン・プログラムについては，付録を参照してほしい．

◎ 5 次の対称魔方陣の行操作・列操作

5 次の対称魔方陣においても，4 次の対称魔方陣の場合と同様な行操作，列操作によって，必ず別の対称魔方陣ができる．5 次の場合の行操作，列操作は，次のようなものである．

行操作：
- ① 第 1 行と第 5 行を入れ換える．
- ② 第 1 行と第 2 行，同時に，第 4 行と第 5 行を入れ換える．
- ③ 第 2 行と第 4 行を入れ換える．

列操作：
- ④ 第 1 列と第 5 列を入れ換える．
- ⑤ 第 1 列と第 2 列，同時に，第 4 列と第 5 列を入れ換える．
- ⑥ 第 2 列と第 4 列を入れ換える．

たとえば，次ページの左上隅の 5 次の対称魔方陣を基にして，①,②,③の行操作によって，図のように，最上段横方向の異なる対称魔方陣が，また，④,⑤,⑥の列操作によって，縦方向の異なる対称魔方陣ができる．この変換により，1 つの対称魔方陣から，全部で $4 \times 4 = 16$ 個の対称魔方陣ができる．

なお，行操作によっては，第 3 行は動かず，列操作によっては，第 3 列は動

1	15	22	8	19
23	9	16	5	12
20	2	13	24	6
14	21	10	17	3
7	18	4	11	25

①

7	18	4	11	25
23	9	16	5	12
20	2	13	24	6
14	21	10	17	3
1	15	22	8	19

②

23	9	16	5	12
7	18	4	11	25
20	2	13	24	6
1	15	22	8	19
14	21	10	17	3

③

23	9	16	5	12
1	15	22	8	19
20	2	13	24	6
7	18	4	11	25
14	21	10	17	3

④　④　④　④

19	15	22	8	1
12	9	16	5	23
6	2	13	24	20
3	21	10	17	14
25	18	4	11	7

①

25	18	4	11	7
12	9	16	5	23
6	2	13	24	20
3	21	10	17	14
19	15	22	8	1

②

12	9	16	5	23
25	18	4	11	7
6	2	13	24	20
19	15	22	8	1
3	21	10	17	14

③

12	9	16	5	23
19	15	22	8	1
6	2	13	24	20
25	18	4	11	7
3	21	10	17	14

⑤　⑤　⑤　⑤

15	19	22	1	8
9	12	16	23	5
2	6	13	20	24
21	3	10	14	17
18	25	4	7	11

①

18	25	4	7	11
9	12	16	23	5
2	6	13	20	24
21	3	10	14	17
15	19	22	1	8

②

9	12	16	23	5
18	25	4	7	11
2	6	13	20	24
15	19	22	1	8
21	3	10	14	17

③

9	12	16	23	5
15	19	22	1	8
2	6	13	20	24
18	25	4	7	11
21	3	10	14	17

⑥　⑥　⑥　⑥

15	1	22	19	8
9	23	16	12	5
2	20	13	6	24
21	14	10	3	17
18	7	4	25	11

①

18	7	4	25	11
9	23	16	12	5
2	20	13	6	24
21	14	10	3	17
15	1	22	19	8

②

9	23	16	12	5
18	7	4	25	11
2	20	13	6	24
15	1	22	19	8
21	14	10	3	17

③

9	23	16	12	5
15	1	22	19	8
2	20	13	6	24
18	7	4	25	11
21	14	10	3	17

かない．

したがって，5 次の対称魔方陣の総数 48544（$= 16 \times 3034$）個は，16 の倍数である．対称魔方陣には，3034 個の代表型があることになる．

◎ 5 次の対称魔方陣かつ完全魔方陣は存在する（16 個）

4 次方陣の場合は，対称魔方陣と完全魔方陣とはまったく別ものであった．§22，§25 で述べたように，4 次の完全方陣は，(A-5),(B-6),(C-6) 型の 48 個，対称方陣は，(A-6),(B-8),(C-5) 型の 48 個であり，個数こそ相等しいが，共通な方陣は 1 つもない．つまり，4 次の対称型の完全方陣は 1 つもないのであった．

5 次方陣の場合は，対称魔方陣であり，かつ完全魔方陣であるものが少数

（16 個）ながら存在する．5 次完全方陣 3600（$= 144 \times 5^2$）個と 5 次対称方陣 48544 個の共通部分はあるのである．

それを手作業で求めるには，3600 個の完全方陣の中から対称方陣を選び出すと良い．ところで，5 次の対称方陣は中央が 13 であるから，完全方陣の 1 つの代表型について，対称方陣はあるとしても 1 つである．したがって，完全方陣の 144 種類の代表型について，中央数が 13 である対称方陣を探せばよい．実際に，選び出し 5 次方陣の型別に示すと，次のようになる．

「対称魔方陣かつ完全魔方陣」は，5 次方陣 A, C, D, E の各型に，それぞれ 4 個ずつある．

［A 型］

1	15	22	8	19
23	9	16	5	12
20	2	13	24	6
14	21	10	17	3
7	18	4	11	25

1	23	10	12	19
15	17	4	21	8
24	6	13	20	2
18	5	22	9	11
7	14	16	3	25

1	15	24	8	17
23	7	16	5	14
20	4	13	22	6
12	21	10	19	3
9	18	2	11	25

1	23	10	14	17
15	19	2	21	8
22	6	13	20	4
18	5	24	7	11
9	12	16	3	25

［C 型］

22	3	9	15	16
14	20	21	2	8
1	7	13	19	25
18	24	5	6	12
10	11	17	23	4

24	3	7	15	16
12	20	21	4	8
1	9	13	17	25
18	22	5	6	14
10	11	19	23	2

22	3	19	15	6
14	10	21	2	18
1	17	13	9	25
8	24	5	16	12
20	11	7	23	4

24	3	17	15	6
12	10	21	4	18
1	19	13	7	25
8	22	5	16	14
20	11	9	23	2

［D 型］

7	14	20	3	21
18	1	22	9	15
24	10	13	16	2
11	17	4	25	8
5	23	6	12	19

9	12	20	3	21
18	1	24	7	15
22	10	13	16	4
11	19	2	25	8
5	23	6	14	17

17	14	10	3	21
8	1	22	19	15
24	20	13	6	2
11	7	4	25	18
5	23	16	12	9

19	12	10	3	21
8	1	24	17	15
22	20	13	6	4
11	9	2	25	18
5	23	16	14	7

［E 型］

6	18	5	12	24
15	22	9	16	3
19	1	13	25	7
23	10	17	4	11
2	14	21	8	20

16	8	5	12	24
15	22	19	6	3
9	1	13	25	17
23	20	7	4	11
2	14	21	18	10

6	18	5	14	22
15	24	7	16	3
17	1	13	25	9
23	10	19	2	11
4	12	21	8	20

16	8	5	14	22
15	24	17	6	3
7	1	13	25	19
23	20	9	2	11
4	12	21	18	10

これらの計 16 個は，5 次完全方陣 3600 個と 5 次対称方陣 48544 個の共通部分である．5 次方陣 275305224 個の中の 16 個である．これらは，対称型の 5 次完全方陣あるいは完全型の 5 次対称方陣である．

なお，B 型の 5 次方陣の中には，このような性質をもつ方陣は 1 個もない．

§33　5 次の補助方陣

5 次の補助方陣については，既に§10「奇数方陣の作り方」の項に登場している．

§10 の方法 I，方法 II，方法 III における補助方陣は，次のようなものであった．いずれも主対角線に 3 が 5 個，副対角線に 1,2,3,4,5 の異なる 5 数が並ぶタイプのものであった．

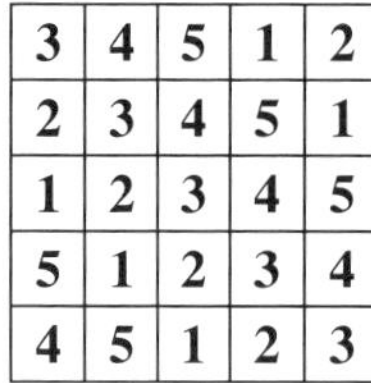

3	4	5	1	2
2	3	4	5	1
1	2	3	4	5
5	1	2	3	4
4	5	1	2	3

方法 I

3	5	2	4	1
1	3	5	2	4
4	1	3	5	2
2	4	1	3	5
5	2	4	1	3

方法 II

3	5	2	4	1
1	3	5	2	4
4	1	3	5	2
2	4	1	3	5
5	2	4	1	3

方法 III

補助方陣は他にもいろいろ考えられる．その例をいくつか掲げておこう．次の上段の 3 つは，両対角線に 1,2,3,4,5 の異なる 5 数が並ぶタイプである．1 と 5，2 と 4 は入れ替えてもよい．

下段の 3 つは対角線上に同じ数を含むタイプである．中央数は，いずれも 3 である．

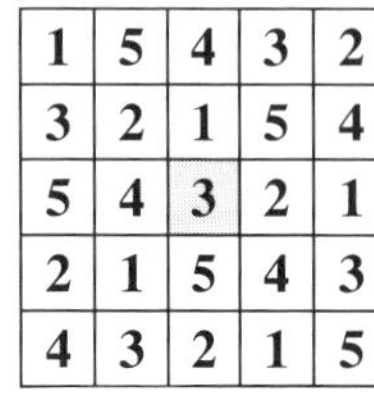

1	5	4	3	2
3	2	1	5	4
5	4	3	2	1
2	1	5	4	3
4	3	2	1	5

1	3	4	5	2
2	4	5	1	3
5	2	3	4	1
3	5	1	2	4
4	1	2	3	5

2	1	4	3	5
3	5	1	4	2
5	4	3	2	1
4	2	5	1	3
1	3	2	5	4

4	5	1	2	3
2	3	4	5	1
1	2	3	4	5
5	1	2	3	4
3	4	5	1	2

2	1	5	4	3
1	5	4	3	2
5	4	3	2	1
4	3	2	1	5
3	2	1	5	4

4	5	1	3	2
5	1	2	4	3
1	2	3	5	4
3	4	5	2	1
2	3	4	1	5

方陣では同じ数は使えないから，2 つの補助魔方陣は重ね合わせたとき同じ組合せがあってはならないことは前にも述べた．次は，そのような直交する 2 つ目の補助方陣 B の作り方について補足しよう．補助方陣 A に直交する補助

方陣 B を作ることは，一般的には難しい．

ここでは，上記左上の補助方陣について直交する補助方陣の簡単な作り方を紹介しよう．以下の解説では，左側の補助方陣を A，その右側の補助方陣を B とし，右端の方陣は，その A と B から作った $5(A-E)+B$ である．

① 次の補助方陣 B（中央）は，補助方陣 A（左側）の行と列を入れ替えたものである．すなわち，A を主対角線に関して対称に移動したものである．この A と B は，直交している．

1	5	4	3	2
3	2	1	5	4
5	4	3	2	1
2	1	5	4	3
4	3	2	1	5

1	3	5	2	4
5	2	4	1	3
4	1	3	5	2
3	5	2	4	1
2	4	1	3	5

1	23	20	12	9
15	7	4	21	18
24	16	13	10	2
8	5	22	19	11
17	14	6	3	25

② 次の補助方陣 B は，補助方陣 A をその中央列に関して左右対称に移して作ったものである．この A と B も，直交している．

1	5	4	3	2
3	2	1	5	4
5	4	3	2	1
2	1	5	4	3
4	3	2	1	5

2	3	4	5	1
4	5	1	2	3
1	2	3	4	5
3	4	5	1	2
5	1	2	3	4

2	23	19	15	6
14	10	1	22	18
21	17	13	9	5
8	4	25	16	12
20	11	7	3	24

③ 次の補助方陣 B は補助方陣 A の上下を入れ替えたものである．この A と B も，直交している．

1	5	4	3	2
3	2	1	5	4
5	4	3	2	1
2	1	5	4	3
4	3	2	1	5

4	3	2	1	5
2	1	5	4	3
5	4	3	2	1
3	2	1	5	4
1	5	4	3	2

4	23	17	11	10
12	6	5	24	18
25	19	13	7	1
8	2	21	20	14
16	15	9	3	22

④ 次の補助方陣 B は，補助方陣 A を副対角線に関して対称に移動したものである．この A と B も，直交している．

1	**5**	**4**	**3**	**2**
3	**2**	**1**	**5**	**4**
5	**4**	**3**	**2**	**1**
2	**1**	**5**	**4**	**3**
4	**3**	**2**	**1**	**5**

5	**3**	**1**	**4**	**2**
1	**4**	**2**	**5**	**3**
2	**5**	**3**	**1**	**4**
3	**1**	**4**	**2**	**5**
4	**2**	**5**	**3**	**1**

5	**23**	**16**	**14**	**7**
11	**9**	**2**	**25**	**18**
22	**20**	**13**	**6**	**4**
8	**1**	**24**	**17**	**15**
19	**12**	**10**	**3**	**21**

なお，これらの補助方陣 B を作る方法は，一般的な方法ではないから厄介である．補助方陣 A によって作り方が違うのである．

次の補助方陣は，文字からなる直交する5次の補助方陣である．

（1）　5次完全魔方陣を生成する万能補助方陣

次は，ともに縦・横・汎対角線に同じ文字を含まない直交する一組の補助方陣である．文字は，一方では小桂馬飛び，他方では大桂馬飛びに並べられていて，ともに完全方陣としての性質をもつている．完全補助方陣である．

a	b	c	d	e
d	e	a	b	c
b	c	d	e	a
e	a	b	c	d
c	d	e	a	b

A	B	C	D	E
C	D	E	A	B
E	A	B	C	D
B	C	D	E	A
D	E	A	B	C

これらを使って，5次の完全魔方陣を作ることができる．各文字には 1,2,3,4,5 を自由に入れてよい．たとえば，上記の補助方陣において，$a=1$，$b=2$，$c=3$，$d=4$，$e=5$；$A=5$，$B=4$，$C=3$，$D=2$，$E=1$ とおくと，上記と同様にして右側の5次の完全魔方陣ができる．

1	**2**	**3**	**4**	**5**
4	**5**	**1**	**2**	**3**
2	**3**	**4**	**5**	**1**
5	**1**	**2**	**3**	**4**
3	**4**	**5**	**1**	**2**

5	**4**	**3**	**2**	**1**
3	**2**	**1**	**5**	**4**
1	**5**	**4**	**3**	**2**
4	**3**	**2**	**1**	**5**
2	**1**	**5**	**4**	**3**

5	**9**	**13**	**17**	**21**
18	**22**	**1**	**10**	**14**
6	**15**	**19**	**23**	**2**
24	**3**	**7**	**11**	**20**
12	**16**	**25**	**4**	**8**

また，2つの補助方陣を入れ替えても，別の完全魔方陣ができる．

なお，中心数が0である5次の完全方陣の代表型を作るには，$d=B=0$ とする．代入するその他の数の順序は自由でよいから，2つの補助方陣の文字の並べ方は，ともに $4! = 4\times3\times2\times1 = 24$ 通りある．したがって，この一組の補助方陣から $4!\times4!\times2\div8 = 144$ 種の 5 次完全方陣を作ることができるわけである．

（2） 一方の汎対角線に同じ数字が並ぶ補助方陣

a	b	c	d	e
e	a	b	c	d
d	e	a	b	c
c	d	e	a	b
b	c	d	e	a

A	B	C	D	E
B	C	D	E	A
C	D	E	A	B
D	E	A	B	C
E	A	B	C	D

対角線でも定和を与えるために，$a = E = 3$ とするが，それ以外の文字 b, c, d, e；A, B, C, D は 1,2,4,5 を自由にとってよい．$b+e = c+d = 6$；$A+D = B+C = 6$ とすれば，対称魔方陣が得られる．たとえば，$b = 1$，$c = 2$，$d = 4$，$e = 5$；$A = 1$，$B = 2$，$C = 4$，$D = 5$ とすれば，次の対称魔方陣が得られる．

3	**1**	**2**	**4**	**5**
5	**3**	**1**	**2**	**4**
4	**5**	**3**	**1**	**2**
2	**4**	**5**	**3**	**1**
1	**2**	**4**	**5**	**3**

1	**2**	**4**	**5**	**3**
2	**4**	**5**	**3**	**1**
4	**5**	**3**	**1**	**2**
5	**3**	**1**	**2**	**4**
3	**1**	**2**	**4**	**5**

11	**2**	**9**	**20**	**23**
22	**14**	**5**	**8**	**16**
19	**25**	**13**	**1**	**7**
10	**18**	**21**	**12**	**4**
3	**6**	**17**	**24**	**15**

（3） 両対角線に同じ文字を 3 個含む補助方陣

d	e	a	b	c
b	c	d	e	1
a	b	c	d	e
e	a	b	c	d
c	d	e	a	b

C	D	E	A	B
E	A	B	C	D
A	B	C	D	E
B	C	D	E	A
D	E	A	B	C

両対角線に同じ文字 c が 3 個入っている．$c = C = 3$ とする．両対角線でも定和 15 を与えるために，$a+e = b+d = 6$；$A+E = B+D = 6$ とする．たとえば，$a = 1$，$b = 2$，$d = 4$，$e = 5$；$A = 1$，$B = 2$，$D = 4$，$E = 5$ とすれば，次の対称魔方陣が得られる．

4	5	1	2	3
2	3	4	5	1
1	2	3	4	5
5	1	2	3	4
3	4	5	1	2

3	4	5	1	2
5	1	2	3	4
1	2	3	4	5
2	3	4	5	1
4	5	1	2	3

18	24	5	6	12
10	11	17	23	4
1	7	13	19	25
22	3	9	15	16
14	20	21	2	8

（4）　副対角線に同じ文字を含む補助方陣

a	b	c	d	e
b	c	e	a	d
c	e	d	b	a
d	a	b	e	c
e	d	a	c	b

A	B	C	D	E
E	D	A	C	B
B	C	E	A	D
C	E	D	B	A
D	A	B	E	C

副対角線に同じ文字が入っている．中央数 d と E は 3 とする．両対角線でも定和 15 を与えるために，$a+e=6$；$C+D=6$ とする．

たとえば，$a=5,\ b=2,\ c=4,\ e=1$；$A=4,\ B=2,\ C=1,\ D=5$ とすれば，次の 5 次方陣が得られる．他にも多数作ることができる．

5	2	4	3	1
2	4	1	5	3
4	1	3	2	5
3	5	2	1	4
1	3	5	4	2

4	2	1	5	3
3	5	4	1	2
2	1	3	4	5
1	3	5	2	4
5	4	2	3	1

24	7	16	15	3
8	20	4	21	12
17	1	13	9	25
11	23	10	2	19
5	14	22	18	6

〔コラム 5〕 **5 次の魔方陣の全作への取組み**

5 次方陣の総数問題については§30 で述べたとおりであるが，『方陣の話』（平山諦，1954）には，次のようにだけ，述べられている．

> 五方陣の総数について，今日までの研究を掲げると，次の通りになる．
>
> | | |
> |---|---|
> | ド・ラ・ヒール de la Hire（1640〜1718） | 57600 以上 |
> | マクマホン MacMahon（1902） | 60000 以上 |
> | アーレン Ahrens（1914） | 600000 以上 |
> | ボール Ball（1926） | 750000 以上 |
> | 寺村周太郎（1930） | 1600000 以上 |

5 次の魔方陣は 3 億弱もあるので，手作業でその総個数を調べることは，きわめて難しい．それを，寺村周太郎は，方陣を「26 の連結線」模様により，数多くの型に分類して調査した．

① 「対称連結型 5 方陣」，これは，「26 の連結線」模様が上下・左右あるいは中心に関して対称なもので，この型は 21 種あり，それらの合計は 591008 個あるという（正しくは，591088 個）．5 次の対称魔方陣 48544 個は，このタイプの型である．

② 「旋回連結型 5 方陣」，これは，「26 の連結線」模様が対称軸をもたないが，90° 回転すると元の型に一致するものである．この型の合計は 16720 個あるという（正しくは，16752 個）．

③ これらの両型以外の連結型についても，数十型も発見し各型について調査を実行した．実は，この③のタイプが大部分で，この領域が問題である．

5 次方陣の全作をめざす取組みには，桁外れの精神的エネルギーと気力が必要である．彼のパワーと研究成果（1976）にはただただ敬服するばかりである．彼の研究を見ると，5 次方陣を「26 の連結線」模様により分類することは，現実的でないようにも思われる．

現在では，5 次方陣の全作にはコンピューターの力を借りることになる．1976 年，アメリカのシュレーペル（Schroeppel）は雑誌『サイエンス』（3 月号）にコンピューターで計算した 5 次方陣の総数を 68826306 個と発表した．その後，1981 年，岡島喜三郎はコンピューターにより，中心数により分類して合計 275305224 個を得た．シュレーペルが求めた個数 68826306 個のちょうど 4 倍である．岡島の得た 5 次方陣の総個数は，本書でも確認したように正しい．

今日では，5 次方陣の総数検索問題は，パソコンに最適な題材となった．

13	22	18	27	11	20
31	4	36	9	29	2
12	21	14	23	16	25
30	3	5	32	34	7
17	26	10	19	15	24
8	35	28	1	6	33

楊輝『楊輝算法』

27	29	2	4	13	36
9	11	20	22	31	18
32	25	7	3	21	23
14	16	34	30	12	5
28	6	15	17	26	19
1	24	33	35	8	10

程大位『算法統宗』

第6章

6次の魔方陣への道

6 次方陣には固有の顕著な性質・法則がなく非常に扱いにくい．たとえば，上の 6 次方陣では，ともに 4 隅の 4 数と中央部の 4 数の和は相等しいが，これは 6 次方陣の一般的な性質ではない．6 次方陣は，今日でも十分には解明されていない未開の領域となっている．

一方，6 次の魔方陣は無数と言ってよいほどあり，その総数は約 1.8×10^{19} 個，つまり，約 1800 京個レベルであると言われている．現代のスーパーコンピューターをもってしても結論（有限確定個数）が出ていないのである．パソコンでもかなり高速で作ることはできるが，数が多すぎて終わることがない．たかが 6×6 されど 6×6 である．

また，6 次の完全方陣は存在しないこと，6 次の対称方陣も存在しないこと，直交するラテン方陣が存在しないことについても言及する．

§34　6次方陣の存在

6次方陣は最小の半偶数方陣であるが，半偶数方陣の作り方は，§12で述べたように単純ではない．しかしながら，昔から多くの人々により，数多くの作品が作られている．

本章扉の2つの方陣の他に，さらにいくつかの例を紹介しよう．

1	28	27	10	9	36
35	26	25	12	11	2
3	22	21	16	15	34
33	24	23	14	13	4
20	6	8	29	31	17
19	5	7	30	32	18

アンドリュース

35	2	28	9	4	33
14	23	12	25	15	22
17	20	6	31	10	27
5	32	13	24	36	1
29	8	34	3	16	21
11	26	18	19	30	7

アンドリュース

6	7	19	18	25	36
32	11	14	20	29	5
3	27	16	22	10	33
34	28	15	21	9	4
35	8	23	17	26	2
1	30	24	13	12	31

安藤有益『奇偶方数』

31	12	24	18	25	1
35	26	17	20	8	5
4	28	21	15	10	33
3	9	22	16	27	34
2	29	14	23	11	32
36	7	13	19	30	6

安島直円

1	2	3	34	35	36
31	32	33	4	5	6
22	14	24	16	17	18
15	23	13	21	20	19
30	29	28	9	8	7
12	11	10	27	26	25

佐藤穂三郎『方陣模様』

4	13	36	27	29	2
22	31	18	9	11	20
3	21	23	32	25	7
30	12	5	14	16	34
17	26	19	28	6	15
35	8	10	1	24	33

楊輝『楊輝算法』

36	32	4	3	5	31
12	29	27	10	26	7
19	17	22	21	14	18
13	20	16	15	23	24
25	11	9	28	8	30
6	2	33	34	35	1

建部賢弘

26	16	13	19	34	3
21	11	18	24	28	9
15	25	20	14	5	32
12	22	23	17	6	31
27	33	35	1	8	7
10	4	2	36	30	29

境 新『魔方陣（第三巻）』

33	2	31	4	35	6
1	32	3	36	5	34
7	8	9	30	29	28
27	26	25	10	11	12
21	23	19	16	14	18
22	20	24	15	17	13

ワイデマン

◎ 37の連結線

これらの6次方陣では，和が37となる2数を線分で結ぶと興味深い模様が出現する．和が37となる2数を結ぶ線分は，「**37の連結線**（complement pair line）」と呼ばれる．これは，4次方陣の「17の連結線」，5次方陣の場合の「26

の連結線」に対応するものである．

6次方陣を作るときにも，この37の連結線の模様は，おおいに役立つ．

アンドリュースの作品では，両作品とも「37の連結線」は，157ページに示すような見事な模様を作っている．さらに，上向きと下向きのフランクリン型が成立している．フランクリン型については，第8章の§48において解説する．

安藤有益の『奇偶方数』における6次方陣では，「37の連結線」はやや変則的である．各自，37の連結線を結んでみてほしい．

安島直円（あじまなおのぶ）の作品は両対角線要素が等差数列をなすのが特徴であるが，「37の連結線」も美しい．

佐藤穂三郎の『方陣模様』(1973) における作品は，「37の連結線」は水平方向，上下方向が分離していて美しい．また，数の配列法も優れている．

楊輝の『楊輝算法』(1274) の6次方陣においては，中心に関して対称な2数の和が37にならないものは，{18,28} と {9,19} の2組だけである．これは，もう少しのところだが，対称魔方陣ではない．楊輝も6次の対称魔方陣をめざしていたことが窺われる．

本章扉の程大位の『算法統宗』(1593) の6次方陣においても，同様のことが言える．

建部賢弘の『方陣新術』における6次方陣である．「37連結線」は，縦方向・横方向・斜め方向とも6本ずつある．確かめてほしい．両対角線上の数は，6次の自然配列の両対角線そのままである．

境新の『魔方陣（第三巻)』における方陣は，左上の連続数による4次方陣に「外側」を付けたもので，外側の「37連結線模様」は「外側魔方陣」に特有のものである．

ワイデマンの6次方陣の「37連結線」は，すべて水平（横方向）で2つ飛びの2数を結ぶ線分である．また，数の並べ方も興味深い．

さらに，9つの6次方陣を紹介しよう．

4	3	35	36	28	5
6	14	19	15	26	31
30	24	17	21	12	7
29	25	16	20	13	8
10	11	22	18	23	27
32	34	2	1	9	33

関孝和『方陣之法』

29	1	21	30	2	22
9	17	25	10	18	26
13	33	5	14	34	6
32	4	24	31	3	23
12	20	28	11	19	27
16	36	8	15	35	7

境 新『魔方陣』

6	8	3	36	28	30
35	26	14	11	23	2
32	15	17	20	22	5
4	21	19	18	16	33
27	12	24	25	13	10
7	29	34	1	9	31

礒村吉徳『算法闕疑抄』

1	33	10	27	8	32
4	36	11	26	5	29
12	17	21	15	18	28
25	20	22	16	19	9
34	2	24	13	31	7
35	3	23	14	30	6

佐藤穂三郎『方陣模様』

31	2	33	6	35	4
3	32	1	34	5	36
9	8	7	28	29	30
25	26	27	12	11	10
19	23	21	18	14	16
24	20	22	13	17	15

佐藤穂三郎『方陣』

1	30	19	18	12	31
32	26	23	20	8	2
33	9	16	22	28	3
4	10	15	21	27	34
35	29	14	17	11	5
6	7	24	13	25	36

幸田露伴『方陣秘説』

1	2	3	34	35	36
31	32	15	4	23	6
30	29	28	9	8	7
12	11	10	27	26	25
24	20	22	21	5	19
13	17	33	16	14	18

久留島義太

7	6	9	26	31	32
36	29	27	10	5	4
35	1	23	17	24	11
28	8	22	15	18	20
3	33	14	30	12	19
2	34	16	13	21	25

阿部楽方

28	4	3	31	35	10
36	18	21	24	11	1
7	23	12	17	22	30
8	13	26	19	16	29
5	20	15	14	25	32
27	33	34	6	2	9

西安出土

関孝和の『方陣之法』の作品は，「37の連結線」はなかなか美しい．彼の「外周追加法」で作ったと思われる．

境 新の『魔方陣（第二巻)』にある上記の作品は，行と列の中央線で4個の 3×3 方陣に分けると，4個の 3×3 方陣はそれぞれにおいて対称魔方陣としての性質を持っている．

また，列の中央で，左右2個の 6×3 方陣に分けると，「37の連結線」は2つのそれぞれにおいて中心に関して対称になっている．さらに，方陣の中心に関して対称な位置にある2数の和は36と38の2種類だけであり（37ではない)，それらは分離されている．

礒村吉徳の『算法闕疑抄』(1659）に掲げられた6次方陣では，「37の連結線」

はやや変則的である．

佐藤穂三郎の『方陣模様』(1973) における作品の「37 の連結線」は，下図（右から 2 番目）のように真に美しい模様を作っている．また，『方陣』(1959) における作品では,「37 の連結線」は下図右端のように全部水平になっていて美しい．

幸田露伴の『方陣秘説』(1883 頃) における 6 次方陣も「37 の連結線」はやや変則的である．

久留島義太の方陣は，本書 § 12 の彼の解法による 6 次方陣である．「37 連結線」は，一部で変則的であるが，かなり整っている．確かめてほしい．

阿部楽方の「外側追加方陣」は，右下隅の 4 次方陣が連続数でできていない．26 の代わりに 30 が使われている．4 次方陣の定和は 75 になっている．なお，上記の境 新の「外側追加方陣」における 4 次方陣の定和は 74 である．

「西安出土」とある 6 次方陣は，1956 年に中国の西安の遺跡から発掘された鉄板に刻まれていたものである．中央の 4 方陣は完全魔方陣である．外周追加法で作ったものであることが分かる．

ここで，念のため，154 ページのアンドリュースと上記の佐藤穂三郎の各 2 個の方陣の「37 の連結線」の模様図を示しておく．

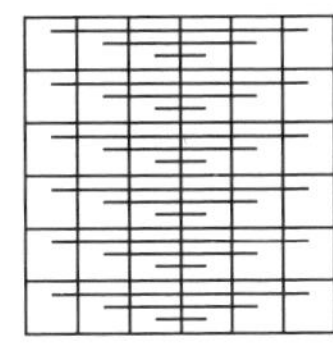

アンドリュース　　アンドリュース

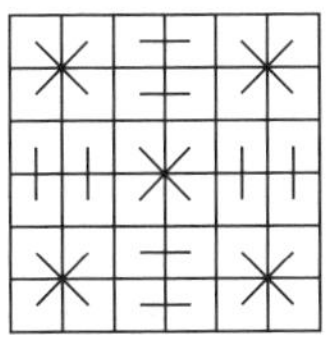

佐藤穂三郎

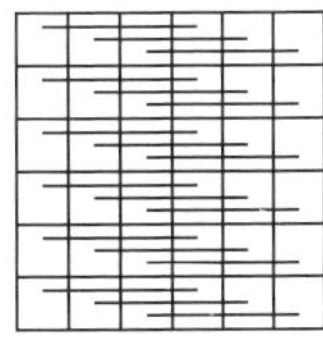

佐藤穂三郎

さらに，アンドリュースの規則的で美しい「37 の連結線」模様をもつ 6 次方陣作品をいくつか掲げる．

1	36	26	23	13	12
35	2	25	24	14	11
3	34	27	28	9	10
33	4	21	22	15	16
20	17	7	6	29	32
19	18	5	8	31	30

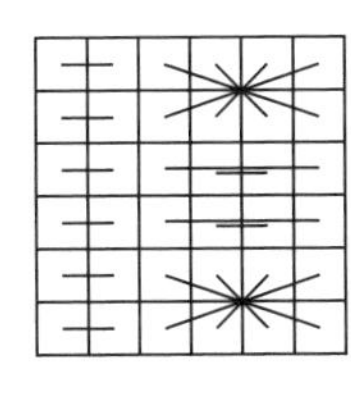

25	24	13	12	1	36
26	23	14	11	35	2
21	22	15	16	3	34
27	28	9	10	33	4
5	8	29	32	20	17
7	6	31	30	19	18

32	5	14	23	29	8
35	2	15	22	34	3
25	18	28	10	17	13
12	19	27	9	20	24
6	31	16	21	7	30
1	36	11	26	4	33

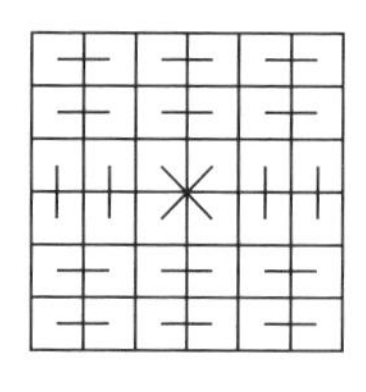

3	2	1	36	35	34
31	32	33	4	5	6
15	13	23	19	20	21
22	24	14	18	17	16
12	11	10	27	26	25
28	29	30	7	8	9

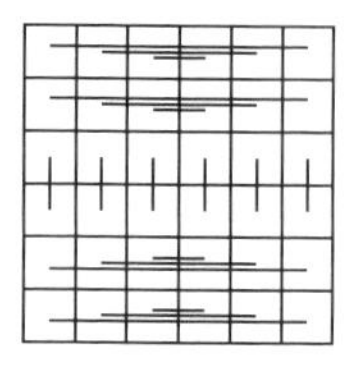

境 新は，『魔方陣（第三巻)』において，「構造論」として「37 連結線模様」の研究もしている．その中から，5, 6, 7, 8；9, 10, 11, 12 などの連続 4 数が下図のように 2×2 枠に集まっているタイプのものを紹介しよう．

1	28	27	10	9	36
35	26	25	12	11	2
3	22	21	16	15	34
33	24	23	14	13	4
20	6	8	29	31	17
19	5	7	30	32	18

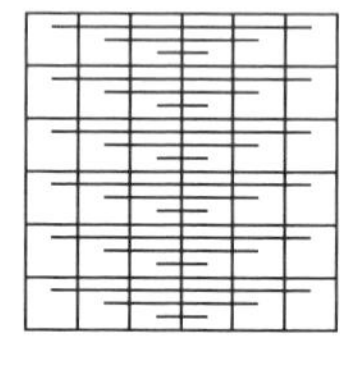

1	26	27	12	9	36
35	25	28	11	10	2
3	23	21	14	16	34
33	22	24	15	13	4
20	8	5	30	31	17
19	7	6	29	32	18

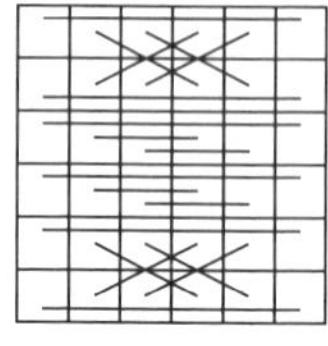

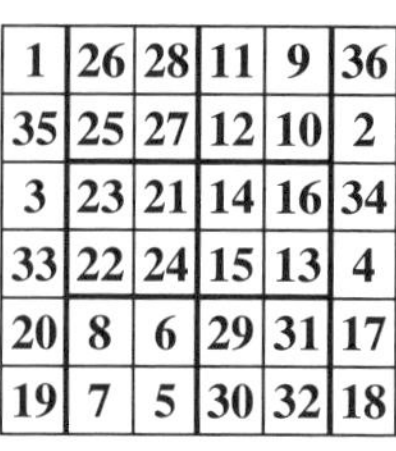

1	26	28	11	9	36
35	25	27	12	10	2
3	23	21	14	16	34
33	22	24	15	13	4
20	8	6	29	31	17
19	7	5	30	32	18

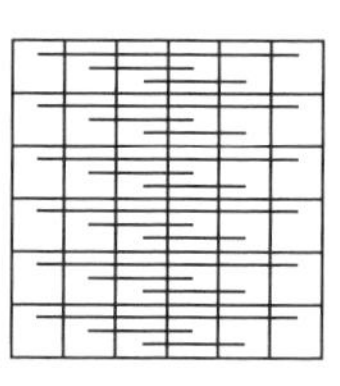

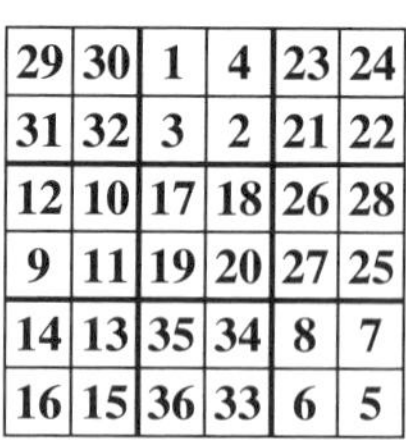

29	30	1	4	23	24
31	32	3	2	21	22
12	10	17	18	26	28
9	11	19	20	27	25
14	13	35	34	8	7
16	15	36	33	6	5

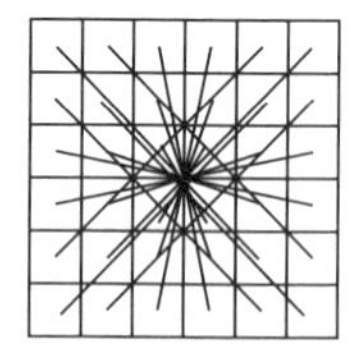

以上，紹介したのは特に個性的な 6 次方陣ばかりである．一般的な無個性の 6 次方陣を作ることは，かえって難しい．上記は 6 次方陣のほんの数例だけであり，6 次方陣は実は星の数ほど無数にある．しかしながら，いまだにその総個数を正確に知っている人はいない．

§35　6次の魔方陣を作る

6 次方陣の代表的な作り方については，§12「半偶数方陣の作り方」で概説したが，ここでは，佐藤穂三郎と境 新の 6 次方陣の作り方を簡単に紹介して補足する．

佐藤穂三郎は，『方陣模様』(1973) において，久留島義太の半偶数魔方陣の解法の変化版を解説している．

まず，1から小さい順に3項ずつ区切って下図のように入れる．このとき，すべての列と上下の2行は定和111となっているが，中央の2行と対角線が111にならない．

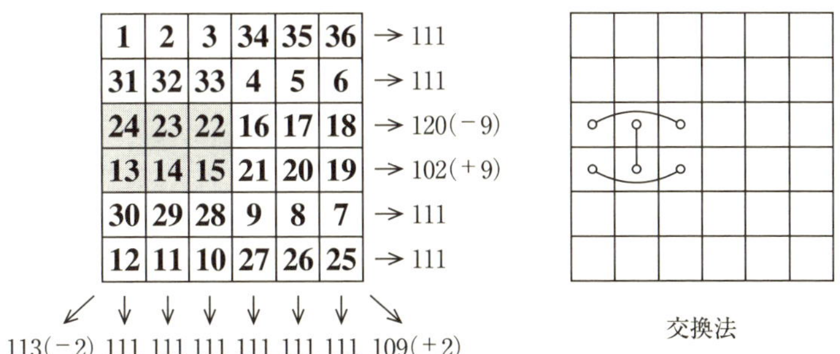

1	2	3	34	35	36	→ 111
31	32	33	4	5	6	→ 111
24	23	22	16	17	18	→ 120(−9)
13	14	15	21	20	19	→ 102(+9)
30	29	28	9	8	7	→ 111
12	11	10	27	26	25	→ 111

113(−2)　111　111　111　111　111　111　109(+2)

交換法

① 中央の2行の和を定和111にするには，第2列の○印の2数を交換法の図のように入れ替える．

② 主対角線と副対角線の和を定和111にするには，第3行と第4行の○印の2数を交換法の図のように入れ替える．

すると，下図左側の定和111の方陣が完成する．37連結線模様が美しい．

1	2	3	34	35	36
31	32	33	4	5	6
22	14	24	16	17	18
15	23	13	21	20	19
30	29	28	9	8	7
12	11	10	27	26	25

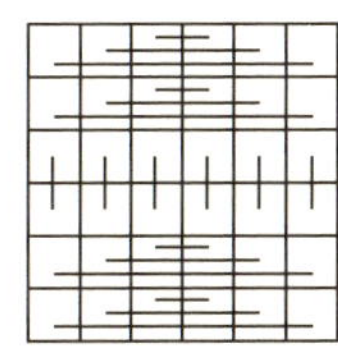

完成

これが前節§34初め（154ページ）に掲げた佐藤穂三郎の6次の魔方陣である．簡単な調整で解決した例である．6次の魔方陣を作るには調整のための交換は避けられないのである．

境 新は，『魔方陣（第二巻）』（1936）において，6次の自然配列を変形する8個の交換図を用いて6次方陣（8個）を作った．§12の方法IV「自然配列交換法」の交換法の発展である．

下記中央の交換図Aには，両対角線の12個の◎印と12個の空所の他に，6個の○印と6個の×印がある．ここで，

① ◎印のついた両対角線の数は，逆順に入れていく．

② 12 個の空所（無印）にある数は，動かさない．

③ ○印と × 印の数は，同行または同列の同じ印の数と交換する．

すると，右側の 6 次方陣が完成する．

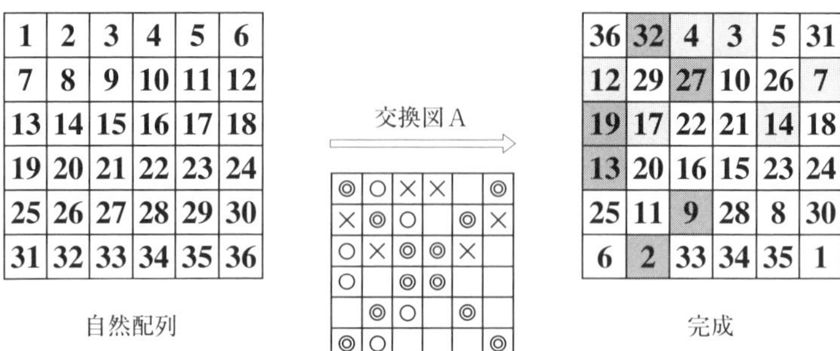

1	2	3	4	5	6
7	8	9	10	11	12
13	14	15	16	17	18
19	20	21	22	23	24
25	26	27	28	29	30
31	32	33	34	35	36

自然配列

交換図 A

◎	○	×	×		◎
×	◎	○		◎	×
○	×	◎	◎	×	
○		◎	◎		
	◎	○		◎	
◎	○				◎

36	32	4	3	5	31
12	29	27	10	26	7
19	17	22	21	14	18
13	20	16	15	23	24
25	11	9	28	8	30
6	2	33	34	35	1

完成

さらに，上図中央の交換図 A を下図のように，右に 90°, 180°, 270° 回転した図を用いても，別の 6 次方陣（下側）ができる．

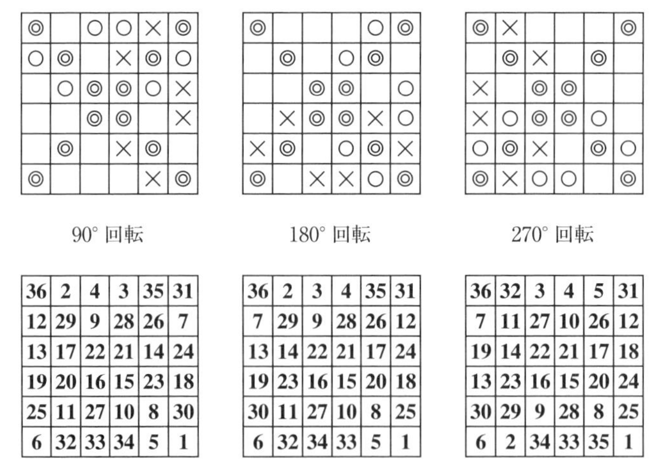

◎		○	○	×	◎
○	◎		×	◎	○
	○	◎	◎	○	×
		◎	◎		×
	◎		×	◎	
◎				×	◎

90° 回転

◎				○	◎
	◎		○	◎	
		◎	◎		○
	×	◎	◎	×	○
×	◎		○	◎	×
◎		×	×	○	◎

180° 回転

◎	×				◎
	◎	×		◎	
×		◎	◎		
×	○	◎	◎	○	
○	◎	×		◎	○
◎	×	○	○		◎

270° 回転

36	2	4	3	35	31
12	29	9	28	26	7
13	17	22	21	14	24
19	20	16	15	23	18
25	11	27	10	8	30
6	32	33	34	5	1

36	2	3	4	35	31
7	29	9	28	26	12
13	14	22	21	17	24
19	23	16	15	20	18
30	11	27	10	8	25
6	32	34	33	5	1

36	32	3	4	5	31
7	11	27	10	26	12
19	14	22	21	17	18
13	23	16	15	20	24
30	29	9	28	8	25
6	2	34	33	35	1

加えて，これら 4 個の交換図を裏側から見た（左右対称の）交換図によっても別の 6 次方陣ができる．

◎		×	×	○	◎
×	◎		○	◎	×
	×	◎	◎	×	○
		◎	◎		○
	◎		○	◎	
◎				○	◎

◎	×	○	○		◎
○	◎	×		◎	○
×	○	◎	◎	○	
×		◎	◎		
	◎	×		◎	
◎	×				◎

◎	○				◎
	◎	○		◎	
○		◎	◎		
○	×	◎	◎	×	
×	◎	○		◎	×
◎	○	×	×		◎

◎				×	◎
	◎		×	◎	
		◎	◎		×
	○	◎	◎	○	×
○	◎		×	◎	○
◎		○	○	×	◎

36	2	4	3	35	31
12	29	9	28	26	7
13	17	22	21	14	24
19	20	16	15	23	18
25	11	27	10	8	30
6	32	33	34	5	1

36	32	4	3	5	31
12	29	27	10	26	7
19	17	22	21	14	18
13	20	16	15	23	24
25	11	9	28	8	30
6	2	33	34	35	1

36	32	3	4	5	31
7	29	27	10	26	12
19	14	22	21	17	18
13	23	16	15	20	24
30	11	9	28	8	25
6	2	34	33	35	1

36	2	3	4	35	31
30	11	9	28	26	12
13	14	22	21	17	24
19	23	16	15	20	18
7	29	27	10	8	25
6	32	34	33	5	1

以上の異なる合計 8 個の交換図を彼は,「半偶数変型八種」と呼んでいる.

なお, 本節初めの交換図 A とは別の交換図もある. 次は, 交換図 A とは異なる交換図である. これらの交換図 B, C を使っても, どちらからも「半偶数変型八種」が得られる.

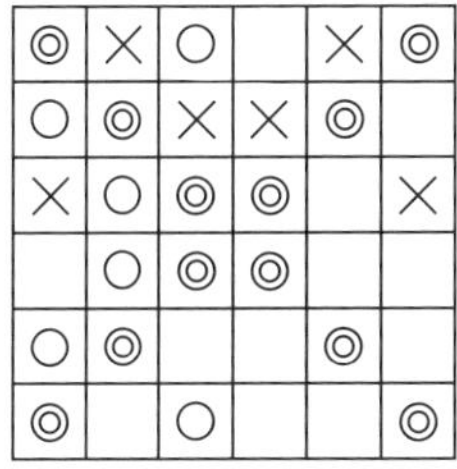

◎	×	○		×	◎
○	◎	×	×	◎	
×	○	◎	◎		×
	○	◎	◎		
○	◎			◎	
◎		○			◎

36	5	33	4	2	31
25	29	10	9	26	12
18	20	22	21	17	13
19	14	16	15	23	24
7	11	27	28	8	30
6	32	3	34	35	1

交換図B

◎	○	×	×		◎
	◎		○	◎	
○		◎	◎		
○	×	◎	◎	×	
×	◎		○	◎	×
◎	○				◎

36	32	4	3	5	31
7	29	9	28	26	12
19	14	22	21	17	18
13	23	16	15	20	24
30	11	27	10	8	25
6	2	33	34	35	1

交換図C

§36　6次の対称魔方陣は存在しない

6次の対称魔方陣があるとすれば，和が37（1+36）となる2数が中心に関して対称になっている．さて，37は奇数であるから，中心に関して対称な2数の一方は奇数で他方は偶数である．6次の魔方陣の定和は，111で**奇数**である．

ところで，6次の対称魔方陣の作成に成功した人はいない．

次の楊輝の『楊輝算法』(1274) の6次方陣や程大位の『算法統宗』(1593) における6次方陣も，あと一歩のところで，対称魔方陣ではない．中心に関して対称な位置にある2数の和が，37でないところがある．それぞれ，2か所ある．青色と緑色で示した2数のところ（18+28 = 46，9+19 = 28）である．

4	13	36	27	29	2
22	31	18	9	11	20
3	21	23	32	25	7
30	12	5	14	16	34
17	26	19	28	6	15
35	8	10	1	24	33

楊輝『楊輝算法』

27	29	2	4	13	36
9	11	20	22	31	18
32	25	7	3	21	23
14	16	34	30	12	5
28	6	15	17	26	19
1	24	33	35	8	10

程大位『算法統宗』

彼らも，対称魔方陣を目指していたことが見て取れる．これほど対称魔方陣に迫ったものは他に類をみない．

上記の6次の各魔方陣において，たとえば，9と18を交換すると，（行と両対角線の定和性を失うことなく）対称性は実現するが，列の定和性が崩れてしまうわけである．

ところで余談になるが，上記の2つの6次魔方陣の数の配列は，どこか似ていると思わないだろうか．よく見ると，両図は中央縦線の左の3列と右の3列を，そのままそっくり入れ替えたものになっている．

6次の対称魔方陣の実例を挙げることはできない．実は，6次方陣には対称方陣は存在しないからである．次に，対称魔方陣は存在しない理由について説明する．定和111が奇数であることが，曲者である．

［証明］　6次の対称魔方陣は，和が37となる2数が中心に関して対称に位置

しているから，その上半分によって，下半分は決定する．和が 37 となる 2 数の一方は奇数，他方は偶数である．また，その上半分は 3 行，6 列からなる．

さて，6 次の魔方陣の定和は 111 で奇数であるから，どの行にも奇数が奇数個含まれている．したがって，6 次対称魔方陣の上半分には，奇数が奇数個含まれる．

○印を奇数，無印を偶数とすれば，上半分は，たとえば，下図のようにあらねばならない．

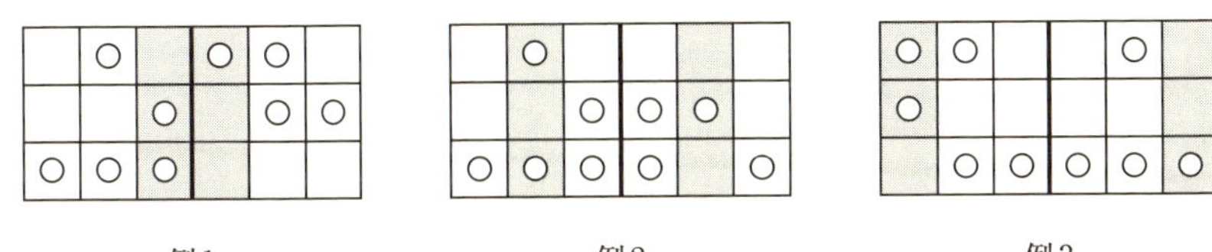

したがって，この上半分のすべての列（6 列）に奇数が奇数個入ることはなく，奇数が偶数個入っている列が必ずある．そのような列の数は奇数である．

以下，例 1 について説明する．そのような列は，第 2 列と第 3 列と第 5 列の 3 列である．これらの 3 列のうち，第 2 列と第 5 列は中央縦線に関して対称の位置にある．ここで，残った第 3 列と，中央縦線に関して対称な第 4 列に着目する．

さて，6 次の対称魔方陣では，中心に関して対称な 2 数一方は○印（奇数），他方は無印（偶数）であるから，第 3 列の下半分・第 4 列の下半分も決定する．

第 3 列の上半分には，奇数が 2 個，偶数が 1 個入っているから，第 4 列の下半分には偶数が 2 個，奇数が 1 個入る．

第 4 列の上半分には奇数が 1 個，偶数が 2 個入っているから，第 3 列の下半分には偶数が 1 個，奇数が 2 個入る．

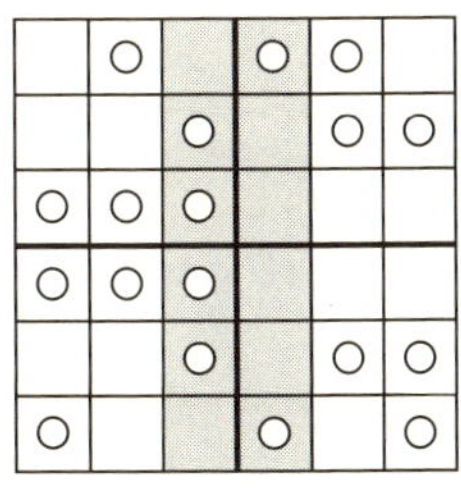

例 1

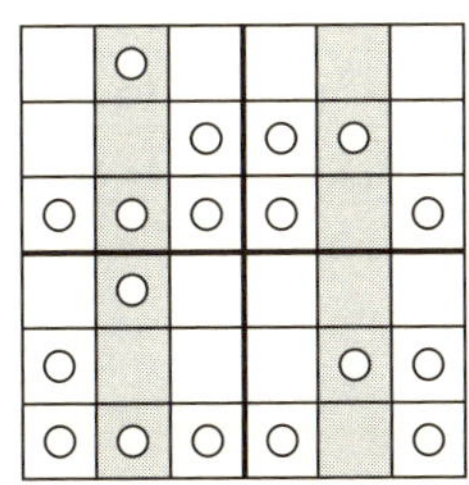

例 2

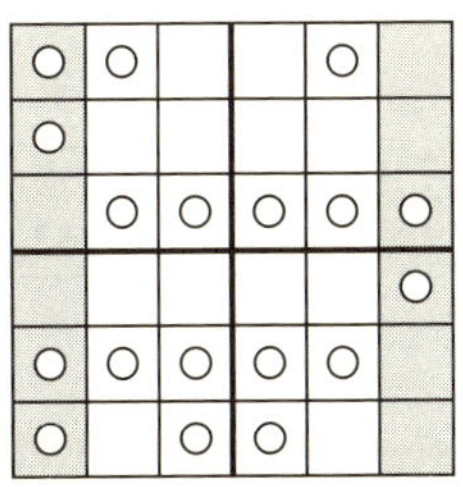

例 3

したがって，第3列の奇数の個数は，4個（偶数）であり，第4列の奇数の個数は，2個（偶数）である．第3列も第4列も奇数の個数は偶数個であるから，第3列と第4列の列和 (6数) はともに偶数であるから，6次方陣の定和111になることはできない．

以上述べたことは，例2，例3についても同様に明らかであろう．［証明終］

§37　6次の完全魔方陣は存在しない

6次の完全魔方陣を作ろうとする試みも多くの人達によりなされたが，成功した人はいない．

たとえば，右の6次方陣では，汎対角線12本のうち8本は定和111をもつが，他の4本の対角線（上昇分離対角線で2本，下降分離対角線で2本）においては，6要素の和はいずれも偶数であり，定和111ではない．

6次方陣では，どうしても定和111をもたない対角線が出てきてしまうのである．

1	**2**	**36**	**3**	**35**	**34**
4	**29**	**24**	**19**	**5**	**30**
32	**27**	**14**	**18**	**13**	**7**
33	**16**	**11**	**22**	**21**	**8**
10	**12**	**20**	**26**	**28**	**15**
31	**25**	**6**	**23**	**9**	**17**

では，次の6次配列は，いったい何者か．……すべての汎対角線で定和111をもっている．

下図では両図とも，行・列・両対角線要素の和はもちろんのこと，12本の汎対角線要素の和も，間違いなくすべて111である．しかも，1〜36のすべての数が使われているので，6次完全方陣のように見える．

13	**35**	**7**	**5**	**36**	**15**
12	**18**	**26**	**28**	**17**	**10**
29	**3**	**23**	**21**	**4**	**31**
32	**1**	**22**	**24**	**2**	**30**
9	**20**	**27**	**25**	**19**	**11**
16	**33**	**6**	**8**	**34**	**14**

サベジ

32	**1**	**22**	**24**	**2**	**30**
9	**20**	**27**	**25**	**19**	**11**
16	**33**	**6**	**8**	**34**	**14**
13	**35**	**7**	**5**	**36**	**15**
12	**18**	**26**	**28**	**17**	**10**
29	**3**	**23**	**21**	**4**	**31**

アンドリュース

しかし，これらの配列は，行と列の定和性を確認すると，両図とも第2列の和が110，第5列の和が112であるので，「方陣」ではないのである．

このように汎対角線が定和をもつ 6 次方陣は存在するが，ここでは，行・列の定和条件が成立しないのである．

なお，これらの 6 次配列の「37 連結線」は，すべて斜め方向に 2 つおきの 2 数を結ぶ線分である．

また，左側の図の上半分と下半分をそっくり入れ替えたものが右側図である．両図においては，ともに $(1,2,3,4),(5,6,7,8),\cdots,(33,34,35,36)$ の連続 4 数は長方形の 4 隅に位置している．

ここで，6 次の完全魔方陣が存在しないことを説明しよう．

［証明］ 6 次の魔方陣においては，奇数行（第 1 行，第 2 行，第 3 行）の総和と偶数列（第 2 列，第 4 列，第 6 列）の総和は，どちらも 111×3 で等しいから，それらに共通な数（奇数行かつ偶数列にある数；a〜i の文字部分）を取り除いた各 9 個の同色の数の合計は等しい．

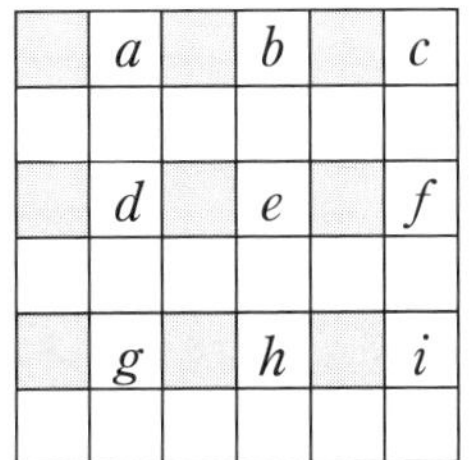

奇数行の総和

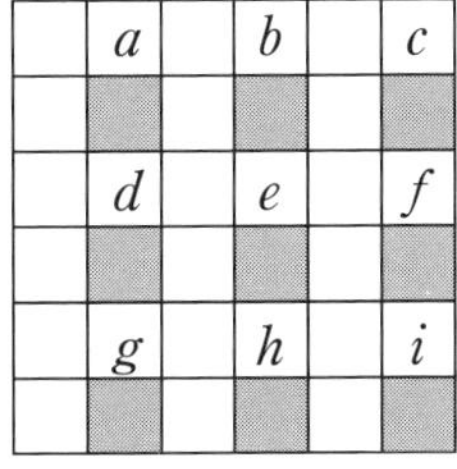

奇数列の総和

したがって，これら二つの図を合体した下図に含まれる 18 個の数の合計は，等しい 2 つの数の和であるから，偶数である．

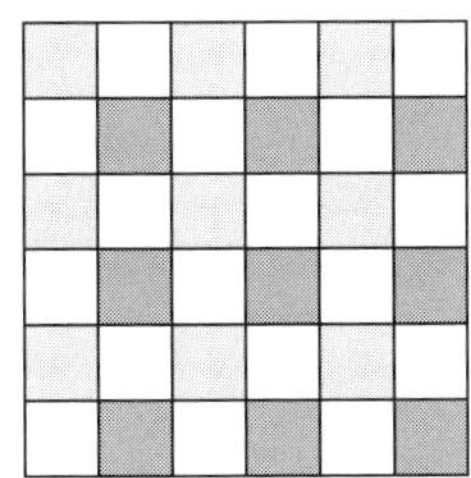

この図は，全体として，主対角線とこれに平行な 2 本の 1 つおきの（斜下降）分離対角線に一致している．

したがって，主対角線に平行な3本の分離対角線に含まれる数の合計は**偶数**である．これは，6次の魔方陣の性質である．

ところで，6次の完全魔方陣があるとすれば，3本の分離（切れた）対角線に含まれる数の合計は3×111（**奇数**）でなければならない．

ゆえに，6次方陣は完全魔方陣にはなり得ない．

6次の魔方陣では，主対角線以外の分離（切れた）対角線の中に，6数の合計が111でないものが必ずあることになる．［証明終］

このように，行・列の定和条件と汎対角線の定和条件は両立しないのである．

本節の証明では，奇数行と偶数列に着目したが，奇数行と奇数列に着目しても，同様な証明が可能である．

§38　6次の補助方陣

6次の補助方陣は，1つ作るだけなら，右図のようにすべての行，列，両対角線を**異なる6数**{1,2,3,4,5,6}**を使って**いくつでも作ることができる．

1	**2**	**3**	**4**	**5**	**6**
6	**5**	**4**	**3**	**2**	**1**
4	**6**	**2**	**5**	**1**	**3**
5	**3**	**1**	**6**	**4**	**2**
2	**4**	**6**	**1**	**3**	**5**
3	**1**	**5**	**2**	**6**	**4**

これは，一つの6次のラテン方陣である．ラテン方陣については，本章末のコラム6で述べる．

しかし，方陣を作るには，**直交する2つ**の補助方陣を作らねばならない．ところが，コラム6で述べるように，6次の直交する2つのラテン方陣は存在しないのである．

したがって，6次の直交する2つの補助方陣の行と列は，上図のように，**異なる**6数{1,2,3,4,5,6}を使っては作ることができない．つまり，6次の直交する2つの補助方陣では，必ず行，列のどこかに同じ数字があることになる．早速，1つ目の6次補助方陣（行，列のどこかに同じ数字がある）をいくつか作ろう．たたき台（下図左側）を変形して作ることにする．定和は，21（＝1+2+3+4+5+6）として作る．

◎ 定和21の補助方陣

（1）　下記左側図は，中央縦線に関して左右対称であるので，行に同じ数字がある．列と両対角線上は，異なる数字からなるので定和21をもつが，行において図のような増減があるので，上下方向の入れ替えを 3 か所で行う．これで，完成である．

1	6	1	1	6	1
2	5	2	2	5	2
3	4	3	3	4	3
4	3	4	4	3	4
5	2	5	5	2	5
6	1	6	6	1	6

1	6	1	6	6	1
2	5	2	2	5	5
3	4	4	4	3	3
4	3	3	3	4	4
5	2	5	5	2	2
6	1	6	1	1	6

（2）　下記左側図は，行と両対角線上は，異なる数字からなるので定和 21 をもつが，列（同じ数が並ぶ）で増減があるので，横方向の入れ替えを 3 組ずつ行う．これで，右側が完成する．

1	2	3	4	5	6
1	2	3	4	5	6
1	2	3	4	5	6
1	2	3	4	5	6
1	2	3	4	5	6
1	2	3	4	5	6
−15	−9	−3	+3	+9	+15

1	5	4	3	2	6
1	2	4	3	5	6
6	2	3	4	5	1
6	5	3	4	2	1
6	2	3	4	5	1
1	5	4	3	2	6

（3）　上の「たたき台」の数の並びは，自然補助配列とでもいうべきものであるが，これを少し変化させて作ってみよう．この場合も，列で増減があるので，横方向の入れ替えを 3 組行う．これで，右側が完成する．

1	2	3	4	5	6
1	2	3	4	5	6
6	5	4	3	2	1
6	5	4	3	2	1
1	2	3	4	5	6
1	2	3	4	5	6
−5	−3	−1	+1	+3	+5

1	5	3	4	2	6
6	2	3	4	5	1
6	5	4	3	2	1
6	5	4	3	2	1
1	2	3	4	5	6
1	2	4	3	5	6

さらに，(1),(2),(3)の右側の 3 つの 6 次補助方陣において，3 と 4 を交換してもよい．3 と 4 は，(1)の場合，第 3 行と第 4 行にある．行ごとそのまま交換した方がはやい．(2)では，両方とも第 3 列と第 4 列を交換してもよい．

1	6	1	6	6	1
2	5	2	2	5	5
4	3	3	3	4	4
3	4	4	4	3	3
5	2	5	5	2	2
6	1	6	1	1	6

(1)

1	5	3	4	2	6
1	2	3	4	5	6
6	2	4	3	5	1
6	5	4	3	2	1
6	2	4	3	5	1
1	5	3	4	2	6

(2)

1	5	4	3	2	6
6	2	4	3	5	1
6	5	3	4	2	1
6	5	3	4	2	1
1	2	4	3	5	6
1	2	3	4	5	6

(3)

このようにして作った 6 次の補助方陣に直交する補助方陣を用いて，6 次の魔方陣を作ることができる．直交する 2 つの補助方陣を作ることは，一般的には難しい．

◎ **直交する 2 つ目の補助方陣の作り方**

①　次の補助方陣 A は，上記の(1)の補助方陣である．補助方陣 B は，補助方陣 A の行と列を入れ替えたものである．これら 2 つの補助方陣は直交している．

1	6	1	6	6	1
2	5	2	2	5	5
3	4	4	4	3	3
4	3	3	3	4	4
5	2	5	5	2	2
6	1	6	1	1	6

A

1	2	3	4	5	6
6	5	4	3	2	1
1	2	4	3	5	6
6	2	4	3	5	1
6	5	3	4	2	1
1	5	3	4	2	6

B

A の各数から 1 を引いた数の 6 倍に，B の対応する数を加えると，左側の 6 次の魔方陣ができる．また，A に B の各数から 1 を引いた数の 6 倍を加えると，右側の方陣になる．

1	32	3	34	35	6
12	29	10	9	26	25
13	20	22	21	17	18
24	14	16	15	23	19
30	11	27	28	8	7
31	5	33	4	2	36

1	12	13	24	30	31
32	29	20	14	11	5
3	10	22	16	27	33
34	9	21	15	28	4
35	26	17	23	8	2
6	25	18	19	7	36

②　補助方陣 A はそのままとして，補助方陣 B は補助方陣 A を 90° 右に回転すると，下図のようになる．これらの補助方陣 A, B も直交する．

1	6	1	6	6	1
2	5	2	2	5	5
3	4	4	4	3	3
4	3	3	3	4	4
5	2	5	5	2	2
6	1	6	1	1	6

A

6	5	4	3	2	1
1	2	3	4	5	6
6	5	3	4	2	1
1	5	3	4	2	6
1	2	4	3	5	6
6	2	4	3	5	1

B

これらの補助方陣から，上記と同様にして次の 6 次の魔方陣ができる．

6	35	4	33	32	1
7	26	9	10	29	30
18	23	21	22	14	13
19	17	15	16	20	24
25	8	28	27	11	12
36	2	34	3	5	31

31	30	19	18	12	1
2	11	14	20	29	35
33	28	16	22	9	3
4	27	15	21	10	34
5	8	23	17	26	32
36	7	24	13	25	6

◎ 定和をもたない補助方陣

定和をもつ補助方陣は，作り方としては素直で考えやすいが，定和をもたない補助方陣があることにも留意しなければならない．

①　次は，§12 の「方法 I」による方陣を生成する直交する 2 つの補助方陣であるが，いずれも「定和性」をもたない．

3	3	6	6	2	1
3	3	6	6	1	2
2	2	3	3	5	5
2	2	4	4	5	5
5	5	1	1	4	4
6	6	1	1	4	4

1	2	6	4	2	6
4	3	3	5	5	1
6	4	5	6	4	2
3	5	2	1	1	3
5	6	4	2	6	4
2	1	1	3	3	5

13	14	36	34	8	6
16	15	33	35	5	7
12	10	17	18	28	26
9	11	20	19	25	27
29	30	4	2	24	22
32	31	1	3	21	23

これらの補助方陣 A, B では，ともに**第 3〜6 行と副対角線**において補助方陣の定和 21 をもっていない．にもかかわらず，この A の各数から 1 を引いた数の 6 倍に，B の対応する数を加えて作った右側の図では，**第 3〜6 行，副対角**

線においても確かに6次方陣の定和111になっている．

② 次は，§12の「方法II」による方陣を生成する直交する2つの補助方陣であるが，いずれも「定和性」をもたない．これらの補助方陣では，ともに**第1, 2, 4, 5行と主対角線**において補助方陣の定和21をもっていない．

6	2	1	4	5	4
1	6	2	4	4	5
6	1	1	5	4	4
1	6	5	3	3	2
5	1	6	2	3	3
2	5	6	3	2	3

1	3	2	4	3	2
3	2	1	3	5	1
5	1	6	2	1	6
4	6	5	1	6	5
6	5	4	6	2	4
2	4	3	5	4	3

31	9	2	22	27	20
3	32	7	21	23	25
35	1	6	26	19	24
4	36	29	13	18	11
30	5	34	12	14	16
8	28	33	17	10	15

にもかかわらず，これらから作った右側の図では，第1, 2, 4, 5行と主対角線においても，確かに6次方陣の定和111をもつ．

③ 次は，§12の「方法V」による方陣を生成する直交する2つの補助方陣である．これらの補助方陣では，ともに**第1, 6行とすべての列**において補助方陣の定和21をもっていない．

1	6	6	6	2	1
1	2	5	4	3	6
2	4	3	3	4	5
5	3	4	4	3	2
5	4	3	2	5	2
6	1	1	1	5	6

1	4	3	2	3	2
6	5	1	6	2	1
4	4	4	5	1	3
6	6	2	3	3	1
5	5	1	6	2	2
5	3	4	5	4	6

1	34	33	32	9	2
6	11	25	24	14	31
10	22	16	17	19	27
30	18	20	21	15	7
29	23	13	12	26	8
35	3	4	5	28	36

にもかかわらず，これらから作った右側の図では，**第1, 6行とすべての列に**おいても，確かに6次方陣の定和111をもつ．

読者は，これらのことを確認してほしい．6次の魔方陣は無数にあるだけでなく，一つ一つが変則的で取り扱いにくいのである．

§39　6 次方陣の型と各型間の関係

◎ 6 次方陣の 6 つの型

6 次方陣には中央の枡目がないから，中央数により分類することはできない．6 次方陣についても，4 次方陣・5 次方陣の場合と同様に，最小の数 1 の入り得る場所によって分類する．回転・裏返ししたもの（「合同」なもの）を同一視すれば，1 の入る場所としては右図に示す 6 通りと考えることができる．

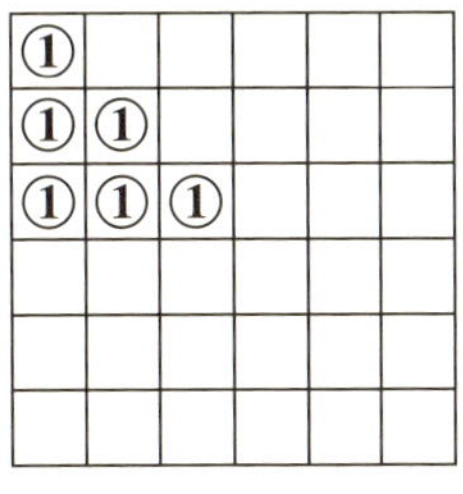

これらの型を次のように，A6 型，B6 型，C6 型，D6 型，E6 型，F6 型と呼ぶことにする．

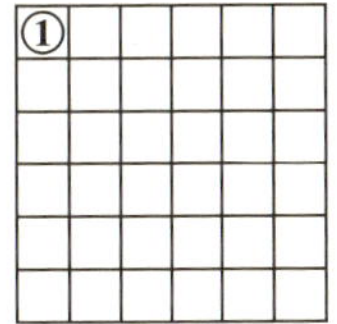

A6型

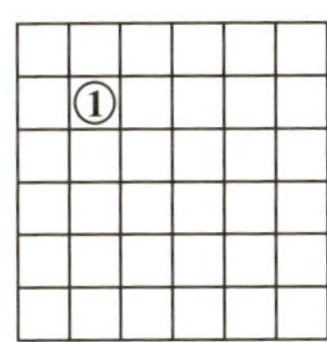

B6型

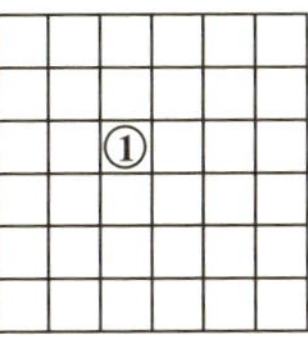

C6型

1	2	3	34	35	36
31	32	15	4	23	6
30	29	28	9	8	7
12	11	10	27	26	25
24	20	22	21	5	19
13	17	33	16	14	18

36	6	29	17	20	3
31	1	10	27	34	8
28	26	18	12	13	14
9	11	25	19	24	23
5	35	22	15	4	30
2	32	7	21	16	33

28	29	30	7	8	9
15	32	31	6	23	4
3	2	1	36	35	34
33	17	13	18	14	16
22	20	24	19	5	21
10	11	12	25	26	27

D6型

E6型

F6型

36	2	34	4	17	18
1	35	3	33	20	19
12	11	16	10	32	30
13	14	15	9	29	31
24	23	22	28	8	6
25	26	21	27	5	7

29	32	9	12	13	16
31	30	11	10	15	14
1	4	20	17	33	36
3	2	19	18	35	34
24	21	25	28	8	5
23	22	27	26	7	6

10	27	12	15	21	26
4	33	22	25	11	16
36	1	23	20	18	13
2	35	17	14	24	19
30	8	6	5	28	34
29	7	31	32	9	3

これら6つの型の間には，ある関係がある．この場合も，4次方陣・5次方陣の場合と同様，ある型の方陣の要素をある交換様式によって交換すると，他の型の方陣がすべて得られるというものである．

◎ **6次方陣の交換様式**

6次方陣は，次のような3つの交換様式をもつ．

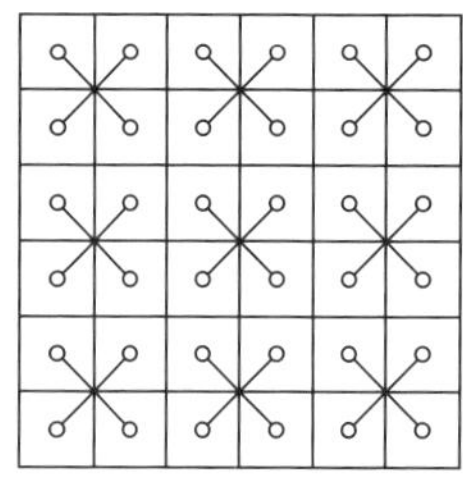

交換様式1

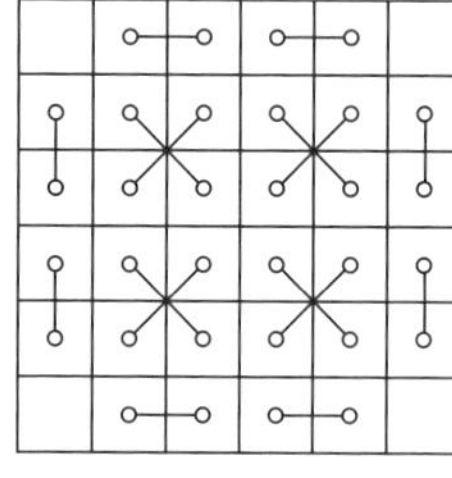

交換様式2

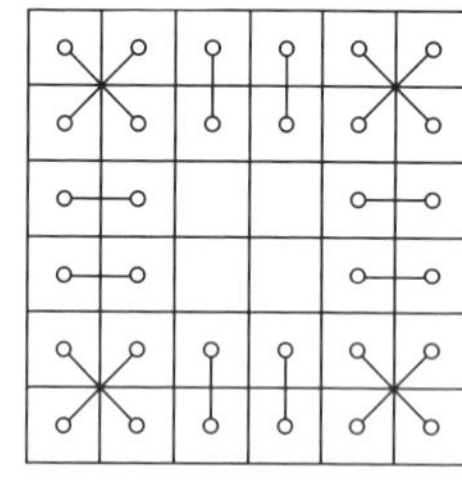

交換様式3

すなわち，1つの6次方陣があるとき，これらの交換様式によって変換して得られる新しい配列も，必ず，方陣としての条件を満たしている．たとえば，

1	2	3	34	35	36
31	32	15	4	23	6
30	29	28	9	8	7
12	11	10	27	26	25
24	20	22	21	5	19
13	17	33	16	14	18

交換様式1

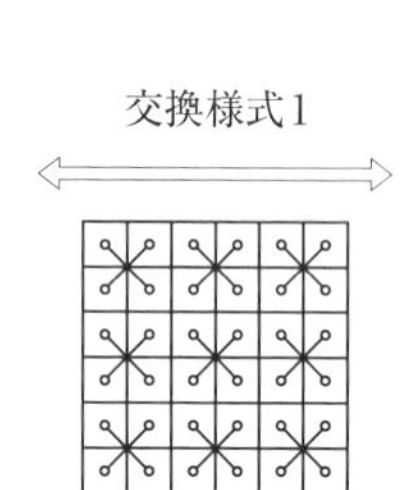

32	31	4	15	6	23
2	1	34	3	36	35
11	12	27	10	25	26
29	30	9	28	7	8
17	13	16	33	18	14
20	24	21	22	19	5

である．

交換様式2，交換様式3についても同様である．

なお，この変換が可逆的である（右側の方陣から左側が得られる）ことも明らかである．

6次方陣の6つの型は，上記の3つの交換様式により，さらに3型ずつの2つのグループに分けられる．

◎ **A6, B6, C6 型（対角線上に①がある）の方陣の個数は相等しい**

A6型の6次方陣は，上記の交換様式1によって，B6型の方陣と，そのB6

型の方陣は交換様式 2 によって C6 型の方陣と，下図のように 1 対 1 に対応している.

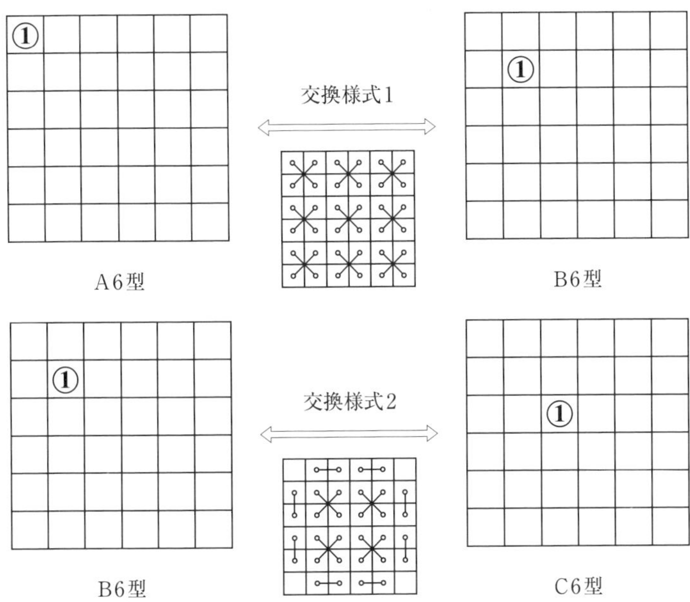

したがって，A6 型と B6 型と C6 型の 3 つの型の方陣の総数は相等しい．なお，A6 型の方陣は，交換様式 3 によっても，B6 型の方陣に移る.

◎ **D6, E6, F6** 型の方陣の個数は相等しい

また，D6 型の 6 次方陣は交換様式 2 により，E6 型の方陣と，さらに，その E6 型の方陣は交換様式 3 によって F6 型の方陣と，1 対 1 に対応している.

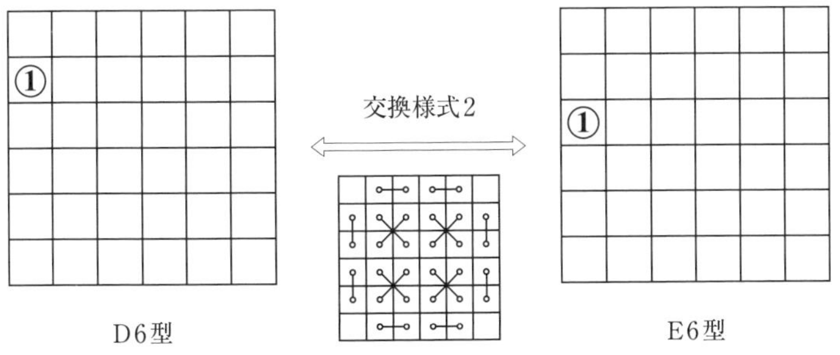

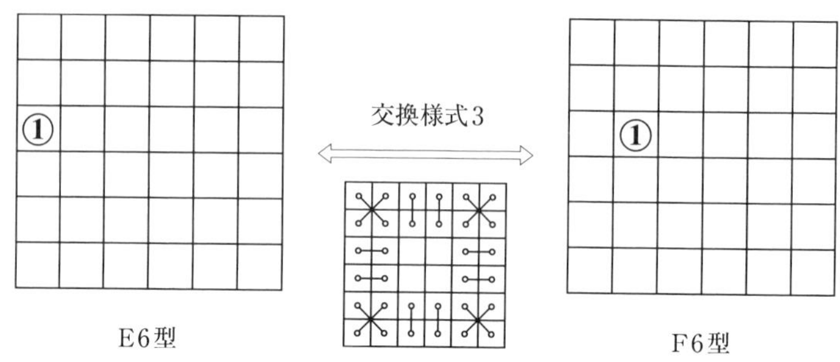

したがって，D6 型と E6 型と F6 型の 3 つの型の方陣の総数は相等しい.

そこで，A6 型と D6 型の 2 つの型についてだけ調べることによって，6 次方陣の総数を知ることができる．すなわち，A6 型の方陣の個数が a 個，D6 型の方陣の個数が d 個あるとすれば，$3(a+d)$ が 6 次方陣の総数であるわけである.

そこで，私達の課題は，その a と d の数を求めることに移る.

しかしながら，C 言語によるプログラムを作成して実行してみると，A6 型，D6 型とも 1 秒間に数万個は求まるが，演算は永遠に続くようである.

§40　6 次方陣の総数問題

方陣の総個数は，3 次の場合は 1 通り，4 次の場合は 880 通り，5 次の場合は 275305224 通りと，確定している．しかし，6 次方陣が実際に何個（有限確定値）存在するかは，先人達の幾多の努力にもかかわらず，現在のところ明らかではない.

これまでの調査経過は，次のようである．1992 年に『数芸パズル』第 177 号で，「ランダムサンプリングによる推定」という方法により，約 1.8×10^{19} 個，つまり，約 1800 京個と発表された（大石弥幸(やさき)氏の研究室で計算されたと書かれている）.

その後，1998 年には，ドイツの K. Pinn と C. Wieczerkowski 両氏は「モンテ・カルロ法」により，$(1.7745\pm0.0016)\times10^{19}$ 程度とほぼ同じ結果を出した．概数ではなく，有限確定値（個数）が知りたいわけだが.

これを，パソコンで調べるにはどのくらい時間がかかるか，大雑把に考えてみよう．5 次の魔方陣の総数が 10^8 クラスで，6 次方陣の総数が 10^{19} クラスとするならば，結論を出すには5次魔方陣の場合の10^{11}倍程度の時間がかかるだろう．それゆえ，5次魔方陣の総数を仮に1日で求めることができると仮定すると，6次方陣の総数を求めるには，10^{11}日$\fallingdotseq 3\times 10^{8}$年（3億年）程度かかる計算になる．

実際には，単純には言えないが，5次魔方陣の総数は約2時間で求まるので，6次方陣の総数を求めるには3千万年程度かかることになるのだろうか．

これではパソコンでは，とても問題にならない．スーパーコンピューターでも難しいということであろうか．超高速な画期的なアルゴリズムを考案せよとか，並列処理の手法を使ってはなどと，常識的なことをいろいろ言うが，現今の科学技術をもってしても，世界中の誰一人として6次方陣の総数（有限確定値）を出していないのだ．

決して大きな数とは言えない6（次）の場合がこれほど手ごわいとは．より大きな次数の方陣の総個数については，話題にもならないが，ドイツのヴァルター・トルンプは，彼のウェブサイトで，

6次方陣　$(1.775399\pm 0.000042)\times 10^{19}$（個）
7次方陣　$(3.79809\ \pm 0.00050)\times 10^{34}$（個）
8次方陣　$(5.2225\ \pm 0.0018)\times 10^{54}$（個）
……　　……

と，30次方陣までの総個数の概数を載せている．

〔コラム6〕 **ラテン方陣と士官36人の問題**

（**ラテン方陣**） n 行 n 列の正方形の各行・各列に，異なる n 種類の記号（文字や数）を重複なく配列したものを n 次の**ラテン方陣**（Latin square）という．ここで，両対角線についての条件はない．

（**直交するラテン方陣**） 2つの n 次のラテン方陣を重ねた2重配列の n^2 個の要素がすべて異なるならば，これら2つのラテン方陣は互いに「**直交する**」と呼ばれる．

右は，4次と5次の直交するラテン方陣（2重配列）の例である．

A1	B2	C3	D4
B3	A4	D1	C2
C4	D3	A2	B1
D2	C1	B4	A3

A1	B2	C3	D4	E5
B5	C1	D2	E3	A4
C4	D5	E1	A2	B3
D3	E4	A5	B1	C2
E2	A3	B4	C5	D1

（**士官36人の問題**） 数学者オイラーは，1779年に次の問題を提起した．

「6つの連隊から6階級（大佐，中佐，少佐，大尉，中尉，少尉）を1人ずつ出し，6行6列に並べて，各行・各列に各連隊および各階級が代表されるようにできるか」

この問題は，オイラーの「**士官36人の問題**」として有名である．6次の直交するラテン方陣を組み立てる問題と考えられる．

6つの連隊名を大文字A, B, C, D, E, Fで，6つの階級名を小文字a, b, c, d, e, fと表すと，たとえば，右図のように，どうしても2つの空所が残り，BeとDfの入れる場所がない．

Aa	Bb	Cc	Dd	Ee	Ff
Bf	Ca	De	Fc	Ad	Eb
Cd	Fe	Ab	Ef	Bc	Da
	Ed		Cb	Fa	Ac
Ec	Af	Fd	Ba	Db	Ce
Fb	Dc	Ea	Ae	Cf	Bd

彼はこの問題を解くことは不可能であると推察したばかりでなく，n が半偶数のときは，n 次の2つの直交するラテン方陣を見いだすことは不可能であると予想した．

1899年にタリー（G. Tarry）は，数え上げることによって，士官36人の問題は解決不可能であることを示した．ところが，1959年に，Bose, Shrikhande, Parkerは，任意の $n > 6$ に対して，直交するラテン方陣が存在することを証明した．

4次，5次の場合は上図のように直交するラテン方陣は存在するから，結局，6次の場合だけが直交ラテン方陣が存在しないことになる．

なお，このことは6次方陣が（無数に）存在することと，何ら矛盾しない．魔方陣の補助方陣では，「直交性」は絶対に必要な条件であるが，各行・各列の数字はすべて異なる必要はないのである．

1	9	17	25	33	41	49
34	42	43	2	10	18	26
11	19	27	35	36	44	3
37	45	4	12	20	28	29
21	22	30	38	46	5	13
47	6	14	15	23	31	39
24	32	40	48	7	8	16

山本行雄「7 次完全方陣」

1	16	17	32	57	56	41	40
2	15	18	31	58	55	42	39
59	54	43	38	3	14	19	30
60	53	44	37	4	13	20	29
8	9	24	25	64	49	48	33
7	10	23	26	63	50	47	34
62	51	46	35	6	11	22	27
61	52	45	36	5	12	21	28

片桐善直「8 次完全方陣」

第 7 章

完全方陣の作り方

完全方陣とは普通の魔方陣としての性質に加えて，汎対角線上の数の和も定和になっているものをいう．完全方陣を作ることは，簡単ではない．昔から特別な性質をもつ魔方陣として，貴重なものと考えられている．

完全方陣の研究は，8 次完全方陣に集中している．最も変化に富むからである．昔から多くの方陣研究者が，多くの作品を残している．なお，一般に，半偶数次の完全方陣は，存在しない．

（1）$n=3$ のときには，3 次方陣はただ 1 通りであるが，これは完全方陣としての条件を満たしていない．したがって，3 次の完全方陣は存在しない．

（2）$n=4$ のときは，その解法をすでに§23 の 4 次の完全方陣において述べた．4 次の完全方陣には 3 つの代表型があり，4 次の完全方陣は $3\times16=48$ 個存在した．

（3）$n=5$ については，前に§32 において述べた．5 次の完全方陣は，全部で $144\times25=3600$ 個存在するのであった．

（4）$n=6$ のときは，完全方陣を作ることはできない．

本章では，任意の次数 n について完全方陣の作り方を紹介する．一般に，n 次の完全方陣の解法は，次数 n に着目し，次のように 5 通りに分類することができる．

<table>
<tr><td rowspan="5">次数</td><td rowspan="2">奇数</td><td colspan="2">（1） n が 3 の倍数でない場合</td></tr>
<tr><td colspan="2">（2） n が 3 の倍数である場合</td></tr>
<tr><td rowspan="3">偶数</td><td rowspan="2">全偶数
($4m$)</td><td>（3） m が奇数（$m\geqq3$）のとき</td></tr>
<tr><td>（4） m が偶数のとき</td></tr>
<tr><td colspan="2">（5） 半偶数 $n=4m+2$ （m は自然数）のとき</td></tr>
</table>

§41　奇数完全方陣（1）（次数 n が 3 の倍数でない場合）

まず，3 の倍数でない最小の奇数 $n=5$ の場合について説明する．この場合，右のような**完全補助方陣**（完全方陣としての性質をもつ補助方陣）A を用いる．作り方は，簡単である．

1	2	3	4	5
4	5	1	2	3
2	3	4	5	1
5	1	2	3	4
3	4	5	1	2

まず，1 を左上隅から**小桂馬飛び**に配置する．そして，各行とも，1 のすぐ右側から 2, 3, 4, 5 を順に記入していくのである．

次に，上記の補助方陣 A の**転置方陣** A' を作る． A の行と列を入れ換えて得られる方陣である．すなわち，右図のようである．

1	4	2	5	3
2	5	3	1	4
3	1	4	2	5
4	2	5	3	1
5	3	1	4	2

これらの 2 つの補助方陣 A, A' から，$M = A+5(A'-E)$ を作れば，次の方陣が得られ，これは 1 つの 5 次完全方陣を与える．すなわち，

1	**17**	**8**	**24**	**15**
9	**25**	**11**	**2**	**18**
12	**3**	**19**	**10**	**21**
20	**6**	**22**	**13**	**4**
23	**14**	**5**	**16**	**7**

定和65

である．ただし，ここで，E は 5 次の単一行列である．

一般の**奇数完全方陣**（**3 の倍数でない**）も，これと同様にして作ることができる．すなわち，次のようにするのである．

［**解法**］ 上記の 5 次完全補助方陣と同様にして，n 次の**完全補助方陣** A：

1	**2**	**3**	**4**	**5**	**6**	·	·	·	$n-1$	n
$n-1$	n	**1**	**2**	**3**	**4**	·	·	·	$n-3$	$n-2$
$n-3$	$n-2$	$n-1$	n	**1**	**2**	·	·	·	$n-5$	$n-4$
·	·	·	·	·	·	·	·	·	·	·
·	·	·	·	·	·	·	·	·	·	·
2	**3**	**4**	**5**	**6**	**7**	·	·	·	n	**1**
n	**1**	**2**	**3**	**4**	**5**	·	·	·	$n-2$	$n-1$
$n-2$	$n-1$	n	**1**	**2**	**3**	·	·	·	$n-4$	$n-3$
·	·	·	·	·	·	·	·	·	·	·
·	·	·	·	·	·	·	·	·	·	·
3	**4**	**5**	**6**	**7**	**8**	·	·	n	**1**	**2**

を作り，この A から，$M = A+n(A'-E)$ を構成すれば，M は 1 つの n 次完全方陣を与える．ここで，A' は A の転置方陣，E は n 次の単一行列である．

この解法により，任意奇数次の完全方陣（3 の倍数でない）をすべて作ることができる．

次ページに，この方法によって作成した完全方陣を，3 の倍数でない奇数 $n = 7, 11, 13$ の各場合について掲げておく．読者は，それらが完全方陣としての条件を満たしていることを確かめてみるがよい．

なお，この解法では，n 次完全補助方陣 A を作るときに，その第 1 行に 1 ～ n の自然数を小さい順に入れたが，この順序は任意でよい．ただし，第 2 行以下は第 1 行と同じ順序に並べるのである．

1	37	24	11	47	34	21
13	49	29	16	3	39	26
18	5	41	28	8	44	31
23	10	46	33	20	7	36
35	15	2	38	25	12	48
40	27	14	43	30	17	4
45	32	19	6	42	22	9

7 次完全方陣，定和 175

1	101	80	59	38	17	117	96	75	54	33
21	121	89	68	47	26	5	105	84	63	42
30	9	109	88	56	35	14	114	93	72	51
39	18	118	97	76	55	23	2	102	81	60
48	27	6	106	85	64	43	22	111	90	69
57	36	15	115	94	73	52	31	10	110	78
77	45	24	3	103	82	61	40	19	119	98
86	65	44	12	112	91	70	49	28	7	107
95	74	53	32	11	100	79	58	37	16	116
104	83	62	41	20	120	99	67	46	25	4
113	92	71	50	29	8	108	87	66	34	13

11 次完全方陣，定和 671

1	145	120	95	70	45	20	164	139	114	89	64	39
25	169	131	106	81	56	31	6	150	125	100	75	50
36	11	155	130	92	67	42	17	161	136	111	86	61
47	22	166	141	116	91	53	28	3	147	122	97	72
58	33	8	152	127	102	77	52	14	158	133	108	83
69	44	19	163	138	113	88	63	38	13	144	119	94
80	55	30	5	149	124	99	74	49	24	168	143	105
104	66	41	16	160	135	110	85	60	35	10	154	129
115	90	65	27	2	146	121	96	71	46	21	165	140
126	101	76	51	26	157	132	107	82	57	32	7	151
137	112	87	62	37	12	156	118	93	68	43	18	162
148	123	98	73	48	23	167	142	117	79	54	29	4
159	134	109	84	59	34	9	153	128	103	78	40	15

13 次完全方陣，定和 1105

また，この解法では小桂馬飛びに 3 の下を 1 としたが，大桂馬飛びにして 4 の下を 1 としてもよい．一般には，たとえば，左上隅の数を 1 とした場合，第 2 行の 1 を置く場所は左端の 2 箇所と右端を除いたすべての場合が可能である．

これによって，非常に多くの奇数完全方陣（3 の倍数でない）を作ることができる．

問題 21　7 次完全補助方陣 A の第 1 行を左から順に 1, 3, 5, 7, 2, 4, 6 とし，第 2 行以下は 7 の下に 1 を置くことによって，7 次完全方陣を作れ.

◎ 一筆書き法

3 の倍数でない奇数次完全方陣を，補助方陣を使わないで直接に1 回で書き下す方法として，次のようなものがある.

（小桂馬飛び法） 方陣の任意の枡目に 1 を置き，以下は次の規則によって，右下がり小桂馬飛びに連続自然数を順に並べていけば完全方陣が完成する.

① 最下行にきたときは，次の列の上部の相当する枡目に飛び，そこからさらに右下がり小桂馬飛びを続ける. 下から 2 番目の行にきたときも同様である.

② 最右列にきたときは，最左列の相当する枡目に飛び，そこからまた右下がり小桂馬飛びを続ける.

③ すでに数字の入っている枡目に出会ったときには，すでに入っている数字のすぐ上に進み，そこからまた右下がり小桂馬飛びを続ける.

次は，この方法で作った 7 次完全方陣である.（これは，1 を左上隅に置いた場合である.）

1	**18**	**35**	**45**	**13**	**23**	**40**
49	**10**	**27**	**37**	**5**	**15**	**32**
41	**2**	**19**	**29**	**46**	**14**	**24**
33	**43**	**11**	**28**	**38**	**6**	**16**
25	**42**	**3**	**20**	**30**	**47**	**8**
17	**34**	**44**	**12**	**22**	**39**	**7**
9	**26**	**36**	**4**	**21**	**31**	**48**

定和175

（注） 右下がり小桂馬飛びは，下図の斜線部分に対して①と②の 2 通りが可能である. ただし，②を採用するときには，上記の桂馬飛び法を少し修正しなければならない. 上記の②における “すぐ上に” は，“すぐ左に” としなければならない.

1				
		②		
	①			

§42 奇数完全方陣 (2)（次数 n が 3 の倍数である場合）

3の倍数である奇数 n（$\geqq 9$）は，$n = 3m$（m：奇数，$\geqq 3$）という形に表現される．このとき，さらに，m（奇数）が，3の倍数でない場合と3の倍数である場合とに分けて解く．

（i） m が3の倍数でない奇数の場合

［解法］（完全方陣の性質をもつ2つの補助方陣を利用する）

まず，1から n（$= 3m$）までを含み，各行・各列の和がそれぞれ一定で，しかも中央の要素に関して対称な位置にある要素の和も一定であるような $3 \times m$ 行列 A を工夫する．

次に，この行列 A から，その転置行列 A'（$m \times 3$ 行列）を作り，さらに，

$$C = \left.\begin{pmatrix} A & A & A \\ A & A & A \\ & \cdots & \\ A & A & A \end{pmatrix}\right\} m \text{ 個}, \qquad D = \begin{pmatrix} A' & A' & \cdots & A' \\ A' & A' & \cdots & A' \\ A' & A' & \cdots & A' \end{pmatrix}$$

を構成する．これらを補助方陣として，$M = C + n(D - E)$ を組成すれば，M は n 次完全方陣を与える．ただし，E は単一行列である．

例1（15次完全方陣） 最小の3の倍数でない奇数は，$m = 5$（$n = 3 \times 5 = 15$）の場合である．このときは，1から15までの数で，行列 A を作る．よって，1行の和は $(1+2+\cdots+15)/3 = 40$ である．

行列 A の中央の数は，1から15までの数の中央数である8とする．残りの数で，和が16（$= 1+15$）となるような2数の組を7組作る．

$$\{1,15\}, \{2,14\}, \{3,13\}, \{4,12\}, \{5,11\}, \{6,10\}, \{7,9\}$$

これらの7組から1つずつ数をとり，行和が40となる組合せを求める．たとえば，$4+5+7+10+14 = 40$，$1+3+10+12+14$，などがある．それを，第1行または第3行に設置する．

たとえば，下記左側の 3×5 行列を A として採用すれば，その転置行列 A' は，下記右側のようになる．

$$A = \begin{pmatrix} 14 & 5 & 4 & 10 & 7 \\ 1 & 13 & 8 & 3 & 15 \\ 9 & 6 & 12 & 11 & 2 \end{pmatrix}, \qquad A' = \begin{pmatrix} 14 & 1 & 9 \\ 5 & 13 & 6 \\ 4 & 8 & 12 \\ 10 & 3 & 11 \\ 7 & 15 & 2 \end{pmatrix}$$

この A, A' を用いて，次のような行列 C, D：

$$C = \begin{pmatrix} A & A & A \\ A & A & A \\ A & A & A \\ A & A & A \\ A & A & A \end{pmatrix}, \qquad D = \begin{pmatrix} A' & A' & A' & A' & A' \\ A' & A' & A' & A' & A' \\ A' & A' & A' & A' & A' \end{pmatrix}$$

を作ると，C, D はともに $3 \times 5 = 15$ 次の正方行列で，完全方陣の性質をもっている．

このとき，C, $D - E$ はそれぞれ次のようになる．

14	5	4	10	7	14	5	4	10	7	14	5	4	10	7
1	13	8	3	15	1	13	8	3	15	1	13	8	3	15
9	6	12	11	2	9	6	12	11	2	9	6	12	11	2
14	5	4	10	7	14	5	4	10	7	14	5	4	10	7
1	13	8	3	15	1	13	8	3	15	1	13	8	3	15
9	6	12	11	2	9	6	12	11	2	9	6	12	11	2
14	5	4	10	7	14	5	4	10	7	14	5	4	10	7
1	13	8	3	15	1	13	8	3	15	1	13	8	3	15
9	6	12	11	2	9	6	12	11	2	9	6	12	11	2
14	5	4	10	7	14	5	4	10	7	14	5	4	10	7
1	13	8	3	15	1	13	8	3	15	1	13	8	3	15
9	6	12	11	2	9	6	12	11	2	9	6	12	11	2
14	5	4	10	7	14	5	4	10	7	14	5	4	10	7
1	13	8	3	15	1	13	8	3	15	1	13	8	3	15
9	6	12	11	2	9	6	12	11	2	9	6	12	11	2

13	0	8	13	0	8	13	0	8	13	0	8	13	0	8
4	12	5	4	12	5	4	12	5	4	12	5	4	12	5
3	7	11	3	7	11	3	7	11	3	7	11	3	7	11
9	2	10	9	2	10	9	2	10	9	2	10	9	2	10
6	14	1	6	14	1	6	14	1	6	14	1	6	14	1
13	0	8	13	0	8	13	0	8	13	0	8	13	0	8
4	12	5	4	12	5	4	12	5	4	12	5	4	12	5
3	7	11	3	7	11	3	7	11	3	7	11	3	7	11
9	2	10	9	2	10	9	2	10	9	2	10	9	2	10
6	14	1	6	14	1	6	14	1	6	14	1	6	14	1
13	0	8	13	0	8	13	0	8	13	0	8	13	0	8
4	12	5	4	12	5	4	12	5	4	12	5	4	12	5
3	7	11	3	7	11	3	7	11	3	7	11	3	7	11
9	2	10	9	2	10	9	2	10	9	2	10	9	2	10
6	14	1	6	14	1	6	14	1	6	14	1	6	14	1

これらから，$M = C + 15(D - E)$ を構成すれば，次に示す 15 次完全方陣が得られる．

209	5	124	205	7	134	200	4	130	202	14	125	199	10	127
61	193	83	63	195	76	73	188	78	75	181	88	68	183	90
54	111	177	56	107	174	51	117	176	47	114	171	57	116	167
149	35	154	145	37	164	140	34	160	142	44	155	139	40	157
91	223	23	93	225	16	103	218	18	105	211	28	98	213	30
204	6	132	206	2	129	201	12	131	197	9	126	207	11	122
74	185	79	70	187	89	65	184	85	67	194	80	64	190	82
46	118	173	48	120	166	58	113	168	60	106	178	53	108	180
144	36	162	146	32	159	141	42	161	137	39	156	147	41	152
104	215	19	100	217	29	95	214	25	97	224	20	94	220	22
196	13	128	198	15	121	208	8	123	210	1	133	203	3	135
69	186	87	71	182	84	66	192	86	62	189	81	72	191	77
59	110	169	55	112	179	50	109	175	52	119	170	49	115	172
136	43	158	138	45	151	148	38	153	150	31	163	143	33	165
99	216	27	101	212	24	96	222	26	92	219	21	102	221	17

定和 1695

例 2（**21 次完全方陣**）次の 3 の倍数でない奇数 m は，$m=7$（$n=3\times 7=21$）である．このとき，3×7 行列 A の中心数は，1〜21 の中央数である 11 である．中心に関して対称の位置にある 2 数の和は，$1+21=22$ である．例 1 と同様に考えて作るのである．

3×7 行列 A として，たとえば，

$$A=\begin{pmatrix} 20 & 13 & 8 & 6 & 15 & 5 & 10 \\ 1 & 3 & 18 & 11 & 4 & 19 & 21 \\ 12 & 17 & 7 & 16 & 14 & 9 & 2 \end{pmatrix}$$

を採用し，A からその転置行列 A' を作り，その A, A' から次の C, D を作る．

$$C=\begin{pmatrix} A & A & A \\ A & A & A \\ A & A & A \\ A & A & A \\ A & A & A \\ A & A & A \\ A & A & A \end{pmatrix},\qquad D=\begin{pmatrix} A' & A' & A' & A' & A' & A' & A' \\ A' & A' & A' & A' & A' & A' & A' \\ A' & A' & A' & A' & A' & A' & A' \end{pmatrix}$$

これらの C, D もともに $3\times 7=21$ 次の正方行列で，完全方陣の性質をもっている．これから，$M=C+21(D-E)$ を構成すれば，M は次に示す 21 次完全方陣を与える．

419	13	239	405	15	236	409	20	244	407	6	246	404	10	251	412	8	237	414	5	241
253	45	354	263	46	355	273	43	339	270	53	340	271	63	337	255	60	347	256	61	357
159	374	133	163	371	135	149	369	143	154	373	140	156	359	138	164	364	142	161	366	128
125	223	323	111	225	320	115	230	328	113	216	330	110	220	335	118	218	321	120	215	325
295	66	291	305	67	292	315	64	276	312	74	277	313	84	274	297	81	284	298	82	294
96	395	175	100	392	177	86	390	185	91	394	182	93	380	180	101	385	184	98	387	170
209	433	29	195	435	26	199	440	34	197	426	36	194	430	41	202	428	27	204	425	31
400	3	249	410	4	250	420	1	234	417	11	235	418	21	232	402	18	242	403	19	252
264	59	343	268	56	345	254	54	353	259	58	350	261	44	348	269	49	352	266	51	338
167	370	134	153	372	131	157	377	139	155	363	141	152	367	146	160	365	132	162	362	136
106	213	333	116	214	334	126	211	318	123	221	319	124	231	316	108	228	326	109	229	336
306	80	280	310	77	282	296	75	290	301	79	287	303	65	285	311	70	289	308	72	275
104	391	176	90	393	173	94	398	181	92	384	183	89	388	188	97	386	174	99	383	178
190	423	39	200	424	40	210	421	24	207	431	25	208	441	22	192	438	32	193	439	42
411	17	238	415	14	240	401	12	248	406	16	245	408	2	243	416	7	247	413	9	233
272	55	344	258	57	341	262	62	349	260	48	351	257	52	356	265	50	342	267	47	346
148	360	144	158	361	145	168	358	129	165	368	130	166	378	127	150	375	137	151	376	147
117	227	322	121	224	324	107	222	332	112	226	329	114	212	327	122	217	331	119	219	317
314	76	281	300	78	278	304	83	286	302	69	288	299	73	293	307	71	279	309	68	283
85	381	186	95	382	187	105	379	171	102	389	172	103	399	169	87	396	179	88	397	189
201	437	28	205	434	30	191	432	38	196	436	35	198	422	33	206	427	37	203	429	23

定和4641

（注） 例 1，例 2 において完成した完全方陣は，ともに対称魔方陣である．それぞれ，中心数 113, 221 に関して対称な位置にある 2 数の和は一定（113×2, 221×2）である．

問題 22 $m=5, 7$ について，上記の A とは別の行列 A を作ってみよ．

（ii） m が 3 の倍数の奇数である場合

$m=3, 9, 15, \cdots$ の場合である．この場合は，一工夫を要する．たとえば，$m=3$（$n=9=3\times3$）のときには，次のような 3 つの 3 次行列 A, B, C：

$$A=\begin{pmatrix}1&2&3\\1&2&3\\1&2&3\end{pmatrix},\qquad B=\begin{pmatrix}3&1&2\\3&1&2\\3&1&2\end{pmatrix},\qquad C=\begin{pmatrix}2&3&1\\2&3&1\\2&3&1\end{pmatrix}$$

を使って，

$$G=\begin{pmatrix}A&A&A\\B&B&B\\C&C&C\end{pmatrix}=$$

1	2	3	1	2	3	1	2	3
1	2	3	1	2	3	1	2	3
1	2	3	1	2	3	1	2	3
3	1	2	3	1	2	3	1	2
3	1	2	3	1	2	3	1	2
3	1	2	3	1	2	3	1	2
2	3	1	2	3	1	2	3	1
2	3	1	2	3	1	2	3	1
2	3	1	2	3	1	2	3	1

を作ると，G は完全方陣の性質をもつ．各自，確かめてみるがよい．

この G から，$G+3(G'-E)$ を構成すると，下記左側のような 9 次完全補助方陣が完成する．

また，右側の配列は，これを中央の列（第 5 列）に関して左右対称に移したものである．これを，H と表すことにする．

1	2	3	7	8	9	4	5	6
4	5	6	1	2	3	7	8	9
7	8	9	4	5	6	1	2	3
3	1	2	9	7	8	6	4	5
6	4	5	3	1	2	9	7	8
9	7	8	6	4	5	3	1	2
2	3	1	8	9	7	5	6	4
5	6	4	2	3	1	8	9	7
8	9	7	5	6	4	2	3	1

$G+3(G'-E)$

6	5	4	9	8	7	3	2	1
9	8	7	3	2	1	6	5	4
3	2	1	6	5	4	9	8	7
5	4	6	8	7	9	2	1	3
8	7	9	2	1	3	5	4	6
2	1	3	5	4	6	8	7	9
4	6	5	7	9	8	1	3	2
7	9	8	1	3	2	4	6	5
1	3	2	4	6	5	7	9	8

H

となる．

なお，これら2つの完全補助方陣は，直交する．要確認．

この2つから，$M=G+3(G'-E)+9(H-E)$ を構成すると，M は次に示す9次完全方陣を与える．ここで，E は9次の単一行列である．

46	38	30	79	71	63	22	14	6
76	68	60	19	11	3	52	44	36
25	17	9	49	41	33	73	65	57
39	28	47	72	61	80	15	4	23
69	58	77	12	1	20	45	34	53
18	7	26	42	31	50	66	55	74
29	48	37	62	81	70	5	24	13
59	78	67	2	21	10	35	54	43
8	27	16	32	51	40	56	75	64

定和369

他の $m=9$ $(n=27)$，$m=15$ $(n=45)$ などの場合にも，同様の工夫をする．

§43　全偶数完全方陣

全偶数 $4m$ 次完全方陣は，m が奇数であるか，偶数であるかによってその作法が異なる．

（1）$n=4m$（m が奇数）の場合

$m=1$ のときは4次完全方陣であるが，この作法はすでに§24において，解説済であるので，ここでは，$m \geqq 3$ の場合について述べる．

このとき，4と m は互いに素であり，4次完全方陣 S と m 次完全方陣 T を基にして，次のようにして $4\times m$ 次完全方陣を作ることができる．

［解法］（完全補助方陣 C, D を利用）

行列 C は，一辺を m 次完全方陣 T を4個，行列 D は4次完全方陣 S を m 個使って，次のように作る．

$$\left.\begin{pmatrix} T & T & T & T \\ T & T & T & T \\ T & T & T & T \\ T & T & T & T \end{pmatrix}\right\} 4\text{ 個}, \qquad \left.\begin{pmatrix} S & S & \cdot & \cdot & S \\ S & S & \cdot & \cdot & S \\ \cdot & \cdot & \cdot & \cdot & \cdot \\ S & S & \cdot & \cdot & S \end{pmatrix}\right\} m\text{ 個}$$

すると，C の一辺の長さは $m\times 4$，D の一辺の長さは $4\times m$ であり相等しい．ここで，C も D も完全方陣としての性質をもっており（完全補助方陣），しかも，C と D は直交する．

したがって，この C, D から $M = C + m^2(D-E)$ を構成すれば，M は $4m$ 次完全方陣である．［解法終］

たとえば，$m = 5$ $(n = 4\times 5 = 20)$ の場合，5 次の完全方陣 T，4 次の完全方陣 S として，

$$T = \begin{pmatrix} 1 & 17 & 8 & 24 & 15 \\ 9 & 25 & 11 & 2 & 18 \\ 12 & 3 & 19 & 10 & 21 \\ 20 & 6 & 22 & 13 & 4 \\ 23 & 14 & 5 & 16 & 7 \end{pmatrix}, \qquad S = \begin{pmatrix} 8 & 13 & 2 & 11 \\ 10 & 3 & 16 & 5 \\ 15 & 6 & 9 & 4 \\ 1 & 12 & 7 & 14 \end{pmatrix}$$

を採用し，これらの T, S から

$$C = \begin{pmatrix} T & T & T & T \\ T & T & T & T \\ T & T & T & T \\ T & T & T & T \end{pmatrix}, \qquad D = \begin{pmatrix} S & S & S & S & S \\ S & S & S & S & S \\ S & S & S & S & S \\ S & S & S & S & S \\ S & S & S & S & S \end{pmatrix}$$

を作れば，C も D も 20 次の完全方陣の性質をもつ行列（完全補助方陣）となり，しかも，これらは直交する．読者はこのことを確かめてみてほしい．

この C, D から $M = C + 5^2(D-E) = C + 25(D-E)$ を構成すれば，次ページ上の 20 次完全方陣が得られる．

（注） 上記の S, T はそれぞれ§23 の 4 次の完全方陣の代表型(I)，§31 の 5 次の完全方陣である．

176	317	33	274	190	301	42	258	199	315	26	267	183	324	40	251	192	308	49	265
234	75	386	102	243	59	400	111	227	68	384	125	236	52	393	109	250	61	377	118
362	128	219	85	371	137	203	94	360	146	212	78	369	135	221	87	353	144	210	96
20	281	172	338	4	295	156	347	13	279	170	331	22	288	154	345	6	297	163	329
198	314	30	266	182	323	39	255	191	307	48	264	180	316	32	273	189	305	41	257
226	67	383	124	240	51	392	108	249	65	376	117	233	74	390	101	242	58	399	115
359	150	211	77	368	134	225	86	352	143	209	100	361	127	218	84	375	136	202	93
12	278	169	335	21	287	153	344	10	296	162	328	19	285	171	337	3	294	160	346
195	306	47	263	179	320	31	272	188	304	45	256	197	313	29	270	181	322	38	254
248	64	380	116	232	73	389	105	241	57	398	114	230	66	382	123	239	55	391	107
351	142	208	99	365	126	217	83	374	140	201	92	358	149	215	76	367	133	224	90
9	300	161	327	18	284	175	336	2	293	159	350	11	277	168	334	25	286	152	343
187	303	44	260	196	312	28	269	185	321	37	253	194	310	46	262	178	319	35	271
245	56	397	113	229	70	381	122	238	54	395	106	247	63	379	120	231	72	388	104
373	139	205	91	357	148	214	80	366	132	223	89	355	141	207	98	364	130	216	82
1	292	158	349	15	276	167	333	24	290	151	342	8	299	165	326	17	283	174	340
184	325	36	252	193	309	50	261	177	318	34	275	186	302	43	259	200	311	27	268
237	53	394	110	246	62	378	119	235	71	387	103	244	60	396	112	228	69	385	121
370	131	222	88	354	145	206	97	363	129	220	81	372	138	204	95	356	147	213	79
23	289	155	341	7	298	164	330	16	282	173	339	5	291	157	348	14	280	166	332

定和4010

さらに，$m = 7, 9, 11, \cdots$ の場合にも，上記の $m = 5$ の場合と同様にして，それぞれ28次，36次，44次，$\cdots$ の完全方陣が構成される．

なお，5次以上の奇数完全方陣は前節§41，§42で述べたようにして作ることができるが，3次完全方陣は存在しないから，$m = 3$ $(n = 4 \times 3 = 12)$ の場合は，上記の方法は適用されない．別の工夫が必要である．

この場合は，3次方陣を4つ使って，12次の完全方陣の性質をもつ補助方陣を作ることを考える．

たとえば，次のようにするとよい．

まず，4つの3次方陣を，

$$A = \begin{pmatrix} 4 & 9 & 2 \\ 3 & 5 & 7 \\ 8 & 1 & 6 \end{pmatrix}, \quad B = \begin{pmatrix} 8 & 3 & 4 \\ 1 & 5 & 9 \\ 6 & 7 & 2 \end{pmatrix}, \quad C = \begin{pmatrix} 6 & 1 & 8 \\ 7 & 5 & 3 \\ 2 & 9 & 4 \end{pmatrix}, \quad D = \begin{pmatrix} 2 & 7 & 6 \\ 9 & 5 & 1 \\ 4 & 3 & 8 \end{pmatrix}$$

とする．

ここで，A は1つの3次方陣であり，B は A を，C は B を，D は C をそれぞれ中心に関して，右に 90° 回転して得られる方陣である．

そして，これらの A, B, C, D から，

$$G = \begin{pmatrix} A & B & C & D \\ A & B & C & D \\ A & B & C & D \\ A & B & C & D \end{pmatrix}$$

を作る．

G は 12 次の行列であり，しかも，完全方陣としての性質をもっている．次図によって，確かめてみてほしい．

$G =$

4	9	2	8	3	4	6	1	8	2	7	6
3	5	7	1	5	9	7	5	3	9	5	1
8	1	6	6	7	2	2	9	4	4	3	8
4	9	2	8	3	4	6	1	8	2	7	6
3	5	7	1	5	9	7	5	3	9	5	1
8	1	6	6	7	2	2	9	4	4	3	8
4	9	2	8	3	4	6	1	8	2	7	6
3	5	7	1	5	9	7	5	3	9	5	1
8	1	6	6	7	2	2	9	4	4	3	8
4	9	2	8	3	4	6	1	8	2	7	6
3	5	7	1	5	9	7	5	3	9	5	1
8	1	6	6	7	2	2	9	4	4	3	8

また，2 つ目の補助方陣 H は，すべての要素が i $(i = 1 \sim 16)$ である 3×3 行列を R_i として，

$$H = \begin{pmatrix} R_8 & R_{13} & R_2 & R_{11} \\ R_{10} & R_3 & R_{16} & R_5 \\ R_{15} & R_6 & R_9 & R_4 \\ R_1 & R_{12} & R_7 & R_{14} \end{pmatrix} =$$

8	8	8	13	13	13	2	2	2	11	11	11
8	8	8	13	13	13	2	2	2	11	11	11
8	8	8	13	13	13	2	2	2	11	11	11
10	10	10	3	3	3	16	16	16	5	5	5
10	10	10	3	3	3	16	16	16	5	5	5
10	10	10	3	3	3	16	16	16	5	5	5
15	15	15	6	6	6	9	9	9	4	4	4
15	15	15	6	6	6	9	9	9	4	4	4
15	15	15	6	6	6	9	9	9	4	4	4
1	1	1	12	12	12	7	7	7	14	14	14
1	1	1	12	12	12	7	7	7	14	14	14
1	1	1	12	12	12	7	7	7	14	14	14

とする．

なお，G と H は直交している．読者はこれを確認してほしい．

これらの G, H を補助方陣として，$M = G + 3^2(H-E) = G + 9(H-E)$ を構成すれば，M は次に示す 12 次完全方陣を与える．

67	72	65	116	111	112	15	10	17	92	97	96
66	68	70	109	113	117	16	14	12	99	95	91
71	64	69	114	115	110	11	18	13	94	93	98
85	90	83	26	21	22	141	136	143	38	43	42
84	86	88	19	23	27	142	140	138	45	41	37
89	82	87	24	25	20	137	144	139	40	39	44
130	135	128	53	48	49	78	73	80	29	34	33
129	131	133	46	50	54	79	77	75	36	32	28
134	127	132	51	52	47	74	81	76	31	30	35
4	9	2	107	102	103	60	55	62	119	124	123
3	5	7	100	104	108	61	59	57	126	122	118
8	1	6	105	106	101	56	63	58	121	120	125

定和 870

なお，ここでは，上記の行列 H の小行列 R_i（$i = 1 \sim 16$）の添数の行列は，§23 における 4 次の完全方陣の代表型(I)を使ったが，4 次完全方陣ならどれでもよい．

（2）$n = 4m$（m が偶数）の場合

2 次方陣は存在しないから，2 次方陣は使えない．2 つの補助方陣を作るには，これまた特別な工夫をする．

［解法］（完全補助方陣 C, D を利用）

1 つ目の完全補助方陣 C は，次のようにして作る．

まず，2 つの $2 \times 2m$ 行列 A, B を，次のように定める．

$$A = \begin{pmatrix} 1 & 2 & 3 & \cdots & 2m \\ 2m & 2m-1 & 2m-2 & \cdots & 1 \end{pmatrix},$$
$$B = \begin{pmatrix} 2m & 2m-1 & 2m-2 & \cdots & 1 \\ 1 & 2 & 3 & \cdots & 2m \end{pmatrix}$$

B は A の第 1 行と第 2 行を入れ換えたものである．この A, B を用いて，

$$C=\left.\begin{pmatrix} A & B \\ B & A \\ A & B \\ B & A \\ \cdots & \cdots \\ A & B \\ B & A \end{pmatrix}\right\} 2m \text{ 個}$$

を作れば，C は $4m\times 4m$ 行列であり，完全方陣の性質をもっている．

2つ目の補助方陣 D は，次のようにして作る．下記右側の4次完全補助方陣 S から，行列 D：

$$D=\left.\begin{pmatrix} S & S & \cdot & \cdot & S \\ S & S & \cdot & \cdot & S \\ \cdot & \cdot & \cdot & \cdot & \cdot \\ S & S & \cdot & \cdot & S \end{pmatrix}\right\} m \text{ 個}, \qquad S=\begin{pmatrix} 3 & 2 & 1 & 4 \\ 2 & 3 & 4 & 1 \\ 4 & 1 & 2 & 3 \\ 1 & 4 & 3 & 2 \end{pmatrix}$$

を作れば，D も $4m\times 4m$ 行列であり，やはり完全方陣の性質をもっている．この場合は，3つの直交する補助方陣 $C, C'-E, D-E$ を用いて，$M=C+2m(C'-E)+(2m)^2(D-E)$ を構成すれば，M は $4m$ 次完全方陣（m：偶数）を与える．

なお，ここで，C' は C の転置行列である．　　［解法終］

例1（8次完全方陣） $m=2$（$n=8$）の場合，2×4 行列 A, B は次のようになる．

$$A=\begin{pmatrix} 1 & 2 & 3 & 4 \\ 4 & 3 & 2 & 1 \end{pmatrix}, \qquad B=\begin{pmatrix} 4 & 3 & 2 & 1 \\ 1 & 2 & 3 & 4 \end{pmatrix}$$

S は，たとえば，上記の解法における S を用いる．

これらの A, B, S から，

$$C=\begin{pmatrix} A & B \\ B & A \\ A & B \\ B & A \end{pmatrix}, \qquad D=\begin{pmatrix} S & S \\ S & S \end{pmatrix}$$

を実際に構成すると，C, $C'-E$, $D-E$ は，それぞれ次のようになる．

1	2	3	4	4	3	2	1
4	3	2	1	1	2	3	4
4	3	2	1	1	2	3	4
1	2	3	4	4	3	2	1
1	2	3	4	4	3	2	1
4	3	2	1	1	2	3	4
4	3	2	1	1	2	3	4
1	2	3	4	4	3	2	1

C

0	3	3	0	0	3	3	0
1	2	2	1	1	2	2	1
2	1	1	2	2	1	1	2
3	0	0	3	3	0	0	3
3	0	0	3	3	0	0	3
2	1	1	2	2	1	1	2
1	2	2	1	1	2	2	1
0	3	3	0	0	3	3	0

$C'-E$

2	1	0	3	2	1	0	3
1	2	3	0	1	2	3	0
3	0	1	2	3	0	1	2
0	3	2	1	0	3	2	1
2	1	0	3	2	1	0	3
1	2	3	0	1	2	3	0
3	0	1	2	3	0	1	2
0	3	2	1	0	3	2	1

$D-E$

上記の3つの直交する補助方陣から，$M=C+4(C'-E)+16(D-E)$ を構成すると，M は次に示す8次完全方陣を与える．

33	30	15	52	36	31	14	49
24	43	58	5	21	42	59	8
60	7	22	41	57	6	23	44
13	50	35	32	16	51	34	29
45	18	3	64	48	19	2	61
28	39	54	9	25	38	55	12
56	11	26	37	53	10	27	40
1	62	47	20	4	63	46	17

定和260

例2（16次完全方陣）　同様に，$m=4$ $(n=16)$ の場合には，

$$A=\begin{pmatrix}1&2&3&4&5&6&7&8\\8&7&6&5&4&3&2&1\end{pmatrix},\qquad B=\begin{pmatrix}8&7&6&5&4&3&2&1\\1&2&3&4&5&6&7&8\end{pmatrix}$$

として，これらの A,B と前ページの S から，

$$C=\begin{pmatrix}A&B\\B&A\\A&B\\B&A\\A&B\\B&A\\A&B\\B&A\end{pmatrix},\qquad D=\begin{pmatrix}S&S&S&S\\S&S&S&S\\S&S&S&S\\S&S&S&S\end{pmatrix}$$

を作る．

さらに，この C,D を用いて3つの直交する補助方陣 C, $C'-E$, $D-E$ を作

り，それらから実際に，

$$M = C + 8(C' - E) + 64(D - E) \quad (2m = 8 \text{ である})$$

を構成すると，結局，M は次の 16 次完全方陣を与える．

129	122	59	196	133	126	63	200	136	127	62	197	132	123	58	193
80	183	246	13	76	179	242	9	73	178	243	12	77	182	247	16
216	47	110	149	212	43	106	145	209	42	107	148	213	46	111	152
25	226	163	92	29	230	167	96	32	231	166	93	28	227	162	89
161	90	27	228	165	94	31	232	168	95	30	229	164	91	26	225
112	151	214	45	108	147	210	41	105	146	211	44	109	150	215	48
248	15	78	181	244	11	74	177	241	10	75	180	245	14	79	184
57	194	131	124	61	198	135	128	64	199	134	125	60	195	130	121
185	66	3	252	189	70	7	256	192	71	6	253	188	67	2	249
120	143	206	53	116	139	202	49	113	138	203	52	117	142	207	56
240	23	86	173	236	19	82	169	233	18	83	172	237	22	87	176
33	218	155	100	37	222	159	104	40	223	158	101	36	219	154	97
153	98	35	220	157	102	39	224	160	103	38	221	156	99	34	217
88	175	238	21	84	171	234	17	81	170	235	20	85	174	239	24
208	55	118	141	204	51	114	137	201	50	115	140	205	54	119	144
1	250	187	68	5	254	191	72	8	255	190	69	4	251	186	65

定和 2056

同様にして，$m = 6$（$n = 24$），$m = 8$（$n = 32$），$m = 10$（$n = 40$），$\cdots$ などの（8 の倍数）次完全方陣を作ることができる．

§44　半偶数完全方陣は存在しない

前章の§37 においても述べたが，6 次の完全方陣の作成に成功した人はいない．10 次や 14 次の完全方陣を作った人もいない．

次ページの方陣は，阿部楽方の完全方陣に迫った10 次方陣（昭和 51）である．ここでは，数字が 1〜4，5〜8，……と 4 個ずつ長方形に整然と配置されている．完全方陣であるには，10 行・10 列・汎対角線 20 本の合計 40 本の定和成立が条件であるが，斜めで 4 本だけ成立しないところがある．

半偶数次の場合，主対角線方向で 2 本，副対角線方向で 2 本，どうしても成立しないのである．

20	41	85	32	73	75	31	86	43	19
89	36	79	1	48	46	2	80	34	90
63	5	50	93	40	39	95	49	7	64
56	97	23	68	9	10	66	24	98	54
25	72	14	59	84	83	57	13	71	27
26	70	16	58	82	81	60	15	69	28
55	99	21	67	11	12	65	22	100	53
62	6	52	94	37	38	96	51	8	61
91	35	77	3	47	45	4	78	33	92
18	44	88	30	74	76	29	87	42	17

これは，もっともなことである．なぜならば，次に証明するように，半偶数完全方陣は存在しないからである．

定理　$n = 4m+2 = 2(2m+1)$（m は自然数）のとき，n 次完全方陣は存在しない．

［証明］　最小の半偶数 $n = 6$ の場合については前章で証明した．一般の半偶数 $n = 4m+2 = 2(2m+1)$ の場合についても，証明の要点は 6 次の場合と同じである．

一般の半偶数（$n = 4m+2$ 次）方陣の定和は，

$$S = \frac{1}{2}n(n^2+1) = \frac{1}{2}(4m+2)\{(4m+2)^2+1\} = (2m+1)(16m^2+16m+5)$$

であるから，S は，つねに (奇数) $\times$ (奇数) $=$ (**奇数**) である．

また，$n/2 = 2m+1$ も**奇数**である．これらのことが，この証明の要となる．

さて，半偶数方陣では，すべての対角線（汎対角線）において定和 S（奇数）を与えることはない．

ここでは，図の都合で 10 次方陣について証明するが，一般の半偶数方陣についても同様である．

なお，10 次方陣の定和 S は，505 で奇数である．

いま，10 次方陣の奇数行（第 1, 3, 5, 7, 9 行）および偶数列（第 2, 4, 6, 8, 10 列）とそれらの共通部分に着目する．まず，奇数行の数の総和と偶数列の数の総和は，ともに $5S$ であるから相等しい．

奇数行かつ偶数列にある数が，それらの共通部分である．共通部分にある数の総和を C とおく．下図左側は奇数行から共通部分を取り除いた図で，右側の図は偶数列から共通部分を取り除いた図である．

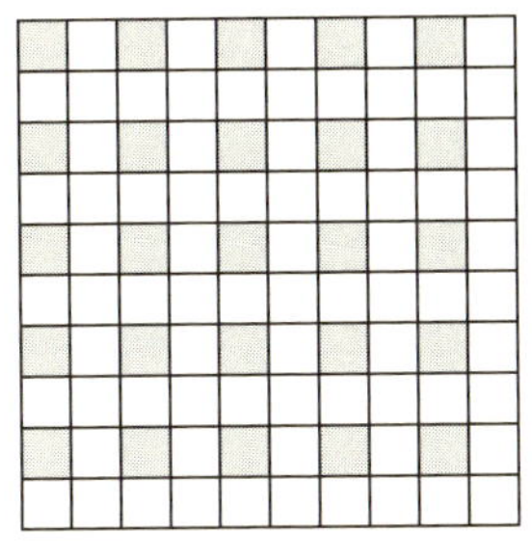

奇数行 − 共通部分　　　　偶数行 − 共通部分

これらの図の着色部にある各 25 数の総和は，ともに $5S-C$ であり，相等しい．

上の 2 つの図を重ね合わせて合体すると，右側のようになる．この市松模様にある数の総和は，等しい数の和であるから，$(5S-C)\times 2$ であり**偶数**である．これは，すべての 10 次方陣に通じる性質である．

さて，よく見てみると，この市松模様の図は，主対角線に平行なの一つ置きの 5 本の切れた対角線の図に一致している．よって，この図の切れた対角線上の 50 数の総和は，上記の偶数 $2(5S-C)$ である．

ところで，主対角線に平行な一つおきの分離対角線上の数がすべて定和をもつとすれば，1 つおきの対角線は 5（一般には，$n/2=2m+1$）本あるから，これらの数の総和は，$5S=5\times 505$ となり（奇数）×（奇数）=（**奇数**）でなければならない．これは不可能である．

つまり，主対角線に平行な 1 つおきの分離対角線のすべてにおいて定和（奇数）をとることはできない．主対角線以外のどれかの分離対角線上の数の和が，S にならないわけである．

なお，定和をもたない分離対角線が，主対角線方向で 1 本だけということはない．したがって，半偶数次の完全方陣は存在しない．　［証明終］

副対角線に平行な1つおきの（$2m+1$本の）分離対角線についても，同様なことが言える．奇数行と奇数列に着目して，同様に証明が可能である．

したがって，半偶数方陣では4本の分離対角線（上昇分離対角線で2本，下降分離対角線で2本）においては定和をもたないことが分かる．

節の初めの阿部楽方の10次方陣がこのことを示している．

〔コラム 7〕 トーラス上の魔方陣

トーラス（torus）とは，すべての方向に伸縮・変形自由自在な**ドーナツ体**（doughnut）のことである．

いま，1 つの 4 次**完全方陣**の上辺と下辺を張り合わせて，円筒を作り，

7	12	1	14
2	13	8	11
16	3	10	5
9	6	15	4

完全方陣　　　　円筒

さらに，その円筒を伸ばして曲げて両端を繋げると，下図のような表面に数字が書かれた**ドーナツ体**となる．

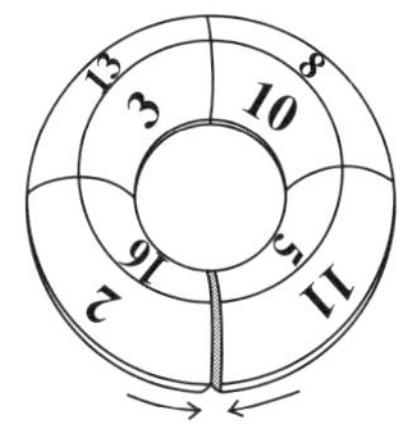

上図は「トーラス」の概念図である．トーラスはすべての方向に伸縮・変形自由自在であるから，同じ類（代表型）の完全方陣から作ったトーラスは，すべて同じトーラスとなる．つまり，4 次の場合，「シフト変換」によって得られる同類の 16 個の完全方陣は，すべて 1 つのトーラスの上に見出すことができる．

逆に言えば，1 つのトーラスは，同類の 16 個のすべての完全方陣を表している．

したがって，4 次の異なる「トーラス上の魔方陣」は代表型の個数（3 種類）だけあることになる．

トーラスの表面は，すべての行，列，対角線の区別ができない「完全魔方陣」となるわけである．そこで，完全方陣は「**トーラス上の魔方陣**」とも呼ばれる．トーラス上では，たとえば，完全方陣の汎対各線は行や列とも考えられる．いずれも，「**閉じた輪**」（loop）となる．

1	22	47	60	6	17	44	63
43	64	5	18	48	59	2	21
30	9	52	39	25	14	55	36
56	35	26	13	51	40	29	10
11	32	37	50	16	27	34	53
33	54	15	28	38	49	12	31
24	3	58	45	19	8	61	42
62	41	20	7	57	46	23	4

山本行雄の 8 次完全方陣，1971
（65 の連結線模様）

45	23	1	59	26	36	54	16
40	30	12	50	19	41	63	5
22	48	58	4	33	27	13	55
31	37	51	9	44	18	8	62
3	57	47	21	56	14	28	34
10	52	38	32	61	7	17	43
60	2	24	46	15	53	35	25
49	11	29	39	6	64	42	20

フロローの 8 次 2 重方陣，1892
（定和 260，2 乗和 11180）

第 8 章

いろいろな魔方陣

任意次数の魔方陣が数多く存在するとなると，研究の方向は面白い個性的な性質をもつ魔方陣を作ろうという方向に向かうことになる．前章の「完全方陣」もその 1 つであるが，本章ではその他の良く知られたいろいろな魔方陣の一端を紹介する．方陣愛好家や数学者の研究はこの分野が主流で，隠れた膨大な研究成果があるものと思われる．

§ 45　同心魔方陣

魔方陣の外側からひと側(かわ)ずつ取り除いていっても，残る部分が常に魔方陣の性質（定和性）を失わないものがある．この種の魔方陣は，**同心**（concentric）**魔方陣**，あるいは**親子魔方陣**と呼ばれる．

次に，10 次と 11 次の同心魔方陣の例をあげる．

1	98	96	95	91	84	18	11	7	4
8	19	80	79	78	70	32	26	20	93
9	25	33	66	65	63	42	34	76	92
14	28	39	58	45	44	55	62	73	87
15	29	40	47	52	53	50	61	72	86
85	71	60	51	48	49	54	41	30	16
88	74	64	46	57	56	43	37	27	13
89	77	67	35	36	38	59	68	24	12
99	81	21	22	23	31	69	75	82	2
97	3	5	6	10	17	83	90	94	100

定和 505

2	12	13	14	19	116	117	118	119	121	20
7	22	30	31	35	97	98	99	101	36	115
8	26	38	44	47	82	83	85	48	96	114
9	27	41	49	70	69	66	51	81	95	113
10	28	42	50	60	65	58	72	80	94	112
104	88	76	67	59	61	63	55	46	34	18
105	89	77	68	64	57	62	54	45	33	17
106	90	79	71	52	53	56	73	43	32	16
107	93	74	78	75	40	39	37	84	29	15
111	86	92	91	87	25	24	23	21	100	11
102	110	109	108	103	6	5	4	3	1	120

定和 671

同心魔方陣を作るには，奇数次のものは 3 次方陣を核として，偶数次のものは 4 次方陣を核として，内側から外側へと作っていくのである．3 次方陣は 1 通りしかないが，使うときは回転・裏返したものでもよい．4 次方陣は 880 通りもあり，回転・裏返したものも使えることはもちろんである．

問題は外周の作り方であるが，この場合も奇数次・全偶数次・半偶数次に共通に通用する方法はない．次に，外周を作る簡便な方法を紹介する．

◎ 奇数次同心方陣の外周の作法例

n 次方陣の外周の数の個数は $4(n-1)$ 個であるが，これを $1 \sim n^2$ のなかの初めの $2(n-1)$ 個と最後の $2(n-1)$ 個の数を使って作る．その際，向かい合った 2 つの数を "n^2+1 に関する補数" として作ることにすると，小さい方の数字の組 $\{1,2,3,\cdots,2(n-1)\}$ を入れる位置を示せばよい．

まず，次ページ上の図のように，1 を下辺（最下行）の右から 2 番目に入れる．2 は左上隅に入れる．次に，1 のすぐ左から左へ順に 3, 4, 5, ……と始め，中央の区画 a（$=(n+1)/2$）まで続ける．

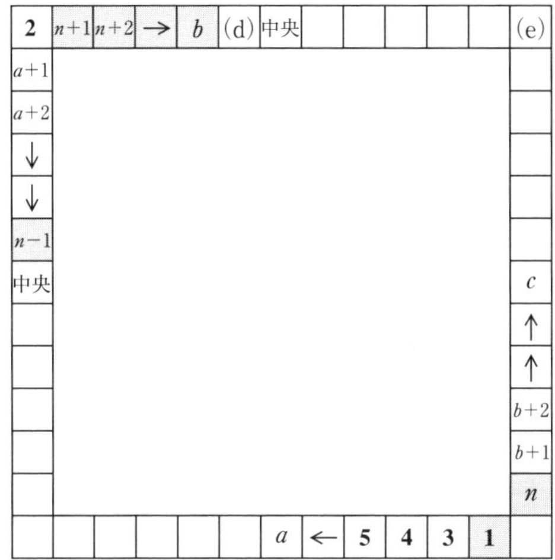

次の数 $a+1$ は左上隅 2 のすぐ下に入れ，左辺（第 1 列）中央の区画のすぐ上まで続ける（$n-1$ が入る）．これで，半分終り．

n は右下隅のすぐ上の区画に入れる．$n+1$ は左上隅の 2 のすぐ右に置き，右方に順に中央の区画の 2 つ左の区画 b $(=(3n-5)/2)$ まで入れる．

次の数 $b+1$ は，右辺下部の n のすぐ上に入れ，上方に右辺中央の区画まで連続数を記入していくと，右辺中央の区画は $c=2n-4$ になる．

次の数 $c+1$ は上辺（第 1 行）中央の区画のすぐ左の(d)に入れる．そして，小さい方の数字の組の最大数である $c+2=2(n-1)$ は右上隅(e)に置くのである．

あとは，辺では上下の（隅では対角の）向かい合った空所に "n^2+1 に関する補数" を書き込むだけである．これで，外周が完成である．

たとえば，$n=11$ の場合，この方法によって作った 11 次同心方陣の外周は右図のようになる．

なお，この方法は，$n \geqq 7$ に対して適用できる方法であり，$n=5$ の場合は別に作成しなければならない．

上記の方法では，$n=5$ の場合，第 1 行中央の 2 つ左が 2 に一致してしまうからである．

2	**12**	**13**	**14**	**19**	**116**	**117**	**118**	**119**	**121**	**20**
7										**115**
8										**114**
9										**113**
10										**112**
104										**18**
105										**17**
106										**16**
107										**15**
111										**11**
102	**110**	**109**	**108**	**103**	**6**	**5**	**4**	**3**	**1**	**120**

1	22	21	18	3
2				24
19				7
20				6
23	4	5	8	25

（注 1）5 次同心方陣の外周の例（右図）

（注 2）上記の方法で数多くの外周が作られる．たとえば，前ページの $n=11$ の外周において，3, 4, 5, 6 や 7, 8, 9, 10 などは任意の順序でよいからである．

なお，n 次の外周の中に入れる同心魔方陣は，$n-2$ 次の同心魔方陣のすべての要素に，$2(n-1)$ を加えたものを使えばよい．その際，入れる向きは任意でよいわけである．

問題 23　この方法で，7 次，9 次同心方陣の外周を作れ．

◎ 全偶数同心方陣の外周の作法例

$n=4m$（m は整数）の場合の外周も，$1 \sim n^2$ の中の初めの $2(n-1)$ 個と最後の $2(n-1)$ 個の数を使って作る．まず，初めの $2(n-1)$ 個の数の入れ方を説明する．

（第 1 行と第 n 行の作り方）まず，$1 \sim n$ の数を $1 \sim 4, 5 \sim 8, \cdots, (n-3) \sim n$ というように連続 4 数から成る m 個の組に分ける．

そして，各組の数を右上の 2 つの図式のような線分で結んだ 4 つの小円に，次の要領で記入する．

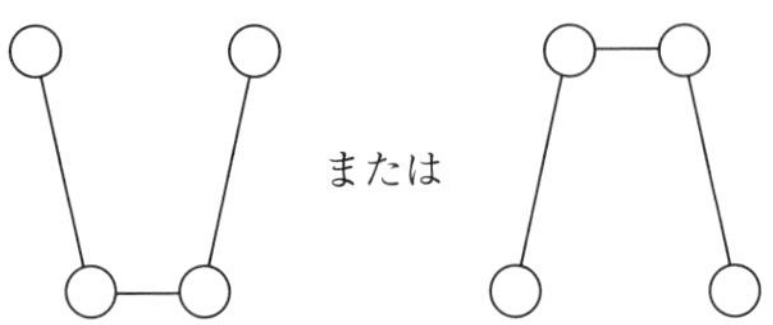

すなわち，図式の 4 連結円の両端の円には各組の最大数と最小数を入れる．すると，上の 2 数の和と下の 2 数の和は相等しくなる．

そして，上の 2 数を第 1 行に，下の 2 数を第 n 行にはめこむのであるが，その際，次ページ図のように，左上隅には 1 を，右上隅には $n/2$（$=2m$）を置くのである．

（第 1 列と第 n 列の作り方）次の 13（一般には，$n+1$）から 22（一般には，$2(n-1)$）までの数については，たとえば，<u>奇数を第 n 列</u>に<u>偶数を第 1 列</u>に，しかも，（第 1 行と第 n 行を除いて）同じ行に 2 つの数が入らないように，たとえば，1 つおきに記入する．もちろん，第 1 列と第 n 列における偶数と奇数を並べる順序は任意でよいわけである．

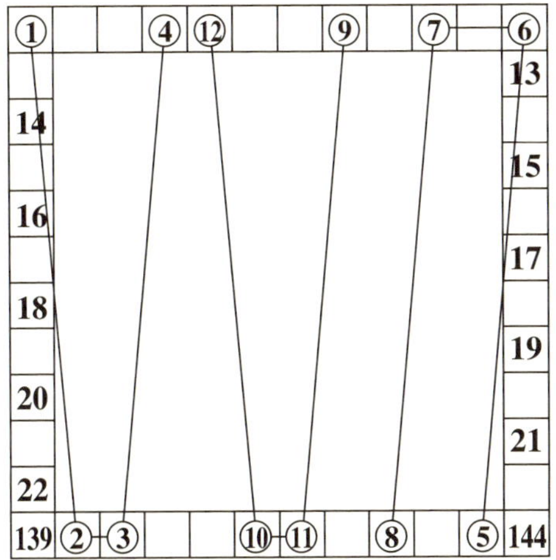

そして，残っている空所には，上下，左右，対角線方向の向かい合った場所に“145（一般には，n^2+1）に関する補数”を入れると，残り（後半）の $2(n-1)$ 個の数がすべて入り，$n=4m$ 次方陣の外周が完成する．

（注） この方法で，数多くの外周が作られることは明らかであろう．また，外周の第 1 行と第 n 行の間で 4 連結円内数の左右，上下を入れ換えるなど適当な交換により，さらに多くの外周が得られる．

問題 24 この方法で，8 次，16 次同心方陣の外周の例を作ってみよ．

◎ **半偶数同心方陣の外周の作法例**

次数 n が半偶数のときの外周の作法を，ここでは，$n=14$ の場合について説明する．

まず，12, 13, 14（一般には，$n-2, n-1, n$）は指定席である．12 は左下隅，13 は右下隅に入れる．14 は，左上隅の 1 つ下に置く．次に，次ページ図のように，左上隅のすぐ右側から 1, 2 と始め，3, 4；5, 6；……と 2 つずつ第 1 行，第 n 行を交互に続けると，下行の右から 3 番目には 11（一般には，$n-3$）が入る．

15, 16（一般には，$n+1, n+2$）からは，右上隅の 2 つ下の区画から，図のように，15, 16；17, 18；……と 2 つずつ第 n 列，第 1 列を交互に続けると，第 n 列の下から 3 番目には 24（一般には，$2n-4$）が入る．

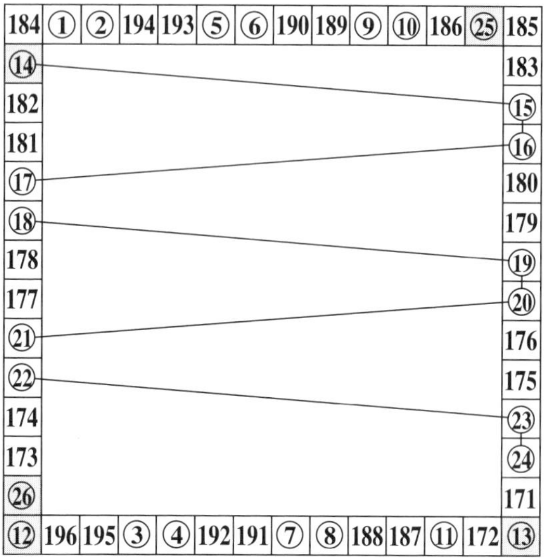

184	①	②	194	193	⑤	⑥	190	189	⑨	⑩	186	㉕	185
⑭													183
182													⑮
181													⑯
⑰													180
⑱													179
178													⑲
177													⑳
㉑													176
㉒													175
174													㉓
173													㉔
㉖													171
⑫	196	195	③	④	192	191	⑦	⑧	188	187	⑪	172	⑬

最後の 2 つ: 25 と 26（一般には，$2n-3, 2n-2$）も指定席である．25 は右上隅のすぐ左側に入れる．最後の 26 は左下隅のすぐ上に入れる．

以上で，外周の半分が完成した．残っている空欄には，向い合う 2 数の和が $14^2+1=197$ となるように，各数の補数を記入していくと，図のように 14 次方陣の外周が完成する．前半の最大数 26 の補数は，171（後半の最小数）である．

この内側に，27（一般には，$2n-1$）から 170（一般には，n^2-2n+2）までで作った 12 次の同心魔方陣を当てはめれば，14 次の同心魔方陣ができるわけである．一般の場合も，同様である．

問題 25　この方法で，6 次，10 次同心方陣の外周を作れ．

◎〔付記〕関孝和の解法（外周追加法）

関孝和は，天和 3 年（1683）に『方陣之法』によって，魔方陣の一般的作法を発表した．以下，彼の解法について述べる．孝和も方陣を，奇数，半偶数，全偶数の 3 つの場合に分けて一般的方法を与えている．

（1）　奇数方陣の外周の作法

一般に，$n=2m+1$ の場合であるが，ここでは，$(n=)$ 13 次方陣（$m=6$）

について図解する．外周上には，$4(n-1)$ 個の数が入る．

（上辺と右辺に，1 から $2(n-1)$ まで順に記入） 彼の方法も，まず，1 から $2(n-1)=24$ までの数を入れていく．次のようなものである．

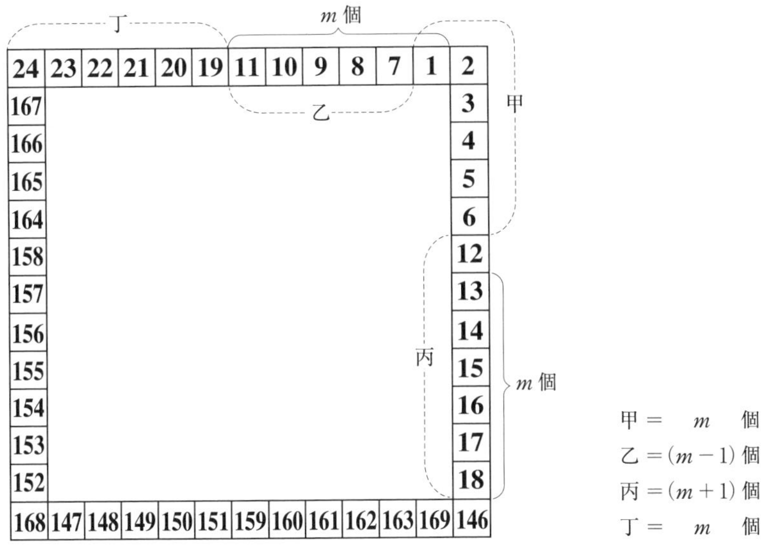

上図のように右上隅の左隣の区画に 1 をおき，そこから右へ，そして下に降りて順に $m=6$ 個だけ書き入れる．これを甲とする．

次に，1 の左隣から左へ順に $m-1=5$ 個書き入れる．これを乙とする．乙の最後は $n-2=11$ になる．

次に，甲の下に $n-1$（$=12$）から右下隅のすぐ上の区画まで $m+1$（$=7$）個の数を入れる（丙）．さらに，乙のすぐ左隣から左上隅（最後の $2(n-1)=24$ が入る）まで，$m=6$ 個の数を書き入れる（丁）．

（残りの半周） そして，上下，左右および 4 隅の向い合う 2 数の和が $n^2+1=170$ になるように，すでに記入してある各数の補数を，相対する空所に書き入れる．

（数字の交換） そして，最後に，次のような大技を実行する．すなわち，上図に中括弧（ }, ⌢ で示した）m 個の数（2 箇所ある）とそれに向い合う m 個の数を上下に，左右にそっくり互いに交換する．

すると，次のような 13 次方陣の外周が完成する．

24	23	22	21	20	19	159	160	161	162	163	169	2
167												3
166												4
165												5
164												6
158												12
13												157
14												156
15												155
16												154
17												153
18												152
168	147	148	149	150	151	11	10	9	8	7	1	146

そして，この中を 25 から 145 までで作った 11 次の同心魔方陣で埋めれば，13 次同心魔方陣が完成するわけである．なお，下図は，孝和の方法で作った 5 次，7 次，9 次同心魔方陣である．

8	7	23	25	2
22	12	17	10	4
5	11	13	15	21
6	16	9	14	20
24	19	3	1	18

定和 65

12	11	10	45	46	49	2
47	20	19	35	37	14	3
44	34	24	29	22	16	6
7	17	23	25	27	33	43
8	18	28	21	26	32	42
9	36	31	15	13	30	41
48	39	40	5	4	1	38

定和 175

16	15	14	13	75	76	77	81	2
79	28	27	26	61	62	65	18	3
78	63	36	35	51	53	30	19	4
74	60	50	40	45	38	32	22	8
9	23	33	39	41	43	49	59	73
10	24	34	44	37	42	48	58	72
11	25	52	47	31	29	46	57	71
12	64	55	56	21	20	17	54	70
80	67	68	69	7	6	5	1	66

定和 369

（2）半偶数方陣の外周の作法

一般に，$n = 4m+2$ の場合であるが，ここでは，$m = 2$，すなわち，10 次方陣の場合について，外周の作り方を図解する．外周上の数の個数は，$4(n-1)$ である．

（上辺と右辺に，1 から $2(n-1)$ まで順に記入）　この場合，甲は右上隅から左に 3 番目から左側に $n-2$（$=4m$）個の区画を左上隅まで，乙は右上隅から下に $n-2$（$=4m$）個の区画（右下隅の 3 区画上）まで，丙，丁はその残りを次図のように 1 区画ずつとるのである．

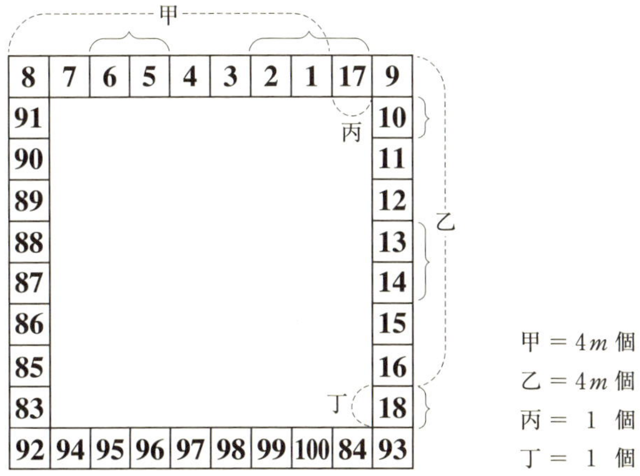

そして，甲，乙，丙，丁の順に自然数を 1 から $2(n-1)$ まで順に図のように書き込む．

（残りの半周） 次に，前と同様に，向い合う 2 数の和が n^2+1（この場合は，101）となるように空所を埋める．

（数字の交換） この場合も，最後に変換が必要である．次のようなものである．

右上隅の左隣から 3 区画をとり，そこからは左に 2 つおきに 2 区画（中括弧 ⏜ で示した）ずつとってゆき，最下行の向い合う数と交換する．

列については，まず，右上隅のすぐ下と右下隅のすぐ上の 2 数を向い合う数と交換する．次からは 2 つおきに 2 区画（中括弧 } で示した）ずつを，向い合う数と交換する．このようにして，下図の 10 次方陣の外周が完成する．

8	7	95	96	4	3	99	100	84	9
10									91
90									11
89									12
13									88
14									87
86									15
85									16
18									83
92	94	6	5	97	98	2	1	17	93

次に，この方法で作った6次と10次の同心魔方陣を掲げる．

4	3	35	36	28	5
6	14	19	15	26	31
30	24	17	21	12	7
29	25	16	20	13	8
10	11	22	18	23	27
32	34	2	1	9	33

定和111

8	7	95	96	4	3	99	100	84	9
10	77	23	22	80	81	19	26	76	91
90	27	36	35	67	68	60	37	74	11
89	73	38	46	51	47	58	63	28	12
13	72	62	56	49	53	44	39	29	88
14	30	61	57	48	52	45	40	71	87
86	31	42	43	54	50	55	59	70	15
85	69	64	66	34	33	41	65	32	16
18	25	78	79	21	20	82	75	24	83
92	94	6	5	97	98	2	1	17	93

定和505

（3）　全偶数方陣の外周の作法

$n = 4m$ の場合であるが，ここでは，$m = 3$，すなわち，12次方陣の外周について図解する．

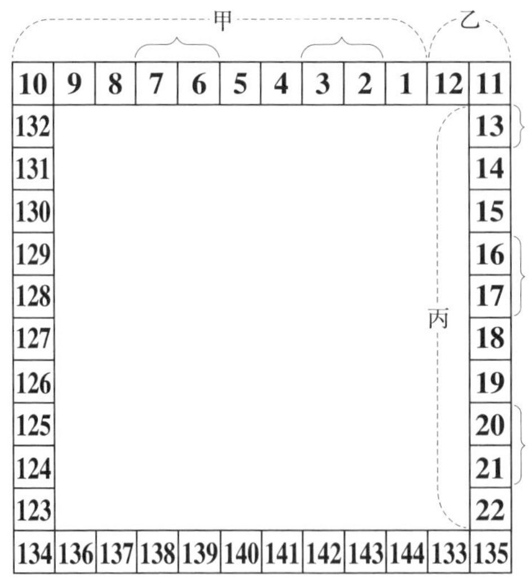

甲 = $(n-2)$ 個
乙 = 　2　個
丙 = $(n-2)$ 個

（上辺と右辺に，1から $2(n-1)$ まで順に記入）　甲は右上隅から左に3番目から左上隅までの $(n-2)$ 個の区画とする．乙はその残りの右上隅の2区画とする．

丙は右上隅のすぐ下から右下隅のすぐ上の区画までとし，甲から乙，丙と順に 1, 2, 3, ……, $2(n-1)$ を書き入れる.

(残りの半周) その後, 最下行は中心に関して対称な位置に, 左辺の残りの場所には, 向かい合った丙の数の 145 に関する補数 (和が $12^2+1=145$ になるように) を書き込むことは, 前と同様である.

(数字の交換) 数字の交換は次のように行う.

まず, 前図の 4 隅を対角数と入れ換える. 次に, 前図の右上隅から左に 4 番目から, まず 2 区画 (中括弧 ⏞ で示した) をとり, そこから 2 つおきに 2 区画ずつ取ってゆき, それらの 2 区画ずつの 2 数を真下 (向い合った) の 2 区画の数と交換する.

左右方向の交換は, まず, 右上隅のすぐ下に 1 区画とり, そこからは 2 つおきに 2 区画 (中括弧 } で示した) ずつ取って, 左右の相対するものと入れ換える.

このようにして, 下の 12 次方陣の外周が完成する.

135	9	8	138	139	5	4	142	143	1	12	134
13											132
131											14
130											15
16											129
17											128
127											18
126											19
20											125
21											124
123											22
11	136	137	7	6	140	141	3	2	144	133	10

次ページ上の図は, それぞれ, 前ページの 6 次, 10 次の同心方陣に, この方法で作った外周をつけた 8 次および 12 次の同心魔方陣である.

以上の (1), (2), (3) が関孝和の方陣の一般解法である. 孝和は, このように「外周追加法」で, 任意次数の方陣を作ることを考えた. 孝和は中国の『楊輝算法』により方陣を研究したが, 上記の一般解法は彼の独創によるもので, 『楊輝算法』のものとは違っている.

彼の解法における上辺と右辺の数字の記入法と残りの半周の作法と最後の数

59	5	4	62	63	1	8	58
9	18	17	49	50	42	19	56
55	20	28	33	29	40	45	10
54	44	38	31	35	26	21	11
12	43	39	30	34	27	22	53
13	24	25	36	32	37	41	52
51	46	48	16	15	23	47	14
7	60	61	3	2	64	57	6

定和260

135	9	8	138	139	5	4	142	143	1	12	134
13	30	29	117	118	26	25	121	122	106	31	132
131	32	99	45	44	102	103	41	48	98	113	14
130	112	49	58	57	89	90	82	59	96	33	15
16	111	95	60	68	73	69	80	85	50	34	129
17	35	94	84	78	71	75	66	61	51	110	128
127	36	52	83	79	70	74	67	62	93	109	18
126	108	53	64	65	76	72	77	81	92	37	19
20	107	91	86	88	56	55	63	87	54	38	125
21	40	47	100	101	43	42	104	97	46	105	124
123	114	116	28	27	119	120	24	23	39	115	22
11	136	137	7	6	140	141	3	2	144	133	10

定和870

字の交換法は，3つの場合ごとに少しずつ異なるので，彼の解法をマスターするには，記憶力を要する．

その点，本節前半の補数を用いる解法は，原始的な解法ではあるが，最後の数字の交換がないので，シンプルな解法と言えよう．

なお，村松茂清は，孝和の『方陣之法』(1683) に先駆け，『算爼』(1663) において，「落書」と称する19次の大きな同心魔方陣（図略）を掲げている．

問題 26　関孝和の方法によって，9次，14次，16次同心魔方陣の外周を作れ．

◎〔付記〕外付け魔方陣

外周追加法では，“周” を追加したが，たとえば，次ページ上の図のように4次方陣を中央ではなく左下隅におき，“周” ではなく “側” に2行2列を追加することもできる．

たとえば，“周” の辺の4数はそのまま平行移動して，4隅の数は右上隅に集めるのである．ただし，主対角線上の和も定和を与えるように注意せねばならない．

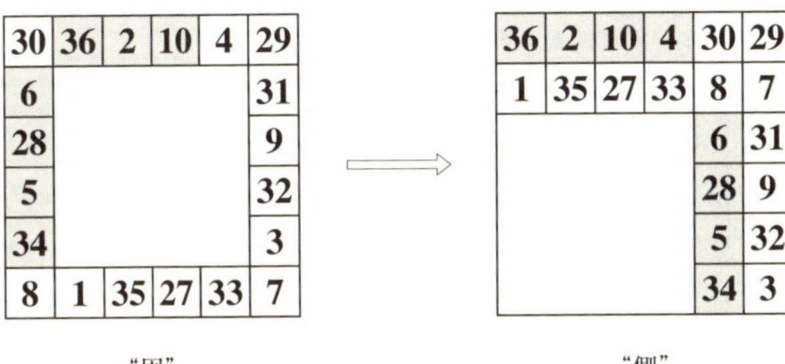

30	36	2	10	4	29
6					31
28					9
5					32
34					3
8	1	35	27	33	7

“周”

36	2	10	4	30	29
1	35	27	33	8	7
				6	31
				28	9
				5	32
				34	3

“側”

つまり，次のようなものができる．

30	36	2	10	4	29
6	23	12	13	26	31
28	22	17	16	19	9
5	18	21	20	15	32
34	11	24	25	14	3
8	1	35	27	33	7

36	2	10	4	30	29
1	35	27	33	8	7
23	12	13	26	6	31
22	17	16	19	28	9
18	21	20	15	5	32
11	24	25	14	34	3

次の 6 次の魔方陣も同様にして作ったものである．

30	10	4	2	36	29
6	12	22	23	17	31
5	15	25	20	14	32
28	21	11	18	24	9
34	26	16	13	19	3
8	27	33	35	1	7

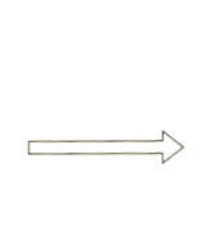

10	4	2	36	30	29
27	33	35	1	8	7
12	22	23	17	6	31
15	25	20	14	5	32
21	11	18	24	28	9
26	16	13	19	34	3

なお，主対角線上の和は，内側の方陣の要素にも関係する．

この外側追加法は，奇数方陣を作るときにも使えることももちろんである．右側はその連結線模様である．

18	22	21	3	1
8	4	5	25	23
14	9	16	24	2
15	13	11	7	19
10	17	12	6	20

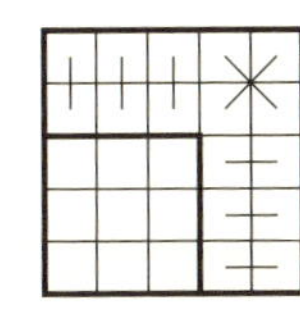

44	39	41	42	5	3	1
6	11	9	8	45	49	47
30	34	33	13	15	48	2
20	16	17	35	37	7	43
26	21	28	14	36	10	40
27	25	23	32	18	12	38
22	29	24	31	19	46	4

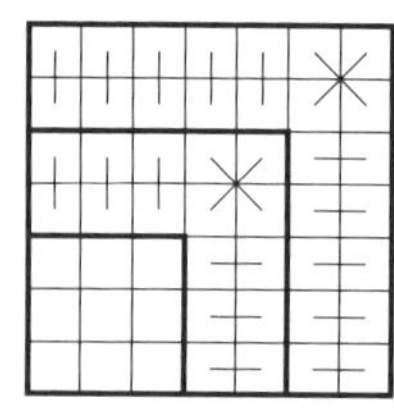

§46　合成魔方陣

4	9	2
3	5	7
8	1	6

m 次方陣と n 次方陣を用いて，$m \times n$ 次方陣を作る方法がある．これを，$m = n = 3$ の場合について説明する．この場合は，右に図示した 3 次方陣を利用するのであるが，その要領は次のようでありきわめて簡単である．すなわち，下図左側において，まず，この 3 次方陣の 1 に相当する部分 $1'$ のところに上記の 3 次方陣をはめ込み，次に，2 に相当する部分 $2'$ に 3 次方陣の各数に 9 を加えたもの（10〜18 からなる方陣）をはめ込む．さらに，3 に相当する部分 $2'$ には 19〜27 からなる 3 次方陣を代入し，以下同様にこれを続けるのである．すると，右側の $3 \times 3 = 9$ 次方陣が完成する．

4′	9′	2′
3′	5′	7′
8′	1′	6′

⟹

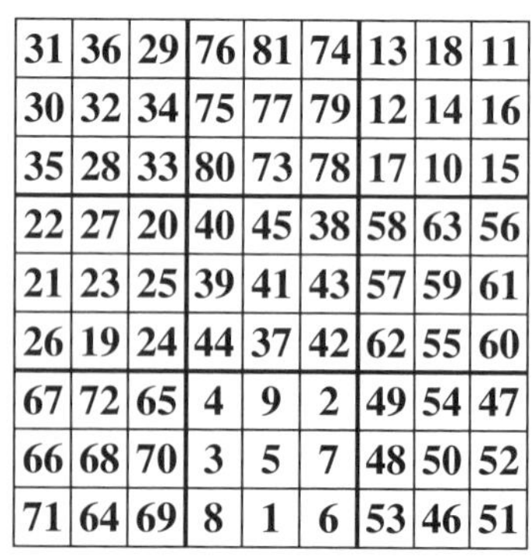

31	36	29	76	81	74	13	18	11
30	32	34	75	77	79	12	14	16
35	28	33	80	73	78	17	10	15
22	27	20	40	45	38	58	63	56
21	23	25	39	41	43	57	59	61
26	19	24	44	37	42	62	55	60
67	72	65	4	9	2	49	54	47
66	68	70	3	5	7	48	50	52
71	64	69	8	1	6	53	46	51

定和 369

このようにして作られる魔方陣は，**合成魔方陣**と呼ばれる．しかしながら，2 次方陣は存在しないので，この方法では，2 次方陣を用いなくてはならないような次数の合成魔方陣は，作ることができない．このことを考慮して合成魔方陣の構成可能性をその次数によって分類すれば，次の表のようになる．

奇数	素数	3, 5, 7, 11, 13, …	不可能
	合成数	9, 15, 21, …	可能
偶数	全偶数	12, 16, 20, …（4, 8 以外）	可能
	半偶数	2×（素数）	不可能
		2×（奇数合成数 15,…）	可能

したがって，この方法で構成可能な最小なものは上記の 9 次方陣ということになる．

この方法で可能な次の大きさは，$3\times 4=12$ 次である．そこで，12 次合成魔方陣を作ってみる．

この場合は，3 次方陣と 4 次方陣を利用するわけであるが，3 次方陣は前記のものをそのまま，4 次方陣としては，たとえば，右のデューラーの方陣を用いる．

4	9	2
3	5	7
8	1	6

13	3	2	16
8	10	11	5
12	6	7	9
1	15	14	4

3 次方陣を 4 次方陣に当てはめるか，4 次方陣を 3 次方陣に当てはめるかによって，下記のように 2 種類のものが作れる．

112	117	110	22	27	20	13	18	11	139	144	137
111	113	115	21	23	25	12	14	16	138	140	142
116	109	114	26	19	24	17	10	15	143	136	141
67	72	65	85	90	83	94	99	92	40	45	38
66	68	70	84	86	88	93	95	97	39	41	43
71	64	69	89	82	87	98	91	96	44	37	42
103	108	101	49	54	47	58	63	56	76	81	74
102	104	106	48	50	52	57	59	61	75	77	79
107	100	105	53	46	51	62	55	60	80	73	78
4	9	2	130	135	128	121	126	119	31	36	29
3	5	7	129	131	133	120	122	124	30	32	34
8	1	6	134	127	132	125	118	123	35	28	33

定和870

61	51	50	64	141	131	130	144	29	19	18	32
56	58	59	53	136	138	139	133	24	26	27	21
60	54	55	57	140	134	135	137	28	22	23	25
49	63	62	52	129	143	142	132	17	31	30	20
45	35	34	48	77	67	66	80	109	99	98	112
40	42	43	37	72	74	75	69	104	106	107	101
44	38	39	41	76	70	71	73	108	102	103	105
33	47	46	36	65	79	78	68	97	111	110	100
125	115	114	128	13	3	2	16	93	83	82	96
120	122	123	117	8	10	11	5	88	90	91	85
124	118	119	121	12	6	7	9	92	86	87	89
113	127	126	116	1	15	14	4	81	95	94	84

定和870

ここにおいて，3 次方陣を用いる方向は，8 通りの置き方があり，同様に 4 次方陣の置き方も，8 通りある．また，部分的に方向を変えてもよい．さらに，4 次方陣は 880 通りもあるから，この方法により数多くの 12 次合成魔方陣ができる.

（注 1）　$n=12$ の場合，因数2をもつが，$12=2\times6$ としないで，$12=4\times3$ と考えれば2次方陣を使わなくて済むので，上記のように可能なわけである．$n=16$ のときは，2つの4次方陣を使って作ることができる．また，$n=18$ のときは，6次方陣と3次方陣を使えば可能なわけである．

（注 2）　$m\times n$ 次の合成魔方陣は，m^2 個または n^2 個の小魔方陣をつなぎあわせて1つの大きな魔方陣を作ったものであるが，各小魔方陣は**部分方陣**と呼ばれる．したがって，合成魔方陣は m^2 個または n^2 個の部分方陣から成るということができる．

なお，上記の12次方陣を太線で区切った4次方陣，3次方陣と考えると，各部分方陣に含まれる数の総和は，次のように定和を与える．

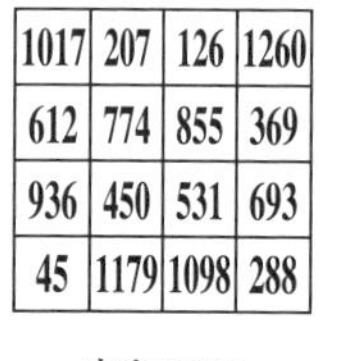

1017	207	126	1260
612	774	855	369
936	450	531	693
45	1179	1098	288

定和2610

904	2184	392
648	1160	1672
1928	136	1416

定和3480

問題 27　次の3次方陣と5次方陣を用いて，15次合成魔方陣を作ってみよ．

4	9	2
3	5	7
8	1	6

11	24	7	20	3
4	12	25	8	16
17	5	13	21	9
10	18	1	14	22
23	6	19	2	15

§47　対称魔方陣

4	9	2
3	5	7
8	1	6

右の3次方陣は，その中心に関して対称の位置にある2数の和は，すべて一定10になつている．このような性質をもつ魔方陣は**対称魔方陣**（symmetric magic square）と呼ばれる．

また，中心に関して対称な位置にある2数の一定の和を，**対称和**という．

一般に，n 次の対称魔方陣の対称和 s は，たとえば，その第1行と第 n 行に着目すると，この2行において s が n 組あって，それらの和は定和の2倍であ

るから，

$$s \times n = \frac{n(n^2+1)}{2} \times 2 \qquad \therefore\ s = n^2+1$$

となる．

右の 4 次方陣は，対称魔方陣である．対称和は，17（$=4^2+1$）である．

13	3	2	16
8	10	11	5
12	6	7	9
1	15	14	4

なお，4 次の対称魔方陣は，§25 で述べたように(A-6)型の 12 個，(B-8)型の 24 個，(C-5)型の 12 個の合計 48 個ある．

これら 48 個の対称魔方陣では，4 個の 2×2 小正方形に含まれる 4 数の和は，すべて 4 次方陣の定和 34 になっている．

右の 5 次方陣も対称魔方陣である．この場合は，対称和は 26 である．

11	18	25	2	9
10	12	19	21	3
4	6	13	20	22
23	5	7	14	16
17	24	1	8	15

なお，ここに掲げた 3 次方陣，5 次方陣は §10 の方法 I（29 ページ）によって作ったものであるが，方法 II（31 ページ）によって作られる奇数方陣も対称魔方陣である．

また，下の 8 次方陣も対称魔方陣である．これは，§11 の方法 I（39 ページ）によって作ったものである．なお，この対称魔方陣は，さらに，次のような性質を持っている．

1	63	62	4	5	59	58	8
56	10	11	53	52	14	15	49
48	18	19	45	44	22	23	41
25	39	38	28	29	35	34	32
33	31	30	36	37	27	26	40
24	42	43	21	20	46	47	17
16	50	51	13	12	54	55	9
57	7	6	60	61	3	2	64

対称和 65

（1）右図のように 16 分割した 16 個の 2×2 小正方形に含まれる 4 数の和は，すべて 130 で一定になつている．

（2）8 次方陣を 16 個の□□□□に分割するとき，各□□□□に含まれる数の和はすべて 130 である．

また，□□□□を各行の中央にとっても，これに含まれる4数の和はすべて130になっている．

この事情は列に関しても成り立っている．

したがって，9 (= 3×3) 個の4×4正方形は対角線上を除いて定和130をもつ．

また，同じ節の方法II（40ページ）によって作られるものも対称魔方陣である．対称魔方陣は，比較的作り易いのである．

7次と9次の対称魔方陣の例については，§10「奇数方陣の作り方」を参照して，各自試みられたい．12次などの全偶数次の対称魔方陣についても，§11「全偶数方陣の作り方」を参照して，再度試みられたい．

また，6次と10次の対称魔方陣については，実例を挙げることはできない．なぜならば，半偶数次の対称魔方陣は存在しないからである．次に，このことについて証明しよう．

定理　半偶数次の対称魔方陣は存在しない．

［証明］　対称魔方陣においては，その中心に関して対称な位置にある2数の和はすべて一定であるから，偶数次の場合は，その上半分によって，下半分は決定するわけである．半偶数 $n = 2(2m+1)$ の場合，上半分も下半分も奇数 $(2m+1)$ 行からなる．

さて，半偶数方陣の定和は，§3（13ページ）において述べたように奇数であるから，すべての行には奇数が奇数個含まれている．したがって，半偶数方陣の上半分には，奇数が奇数個含まれる．

たとえば，$n = 10 = 2 \times 5$ の場合，○印を奇数，無印を偶数とすれば，○印は下図（5行10列）のようにあらねばならない．上半分は，○印（奇数）を奇数個含むわけである．

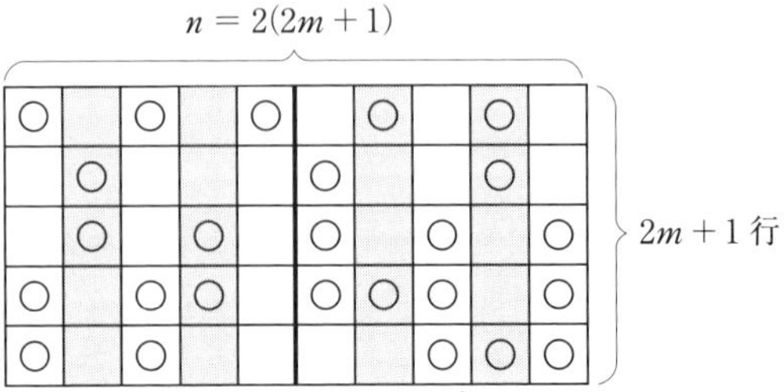

$n = 2(2m+1)$

○		○		○		○		○	
	○				○			○	
	○		○		○		○		○
○		○	○		○	○	○		○
○		○					○	○	○

$2m+1$ 行

半偶数方陣の上半分

このような図には，奇数個の○印が偶数（$n=4m+2$）個の列に配置されているわけであるから，すべての列（偶数列）に奇数が奇数個入ることはない．つまり，奇数が偶数個入っている列が必ずある．

上図の場合，そのような列は，第 2 列と第 4 列と第 7 列である．このような列は常に奇数個ある．

なぜならば，もし偶数列あるとすると，残りの列（奇数個の○印を含む）も偶数個あるので，○印の総数が偶数個となってしまうからである．

したがって，第 i 列が奇数を偶数個含み，第（$n+1-i$）列が奇数を奇数個含むような i が必ずある．

この第 i 列と第 $(n+1-i)$ 列は，中央縦線に関して左右対称の位置にある．以下，これらの 2 列に着目する．

上図においては，このような i は $i=2$ である．第 2 列が奇数を偶数個含み，第 9 列は奇数を奇数個含んでいる．

ところで，n が半偶数のとき，相対 2 数の和（相対和）n^2+1 は奇数であるから，それらの相対 2 数のうち一方は奇数で他方は偶数である（奇数の相手は偶数；偶数の相手は奇数）．

さて，第 $(i=2)$ 列の上半分は偶数（空所）を奇数個含むから，第 $(n+1-i=9)$ 列の下半分は，○印と空所が反転して，奇数○印を奇数個含むことになる．

○	(偶)	○		○		○		○	
	○				○			○	
	○		○		○		○		○
○	(偶)	○	○		○	○	○		○
○	(偶)	○					○	○	○
			○	○	○	○		○	
	○				○			○	
	○		○		○		○	(偶)	○
○		○	○		○	○	○	(偶)	○
○		○		○		○		○	

ところで，第 $(n+1-i=9)$ 列の上半分には，奇数が奇数個あったから，結局，第 $(n+1-i=9)$ 列においては，奇数を（奇数）+（奇数）=（偶数）個含むことになる．よって，この列の和は偶数になる．したがって，この列において定和

(奇数) を与え得ない．同様に，第 $(i=2)$ 列においても，定和を与え得ない．

こうして，行に定和を与えると，列の中に定和を与えない列が，どうしても出てきてしまうのである．

したがって，半偶数対称魔方陣は存在しない．　　　　　　　　　　　［証明終］

§ 48　フランクリンの魔方陣

アメリカの政治家・科学者ベンジャミン・フランクリンも熱心な魔方陣愛好家で，彼の書簡集 *The Papers of Benjamin Franklin* vol.4（Yale University Press, pp.392–403）に次のような 8 次，16 次の魔方陣と魔円陣が載っている．

52	**61**	**4**	**13**	**20**	**29**	**36**	**45**
14	**3**	**62**	**51**	**46**	**35**	**30**	**19**
53	**60**	**5**	**12**	**21**	**28**	**37**	**44**
11	**6**	**59**	**54**	**43**	**38**	**27**	**22**
55	**58**	**7**	**10**	**23**	**26**	**39**	**42**
9	**8**	**57**	**56**	**41**	**40**	**25**	**24**
50	**63**	**2**	**15**	**18**	**31**	**34**	**47**
16	**1**	**64**	**49**	**48**	**33**	**32**	**17**

定和260

A Magic Square of Squares.

200	217	232	249	8	25	40	57	72	89	104	121	136	153	168	185
58	39	26	7	250	231	218	199	186	167	154	135	122	103	90	71
198	219	230	251	6	27	38	59	70	91	102	123	134	155	166	187
60	37	28	5	252	229	220	197	188	165	156	133	124	101	92	69
201	216	233	248	9	24	41	56	73	88	105	120	137	152	169	184
55	42	23	10	247	234	215	202	183	170	151	138	119	106	87	74
203	214	235	246	11	22	43	54	75	86	107	118	139	150	171	182
53	44	21	12	245	236	213	204	181	172	149	140	117	108	85	76
205	212	237	244	13	20	45	52	77	84	109	116	141	148	173	180
51	46	19	14	243	238	211	206	179	174	147	142	115	110	83	78
207	210	239	242	15	18	47	50	79	82	111	114	143	146	175	178
49	48	17	16	241	240	209	208	177	176	145	144	113	112	81	80
196	221	228	253	4	29	36	61	68	93	100	125	132	157	164	189
62	35	30	3	254	227	222	195	190	163	158	131	126	99	94	67
194	223	226	255	2	31	34	63	66	95	98	127	130	159	162	191
64	33	32	1	256	225	224	193	192	161	160	129	128	97	96	65

B. Franklin inv. I. Ferguson delin.　　J. Mynde sc.

これら 2 つの方陣は両対角線上において定和を与えないので，魔方陣としては不完全であるが，この欠陥を補うべき多くの興味深い性質を併せもっている．これらは**フランクリンの魔方陣**としてよく知られたもので，その結果だけが示されている．

◎ この 8 次方陣の性質

上記左側の 8 次方陣には，次に示すような性質が潜んでいる．

(1)　全体としてみれば，8 次方陣である．ただし，両対角線上では定和 260 を与えない．

（2） 各半行・各半列（4 個の数から成る）の数の和はすべて 130 で相等しい．したがって，4 分割した 4 つの 4 次配列も両対角線上を除いて行と列で定和 130 を有する．

（3）（**“相結型” の魔方陣**） 任意の 2 次配列の 4 数の和は 130 である．このような 2 次配列は全部で 49（$=7\times7$）組ある．したがって，任意の 4 次配列，6 次配列の全要素の総和も一定である．

（4）（**富士山形**） 左下隅の 16 から斜に 10 まであがり，次に，すぐ右隣の 23 から右下隅の 17 まで下がると，その 8 数の和は定和 260 に一致する．同じことが，これと平行なすべての（切れた形のものを含めて 8 組ある）折れ線上の 8 数の和についても成立する．

52							**45**
	3					**30**	
		5			**28**		
			54	**43**			
			10	**23**			
		57			**40**		
	63					**34**	
16							**17**

（5）（**逆富士山形**） 左上隅の 52 から斜に 54 まで下がり，さらに，すぐ右隣の 43 から右上隅の 45 まで上がると，その 8 数の和はやはり 260 になる．

同じことが，これに平行な 8 組の折れ線上の 8 数の和についても成立する．

（6）（**右向き山形**）左上隅の 52 から斜に 54 まで下がり，さらに，すぐ下の 10 から左下隅の 16 まで斜に下がると，その 8 数の和は 260 になる．同じことが，これに平行なすべての折れ線上の 8 数の和についても成立する．

（7）（**左向き山形**）右上隅の 45 から左斜下に 43 まで下がり，さらに，すぐ下の 23 から右料下に右下隅の 17 まで下がると，それらの和は 260 になる．同じことが，これに平行なすべての折れ線上の 8 数の和についても成立する．

（**注**） 上記の 4, 5, 6, 7 の “4 方向の富士山形の 8 数の定和性” は，通常**フランクリン型**と呼ばれる．

（8） 上記 2 における 4 分割した 4 個の 4 次配列においても，上記 4, 5 と同様な性質がみられる．この場合の 4 数の定和は 130 である．

（9） A 図のような図形に含まれる 8 数の和は 260 である．これは前記の 8 次方陣のどこにとってもよく，結局，切れた形のものを含め 8 組のものが定和 260 を与える．

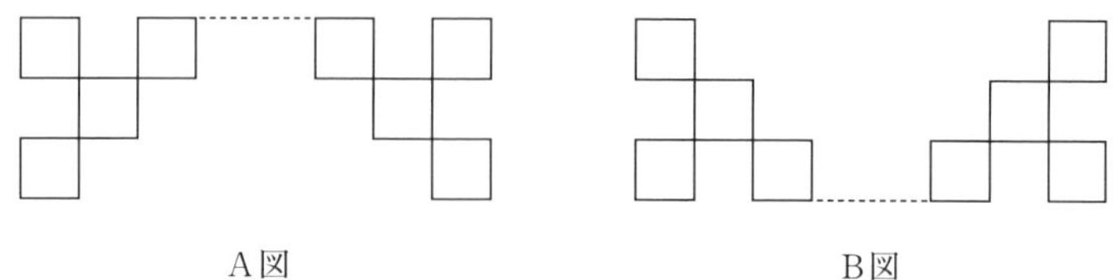

A 図　　　　B 図

(10)　B 図のような図形に含まれる 8 数の和についても，上記の 9 と同様のことがいえる．

(11)　C 図のような図形に含まれる 8 数の和も 260 である．

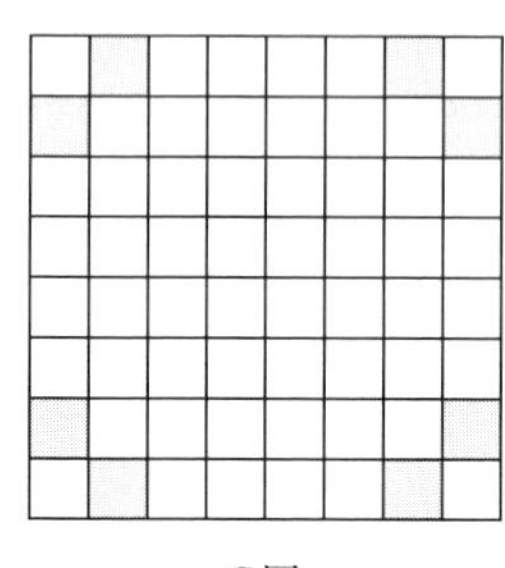

C 図

(12)　4 隅の 4 数と中央の 4 数の和は 260 である．

◎ フランクリンの 16 次魔方陣の性質

また，218 ページ右側の 16 次魔方陣においても，上記の 8 次方陣の性質 1〜12 と同様な性質がみられる．すなわち，上記の 8 次方陣の性質 1〜12 に対応する性質が 16 次方陣においても見いだされる．

なお，上記の(9)〜(11)における A, B, C の図に対応する図形としては，次ページの(1)〜(7)のようなものがある．これらの図形における 16 数の和は，すべて 16 次方陣の定和 2056 を与える．

読者はこれらを確認してほしい．なお，前記 12 の性質に対応した性質として，4 隅の 2×2 正方形の 16 数の和も定和 2056 となっている．

1 つの図の中に，これほど多くの性質を同時に実現したこれらの魔方陣には，実際，驚くべきものがある．A Magic Square of Squares と題した 16 次魔方陣はまさに芸術作品である．彼は，科学技術のみならず魔方陣についても，高度な研究成果を得ていたことが窺われる．

フランクリンのこれらの魔方陣は，ロンドンの友人ピーター・コリンソン (Peter Collinson) へ宛てた手紙の中にあるものであるが，彼はこの 16 次魔方

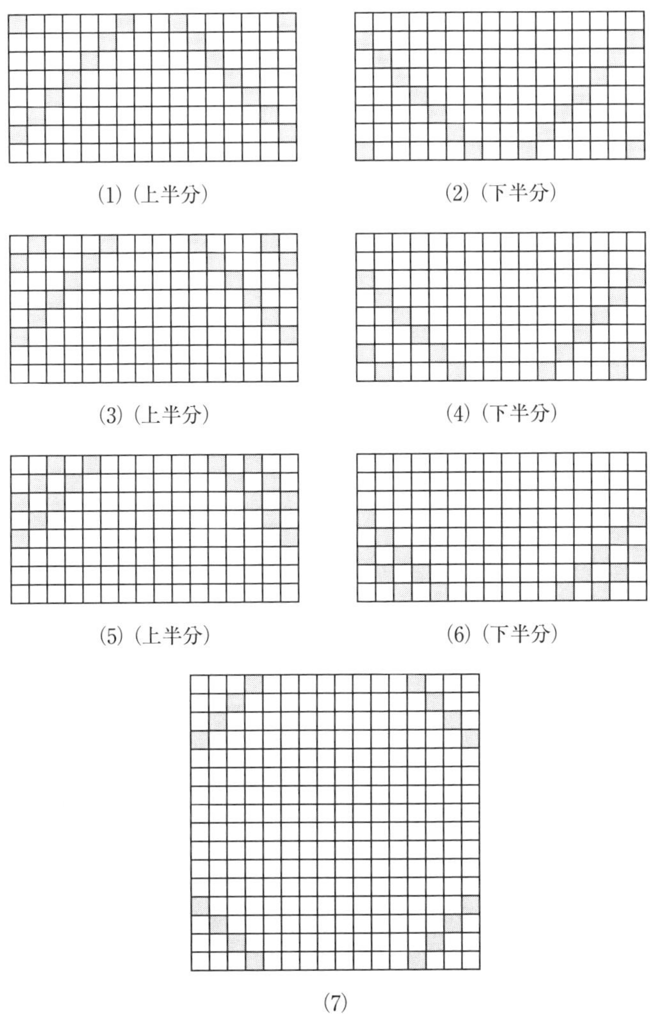

(1)（上半分）　(2)（下半分）

(3)（上半分）　(4)（下半分）

(5)（上半分）　(6)（下半分）

(7)

陣について，前記の書簡集 396 ページにおいて，

> ... you will readily allow this square of 16 to be the most magically magical of any magic square ever made by any magician.（この 16 の魔方陣が，かつて魔術家によって作られたいかなる魔方陣の中でも，最も魔術的であることをあなたもただちに認めるであろう（O. オア著，本田欣哉訳『整数論』河出書房より））

と書いている．

また，同書簡集にはこれらの魔方陣の他に，A Magic Circle of Circles と題した**魔円陣**の図（本書 276 ページ）がある．

§49　盆出 芸・境 新の完全魔方陣

福井県武生市の盆出 芸氏は，下図のようないろいろな不思議な性質をもつ完全魔方陣を作っている．

1	432	186	535	41	392	146	575	3	430	184	537	39	394	148	573	5	428	182	539	37	396	150	571
288	433	103	330	248	473	143	290	286	435	105	328	250	471	141	292	284	437	107	326	252	469	139	294
391	42	576	145	431	2	536	185	393	40	574	147	429	4	538	183	395	38	572	149	427	6	540	181
474	247	289	144	434	287	329	104	472	249	291	142	436	285	327	106	470	251	293	140	438	283	325	108
7	426	192	529	47	386	152	569	9	424	190	531	45	388	154	567	11	422	188	533	43	390	156	565
282	439	97	336	242	479	137	296	280	441	99	334	244	477	135	298	278	443	101	332	246	475	133	300
385	48	570	151	425	8	530	191	387	46	568	153	423	10	532	189	389	44	566	155	421	12	534	187
480	241	295	138	440	281	335	98	478	243	297	136	442	279	333	100	476	245	299	134	444	277	331	102
13	420	198	523	53	380	158	563	15	418	196	525	51	382	160	561	17	416	194	527	49	384	162	559
276	445	91	342	236	485	131	302	274	447	93	340	238	483	129	304	272	449	95	338	240	481	127	306
379	54	564	157	419	14	524	197	381	52	562	159	417	16	526	195	383	50	560	161	415	18	528	193
486	235	301	132	446	275	341	92	484	237	303	130	448	273	339	94	482	239	305	128	450	271	337	96
19	414	204	517	59	374	164	557	21	412	202	519	57	376	166	555	23	410	200	521	55	378	168	553
270	451	85	348	230	491	125	308	268	453	87	346	232	489	123	310	266	455	89	344	234	487	121	312
373	60	558	163	413	20	518	203	375	58	556	165	411	22	520	201	377	56	554	167	409	24	522	199
492	229	307	126	452	269	347	86	490	231	309	124	454	267	345	88	488	233	311	122	456	265	343	90
25	408	210	511	65	368	170	551	27	406	208	513	63	370	172	549	29	404	206	515	61	372	174	547
264	457	79	354	224	497	119	314	262	459	81	352	226	495	117	316	260	461	83	350	228	493	115	318
367	66	552	169	407	26	512	209	369	64	550	171	405	28	514	207	371	62	548	173	403	30	516	205
498	223	313	120	458	263	353	80	496	225	315	118	460	261	351	82	494	227	317	116	462	259	349	84
31	402	216	505	71	362	176	545	33	400	214	507	69	364	178	543	35	398	212	509	67	366	180	541
258	463	73	360	218	503	113	320	256	465	75	358	220	501	111	322	254	467	77	356	222	499	109	324
361	72	546	175	401	32	506	215	363	70	544	177	399	34	508	213	365	68	542	179	397	36	510	211
504	217	319	114	464	257	359	74	502	219	321	112	466	255	357	76	500	221	323	110	468	253	355	78

24次超完全方陣，定和6924

◎ **この 24 次方陣の性質**

（1） 全体として見れば，24 次完全方陣である．

（2） 太線で区切った 6×6 = 36 個の 4 次配列はすべて完全方陣である．定和は 1154 である．

（3） 太線で区切った 5×5 = 25 個の 8 次配列もすべて完全方陣である．4×4 = 16 個の 12 次配列，3×3 = 9 個の 16 次配列，2×2 = 4 個の 20 次配列もすべて完全方陣である．

（4）（“相結型” の魔方陣）任意の 2 次配列（2×2 小正方形）の 4 数の和はすべて一定 1154 である．このような 2 次配列は，全部で 23×23 = 529 個ある．したがって，任意の 4 次配列，6 次配列，8 次配列，…，24 次配列（偶数次配列）に含まれる数の総和もそれぞれ一定である．

（5） 任意の 4 次配列，6 次配列，8 次配列，…，24 次配列（偶数次配列）の 4 隅の数の和はすべて一定 1154 である．

（6） 上下左右の 4 方向の “フランクリン型” が成立する．

これらの性質を確認してほしい．前節のフランクリンの魔方陣では対角線の定和は考えていなかったようだが，盆出氏の作品は完全方陣だからもちろん対角線でも定和を与える．

また，この方陣の構造を研究してみよう．このような驚くべき性質を併せもつ完全方陣を，彼は「**超完全方陣**」と名付けている．信じられない技芸である．

次の(1),(2),(3),(4),(5)の 8 次と 12 次の方陣も，上記の 24 次超完全方陣と同じような性質をもつ「超完全方陣」である．いずれも全偶数次の方陣である．

1	48	22	59	2	47	21	60
32	49	11	38	31	50	12	37
43	6	64	17	44	5	63	18
54	27	33	16	53	28	34	15
3	46	24	57	4	45	23	58
30	51	9	40	29	52	10	39
41	8	62	19	42	7	61	20
56	25	35	14	55	26	36	13

(1) 定和260

1	32	38	59	2	31	37	60
56	41	19	14	55	42	20	13
27	6	64	33	28	5	63	34
46	51	9	24	45	52	10	23
3	30	40	57	4	29	39	58
54	43	17	16	53	44	18	15
25	8	62	35	26	7	61	36
48	49	11	22	47	50	12	21

(2) 定和260

1	63	38	28	5	59	34	32
48	18	11	53	44	22	15	49
27	37	64	2	31	33	60	6
54	12	17	47	50	16	21	43
9	55	46	20	13	51	42	24
40	26	3	61	36	30	7	57
19	45	56	10	23	41	52	14
62	4	25	39	58	8	29	35

(3) 定和260

1	108	48	133	2	107	47	134	3	106	46	135
72	109	25	84	71	110	26	83	70	111	27	82
97	12	144	37	98	11	143	38	99	10	142	39
120	61	73	36	119	62	74	35	118	63	75	34
4	105	51	130	5	104	50	131	6	103	49	132
69	112	22	87	68	113	23	86	67	114	24	85
94	15	141	40	95	14	140	41	96	13	139	42
123	58	76	33	122	59	77	32	121	60	78	31
7	102	54	127	8	101	53	128	9	100	52	129
66	115	19	90	65	116	20	89	64	117	21	88
91	18	138	43	92	17	137	44	93	16	136	45
126	55	79	30	125	56	80	29	124	57	81	28

(4) 定和870

1	143	62	84	13	131	50	96	25	119	38	108
72	74	11	133	60	86	23	121	48	98	35	109
83	61	144	2	95	49	132	14	107	37	120	26
134	12	73	71	122	24	85	59	110	36	97	47
9	135	70	76	21	123	58	88	33	111	46	100
64	82	3	141	52	94	15	129	40	106	27	117
75	69	136	10	87	57	124	22	99	45	112	34
142	4	81	63	130	16	93	51	118	28	105	39
5	139	66	80	17	127	54	92	29	115	42	104
68	78	7	137	56	90	19	125	44	102	31	113
79	65	140	6	91	53	128	18	103	41	116	30
138	8	77	67	126	20	89	55	114	32	101	43

(5) 定和870

彼は，これらの方陣の作法については述べていないが，これらの方陣は“(1)の方陣に少し変化をつけたものであり，さらに大きな全偶数次超完全方陣も可能である”と言っている．

問題 28　上記の方陣(1),(4)にならって，16次の超完全方陣を作れ．

◎ 境 新氏の「境方陣」

盆出芸氏の上記の8次，12次，24次の「超完全魔方陣」は，昭和48年の書簡で教示されたものであるが，これと同様な性質をもつ16次の完全魔方陣を，境 新氏はすでに昭和10年代初期に作っていた．次は，境 新氏の16次の完全魔方陣である（平山諦・阿部楽方『方陣の研究』より）．

1	239	52	222	2	237	51	224	3	240	50	221	4	238	49	223
188	86	137	103	187	88	138	101	186	85	139	104	185	87	140	102
205	35	256	18	206	33	255	20	207	36	254	17	208	34	253	19
120	154	69	171	119	156	70	169	118	153	71	172	117	155	72	170
5	235	56	218	6	233	55	220	7	236	54	217	8	234	53	219
180	94	129	111	179	96	130	109	178	93	131	112	177	95	132	110
201	39	252	22	202	37	251	24	203	40	250	21	204	38	249	23
128	146	77	163	127	148	78	161	126	145	79	164	125	147	80	162
9	231	60	214	10	229	59	216	11	232	58	213	12	230	57	215
192	82	141	99	191	84	142	97	190	81	143	100	189	83	144	98
197	43	248	26	198	41	247	28	199	44	246	25	200	42	245	27
116	158	65	175	115	160	66	173	114	157	67	176	113	159	68	174
13	227	64	210	14	225	63	212	15	228	62	209	16	226	61	211
184	90	133	107	183	92	134	105	182	89	135	108	181	91	136	106
193	47	244	30	194	45	243	32	195	48	242	29	196	46	241	31
124	150	73	167	123	152	74	165	122	149	75	168	121	151	76	166

定和2056

この方陣の性質は，盆出芸氏の超完全魔方陣の性質と同じである．すなわち，

（1）（**斜完型**）全体として見れば，16 次完全方陣である．

（2）（**部分方陣**）太線で区切った $4\times4=16$ 個の 4 次配列はすべて完全方陣である．4 数の和は 514 である．

（3）（**部分方陣**）太線で区切った $3\times3=9$ 個の 8 次配列もすべて完全方陣である．$2\times2=4$ 個の 12 次配列もすべて完全方陣である．

（4）（**相結型**）任意の 2 次配列（2×2 小正方形）の 4 数の和はすべて一定 514 である．このような 2 次配列は，全部で $15\times15=225$ 個ある．したがって，任意の 4 次配列，6 次配列，8 次配列，12 次配列，14 次配列に含まれる数の総和もそれぞれ一定である．

（5） 任意の 4 次配列，6 次配列，8 次配列，12 次配列，14 次配列の 4 隅の数の和はすべて一定 514 である．

（6）（**フランクリン型**）4 方向（上向き，下向き，右向き，下向き）の富士山形の 16 数の和はすべて定和 2056 である．

この方陣は，数の並べ方に注目しよう．図のようにすこぶる単純で，しかも，

これほどの性質を実現しているとは．彼は，この方陣を「**境方陣**」と名付け，「世界一完全方陣」と言ったそうだが，実際，素晴らしい見事な芸術作品である．彼は，次のように述べている．

> 作り方も簡単であり変種が多数できる点でも他に類を見ず，フランクリン方陣より数倍高級方陣たるを疑いない．拡大すれば，16^n 方陣として無限に大きくなる．（『魔方陣（第3巻)』（1936）より）

§50　阿部楽方の「高順方陣」

コラム4で，4次方陣には12種の連結線模様（連結型）があることを述べた．それらは，もちろん1から16までの連続数による方陣の連結線模様である．また，§46「合成魔方陣」の各部分方陣は，すべて連続数による方陣であり，したがって，各部分方陣の定和はすべて異なった．

阿部楽方は，「高順（たかじゅん）方陣」（1992）において，8次，12次，16次，20次，24次，40次の4次方陣集合方陣を紹介している．4次方陣集合方陣は，4次方陣を連結した方陣であるから，その次数は4の倍数である．ここにおける各4次方陣は，連続数によるものではないことが特徴の一つである．すなわち，「非連続型」の4次方陣である．また，各4次方陣の定和は，なるべく同じにすることをめざしている．

阿部楽方は，同書において，4次方陣の連結線模様（連結型）は34種あると述べ，それらを提示解説している．この34種の中には，連続数による4次方陣の連結線模様12種も入っている．これ以外の22種の4次の連結線模様を，彼は「非連続種連結型」と呼んでいる．非連続種連結型の4次方陣を含む方陣を彼は「高順方陣」と呼んでいる．「高順」とは，彼の恩人である高橋順造氏に敬意を表しての命名であるという．

下図左側は，同書の表紙にある8次の「高順8方陣」である．右側は，その65連結線模様（連結型）である．各4次方陣は，連続4数を含んでいるが，連続16数からなるものではない．よって，この8次方陣は，非連続型の4次方陣から成る．各4次方陣の定和は，すべて同じ130である．8次方陣の定和は260である．

57	55	12	6	25	42	23	40
10	8	59	53	32	38	27	33
56	58	5	11	36	26	39	29
7	9	54	60	37	24	41	28
46	21	43	20	13	4	63	50
17	31	35	47	51	62	1	16
22	30	34	44	2	15	52	61
45	48	18	19	64	49	14	3

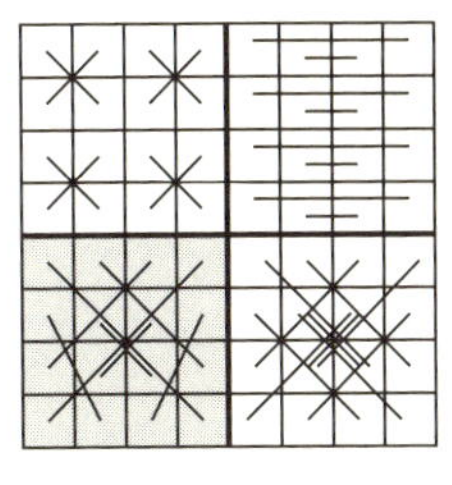

連結線模様（連結型）の中で，左下隅の連結線模様が，「非連続種」の連結線模様である．連続数による 4 次方陣の連結線模様 12 種の中にはないものである．

次に，同書における 9 個の 4 次方陣からなる 12 次の集合方陣（1991）の 1 つを紹介する．ここでの 9 個の 4 次方陣は，連続数によるものではない．右側の連結線模様図で分かるように，4 次方陣の連結線模様 12 種の中の異なる 9 個を使ったものである．

したがって，これは「高順方陣」とは言えない．左上隅の 4 次方陣は完全方陣であり，右列中央の 4 次方陣は対称方陣である．12 次方陣の定和は 870 である．

54	58	102	74	25	121	31	115	45	100	53	92
98	78	50	62	124	22	106	40	44	93	52	101
42	70	90	86	109	37	127	19	104	49	96	41
94	82	46	66	34	112	28	118	97	48	89	56
2	144	130	16	23	116	29	122	5	131	137	15
140	10	8	134	119	32	113	26	143	9	3	133
14	132	142	4	110	17	128	35	11	141	135	1
136	6	12	138	38	125	20	107	129	7	13	139
81	72	73	64	27	18	117	126	55	63	75	99
88	57	80	65	120	123	24	21	83	91	47	71
60	85	68	77	111	108	33	36	95	87	67	43
61	76	69	84	30	39	114	105	59	51	103	79

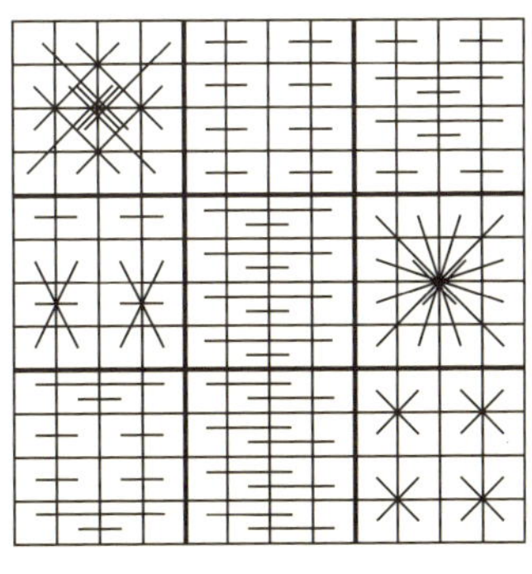

9 個の 4 次方陣の定和は，一定ではなく 288, 290, 292 の 3 種類がある．次に，各 4 次方陣の定和と各 4 次方陣の連結線の相対和を表にしておく．相対和（括弧内）は，4 次方陣の定和の半分である．

288 (144)	292 (146)	290 (145)
292 (146)	290 (145)	288 (144)
290 (145)	288 (144)	292 (146)

次に，彼の 16 次の 4 方陣集合方陣（1990）を紹介する．下側はその連結線模様である．4×4（= 16）個の 4 次方陣を含むことになるが，連続数からなる 4 次方陣の連結線模様 12 種全部と，「非連続種」の連結線模様を 4 個含んでいる．16 次の「高順方陣」である．

2	256	216	42	201	193	63	55	89	168	95	162	65	72	186	191
38	232	240	6	51	59	205	197	92	165	64	163	188	189	67	70
252	10	34	220	207	199	49	57	166	91	164	93	71	66	192	185
224	18	26	248	53	61	195	203	167	90	161	96	190	187	69	68
73	178	80	183	113	144	137	120	13	29	243	227	230	40	8	238
79	184	74	177	142	117	116	139	211	235	21	45	254	4	44	214
180	75	181	78	119	138	143	114	47	23	233	209	20	222	246	28
182	77	179	76	140	115	118	141	241	225	15	31	12	250	218	36
229	9	39	237	14	244	30	228	121	129	136	128	105	108	149	152
19	245	221	27	48	234	24	210	127	135	130	122	150	151	106	107
253	43	3	213	212	22	236	46	134	124	125	131	112	109	148	145
11	217	249	35	242	16	226	32	132	126	123	133	147	146	111	110
81	88	175	170	97	100	160	157	202	64	194	56	1	215	255	41
172	173	86	83	158	159	99	98	208	50	200	58	251	33	9	219
174	171	84	85	103	102	154	155	52	206	60	198	37	239	231	5
87	82	169	176	156	153	101	104	54	196	62	204	223	25	17	247

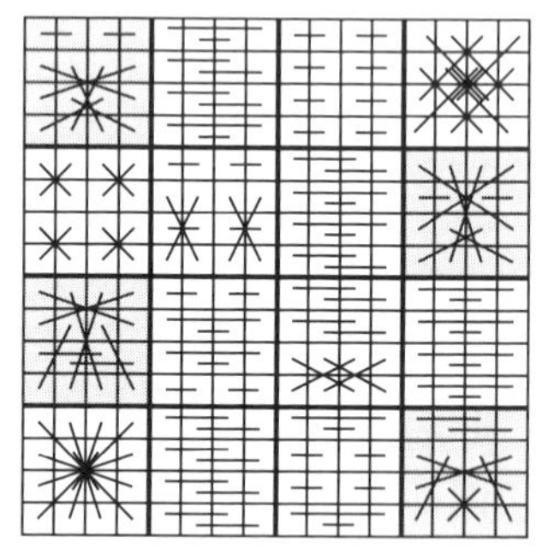

16 個の 4 次方陣の定和は，512, 514, 516 の 3 種類ある．

次に，各 4 次方陣の定和を表にしておく．彼は，この表を「定和方陣」と呼んでいる．16 次方陣の定和は，「定和方陣」の定和 2056 である．また，4 次方陣の連結線の相対和は，定和の半分である．

516	512	514	514
514	514	512	512
512	516	514	514
514	514	516	512

同書には 25 個の 4 次方陣からなる 20 次の「高順」方陣（1991）も紹介されている．連続数による 4 次方陣の連結線模様 12 種全部と，「非連続種」の連結型を 13 個含んでいる．20 次の場合，4 次方陣は 25 個しかないから，34 全部の連結型を含むことはできない．方陣図と連結線模様の図は略した．

次は，34 種全部の連結型を含む 24 次の「高順方陣（1990）」である．非連続種連結型の 4 次方陣をすべて含む方陣である．36 個の 4 次方陣の集合方陣である．

2	69	509	574	235	211	239	213	170	183	407	394	281	296	287	290	337	356	352	365	4	85	558	507
553	530	46	25	225	214	238	221	396	405	181	172	284	293	286	291	367	363	341	339	551	514	41	48
68	3	575	508	228	237	209	224	198	189	379	388	294	283	292	285	340	338	368	364	529	536	63	26
531	552	24	47	210	236	212	240	390	377	187	200	295	282	289	288	366	353	349	342	70	19	492	573
15	8	22	1	462	115	107	470	273	297	304	280	201	376	202	375	453	116	124	461	562	569	555	576
6	10	12	18	113	468	464	109	279	303	298	274	372	369	207	206	458	123	117	456	570	568	564	560
9	17	7	13	467	108	114	465	302	276	277	299	373	204	374	203	122	455	459	118	567	559	571	565
16	11	5	14	112	463	469	110	300	278	275	301	208	205	371	370	121	460	454	119	563	566	572	561
547	554	540	533	267	271	243	245	143	434	424	153	154	413	423	164	310	321	317	334	37	44	30	23
542	538	550	544	260	241	269	256	152	428	430	144	422	162	156	414	307	331	309	335	31	29	39	35
539	545	541	549	257	270	246	253	433	145	151	425	163	419	417	155	332	306	336	308	28	34	32	40
546	537	543	548	242	244	268	272	426	147	149	432	415	160	158	421	333	324	320	305	38	27	33	36
519	517	527	523	311	330	315	326	406	174	166	408	184	400	392	178	255	263	250	258	54	50	62	56
518	525	511	532	319	327	314	322	412	165	175	402	391	176	186	401	247	262	251	266	52	59	45	66
521	524	526	515	323	313	328	318	169	404	410	171	182	393	399	180	259	252	261	254	55	60	58	49
528	520	522	516	329	312	325	316	167	411	403	173	397	185	177	395	265	249	264	248	61	53	57	51
76	84	72	78	450	131	127	446	146	150	431	427	457	197	380	120	141	440	438	135	494	498	500	506
77	80	82	71	133	444	452	125	409	429	148	168	484	93	448	129	134	435	443	142	510	503	489	496
74	67	81	88	445	130	128	451	179	159	418	398	102	475	138	439	442	139	137	436	493	502	504	499
83	79	75	73	126	449	447	132	420	416	157	161	111	389	188	466	437	140	136	441	501	495	505	497
21	490	86	557	344	360	345	361	92	480	488	94	101	479	471	103	223	231	218	226	385	378	199	192
87	556	20	491	350	357	348	355	97	487	481	89	473	99	105	477	215	230	219	234	194	190	383	387
534	65	513	42	362	347	358	343	482	96	90	486	106	472	478	98	227	220	229	222	382	386	195	191
512	43	535	64	354	346	359	351	483	91	95	485	474	104	100	476	233	217	232	216	193	200	377	384

次は，この 24 次方陣の「定和方陣」である．24 次方陣の定和は，「定和方陣」の定和 6924 である．ここでも，各 4 次方陣の連結線の相対和は，定和の半分である．

1154	898	1154	1154	1410	1154
46	1154	1154	1154	1154	2262
2174	1026	1154	1154	1282	134
2086	1282	1154	1154	1026	222
310	1154	1154	1154	1154	1998
1154	1410	1154	1154	898	1154

定和方陣

次は，この連結線模様である．連結線は各 8 本．同じ連結線型が 3 つある．

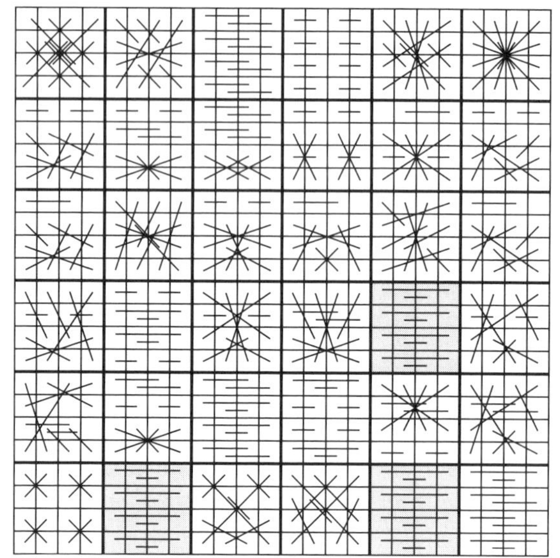

彼は，この 24 方陣について，「あまりにうまく出来て『神業』としか言いようがない．見ているだけでも楽しい!!　自分で作ってみるともっと楽しい」と述べている．

彼の「40 次方陣（1991)」は，図が大きすぎて紹介できない．100 個の 4 次方陣は，すべて公差が 10 である数（1 の位の数字が同一）でできている．

§51　等差数列を含む魔方陣

等差数列は，奇数方陣では中央行や中央列，また両対角線上にも潜んでいる場合がある．

◎ 安藤有益の『奇偶方数』における魔方陣

江戸初期の数学者・暦学者で会津藩士の安藤有益（あんどうゆうえき）は元禄 10 年（1697 年）に『奇偶方数』を木版刷として出版した．『奇偶方数』は方陣の一般的な作り方を解説した世界最初の出版物であると言われる．そこでは，3 次方陣から 30 次方陣までを掲げ，その作り方を奇数方陣，偶数方陣に分けて説明している．『奇偶方数』における方陣は，どれも 2 組の等差数列を含んでいる．

彼も自然配列を使っている．彼の自然配列は漢数字で，右上から下方へ一，二，三，…と始め，左下で終わるものである．ここでは，紙面の都合で，その結果だけをいくつか挙げる．

彼の奇数方陣は，中央行と中央列の数が等差数列をなしている．

3	6	25	16	15
22	12	19	8	4
5	9	13	17	21
24	18	7	14	2
11	20	1	10	23

22	8	35	49	21	36	4
44	11	16	41	30	27	6
5	38	24	33	18	12	45
7	13	19	25	31	37	43
3	40	32	17	26	10	47
48	23	34	9	20	39	2
46	42	15	1	29	14	28

5	10	19	54	81	36	55	64	45
74	38	20	53	71	35	56	14	8
75	66	23	30	61	48	43	16	7
6	15	58	40	51	32	24	67	76
9	17	25	33	41	49	57	65	73
4	13	60	50	31	42	22	69	78
79	70	39	52	21	34	59	12	3
80	68	62	29	11	47	26	44	2
37	72	63	28	1	46	27	18	77

偶数方陣では，主対角線と副対角線上の数が等差数列をなしている．偶数方陣は全偶数方陣，半偶数方陣に分けて一貫した規則を与えている．彼は，外周追加法で作っている．

4	9	5	16
14	7	11	2
15	6	10	3
1	12	8	13

6	7	19	18	25	36
32	11	14	20	29	5
3	27	16	22	10	33
34	28	15	21	9	4
35	8	23	17	26	2
1	30	24	13	12	31

8	9	17	40	32	41	49	64
58	15	18	34	31	42	55	7
59	51	22	27	35	46	14	6
5	12	44	29	37	21	52	60
4	53	45	28	36	20	13	61
62	54	19	38	30	43	11	3
63	10	47	39	26	23	50	2
1	56	48	25	33	24	16	57

なお，すべての方陣について，中心に関して対称な長方形（正方形を含む）の4隅の4数の和は，すべて一定値になっている．

◎ 建部賢弘の『方陣新術』における魔方陣

関孝和の第一の門弟建部（たけべ）賢弘（かたひろ）の多数の著書の中に『方陣新術』がある．そこでは，方陣の作り方について奇数次・偶数次に分けて説いている．彼も有益と同じ漢数字の自然配列を用いている．以下の説明では，自然配列は左上から右方向に書き改めてある．

建部の奇数方陣は，4組の等差数列を含んでいる．中央行と中央列だけでなく，両対角線上にも等差数列が現れる．

3次方陣の場合，3×3の自然配列における両対角線と中央行，中央列の各数をその中心の周りに左に45°回転する．さらに，中央行，中央列の各数を中心に関して対称な位置に移動すれば完成である．

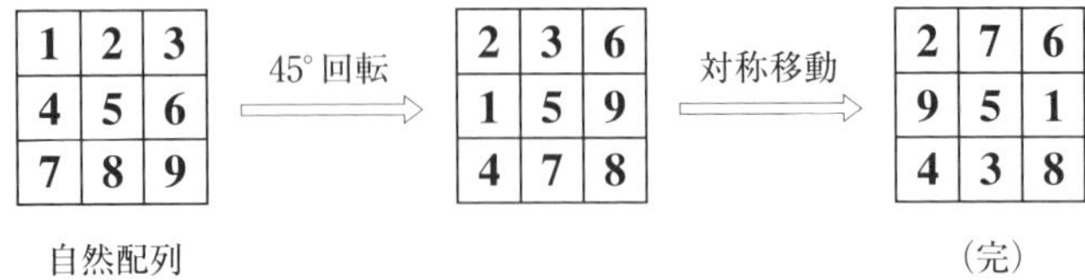

1	2	3
4	5	6
7	8	9

2	3	6
1	5	9
4	7	8

2	7	6
9	5	1
4	3	8

5 次方陣の場合，5×5 の自然配列における両対角線と中央行，中央列の各数をその中心の周りに左に 45° 回転する．そして，中央行，中央列の各数を中心に関して対称な位置に移動する．さらに，両対角線を中心に関して左に 90° 回転すれば完成である．これは，対称魔方陣である．

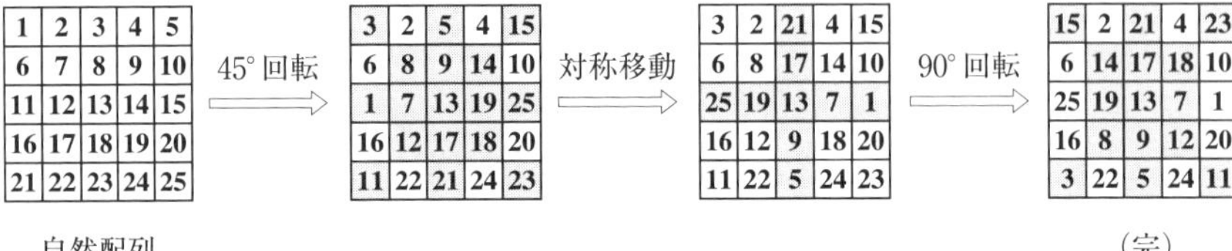

1	2	3	4	5
6	7	8	9	10
11	12	13	14	15
16	17	18	19	20
21	22	23	24	25

3	2	5	4	15
6	8	9	14	10
1	7	13	19	25
16	12	17	18	20
11	22	21	24	23

3	2	21	4	15
6	8	17	14	10
25	19	13	7	1
16	12	9	18	20
11	22	5	24	23

15	2	21	4	23
6	14	17	18	10
25	19	13	7	1
16	8	9	12	20
3	22	5	24	11

7 次方陣の場合，7×7 の自然配列における両対角線と中央行，中央列の各数をその中心の周りに左に 45° 回転する．そして，中央行，中央列の各数を中心に関して対称な位置に移動する．さらに，両対角線上の各数を中心に関して左に 90° 回転する．さらに，各行・各列の過不足を調べ，2 数の入れ換え調整をすれば完成である．

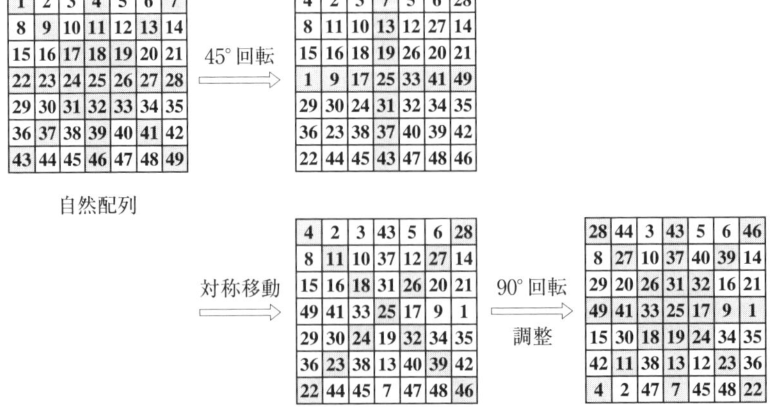

1	2	3	4	5	6	7
8	9	10	11	12	13	14
15	16	17	18	19	20	21
22	23	24	25	26	27	28
29	30	31	32	33	34	35
36	37	38	39	40	41	42
43	44	45	46	47	48	49

4	2	3	7	5	6	28
8	11	10	13	12	27	14
15	16	18	19	26	20	21
1	9	17	25	33	41	49
29	30	24	31	32	34	35
36	23	38	37	40	39	42
22	44	45	43	47	48	46

4	2	3	43	5	6	28
8	11	10	37	12	27	14
15	16	18	31	26	20	21
49	41	33	25	17	9	1
29	30	24	19	32	34	35
36	23	38	13	40	39	42
22	44	45	7	47	48	46

28	44	3	43	5	6	46
8	27	10	37	40	39	14
29	20	26	31	32	16	21
49	41	33	25	17	9	1
15	30	18	19	24	34	35
42	11	38	13	12	23	36
4	2	47	7	45	48	22

（完）定和 175

なお，この 7 次方陣（上記右側）は対称魔方陣ではないが，対称魔方陣とするには，上記の 3 番目の図（調整前の）において，中央行，中央列，両対角線上の数は動かさず，① 辺の中央数の両隣どうしの 2 数を互いに交換し，② 4 隅の両隣の数は，方陣の中心に関して対称な位置に移動する．その他の数は動かさない．

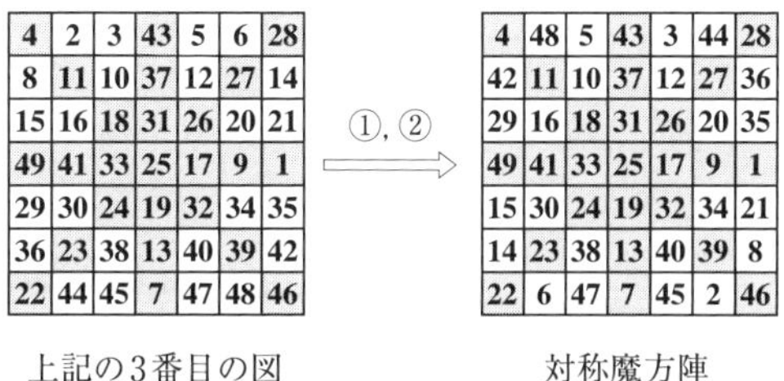

4	2	3	43	5	6	28
8	11	10	37	12	27	14
15	16	18	31	26	20	21
49	41	33	25	17	9	1
29	30	24	19	32	34	35
36	23	38	13	40	39	42
22	44	45	7	47	48	46

4	48	5	43	3	44	28
42	11	10	37	12	27	36
29	16	18	31	26	20	35
49	41	33	25	17	9	1
15	30	24	19	32	34	21
14	23	38	13	40	39	8
22	6	47	7	45	2	46

上記の3番目の図　　対称魔方陣

建部の偶数方陣の作り方は，自然配列を利用するものである．自然配列においては，両対角線上はすでに等差数列になっている．

4 次の自然配列において，両対角線上の数を中心に関して対称の位置に移動すれば 4 次方陣は完成である．これは対称魔方陣である．

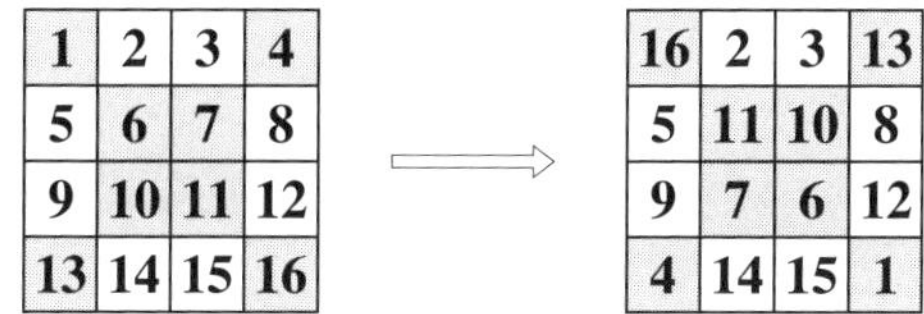

1	2	3	4
5	6	7	8
9	10	11	12
13	14	15	16

16	2	3	13
5	11	10	8
9	7	6	12
4	14	15	1

彼はこのタイプの 8 次の魔方陣（図略）も作っている．

6 次の場合には，自然配列において，まず両対角線上の数を中心に関して対称位置に移動する．ここで（中央図において），行と列の和を調べ，定和 111 との過不足を調べ調整して作っている．

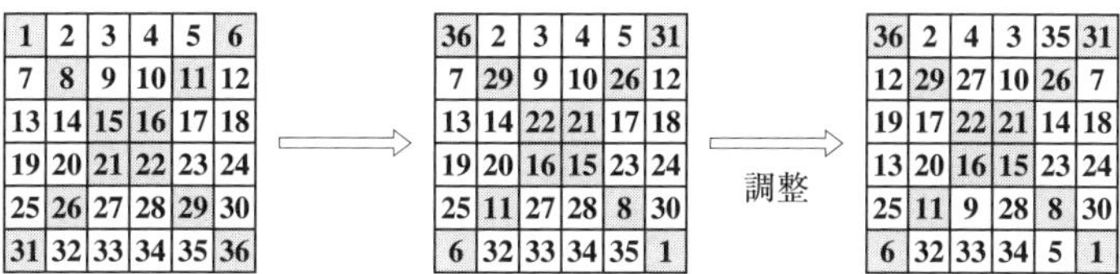

1	2	3	4	5	6
7	8	9	10	11	12
13	14	15	16	17	18
19	20	21	22	23	24
25	26	27	28	29	30
31	32	33	34	35	36

36	2	3	4	5	31
7	29	9	10	26	12
13	14	22	21	17	18
19	20	16	15	23	24
25	11	27	28	8	30
6	32	33	34	35	1

36	2	4	3	35	31
12	29	27	10	26	7
19	17	22	21	14	18
13	20	16	15	23	24
25	11	9	28	8	30
6	32	33	34	5	1

もちろん，これは対称魔方陣ではない（§47 で述べたように，6 次の対称魔方陣は存在しない）．

◎ シェフェルの魔方陣

『方陣の研究』（平山諦・阿部楽方）によれば，シェフェルは，1935 年に，次の 2 つの性質①,②をあわせもつ 7 次方陣（奇数方陣）を発表したという．

① 両対角線と中央行，中央列の計 4 本上の 7 数が，等差数列をなす．

② 対称魔方陣である．すなわち，中心に関して対称な位置にある 2 数の和が一定である．

このような性質をもつ奇数方陣は，通常**シェフェルの奇数魔方陣**と呼ばれる．

次の 3 つの方陣は，シェフェルの 7 次方陣である．

46	8	21	1	35	36	28
2	39	34	9	20	27	44
47	38	32	17	26	10	5
7	13	19	25	31	37	43
45	40	24	33	18	12	3
6	23	30	41	16	11	48
22	14	15	49	29	42	4

46	8	21	1	35	36	28
48	39	30	9	16	27	6
3	40	32	17	26	12	45
7	13	19	25	31	37	43
5	38	24	33	18	10	47
44	23	34	41	20	11	2
22	14	15	49	29	42	4

46	44	5	1	3	48	28
42	39	10	9	12	27	36
29	20	32	17	26	16	35
7	13	19	25	31	37	43
15	34	24	33	18	30	21
14	23	38	41	40	11	8
22	2	47	49	45	6	4

◎ シェフェルの 7 次方陣を 2 つに分解

たとえば，上図の左側の方陣を等差数列をなす上記①の 4 本とそれ以外の部分に分解すると，次のようになる．

46			1			28
	39		9		27	
		32	17	26		
7	13	19	25	31	37	43
		24	33	18		
	23		41		11	
22			49			4

等差数列部分

	8	21		35	36	
2		34		20		44
47	38				10	5
45	40				12	3
6		30		16		48
	14	15		29	42	

4 隅図形

上記左側の**等差数列部分**の図においては，中央行・中央列を除く縦または横の 3 数の和はすべて一定 75 である．

たとえば，$46+1+28=75$，$39+9+27=75$，$32+17+26=75$，… である．

また，右側の **4 隅図形**の図においては，同じ行または列の 4 数の和はすべて一定 100 である．

したがって，左側の等差数列部分の図と右側の 4 隅図形を回転，裏返した図を合体すれば，異なる 8 個のシェフェル型の 7 次方陣ができる．もちろん，定和は 175 である．

さらに，右側の 4 隅図形における数の入れ換えで，同じ形，同じ性質をもつ配列を作ることもできる．たとえば，左上の $\{8,21,2,34,47,38\}$ において，8 と 21，2 と 47，34 と 38 を同時に交換する．そして，残りの 3 隅についてもこれと同様な交換を行えば，別の 4 隅図形が成立する．

この結果と等差数列部分を合体すれば，別のシェフェル型の 7 次方陣ができるわけである．

なお，シェフェルのこの等差数列部分は，建部賢弘の奇数方陣（231 ページ）の等差数列部分と一致していることを見逃してはならない．3 次，5 次のシェフェルの魔方陣は，シェフェルより 200 年も前に建部賢弘が前記のとおり作っている．7 次についても，前述のようなものを作っている．“回転” を取り入れた建部の奇数方陣の解法は，素晴らしい．

寺村周太郎もシェフェルの奇数魔方陣を，熱心に研究した．次は，彼が作ったシェフェル型の 7 次と 9 次の魔方陣である．

46	2	45	1	47	6	28
8	39	40	9	38	27	14
21	34	32	17	26	30	15
7	13	19	25	31	37	43
35	20	24	33	18	16	29
36	23	12	41	10	11	42
22	44	3	49	5	48	4

77	2	63	15	1	36	66	64	45
72	68	55	13	11	28	70	44	8
3	75	59	58	21	22	43	62	26
35	53	48	50	31	42	30	4	76
9	17	25	33	41	49	57	65	73
6	78	52	40	51	32	34	29	47
56	20	39	60	61	24	23	7	79
74	38	12	54	71	69	27	14	10
37	18	16	46	81	67	19	80	5

これらの 2 つの方陣は，前記の①,②の条件を満たす他に次のような性質をもっている．

③ 等差数列の縦または横の 3 数の和は，どこでも一定である．7 次方陣について述べれば，たとえば，

$$46+1+28=46+7+22=75, \qquad 39+9+27=39+13+23=75, \cdots$$

④ 等差数列部分はそのままにして，それ以外の数を中心に関して 90°,

180°，270° 回転しても方陣が成立する．

⑤ たとえば，左上隅の 3×3 配列の等差数列部分はそのままにして，2 と 45，8 と 21，40 と 34 を互いに交換する．同様な交換を残りの 3 隅について行えば，別の方陣ができる．

7 次，9 次のシェフェル型の魔方陣は他にも数多く可能である．また，内田伏一氏は，彼のウェブサイトでシェフェル型奇方陣について解説している．

§52　1 の位が同じ数字を集めた魔方陣

下は，寺村周太郎の 7 次方陣（1927）である．これは完全方陣でもあり，対称方陣でもある．

40	**43**	**4**	**14**	**17**	**27**	**30**
11	**21**	**24**	**34**	**37**	**47**	**1**
31	**41**	**44**	**5**	**8**	**18**	**28**
2	**12**	**15**	**25**	**35**	**38**	**48**
22	**32**	**42**	**45**	**6**	**9**	**19**
49	**3**	**13**	**16**	**26**	**29**	**39**
20	**23**	**33**	**36**	**46**	**7**	**10**

よく見ると，1 の位の数字が同じ数はある形にまとまっている．四隅の 1 の位の数字は 0 であり，末位 5 の 5 数は中央に十字形に位置している．

末位が偶数 2, 4, 6, 8 の各 5 数を枠で囲むと同じ形（の回転形）となる．この 5 数の枠の形は，下図のような 2×2 小正方形に 1 つだけ突出したペントミノ（pentomino）の 1 片である．

2	**12**	
22	**32**	**42**

3	**13**
23	**33**
43	

また，末位が奇数 1, 3, 7, 9 の各 5 つの数字については，各 1 数字だけが飛地となるが，完全方陣であるから，上下の枠，左右の枠がくっついているものと考えると，末位が偶数のときと同じ形となる．

寺村周太郎は，大正から昭和の時代に一生を方陣研究に捧げた人である．彼は研究成果を専門雑誌に意欲的に発表した．また，膨大な研究成果を『魔方陣』第一巻（1957）〜第六巻（1973）にまとめた．

山本行雄は 1971（昭和 46）年に『完全方陣』と題する小冊子を出版した．その冊子の表紙に，下のような対称型の 11 次完全方陣がある．

86	96	103	113	2	12	29	39	49	66	76
116	5	22	32	42	52	59	69	79	89	106
25	35	45	62	72	82	99	109	119	8	15
65	75	85	92	102	112	1	18	28	38	55
95	105	115	11	21	31	41	48	58	68	78
4	14	24	34	51	61	71	88	98	108	118
44	54	64	74	81	91	101	111	7	17	27
67	84	94	104	121	10	20	30	37	47	57
107	114	3	13	23	40	50	60	77	87	97
16	33	43	53	63	70	80	90	100	117	6
46	56	73	83	93	110	120	9	19	26	36

彼は，この方陣は「11 次完全魔方陣のなかで最も美しいものと思われる」と言っている．

ここでは，四隅（1 の位は 6）と中央部を除いて，1 の位の数字が同じ各 12 個の数は，同じ形（偶数枠と奇数枠の 2 種類ある）の回転形の中に小さい順（公差 10）に整然と並んでいる．

末位が偶数 0, 2, 4, 8 の数の枠はすべて下図左側の形で，末位が奇数 3, 5, 7, 9 の数の枠はすべて右側の形で合同である．

ただし，末位が奇数 3, 5, 7, 9 の数字（奇数枠）については，2 数字は飛地に位置する．

末位 1 数だけは 13 個あり中央部に位置している．11 次の対称方陣であるから，中央数は 61，対称和は 122 である．

		2	12
22	32	42	52
	62	72	82
	92	102	112

末位偶数

	3	13	23
33	43	53	63
	73	83	93
	103	11	

末位奇数

同冊子における 9 次，11 次，13 次，19 次の完全方陣は，末位同数集団型の完全方陣である．次は，13 次の「1 の位同数集合完全方陣」(1970) である．

110	120	143	153	163	4	14	37	47	57	67	90	100
150	160	1	24	34	44	54	77	87	97	107	130	140
21	31	41	64	74	84	94	117	127	137	147	157	11
61	71	81	104	114	124	134	144	167	8	18	28	51
101	111	121	131	154	164	5	15	38	48	58	68	91
141	151	161	2	25	35	45	55	78	88	98	108	118
12	22	32	42	65	75	85	95	105	128	138	148	158
52	62	72	82	92	115	125	135	145	168	9	19	29
79	102	112	122	132	155	165	6	16	39	49	59	69
119	142	152	162	3	26	36	46	56	66	89	99	109
159	13	23	33	43	53	76	86	96	106	129	139	149
30	40	63	73	83	93	116	126	136	146	169	10	20
70	80	103	113	123	133	156	166	7	17	27	50	60

これは，13 次の対称型の完全魔方陣である．1 の位が同じ数字を枠で囲むと，1 の位 5 である数は中央部に風車形に集まり，1 の位が 0 の数は四隅に集まっている．

また，2, 4, 6, 8 の偶数枠の形は，すべて合同で中心に関して 90° 回転すれば，互いに重なる．1, 3, 7, 9 の奇数枠についても同様である．ただし，飛び地のある奇数枠については，上辺と下辺，左辺と右辺はくっついていると考える．奇数枠では，3 数字が飛び地に位置する．偶数枠には，4 隅は別として飛び地はない．

さらに，同じ枠内の数は，すべて左上から順に公差 10 の等差数列をなして並んでいる．

§53　小方陣を含んでいる魔方陣

魔方陣の中に小方陣を含んでいるものがある．すでに述べた§12 の外周追加法，§45「同心魔方陣」，§45 の外付け魔方陣，§46「合成魔方陣」，§49「盆出芸・境新の完全魔方陣」などはその例である．この中には，重複部分（共通部分）があるものとないものがある．また，同じ大きさの小方陣が集まっているものと異なる大きさの小方陣を含むものがある．本節では，異なる大きさの小方陣を含む魔方陣を紹介する．

阿部楽方の次の左側の作品（1976）は，8 次方陣の中に 5 次方陣が含まれている．偶数方陣に奇数方陣が含まれている．右側の作品（1991）は，3 種連続（3, 4, 5 次）を含む最小方陣（9 次魔方陣）であるという．

50	12	13	52	47	26	37	23
24	32	6	55	7	64	51	21
22	62	63	5	30	4	29	45
53	9	56	8	57	34	18	25
28	2	3	38	60	61	19	49
33	59	36	58	10	1	43	20
39	40	42	27	35	16	15	46
11	44	41	17	14	54	48	31

43	39	48	73	2	5	16	66	77
68	14	3	49	71	62	76	6	20
30	52	72	1	50	23	7	75	59
60	78	35	13	19	74	65	17	8
4	22	47	69	63	41	58	32	33
70	31	64	67	21	29	12	38	37
24	56	15	25	61	53	80	9	46
36	26	57	18	55	42	11	45	79
34	51	28	54	27	40	44	81	10

サベジ（D. F. Savage）の次の 9 次の魔方陣（1910）には，2 つの 4 次方陣と 2 つの 5 次方陣が含まれている．2 つの 5 次方陣は中央の数を共有している．

75	53	11	25	14	65	48	42	36
10	26	74	54	49	43	32	15	66
71	57	7	29	33	16	67	50	39
8	28	72	56	68	46	40	34	17
52	63	13	30	41	35	18	64	47
12	27	38	51	77	80	20	3	61
37	59	76	9	24	4	60	81	19
73	6	23	45	58	79	21	2	62
31	44	55	70	5	1	63	78	22

次ページ上の 14 次の魔方陣は，佐藤穂三郎の『方陣模様』（昭和 48）における “複合魔方陣” である．この中には，3 方陣と 4 方陣と 6 方陣と 12 方陣が含まれている．

次ページ下は，アンドリュース氏の 15 次の “overlapping” 魔方陣である．ここには，3, 4, 5, 6, 7, 9, 11 の各次数の小方陣を含んでいる．確認するだけでも苦労する．

7	11	13	14	19	20	173	174	179	180	191	194	196	8
2	61	54	59	70	63	68	124	117	122	151	144	149	195
5	56	58	60	65	67	69	119	121	123	146	148	150	192
15	57	62	55	66	71	64	120	125	118	147	152	145	182
16	169	162	167	88	81	107	112	114	89	52	45	50	181
21	164	166	168	84	97	104	91	102	113	47	49	51	176
25	165	170	163	86	100	95	106	93	111	48	53	46	172
171	142	135	140	110	105	94	99	96	87	43	36	41	26
175	137	139	141	115	92	101	98	103	82	38	40	42	22
185	138	143	136	108	116	90	85	83	109	39	44	37	12
187	34	27	32	133	126	131	79	72	77	160	153	158	10
188	29	31	33	128	130	132	74	76	78	155	157	159	9
193	30	35	28	129	134	127	75	80	73	156	161	154	4
189	186	184	183	178	177	24	23	18	17	6	3	1	190

佐藤穂三郎
定和 1379

225	216	3	222	5	7	73	143	75	141	77	139	79	152	138
10	1	223	4	221	219	153	83	151	85	149	87	147	88	74
6	220	11	18	212	211	89	129	91	127	93	136	126	81	145
218	8	213	210	12	17	137	97	135	99	133	100	90	82	144
2	224	14	15	215	208	101	119	103	124	118	95	131	150	76
217	9	214	209	13	16	125	107	123	108	102	96	130	84	142
77	149	71	155	69	157	112	117	110	105	121	134	92	148	78
52	174	64	162	70	156	111	113	115	106	120	98	128	86	140
181	45	180	46	186	40	116	109	114	122	104	132	94	146	80
53	173	66	160	168	154	37	167	39	29	36	194	193	24	202
178	48	163	63	72	58	189	59	187	195	192	30	35	20	206
55	171	169	158	38	161	44	159	62	32	33	197	190	200	26
176	50	68	57	188	65	182	67	164	196	191	31	34	199	27
184	165	41	172	43	170	47	146	49	21	204	23	25	207	198
61	42	185	54	183	56	179	80	177	205	22	203	201	28	19

アンドリュース
定和 1695

次は，阿部楽方の「小さい魔方陣」を含む 15 次の魔方陣（1988）である．この方陣には，3〜13 次までのすべての次数の小方陣が含まれている．なお，14 次の小方陣を含むことはできない．

102	216	21	142	1	196	136	4	199	33	193	34	192	149	77
214	22	103	3	195	141	6	198	135	168	58	161	65	128	98
23	101	215	194	143	2	197	137	5	138	88	144	82	62	164
84	225	30	112	181	46	130	7	202	70	156	80	146	173	53
223	31	85	47	113	179	9	201	129	182	44	81	145	162	64
32	83	224	180	45	114	200	131	8	87	139	178	48	126	100
90	222	27	96	219	24	124	10	205	37	189	41	185	94	132
220	28	91	217	25	97	12	204	123	188	38	127	99	79	147
29	89	221	26	95	218	203	125	11	157	69	176	50	76	150
191	55	93	42	134	163	153	104	115	75	118	109	117	154	72
35	171	133	184	92	63	73	122	111	108	151	49	177	155	71
86	67	186	68	105	166	211	209	13	19	190	106	43	160	66
140	159	40	158	121	60	15	17	213	207	36	183	120	61	165
78	74	187	52	175	54	20	14	208	210	170	110	119	57	167
148	152	39	174	51	172	206	212	18	16	56	116	107	59	169

定和1695

アンドリュース氏の 15 次の "overlapping" 魔方陣（前ページ下側）は，8, 10, 12, 13 次の小方陣を含んでいなかったが，この方陣は 8, 10, 12, 13 次の小方陣も含んでいる．この方陣は，「完全包括方陣」とも「楽方方陣（がくほう）」とも呼ばれる．

§54　奇数・偶数分離魔方陣

次は，§10 の方法 II''' で作った 5 次と 9 次の奇数・偶数分離魔方陣である．奇数は中央に斜め正方形状に位置し，偶数は 4 隅に三角形状に分離されている．

6	1	8
7	5	3
2	9	4

3次分離魔方陣

14	10	1	22	18
20	11	7	3	24
21	17	13	9	5
2	23	19	15	6
8	4	25	16	12

5次分離魔方陣

42	34	6	218	1	74	66	58	50
52	44	36	19	11	3	76	68	60
62	54	37	29	21	13	5	78	70
72	55	47	39	31	23	15	7	80
73	65	57	49	41	33	25	17	9
2	75	67	59	51	43	35	27	10
12	4	77	69	61	53	45	28	20
22	14	6	79	71	63	46	38	30
32	24	16	8	81	64	56	48	40

9次分離魔方陣

なお，7 次の分離魔方陣については，§10 を参照のこと．

次は，フライアーソン（L. S. Frierson）の 9 次の分離魔方陣である．ここでは，中央行に関して上下に線対称な位置にある 2 数の末位の数字はすべて同じ数字である．

また，中央列に関して左右線対称な位置にある 2 数の和の末位はすべて 2 である．さらに，斜め網かけ部は，5 次の魔方陣（定和 205）になっている．その内側は 4 次の魔方陣（定和 164）になっている．

42	58	68	64	1	8	44	34	50
2	66	54	45	11	77	78	26	10
12	6	79	53	21	69	63	46	20
52	7	35	23	31	39	67	55	60
73	65	57	49	41	33	25	17	9
22	27	15	43	51	59	47	75	30
62	36	19	13	61	29	3	76	70
72	56	4	5	71	37	28	16	80
32	48	38	74	81	18	14	24	40

奇数・偶数分離方陣は，偶数次でも可能である．左側は，4 次の奇数・偶数分離方陣である．奇数は右上と左下の 2×2 配列に集まっている．

右側は，阿部楽方の 8 次の奇数偶数分離方陣である．奇数は，左上と右下の 4×4 配列に集まっている．さらに，各行・各列において，奇数番目の 4 数の和は偶数番目の 4 数の和に等しい．

16	4	9	5
14	2	11	7
1	15	6	12
3	13	8	10

B－1型

1	13	47	35	28	26	54	56
3	7	45	41	24	32	58	50
31	19	49	61	6	8	44	42
29	25	51	55	10	2	40	48
34	46	16	4	59	53	21	27
38	36	12	14	57	63	23	17
64	52	18	30	37	43	11	5
60	62	22	20	39	33	9	15

阿部楽方

これらの方陣に，§8「魔方陣の変換」における**偶数変換**を施すと，次のようになる．もちろん，これらも奇数・偶数分離方陣である．

6	12	1	15
8	10	3	13
9	5	16	4
11	7	14	2

59	53	21	27	34	46	16	4
57	63	23	17	38	36	12	14
37	43	11	5	64	52	18	30
39	33	9	15	60	62	22	20
28	26	54	56	1	13	47	35
24	32	58	50	3	7	45	41
6	8	44	42	31	19	49	61
10	2	40	48	29	25	51	55

なお，これらの方陣は，対称方陣ではない．これらの奇数・偶数分離方陣の**補数魔方陣**も，次のように奇数・偶数分離方陣である．

11	5	16	2
9	7	14	4
8	12	1	13
6	10	3	15

6	12	44	48	31	19	39	61
8	2	42	48	27	29	53	51
28	22	54	60	1	13	47	35
26	32	56	50	5	3	43	45
37	39	11	9	64	52	18	30
41	33	7	15	62	58	20	24
59	57	21	23	34	46	16	4
55	63	25	17	36	40	14	10

§55　2 重魔方陣

次ページ左側の 8 次方陣は，すべての要素を 2 乗数に置き換えると，右側の図のようになり，すべて定和 11180 を与える．このような方陣は **2 重魔方陣**（bimagic square）と呼ばれる．

一般に，$n \times n$ の 2 重魔方陣の 2 乗和 SS は，

$$SS = \frac{1^2+2^2+\cdots+(n^2)^2}{n} = \frac{n(n^2+1)(2n^2+1)}{6}$$

であるから，

6	15	17	28	36	41	55	62
19	26	8	13	53	64	34	43
39	46	52	57	1	12	22	31
50	59	37	48	24	29	3	10
9	4	30	23	47	38	60	49
32	21	11	2	58	51	45	40
44	33	63	54	14	7	25	20
61	56	42	35	27	18	16	5

2重魔方陣；定和260

36	225	289	784	1296	1681	3025	3844
361	676	64	169	2809	4096	1156	1849
1521	2116	2704	3249	1	144	484	961
2500	3481	1369	2304	576	841	9	100
81	16	900	529	2209	1444	3600	2401
1024	441	121	4	3364	2601	2025	1600
1936	1089	3969	2916	196	49	625	400
3721	3136	1764	1225	729	324	256	25

2乗数方陣；2乗定和11180

$n=4$　のとき，　$SS=374$

$n=5$　のとき，　$SS=1105$

$n=6$　のとき，　$SS=2701$

$n=7$　のとき，　$SS=5775$

$n=8$　のとき，　$SS=11180$

である．

◎ **8次2重魔方陣のある解法**

たとえば，下図のような2重記号の配列を作成し，これを利用するのである．

$(0a)$	$(1b)$	$(2c)$	$(3d)$	$(4d)$	$(5c)$	$(6b)$	$(7a)$
$(2A)$	$(3B)$	$(0C)$	$(1D)$	$(6D)$	$(7C)$	$(4B)$	$(5A)$
$(4b)$	$(5a)$	$(6d)$	$(7c)$	$(0c)$	$(1d)$	$(2a)$	$(3b)$
$(6B)$	$(7A)$	$(4D)$	$(5C)$	$(2C)$	$(3D)$	$(0A)$	$(1B)$
$(1c)$	$(0d)$	$(3a)$	$(2b)$	$(5b)$	$(4a)$	$(7d)$	$(6c)$
$(3C)$	$(2D)$	$(1A)$	$(0B)$	$(7B)$	$(6A)$	$(5D)$	$(4C)$
$(5d)$	$(4c)$	$(7b)$	$(6a)$	$(1a)$	$(0b)$	$(3c)$	$(2d)$
$(7D)$	$(6C)$	$(5B)$	$(4A)$	$(3A)$	$(2B)$	$(1C)$	$(0D)$

まず，この2重配列のすべて（8×8 個）の2重記号は，相異なることを述べておく．また，この2重配列の**第1成分**（数字の部分）については，各行・各列は 0〜7の数でできているので，定和は，$0+1+2+\cdots+7=28$ であり，2乗

和は $0^2+1^2+2^2+\cdots+7^2=140$ である．また，主対角線には $\{0,3,5,6\}$ が，副対角線には $\{1,2,4,7\}$ がそれぞれ 2 回ずつ使われており，

$$0+3+5+6=1+2+4+7=14, \qquad 0^2+3^2+5^2+6^2=1^2+2^2+4^2+7^2=70$$

であるから，両対角線上の定和も 28，2 乗和も 140 になっている．

第 2 成分（文字の部分）については，すべての列と両対角線においては 8 個の文字：a,b,c,d,A,B,C,D が 1 個ずつ配置されている．

ここで，これらの文字が，1〜8 の数を重複することなくとるものとすると，

$$a+b+c+d+A+B+C+D=1+2+\cdots+8=36$$
$$a^2+b^2+c^2+d^2+A^2+B^2+C^2+D^2=1^2+2^2+\cdots+8^2=204 \qquad \cdots\cdots ①$$

である．よって，第 2 成分の列と両対角線の定和は 36 であり，2 乗和は 204 である．

また，行については，奇数行には 4 つの文字：a,b,c,d が，偶数行には A,B,C,D が，2 組ずつ配置されている．そこで，これらの文字には，

$$a+b+c+d=A+B+C+D=18 \qquad \cdots\cdots ②$$

なる条件を与える．

すると，第 2 成分のすべての行においても，定和は 36 になる．

さらに，

$$a+A=b+B=c+C=d+D=9 \qquad \cdots\cdots ③$$

なる条件を与えると，行の 2 乗和については，③により，

$$\begin{aligned}a^2+b^2+c^2+d^2 &= (9-A)^2+(9-B)^2+(9-C)^2+(9-D)^2\\ &= 9^2\times 4-18(A+B+C+D)+(A^2+B^2+C^2+D^2)\\ &= 324-18\times 18+(A^2+B^2+C^2+D^2)\\ &= A^2+B^2+C^2+D^2\end{aligned}$$

であるから，奇数行の 2 乗和，偶数行の 2 乗和は，それぞれ，①より，

$$2(a^2+b^2+c^2+d^2)=a^2+b^2+c^2+d^2+A^2+B^2+C^2+D^2=204$$
$$2(A^2+B^2+C^2+D^2)=a^2+b^2+c^2+d^2+A^2+B^2+C^2+D^2=204$$

となり，第 2 成分の配列も，2 重魔方陣のような性質をもっている．

さて，2 重配列のすべての要素 (xy) について，$(xy)=8x+y$ を構成すれば，

$$\sum(8x+y) = 8\sum x + \sum y = 8\times 28 + 36 = 260$$

であるから，定和が 260 で，1〜64 から成る普通の 8 次方陣が得られる．

ところで，この方陣が 2 重魔方陣になるための条件は，各行・各列および両対角線上の 8 数の 2 乗和が 11180 となることである．すなわち，

$$\sum(8x+y)^2 = 11180 \iff 64\sum x^2 + 16\sum xy + \sum y^2 = 11180 \qquad \cdots\cdots ④$$

となることである．

ここで，第 1 成分の 2 乗和は，$\sum x^2 = 140$，第 2 成分の 2 乗和は，$\sum y^2 = 204$ であったから，上記④の条件式は，

$$\sum xy = 126 \qquad \cdots\cdots ⑤$$

となる．これが，2 重魔方陣の成立条件である．

そこで，244 ページ下方の 2 重記号 (xy) の配列における各行，各列，両対角線について，この ⑤式（積和 $= 126$）が成り立つための条件を調べよう．

（i）各行の積和について

(xy) の第 1 成分 x と第 2 成分 y の積 xy の和は，たとえば，第 1 行については，前ページ②より

$$\begin{aligned}\sum xy &= 0\times a + 1\times b + 2\times c + 3\times d + 4\times d + 5\times c + 6\times b + 7\times a \\ &= 7(a+b+c+d) = 7\times 18 = 126\end{aligned}$$

となる．他の行についても，同様で，積和は，すでにすべて 126 になっている．

（ii）各列の積和について

第 1 成分と第 2 成分の積の和は，たとえば，第 1 列については，前ページ②，③より

$$\begin{aligned}\sum xy &= 0\times a + 2\times A + 4\times b + 6\times B + 1\times c + 3\times C + 5\times d + 7\times D \\ &= 2(A+B+C+D) + 4(b+B) + (c+C) + 5(d+D) \\ &= 2\times 18 + 4\times 9 + 9 + 5\times 9 = 126\end{aligned}$$

となる．他の列についても，同様にして，積和は，すでにすべて 126 になっている．

（iii）両対角線の積和については，

主対角線については，第1成分と第2成分の積和の条件 $\sum xy = 126$ は，

$$0\cdot a+3\cdot B+6\cdot d+5\cdot C+5\cdot b+6\cdot A+3\cdot c+0\cdot D = 126$$

となる．

この式に，$A = 9-a$，$B = 9-b$，$C = 9-c$，$D = 9-d$ を代入し整理すると，

$$b-c = 3(a-d) \qquad \cdots\cdots ⑥$$

となる．これが，主対角線上の積和が126となるための条件式である．

また，副対角線について調べても，同一式⑥が出てくる．

ところで，245ページ②を満たす a,b,c,d の組合せを，1, 2, 3, 4, 5, 6, 7, 8 の中から選ぶと，$\{1,4,6,7\}$, $\{2,3,5,8\}$ の2組がある．ここで，a,b,c,d のとり方は順序は任意でよいから，全部で $4!\times 2 = 48$ 通りのとり方がある．なお，A,B,C,D は③により，一通りに定まるわけである．

上記の⑥を満たす a,b,c,d を，それらの $4!\times 2 = 48$ 通りの中で調べると，次に示す8通りがある．

（1）$b = 7$，$c = 1$，$a = 6$，$d = 4$
（2）$b = 1$，$c = 7$，$a = 4$，$d = 6$（(1)の b と c，a と d を入れ換えたもの）
（3）$b = 4$，$c = 1$，$a = 7$，$d = 6$
（4）$b = 1$，$c = 4$，$a = 6$，$d = 7$（(3)の b と c，a と d を入れ換えたもの）
（5）$b = 8$，$c = 2$，$a = 5$，$d = 3$
（6）$b = 2$，$c = 8$，$a = 3$，$d = 5$（(5)の b と c，a と d を入れ換えたもの）
（7）$b = 8$，$c = 5$，$a = 3$，$d = 2$
（8）$b = 5$，$c = 8$，$a = 2$，$d = 3$（(7)の b と c，a と d を入れ換えたもの）

なお，244ページの8次2重魔方陣は，244ページ下方の2重記号の配列において，上記(1)の

$a = 6$，$b = 7$，$c = 1$，$d = 4$
（このとき，③より，$A = 3$，$B = 2$，$C = 8$，$D = 5$）

として作ったものである．

他の7通りについても，同様にして別の2重魔方陣ができることはもちろんである．

問題 29　本節初めの 2 重記号の配列図において，$a = 4$，$b = 1$，$c = 7$，$d = 6$ とした場合の 2 重魔方陣を作れ．

◎ **7 次以下の 2 重魔方陣は存在しない**

突然，「8 次の 2 重魔方陣の解法」を紹介したので，驚いたかもしれないが，これには，これより次数の低い 2 重魔方陣は存在しないという事情がある．

まず，3 次方陣は 1 個しかないが，これが 2 重魔方陣でないことは，すぐに確かめられる．

4 次方陣は 880 個あるが，その中に 2 重魔方陣は 1 つもない．$a+b+c+d=34$（定和）かつ 2 乗和が 374（本章初め）となるような要素 a,b,c,d の組は，$\{2,8,9,15\}$, $\{3,5,12,14\}$ の 2 組しかないからである．少なくとも 10 組は必要であるから，明らかに 4 次の 2 重方陣は不可能である．

5 次方陣は，§29 で述べたように，275305224 個あるが，その中に 2 重魔方陣は 1 つもない．それは，5 数の和が 5 次方陣の定和 65 で，2 乗和が 1105 となるような 5 数の組を調べると，

$$\{1,10,14,18,22\},\quad \{2,8,14,20,21\},\quad \{2,10,13,16,24\},\quad \{4,5,16,18,22\}$$
$$\{4,6,13,20,22\},\quad \{4,8,10,21,22\},\quad \{4,8,12,16,25\},\quad \{5,6,12,18,24\}$$

の 8 組しかないからである．少なくとも 12 組は必要である．しかも，これらの組の中に，1 が少なくとも 2 つは必要である．

6 次方陣の中にも，2 重魔方陣はない．6 数の和が 6 次方陣の定和 111 で，2 乗和が 2701 となるような 6 数の組は 98 組ある．しかし，これらの組の中に，行（6 本の）を構成するための独立な（共通要素をもたない）組が 1 組もないのである．

7 次方陣の中にも，2 重魔方陣は 1 つもない．7 数の和が 7 次方陣の定和 175 で，2 乗和が 5775 となるような 7 数の組は，1844 組もあるのにである．これらの組の中に，行（7 本の）を構成するための独立な組は存在するが，（どの行とももただ 1 点で交わり，かつ，独立な）7 本の列を構成するための組が 1 組もないのである．

8 次方陣の場合，8 数の和が 8 次方陣の定和 260 で，2 乗和が 11180 となるような 8 数の組は，38039 組もある．それゆえ，8 次の 2 重魔方陣は，大いに成立の可能性がある．その一例が，上記の解法例というわけである．

しかしながら，8 次の 2 重魔方陣をパソコンを使って作ろうとしても，1 個見つけるだけでも容易なことではない．その意味では上記の 8 次 2 重方陣の解法例は，明快で有意義であろう．

◎ 2 重魔方陣は，§8 の方陣変換によって，別の 2 重魔方陣に変換できる

たとえば，本節初めに掲示した 8 次の 2 重魔方陣（左側）に，§8 の「偶数方陣変換」を行うと，右側のような 8 次の 2 重魔方陣を得る．この変換によって，2 乗和の条件も保存されることは明らかである．各行・各列・両対角線の 8 数の（位置・順序が変わるだけで）組合せが変わらないからである．

6	15	17	28	36	41	55	62
19	26	8	13	53	64	34	43
39	46	52	57	1	12	22	31
50	59	37	48	24	29	3	10
9	4	30	23	47	38	60	49
32	21	11	2	58	51	45	40
44	33	63	54	14	7	25	20
61	56	42	35	27	18	16	5

2重魔方陣

47	38	60	49	9	4	30	23
58	51	45	40	32	21	11	2
14	7	25	20	44	33	63	54
27	18	16	5	61	56	42	35
36	41	55	62	6	15	17	28
53	64	34	43	19	26	8	13
1	12	22	31	39	46	52	57
24	29	3	10	50	59	37	48

偶数方陣変換

◎ 2 重魔方陣は，方陣の交換様式によって，別の 2 重魔方陣に変換できる

本節の初め（244 ページ）に掲示した 8 次の 2 重魔方陣に，下図左側の普通の「8 次方陣の交換様式」による変換を行うと，右側のような 2 重魔方陣になる．この変換によって，2 乗和の条件も保存されることは明らかである．定和 260，2 乗和 11180 である．

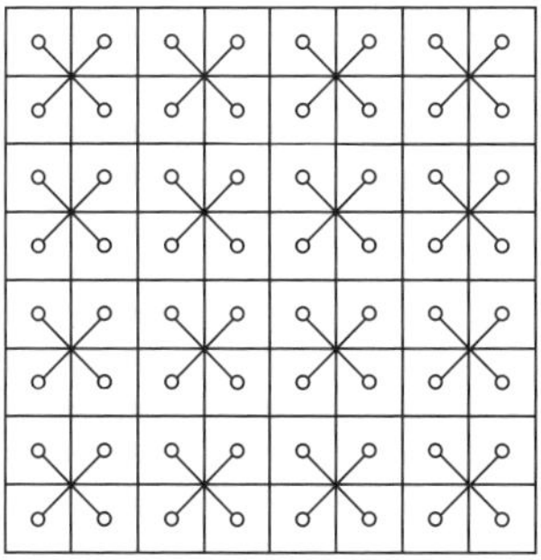

26	19	13	8	64	53	43	34
15	6	28	17	41	36	62	55
59	50	48	37	29	24	10	3
46	39	57	52	12	1	31	22
21	32	2	11	51	58	40	45
4	9	23	30	38	47	49	60
56	61	35	42	18	27	5	16
33	44	54	63	7	14	20	25

また，4次の交換様式1（78ページ）を4個正方形状に連結した「8次方陣の交換様式」（図略）によっても，これとは別の8次2重魔方陣を作ることができる．

◎ **2重魔方陣の補数魔方陣は，2重魔方陣である**

一般に，n 次の2重魔方陣において，そのすべての数を n^2+1 に関する補数で置き換えて，補数魔方陣を作ると，その補数魔方陣は必ず2重魔方陣になるという著しい性質がある．なお，補数魔方陣については，すでに§20（81ページ）で説明してある．

たとえば，本節初め（244ページ）の8次2重魔方陣から，65に関する「補数魔方陣」を作ると，次図左側のような2重魔方陣が得られる．定和260，2乗和11180である．

なお，右側の図は，左側の2重魔方陣の各数を2乗した2乗数方陣である．

59	50	48	37	29	24	10	3
46	39	57	52	12	1	31	22
26	19	13	8	64	53	43	34
15	6	28	17	41	36	62	55
56	61	35	42	18	27	5	16
33	44	54	63	7	14	20	25
21	32	2	11	51	58	40	45
4	9	23	30	38	47	49	60

補数魔方陣：定和260

3481	2500	2304	1369	841	576	100	9
2116	1521	3249	2704	144	1	961	484
676	361	169	64	4096	2809	1849	1156
225	36	784	289	1681	1296	3844	3025
3136	3721	1225	1764	324	729	25	256
1089	1936	2916	3969	49	196	400	625
441	1024	4	121	2601	3364	1600	2025
16	81	529	900	1444	2209	2401	3600

2乗数方陣，2乗和11180

一般に，n 次の2重魔方陣においては，n^2+1 に関する「補数魔方陣」は常に2重魔方陣になることは，次のように証明できる．

［証明］　n 次の2重魔方陣では，任意の1つの行・列・対角線の n 個の数を a_k（$k=1\sim n$）とすると，

$$\sum_{k=1}^{n} a_k = \frac{n(n^2+1)}{2} \qquad （定和）$$

であるから，その2重魔方陣の「補数魔方陣」の2乗和は，

$$\sum_{k=1}^{n}(n^2+1-a_k)^2 = \sum_{k=1}^{n}(n^2+1)^2 - 2(n^2+1)\sum_{k=1}^{n} a_k + \sum_{k=1}^{n} a_k^2$$

$$= (n^2+1)^2 \cdot n - 2(n^2+1) \cdot \frac{n(n^2+1)}{2} + \sum_{k=1}^{n} a_k^2$$
$$= \sum_{k=1}^{n} a_k^2$$

となり，常に元の 2 重魔方陣の 2 乗和に一致するのである．　［証明終］

◎ **9 次の 2 重魔方陣**

フロロー（Frolow）は 1892 年にフランスの雑誌に，8 次の 2 重魔方陣（本章の扉 199 ページ）とともに，次のような 9 次の 2 重魔方陣（定和 369，2 乗和 20049）を発表している．しかも，対称魔方陣である．

4	77	35	11	46	57	42	27	70
63	52	1	32	24	67	17	74	39
68	33	18	75	2	37	22	61	53
73	38	23	62	16	54	3	69	31
26	72	48	76	41	6	34	10	56
51	13	79	28	66	20	59	44	9
29	21	60	45	80	7	64	49	14
43	8	65	15	58	50	81	30	19
12	55	40	25	36	71	47	5	78

また，境 新は『魔方陣（第 1 巻）』（1936）において，次のような 9 次の 2 重魔方陣を発表している．定和は 369 であり，2 乗和は 20049 である．対称魔方陣で，相対和は 82 である．3×3 の太枠は，彼が作るときに利用したものである．

26	65	32	63	48	15	43	1	76
61	46	13	44	2	77	27	66	33
45	3	78	25	64	31	62	47	14
29	23	71	12	60	54	73	40	7
10	58	52	74	41	8	30	24	72
75	42	9	28	22	70	11	59	53
68	35	20	51	18	57	4	79	37
49	16	55	5	80	38	69	36	21
6	81	39	67	34	19	50	17	56

なお，9 次の 2 重魔方陣に，下図のような「9 次方陣の交換様式」による変換を行うと，別の 9 次 2 重魔方陣ができる．これらの変換によって，2 乗和の条件も保存されることは明らかである．

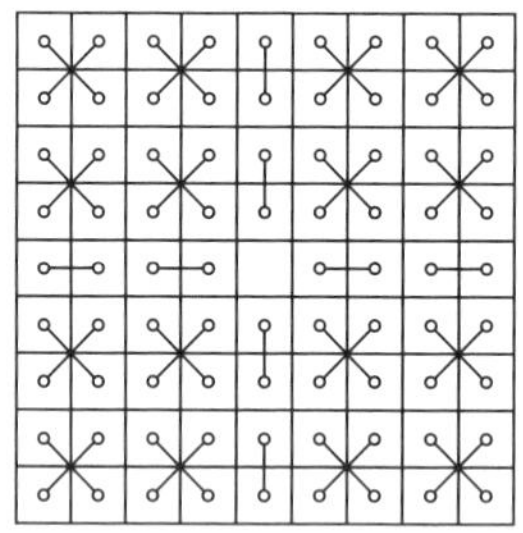
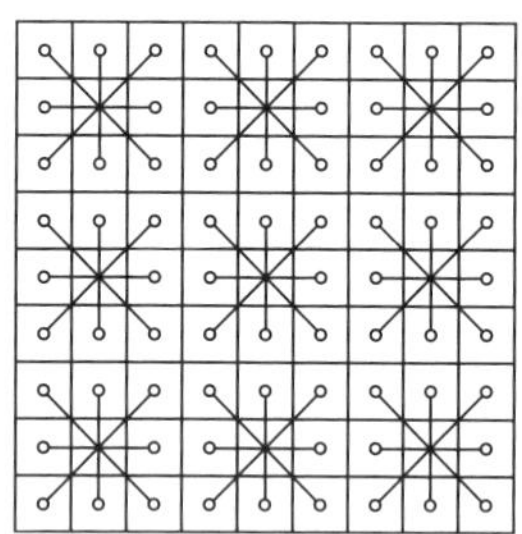

また，上記の 9 次の 2 重魔方陣に，§8 の「奇数方陣変換」を行うと，次のような 9 次の 2 重魔方陣を得る．この変換によって，2 乗和の条件も保存されることは明らかである．

70	11	59	53	22	75	42	9	28
57	4	79	37	18	68	35	20	51
38	69	36	21	80	49	16	55	5
19	50	17	56	34	6	81	39	67
8	30	24	72	41	10	58	52	74
15	43	1	76	48	26	65	32	63
77	27	66	33	2	61	46	13	44
31	62	47	14	64	45	3	78	25
54	73	40	7	60	29	23	71	12

また，9 次の 2 重魔方陣に，補数変換を行っても，別の 9 次 2 重魔方陣ができる．

なお，9 次の 2 重魔方陣の作り方については，内田伏一『魔方陣』（日本評論社，2004）に解説がある．

◎ 3 重魔方陣

2 重魔方陣は，1 乗和，2 乗和が一定であるが，さらに，3 乗和も一定である **3 重魔方陣**（trimagic square）が成立するかという問題もある．2 重以上の方陣は，**多重魔方陣**（multi-magic square）と呼ばれる．

なお，一般に，n 次の 3 重魔方陣の 3 乗和 SSS は，

$$SSS=\frac{1^3+2^3+\cdots+(n^2)^3}{n}=\frac{\left\{\dfrac{n^2(n^2+1)}{2}\right\}^2}{n}=\frac{n^3(n^2+1)^2}{4}$$

である．たとえば，$n=12$ のとき，$SSS=9082800$ である．

◎ **11 次以下の 3 重魔方陣は存在しない**

前記（248 ページ）のように，7 次以下の **2** 重魔方陣は構成不可能であるので，7 次以下の **3** 重魔方陣は存在しない．

8 次の 3 重魔方陣（定和 260，2 乗和 11180，3 乗和 540800）については，2 乗和，3 乗和の条件を満たす要素の組を（パソコンで）調査すると，$\{1,14,27,32,33,38,51,64\}$ から $\{11,12,16,18,47,49,53,54\}$ まで 121 組あるが，それらの中に，独立な 8 本の組はないことが知られる．したがって，8 次の 3 重魔方陣が存在しないことは明らかである．

9, 10, 11 次の 3 重魔方陣については，ドイツのヴァルター・トルンプは 1 行に使われる奇数の個数の考察により，存在しないことを示したという．

そこで，最小の 3 重魔方陣は，存在するとすれば，12 次ということになる．トルンプは 2002 年 6 月に，次のような 12 次の 3 重魔方陣を作った．これが最小次数の 3 重魔方陣である．定和 870，2 乗和 83810，3 乗和 9082800である．

1	22	33	41	62	66	79	83	104	112	123	144
9	119	45	115	107	93	52	38	30	100	26	136
75	141	35	48	57	14	131	88	97	110	4	70
74	8	106	49	12	43	102	133	96	39	137	71
140	101	124	42	60	37	108	85	103	21	44	5
122	76	142	86	67	126	19	78	59	3	69	23
55	27	95	135	130	89	56	15	10	50	118	90
132	117	68	91	11	99	46	134	54	77	28	13
73	64	2	121	109	32	113	36	24	143	81	72
58	98	84	116	138	16	129	7	29	61	47	87
80	34	105	6	92	127	18	53	139	40	111	65
51	63	31	20	25	128	17	120	125	114	82	94

この方陣では左右対称の位置にある 2 数の和はすべて 145 である．また，上方向および下方向のフランクリン型も成立している．最大の 3 乗数は，$144^3=2985984$ である．

なお，この12次の3重魔方陣から，下記左側のような「12次の交換様式」による変換を施すことにより，右側のような別の12次3重魔方陣を作ることができる．この変換により，各行・各列・両対角線上の定和，2乗和，3乗和に変化はないことは明らかであろう．

12次の交換様式

119	9	115	45	93	107	38	52	100	30	136	26
22	1	41	33	66	62	83	79	112	104	144	123
8	74	49	106	43	12	133	102	39	96	71	137
141	75	48	35	14	57	88	131	110	97	70	4
76	122	86	142	126	67	78	19	3	59	23	69
101	140	42	124	37	60	85	108	21	103	5	44
117	132	91	68	99	11	134	46	77	54	13	28
27	55	135	95	89	130	15	56	50	10	90	118
98	58	116	84	16	138	7	129	61	29	87	47
64	73	121	2	32	109	36	113	143	24	72	81
63	51	20	31	128	25	120	17	114	125	94	82
34	80	6	105	127	92	53	18	40	139	65	111

3重魔方陣

なお，6次の交換様式2，交換様式3（172ページ）を4個正方形状に連結した「12次の交換様式」によっても，これとは別の12次3重魔方陣を作ることができる．

12次変換様式2

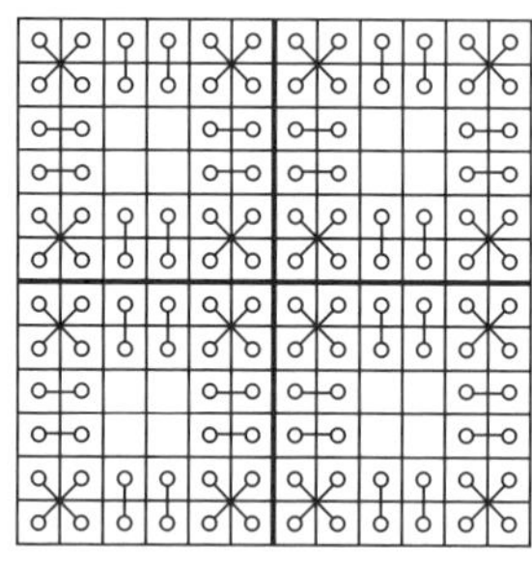

12次変換様式3

また，3重魔方陣の場合も，第1章の§8の方陣変換によって，別の3重魔方陣を導くことができる．たとえば，12次の3重魔方陣に，「偶数方陣変換」を行うと，別の3重魔方陣を得る．3重魔方陣としての2乗和，3乗和の条件も保存されることは明らかである．

また，アメリカのベンソン（W. H. Benson）は，なんと32次で3重魔方陣を作ったという．

◎ **3 重魔方陣の補数魔方陣は，3 重魔方陣である**

［証明］ n 次の 3 重魔方陣では，任意の 1 つの行・列・対角線の n 個の数を a_k （$k=1\sim n$）とすると，

$$\sum_{k=1}^{n} a_k = \frac{n(n^2+1)}{2} \quad （定和），$$
$$\sum_{k=1}^{n} a_k^2 = \frac{n(n^2+1)(2n^2+1)}{6} \quad （2 乗和），$$
$$\sum_{k=1}^{n} a_k^3 = \frac{n^3(n^2+1)^2}{4} \quad （3 乗和）$$

である．

3 重魔方陣の「補数魔方陣」の 2 乗和がもとの方陣の 2 乗和に等しいことは，250 ページの 2 重魔方陣の所で証明済である．「補数魔方陣」の 3 乗和については，

$$\begin{aligned}\sum_{k=1}^{n}(n^2+1-a_k)^3 &= \sum_{k=1}^{n}(n^2+1)^3-3(n^2+1)^2\sum_{k=1}^{n}a_k+3(n^2+1)\sum_{k=1}^{n}a_k^2-\sum_{k=1}^{n}a_k^3\\ &= (n^2+1)^3\times n-3(n^2+1)^2\cdot\frac{n(n^2+1)}{2}\\ &\qquad +3(n^2+1)\cdot\frac{n(n^2+1)(2n^2+1)}{6}-\sum_{k=1}^{n}a_k^3\\ &= -\frac{n(n^2+1)^3}{2}+\frac{n(n^2+1)^2(2n^2+1)}{2}-\sum_{k=1}^{n}a_k^3\\ &= \frac{n^3(n^2+1)^2}{2}-\sum_{k=1}^{n}a_k^3 = 2\sum_{k=1}^{n}a_k^3-\sum_{k=1}^{n}a_k^3=\sum_{k=1}^{n}a_k^3\end{aligned}$$

となり，もとの 3 重魔方陣の 3 乗和に一致する．［証明終］

また，中国の高治源（Gao Zhiyuan）は，なんと 243 次で 4 重魔方陣（2004）を作り，彼のウェブサイトで公開している．

§56　素数魔方陣

素数を使った魔方陣を作るには，素数表を作ることから始めねばならない．素数を使った魔方陣は作りにくい．素数は不規則に分布し，扱いにくいのである．素数は，異なる 2 つの約数（1 と自分自身）をもつ自然数であるから，1 は素数ではない．2 は 2 つの約数（1 と 2）をもつから素数である．

ところで，最小の素数2を含む素数方陣は作れない．まず，このことについて説明する．その際，素数の中で2だけが偶数であることに注意しよう．

定理　2を含む素数方陣は存在しない．

［証明］　方陣の各行（列）の要素の和に着目する．それらの中に相等しくないものがあることが示されるならば，主張は証明される．いま，2を含む素数からなる方陣が存在すると仮定しよう．その際，素数は2を除いて，すべて奇数であることに注意しよう．

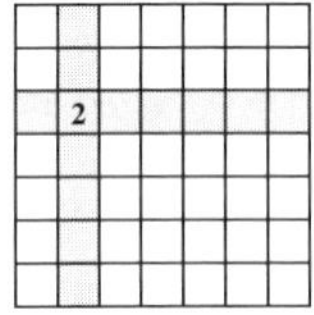

（1）$n=$（奇数）のとき，

2を含む行と列の要素の和

$=2+$（素数）$+$（素数）$+\cdots+$（素数）

$=2+$（偶数）　（素数（奇数）が偶数個あるから）

$=$（偶数）

2を含まない行と列の要素の和

$=$（素数）$+$（素数）$+\cdots+$（素数）

$=$（奇数）　（素数（奇数）が奇数個あるから）

よって，nが奇数のとき，2を含む行・列と2を含まない行・列の要素の和は異なる．

（2）$n=$（偶数）のとき，

同様な考察によって，この場合は，2を含む行・列の要素の和は奇数，2を含まない行・列の要素の和は偶数であることが知られる．したがって，この場合にも，2を含む行（列）と2を含まない行（列）の要素の和は異なる．

ゆえに，いずれの場合にも，2を含む行・列の和は，2を含まない行・列の和に一致しない．素数2は理論上，任意の区画に入りうるわけであるが，どこに入れた場合でもこのことはいえる．　［証明終］

2は特別な素数で，整数論ではしばしば別に扱う必要があるのである．こうして，素数方陣に含まれ得る最小の素数は3ということになる．

次に，3に始まる連続素数からなる素数方陣が，もし存在するとすれば，その最小次数nはいかほどになるかを調べよう．

下表は，定和の整数性の調査である．定和は，まず整数であることを要するわけである．3 に始まる連続した n^2 個の素数の和の値を「素数表」を使って求め，その総和を次数 n で割った値が定和であるから，それが整数でなければ，その次数の素数方陣はありえないことは明らかである．

この表を作成し，定和が整数となるものを捜すと，$n = 12$ のときと $n = 35$ のときである．$n = 12$ のときは定和 4583（奇数），$n = 35$ のときは定和 163043（奇数）であり整数を与える．しかし，$n = 12$ のときの定和は，素数の 12 個の和

n	3 に始まる連続 n^2 個の素数の和 S_n	定和 S_n/n
3	127	42.33···
4	438	109.50···
5	1159	231.80···
6	2582	430.33···
7	5115	730.71···
8	9204	1150.50···
9	15535	1726.11···
10	24678	2467.80···
11	37559	3414.45···
12	54996	4583.000000
13	78147	6011.30···
14	107932	7709.42···
15	145953	9730.20···
16	193374	12085.87···
17	251635	14802.05···
18	322856	17936.44···
19	408487	21499.31···
20	510568	25528.40···
21	630377	30017.95···
22	771834	35083.36···
23	935505	40674.13···
24	1124102	46837.58···
25	1340727	53629.08···
26	1588350	61090.38···
27	1869709	69248.48···
28	2186750	78098.21···
29	2543135	87694.31···
30	2942470	98082.33···
31	3388555	109308.22···
32	3884098	121378.06···
33	4434409	134376.03···
34	5040722	148256.52···
35	5706505	163043.000000

であるから偶数でなければならない．したがって，$n = 12$ のときは，明らかに作成不可能である．こうして，作成の可能性のある最小次数は $n = 35$ となる．

3 に始まる連続素数からなる 35 次方陣は存在する．次に，その実例を示そう．これを作るには素数表が必要である．大きな素数表は書物になかなか見あたらないので，自作しなければならない．

4373	4751	5009	5051	5657	5981	6299	6637	6959	7297	7949	7621	8293	8669	8999	9941	9391	9661	173	5	2549	389	631	1229	1427	1613	1979	2267	661	2819	3163	3461	3733	4049	4357
3797	4391	4703	5011	5381	5659	6079	6301	6653	8663	7607	7307	7951	8731	6709	9041	9319	9631	9649	7	11	397	881	877	1129	1429	1669	1987	2269	2551	2833	3167	3463	3739	4051
4093	4079	4397	4721	5387	5023	5669	6007	6011	7309	6659	6967	7639	7963	8353	8969	8677	9323	9643	9629	179	401	181	641	883	1151	1433	1597	1993	2273	2557	2837	3169	3469	3761
3767	4003	4073	4409	4723	5021	5101	5683	6311	6317	6661	6971	7321	7643	8387	7993	9067	9001	9007	9343	9677	193	13	191	643	887	1153	1439	1697	1997	2281	2579	2843	3181	3467
3793	6101	3769	4057	4421	6029	4729	5039	5689	5399	6367	6719	6977	7331	7649	8009	8329	8689	9337	9341	4507	9371	17	1033	419	409	907	421	3571	1699	1999	2287	2591	2851	3187
3257	3499	3019	4363	4099	4423	4733	5351	5407	5623	6053	6247	6679	6983	7333	7669	8011	8311	8693	8389	9679	9029	9689	19	197	647	653	911	1171	1451	1709	2003	2293	2593	2857
3511	2861	3203	3527	3803	4111	4441	4691	5059	5413	5701	8017	6337	6689	6991	7349	7673	8699	8363	6043	9013	8971	9377	9697	23	199	431	659	919	1181	1453	1721	2011	2297	2609
2617	2879	3209	3517	3529	3821	4127	4447	4759	5077	5417	5711	6047	6343	6691	6997	7351	7681	8369	8039	8707	8719	9043	9311	9719	29	211	433	619	929	1187	1459	1723	2017	2309
2311	2621	2887	3217	3229	3533	3823	4129	4451	4783	5419	5081	5717	6037	6353	6701	7001	7369	7687	8053	8737	8713	8297	9049	9397	9721	31	223	439	673	937	1193	1471	1733	2027
37	2333	2633	2897	3221	3251	3539	3833	4133	4457	5227	5087	5431	5737	6067	6361	6703	7013	7393	7691	8059	8317	8419	8269	9059	9403	9733	2029	227	443	677	941	1201	1481	1741
1747	2039	2339	2647	2903	2917	3253	3637	3847	3541	4463	5437	5099	4789	6073	5741	6359	6961	7019	7411	7699	8069	9011	8681	8741	8423	9413	9739	41	229	449	683	947	1213	1483
1487	1753	2053	2341	2657	2909	2927	3191	3547	3851	4153	4481	4793	5393	5441	5987	5743	6323	6673	7027	8081	7417	7703	8089	8429	8747	9091	9419	9743	43	233	457	691	953	1217
1447	1499	1759	2063	2347	2659	2671	3557	3259	2939	3853	4157	4483	4799	5749	5119	5443	6089	6397	6733	7039	7433	7717	8087	8093	8431	8753	9103	9421	9749	47	239	241	701	967
971	1123	1777	1493	2069	2351	3049	2663	2953	2677	3559	3863	4159	4493	5167	4801	5449	5779	6737	6091	6379	7043	7451	7723	7741	8101	8443	8761	9293	9431	9767	53	461	463	709
1231	719	977	1489	1783	2081	2357	3299	2683	2377	2957	1223	3877	4177	9349	4813	5107	3491	5471	5783	6389	7057	6761	7457	7727	7559	8111	8447	8779	9533	9433	9769	59	251	467
479	727	983	1511	1237	1787	2083	2371	2381	2687	2963	3881	3581	3301	4201	4513	4817	5147	5557	5791	6113	6373	7069	6763	7459	7481	7757	8117	8461	8783	9133	9437	9781	61	257
263	733	487	991	1249	1523	1789	2087	2099	2383	2689	2969	3307	3583	3889	4211	4517	4831	5153	5479	5801	6421	6121	6781	7079	7477	7487	7759	8123	8467	8803	9199	9439	9787	67
71	271	491	739	997	1259	1531	1801	2089	2111	2389	2693	2971	3593	3313	3907	4217	4639	4861	5113	5483	5807	6131	6427	6779	7103	7121	7789	7489	8147	8501	8807	9151	9461	9791
9803	73	269	499	743	1009	1277	1543	1811	1831	2113	2393	2699	2999	3319	3607	3911	4219	4523	4871	5171	5501	6133	5813	6449	6823	7109	7127	7499	7793	8161	8513	8819	9157	9463
9467	9811	79	277	503	751	1013	1279	1549	1823	1847	2719	2399	2707	3001	3323	3701	3917	4229	3967	4877	5179	5821	5503	6143	6451	6793	6791	7129	7507	7817	8167	8521	8821	9161
9473	9173	9817	83	281	509	757	1019	1283	1553	1567	1861	2207	2411	2711	3011	3329	4231	3617	3919	4549	4889	6151	5189	5827	5507	6469	6827	6803	7151	7517	7823	8171	8527	8831
8837	9181	9479	9829	89	283	521	761	1021	1289	1571	1559	1867	2137	2417	2713	3779	3623	3331	3923	4241	4561	4903	5197	4909	5839	6163	6473	6491	6829	7159	7523	7829	8179	8537
8539	8839	9187	9491	9833	97	523	293	769	1031	1291	1301	1579	1871	2141	2423	2129	3343	3023	3631	4001	4243	4567	5519	5209	6173	5843	5581	6481	6521	6833	7177	7529	7841	8191
8209	8543	8849	9137	9497	9839	101	307	541	773	1163	1297	1303	1583	1873	2143	2437	3037	2729	3347	4253	4139	3931	4583	4919	4787	5527	5849	6197	6203	6529	6841	7187	7537	7853
7867	8219	8563	8861	9203	9511	9851	103	311	547	787	1039	1051	1307	1693	1877	2153	2441	2731	3041	3359	3943	3643	4259	4591	4931	5231	5531	5851	6199	6211	6547	6857	7193	7541
7547	7873	8221	8573	9209	8863	9521	9857	107	313	557	797	1049	1093	1319	1601	1879	2161	2447	2741	3271	3361	3673	3947	4261	4597	4933	5233	5477	5857	5867	6217	6551	6863	7207
7211	7549	7877	8231	8581	8867	9221	9127	9859	317	109	563	809	821	1063	1321	1607	1889	2179	2459	3061	2749	3371	3671	4547	4271	4603	4937	5237	5563	5861	5869	6221	6553	6869
6871	7213	7753	7879	8597	8233	8887	9227	9539	9871	113	331	569	811	823	1069	1327	1609	1951	2203	2467	2753	3067	3373	3659	3989	4273	4621	4943	5261	5569	5521	5879	6229	6563
6569	6883	7219	7561	8237	7883	8599	8893	9239	9547	9883	127	337	587	571	827	1087	1361	1667	1907	2131	2473	2767	3119	3389	3677	3929	4283	4951	4637	5273	5573	5647	5881	6329
6571	6257	7573	6899	7229	7901	8609	8243	8923	9551	9241	9887	131	347	577	593	1091	829	1367	1619	2213	1913	2477	2777	3083	3391	3691	4327	4091	4519	4957	5279	5297	5693	5897
5903	1373	6907	6577	7237	7577	7907	8263	8623	9257	8929	9587	9901	349	137	359	599	839	1061	6263	1621	2221	1931	2503	2789	3089	3407	3697	4007	4297	4643	4967	5281	5303	5639
5923	5641	6269	6581	6911	7243	7583	7919	8377	8627	8933	9277	9601	9907	139	353	601	367	853	1097	1381	1627	1933	2237	2521	3413	3109	2791	3613	4013	4289	4649	4969	4987	5309
5323	5591	5927	6917	6271	6599	7247	7589	7927	8273	8629	8941	9281	9613	9923	149	157	373	607	857	1103	1399	1637	1949	2239	3079	2797	2531	3433	3709	4019	4337	4651	4973	4993
4999	5333	5939	5651	6277	7253	6607	6947	7591	7933	8287	8641	8951	9283	9619	9929	151	163	379	613	859	1109	1409	1657	1901	2243	2539	2801	3121	3449	3719	4021	4339	4657	4673
4679	9109	5347	5953	5653	6287	6619	6949	7283	7603	7937	8291	8647	8963	5003	9623	9931	3	167	617	383	863	1117	1423	1663	1973	2251	2543	2803	3137	3457	3727	4027	4349	4663

35次連続素数方陣

含まれる最大数は 9941，定和は 163043 である.

この 35 次素数方陣は，3 に始まる連続素数をとりあえず§10 の方法 I′（31 ページ）と同様に記入しておき，定和 163043 をもつようにいくつかの数を適当に交換・調整したものである.

このような 35 次の連続素数方陣は，他にも数多く作ることができるだろう. 図が大きすぎて，書物に載せるには無理があるが，あえて掲示・紹介した.

次のような試みもある. すなわち，1 をも素数として扱い，1 を含んだ素数方陣を作ろうというのである. もちろん，2 を含むものは不可能であるので，2 を除いたもので作るのである.

次の表は，1 に始まる連続素数方陣の定和の整数性を調べたものである.

次数 n	n^2 個の総和	定和性
3	99	33.0000
4	380	95.0000
5	1059	211.80⋯
6	2426	404.33⋯
7	4887	698.14⋯
8	8892	1111.50⋯
9	15115	1679.44⋯
10	24132	2413.20⋯
11	36887	3353.36⋯
12	54168	4514.0000

（i）$n=3$ の場合，右の表から定和は 33 であるから，$1+x+y=33$ $(x<y)$ となる組 (x,y) が少なくとも 2 組必要であるが, 3, 5, 7, 11, 13, 17, 19, 23 の中でこの式を満たすものは (13, 19) の 1 組だけである.

したがって，$n=3$ の場合は不可能である.

（ii）$n=4$ の場合の定和は，4 個の素数（奇数）の和であるから偶数でなければならないが，95 は奇数であるから，この場合も不可能である.

こうして，$n=12$ が可能性のある最小次数となるのである. そして，実際，1 をも素数と考えるとき，12 次連続素数方陣は存在する. それは，実例を示すことにより証明される（次ページ上）.

これでもまだ大きすぎるので，“最小素数 3 から” という条件をはずしたり，“連続” という条件をはずしたりして，可能な最小定和の，さらには，普通の魔

367	557	449	631	823	571	11	53	347	167	179	359
773	373	283	127	641	739	827	5	193	113	163	277
293	281	379	461	563	643	457	751	7	61	419	199
211	227	311	383	569	467	647	743	757	3	59	137
223	17	229	307	389	463	727	653	661	761	13	71
23	233	139	331	157	397	479	677	577	659	769	73
19	151	79	673	239	317	401	487	599	619	197	733
149	787	97	83	67	491	313	409	241	593	601	683
691	29	797	89	101	173	337	251	131	499	809	607
613	701	509	31	103	37	271	257	547	421	521	503
709	617	523	811	41	107	43	181	263	349	431	439
443	541	719	587	821	109	1	47	191	269	353	433

総和54168，定和4514

方陣の場合と同様に，いろいろな性質をもつ方陣を作る試みがなされている．

よく知られた素数方陣としては，たとえば，次のようなものがある．

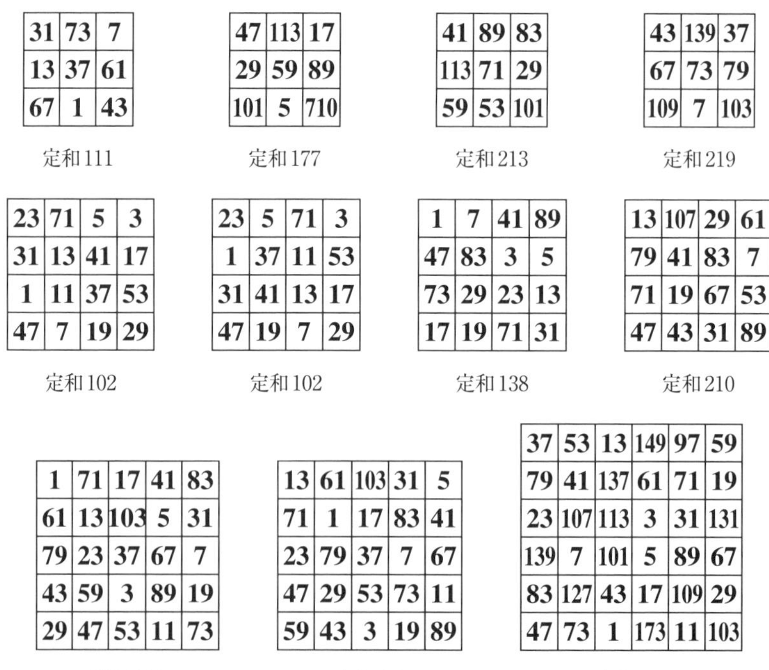

31	73	7
13	37	61
67	1	43

定和111

47	113	17
29	59	89
101	5	710

定和177

41	89	83
113	71	29
59	53	101

定和213

43	139	37
67	73	79
109	7	103

定和219

23	71	5	3
31	13	41	17
1	11	37	53
47	7	19	29

定和102

23	5	71	3
1	37	11	53
31	41	13	17
47	19	7	29

定和102

1	7	41	89
47	83	3	5
73	29	23	13
17	19	71	31

定和138

13	107	29	61
79	41	83	7
71	19	67	53
47	43	31	89

定和210

1	71	17	41	83
61	13	103	5	31
79	23	37	67	7
43	59	3	89	19
29	47	53	11	73

定和213

13	61	103	31	5
71	1	17	83	41
23	79	37	7	67
47	29	53	73	11
59	43	3	19	89

定和213

37	53	13	149	97	59
79	41	137	61	71	19
23	107	113	3	31	131
139	7	101	5	89	67
83	127	43	17	109	29
47	73	1	173	11	103

定和408

素数方陣にも**対称方陣**，**完全方陣**，**同心方陣**などが考えられる．実例を示そう．

13	97	83	47
41	89	103	7
113	17	31	79
73	37	23	107

定和240（対称方陣）

13	83	97	47
113	31	17	79
41	103	89	7
73	23	37	107

定和240（対称方陣）

491	263	23	419	59
149	191	461	53	401
71	269	251	233	431
101	449	41	311	353
443	83	479	239	11

定和1255（対称方陣）

17	73	167	163
179	151	29	61
43	47	193	137
181	149	31	59

定和420（完全方陣）

17	73	149	181
179	151	47	43
61	29	193	137
163	167	31	59

定和420（完全方陣）

167	163	17	73
29	61	179	151
193	137	43	47
31	59	181	149

定和420（完全方陣）

1013	251	449	911	881
839	1301	941	113	311
41	173	701	1229	1361
1091	1289	461	101	563
521	491	953	1151	389

鈴木昭雄，定和3505
（対称完全5次方陣）

197	71	83	163	37	79
17	97	109	199	179	29
167	151	53	19	103	137
47	173	131	13	139	127
11	31	181	193	113	101
191	107	73	43	59	157

定和630（完全6次方陣）

401	11	263	149	431
419	461	23	269	83
311	59	251	443	191
53	233	479	41	449
71	491	239	353	101

定和1255（同心方陣）

97	43	139	1	67	103
61	31	71	7	191	89
23	13	167	101	19	127
109	251	3	29	17	41
113	5	59	163	73	37
47	107	11	149	83	53

定和450（同心方陣）

なお，上図8番目の完全6次方陣では，図のように縦横の太線で $2\times 2=4$ つの小正方形に分けると，4隅の各 $3\times 3=9$ 個の数の和は，どこでも945と一定である．

さらに，対角線方向の 2 つの 3×3 小正方形の同じ位置にある 2 数の和は，どこでも 210 となる．

$$197+13=71+139=83+127=\cdots\cdots=210;$$

$$163+47=37+173=79+131=\cdots\cdots=210$$

のようにである．

◎ **双子方陣，四つ子方陣，姉妹方陣，3 姉妹方陣**

素数方陣に特有なものに，双子(ふたご)方陣，姉妹(しまい)方陣がある．定和が等しく，使ってある素数が全部違った2 つの方陣は，**双子方陣**と呼ばれる．次の作品は，阿部楽方氏の作品（1979）である．左側と右側の方陣に，共通な素数はない．

11	163	47	199
37	197	13	173
181	17	193	29
191	43	167	19

定和 420

53	97	113	157
137	151	59	73
127	101	109	83
103	71	139	107

定和 420

1957 年に鈴木昭雄氏は**四つ子方陣**を作った．4 つの素数方陣は，すべて異なる素数が使ってあり，定和は，どれも 2580 である．

107	199	401	1873
1831	443	157	149
283	191	1789	317
359	1747	233	241

421	193	1367	599
557	1409	151	463
109	337	683	1451
1493	641	379	67

1009	353	1171	47
1087	131	1093	269
173	1129	227	1051
311	967	89	1213

1013	139	727	701
811	617	929	223
659	853	181	887
97	971	743	769

使ってある数字がまったく同じ素数である 2 つの方陣は，**姉妹方陣**と呼ばれる．次の作品は，加納(かのう) 敏(とし)氏の作品である．定和は，ともに **408** である．

71	19	61	137	79	41
97	59	149	13	37	53
31	131	3	113	23	107
89	67	5	101	139	7
11	103	173	1	47	73
109	29	17	43	83	127

127	3	47	23	59	149
83	43	137	73	5	67
19	89	29	61	173	37
97	31	79	107	53	41
71	103	7	13	101	113
11	139	109	131	17	1

なお，260 ページの下図 2 段目の 2 つの 4 次方陣，および，その下の 2 つの 5

次方陣も姉妹方陣である．さらに，261 ページの図 2 段目の 3 つの 4 次完全方陣は，**3 姉妹方陣**である．どの方陣も，まったく同じ素数でできている．

§57　連続合成数魔方陣

合成数とは（1 より大きい）素数ではない自然数のことである．たとえば，次の数が素数であり，残りの ( ) 内の数が合成数である．

$$2,3,(4),5,(6),7,(8,9,10),11,(12),13,(14,15,16),17,(18),19,(20,21,22),$$
$$23,(24,25,26,27,28),29,(30),31,(32,33,34,35,36),37,(38,39,40),41,(42),$$
$$43,(44,45,46),47,(48,49,50),\cdots$$

ここで，**連続した合成数**とは，「差が 1 である」という意味であり，上記の中では，

$$(8,9,10),(14,15,16),(20,21,22),(24,25,26,27,28),\cdots$$

のことである．連続した合成数で魔方陣を作るには，最小の 3 次方陣でも 9 個の連続した合成数が必要である．

まず，任意の次数 n に対して，n^2 個の連続した合成数が存在することを証明しておく．

［証明］ 2 に始まる n^2 個の連続した自然数：

$$2,\ 3,\ 4,\ 5,\ \cdots,\ n^2+1 \qquad \cdots\cdots①$$

に含まれる 1 以外のすべての約数（因数）を，$\alpha_1,\alpha_2,\alpha_3,\cdots\cdots,\alpha_m$ とするとき，それらの積 P：

$$P=\alpha_1\cdot\alpha_2\cdot\alpha_3\cdots\cdots\cdots\alpha_m$$

を作り，これを①の各数に加えて n^2 個の数：

$$P+2,\ P+3,\ P+4,\ P+5,\ \cdots,\ P+(n^2+1) \qquad \cdots\cdots②$$

を作ると，明らかにこれらの n^2 個の数は相異なる連続した合成数である．　　　　　　［証明終］

こうして，どんな大きな n に対しても，連続した n^2 個の合成数は存在することが分かる．

これら②の連続した n^2 個の合成数を用いて，実際に n 次方陣を作るには，$1 \sim n^2$ からなる普通の n 次方陣の各要素に $P+1$ を加えればよいわけである．

たとえば，$n=3$ の場合，2 に始まる連続した 9 個の連続自然数：2, 3, 4, 5, 6, 7, 8, 9, 10 に含まれる 1 以外のすべての約数（因数）は，2, 3, 5, 7 である．これらの積 $P = 2 \times 3 \times 5 \times 7 = 210$ を作り，下図左側の普通の 3 次方陣の各数に 211（$= P+1$）を加えると，212 から 220 までの右側の 3 次の連続合成数方陣が完成する．

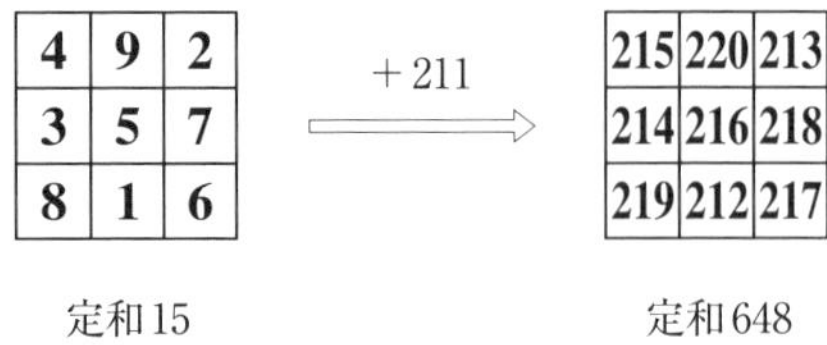

定和 15　　　定和 648

問題 30　上記の方法で，デューラーの「メランコリア I」の方陣を用いた 4 次連続合成数方陣を作れ．

◎ **最小定和の連続合成数魔方陣**

この方法で，任意次数の連続合成数魔方陣が作られるが，それらは最小数による解とは限らない．最小数によるもの（最小定和を与える）を作るには**素数表**を用いなければならない．たとえば，$n=3$ の場合には，ある素数と次の素数との差が 10（$= 9+1$）以上ある最小の素数を素数表で捜すと，素数 113 の次の素数が 127 で差が 10 以上あるので，**114 から 122** までの 9 個の連続合成数を用いて，下図右側のような連続合成数方陣を作ることができる．3 次方陣の各数に 113 を加えればよい．

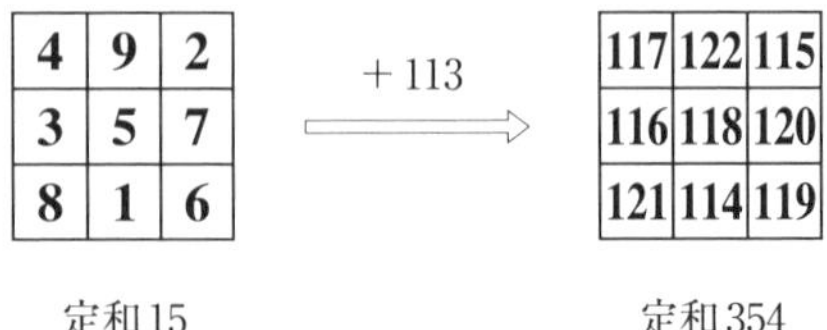

定和 15　　　定和 354

これが，最小定和の 3 次の連続合成数魔方陣である．

$n=4$ の場合には，523 の次の素数は 541 であり，その差が 17 以上（18）あるから，524 から 539 までの 16 個の連続した合成数が得られる．あとは簡単であろう．

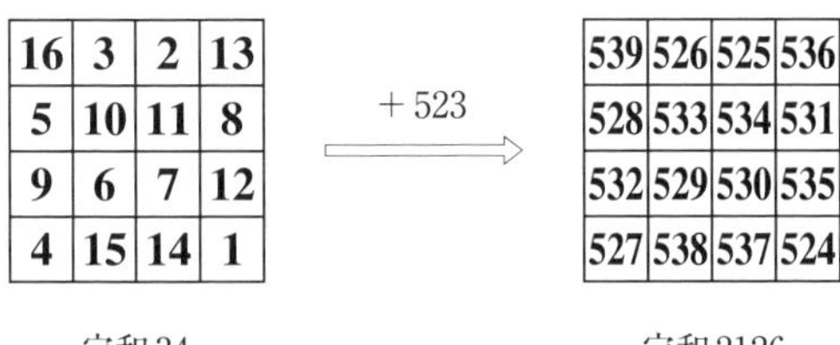

16	3	2	13
5	10	11	8
9	6	7	12
4	15	14	1

＋523 ⇒

539	526	525	536
528	533	534	531
532	529	530	535
527	538	537	524

定和34　　定和2126

これが，最小定和の4次の連続合成数魔方陣である．

また，$n=5$ の場合には，素数表で調べると1328～1352が最小の連続した25個の合成数となる．

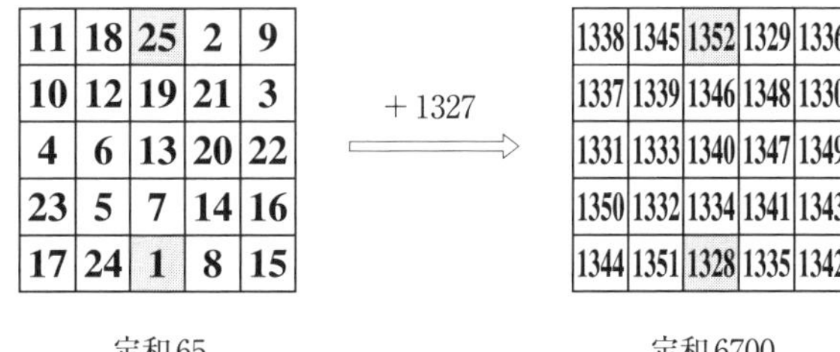

11	18	25	2	9
10	12	19	21	3
4	6	13	20	22
23	5	7	14	16
17	24	1	8	15

＋1327 ⇒

1338	1345	1352	1329	1336
1337	1339	1346	1348	1330
1331	1333	1340	1347	1349
1350	1332	1334	1341	1343
1344	1351	1328	1335	1342

定和65　　定和6700

これが，最小定和の5次の連続合成数魔方陣である．

$n=6$ の場合には，36個の連続合成数は10000までの素数表で探したのでは，見つからない．存在することは確かであるが，次数が大きくなるにつれ，困難は急激に増大する．

§58　サイの目魔方陣

2	9	4
7	5	3
6	1	8

魔方陣を数の代わりに，○印で表したものがある．

たとえば，下の図は右の3次方陣の各数を○印の個数によって表したものである．

	○		○	○	○		○	
			○	○	○	○		○
	○		○	○	○		○	
○	○	○	○		○			
	○			○		○	○	○
○	○	○	○		○			
○		○				○	○	○
○		○		○		○		○
○		○				○	○	○

ここにおいて，図を 9×9 配列とみるとき，各行・各列および両対角線に含まれる○印の個数を相等しく（この場合は 5 個に）するのである．このような方陣は，**サイの目魔方陣**と呼ばれる．

3 次方陣のサイの目魔方陣は他にも作ることができる．

			○	○	○	○		○
○		○	○	○	○			
			○	○	○	○		○
○	○		○		○		○	
○	○	○		○			○	
	○	○	○		○		○	
○	○					○	○	○
○		○		○		○		○
	○	○				○	○	○

○			○	○	○		○	
			○	○	○	○		○
		○	○	○	○		○	
	○	○	○		○	○		
○	○	○		○			○	
○	○		○		○			○
	○	○				○	○	○
○		○		○		○		○
○	○					○	○	○

			○	○	○	○		○
○		○	○	○	○			
			○	○	○	○		○
	○	○	○		○		○	
○	○	○		○			○	
○	○		○		○		○	
	○	○				○	○	○
○		○		○		○		○
○	○					○	○	○

		○	○	○	○		○	
			○	○	○	○		○
○			○	○	○		○	
	○	○	○		○	○		
○	○	○		○			○	
○	○		○		○			○
	○	○				○	○	○
○		○		○		○		○
○	○					○	○	○

また，右の 5 次の魔方陣は「サイの目」で表すと，下記のようになる．この 25×25 配列の各行・各列および両対角線（2 本）に含まれる○印の個数は，すべて 13 個である．

17	**24**	**1**	**8**	**15**
23	**5**	**7**	**14**	**16**
4	**6**	**13**	**20**	**22**
10	**12**	**19**	**21**	**3**
11	**18**	**25**	**2**	**9**

	○	○	○		○	○	○	○	○								○			○	○		○	○
○	○		○	○	○	○	○	○	○								○			○		○		○
○		○		○	○	○		○	○			○			○	○		○	○			○		
○	○		○	○	○	○	○	○	○								○			○		○		○
	○	○	○		○	○	○	○	○								○			○	○		○	○
○	○	○	○	○			○								○	○		○	○		○	○	○	
○	○	○	○	○							○	○	○		○				○	○		○		○
○		○		○	○		○		○			○				○		○		○	○		○	○
○	○	○	○	○							○	○	○		○				○	○		○		○
○	○	○	○	○			○								○	○		○	○		○	○	○	
○				○						○	○		○	○		○	○	○		○	○		○	○
							○			○				○	○	○	○	○	○	○	○	○	○	○
					○	○		○	○			○			○	○		○	○	○	○		○	○
							○			○				○	○	○	○	○	○	○	○	○	○	○
○				○						○	○		○	○		○	○	○		○	○		○	○
		○			○				○	○	○	○	○	○	○	○	○	○	○					
	○	○	○			○	○	○		○	○		○	○	○		○		○					
○				○		○		○				○			○	○	○	○	○		○	○	○	
	○	○	○			○	○	○		○	○		○	○	○		○		○					
		○			○				○	○	○	○	○	○	○	○	○	○	○					
	○		○		○	○	○	○	○	○	○	○	○	○								○		
○				○	○	○		○	○	○	○	○	○	○							○		○	
	○	○	○							○	○	○	○	○		○		○		○		○		○
○				○	○	○		○	○	○	○	○	○	○							○		○	
	○		○		○	○	○	○	○	○	○	○	○	○								○		

右の 5 次の魔方陣は完全方陣である．この完全方陣の各数をサイの目で表したとき，その 5×5 サイの目魔方陣においても，汎対角線（5×2 = 10 本の分離対角線；各サイの目では両対角線）上の ○印の個数が，すべて 13 個であるとき，そのサイの目魔方陣は 5×5「**サイの目完全魔方陣**」と呼ばれる．

1	**23**	**10**	**12**	**19**
15	**17**	**4**	**21**	**8**
24	**6**	**13**	**20**	**2**
18	**5**	**22**	**9**	**11**
7	**14**	**16**	**3**	**25**

サイの目完全方陣においては，行および列のシフト変換を行ってもサイの目完全魔方陣になる．次図は，5×5 サイの目完全魔方陣の実例である．

					○	○	○	○	○	○				○	○		○		○		○	○	○	
					○	○	○	○	○		○		○			○		○		○	○		○	○
		○			○		○		○		○		○			○		○		○	○	○	○	○
					○	○	○	○	○		○		○			○		○		○	○		○	○
					○	○	○	○	○	○				○	○		○		○		○	○	○	
○		○		○		○	○	○				○			○	○		○	○	○				○
○		○		○	○	○		○	○						○	○	○	○	○			○		
○		○		○	○		○		○	○				○		○	○	○			○		○	
○		○		○	○	○		○	○						○	○	○	○	○			○		
○		○		○		○	○	○				○			○	○		○	○	○				○
○	○	○	○	○	○				○		○		○		○	○		○	○					
○	○	○	○	○						○		○		○	○	○	○	○	○					
○	○		○	○	○				○		○	○	○			○		○		○				○
○	○	○	○	○						○		○		○	○	○	○	○	○					
○	○	○	○	○	○				○		○		○		○	○		○	○					
	○		○				○			○	○	○	○	○	○		○		○		○		○	
○	○	○	○	○						○	○	○	○	○						○		○		○
○	○		○	○	○		○		○		○		○		○		○		○			○		
○	○	○	○	○						○	○	○	○	○						○		○		○
	○		○				○			○	○	○	○	○	○		○		○		○		○	
						○		○		○	○	○	○	○			○			○	○	○	○	○
	○		○			○	○	○		○		○		○						○	○	○	○	○
	○	○	○		○	○		○	○								○			○	○	○	○	○
	○		○			○	○	○		○		○		○						○	○	○	○	○
						○		○		○	○	○	○	○			○			○	○	○	○	○

言い遅れたが，サイの目魔方陣を作るとき，各数を表す○印の図形は，中心に関して左右上下に対称性をもつ美しい姿のものを使うことにする．たとえば，数 5（奇数）を表す○印図（サイの目）には，次のようなものがある．

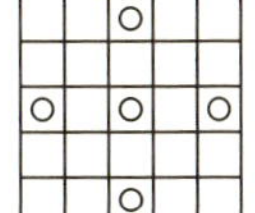
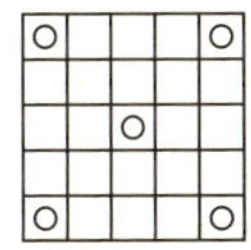
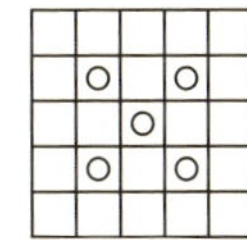
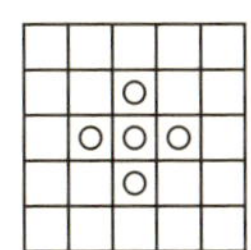

なお，奇数を表す○印図の中央には，必ず○印が入るから，奇数を表す○印図（サイの目）の両対角線上の○印の個数は奇数（1 または 3）である．各サ

イの目の両対角線上の○印の個数（1または3）は，サイの目方陣の対角線上の○印の個数を13個にするときに問題になる．

また，たとえば，数12（偶数）を表す○印図には，次のようなものがある．

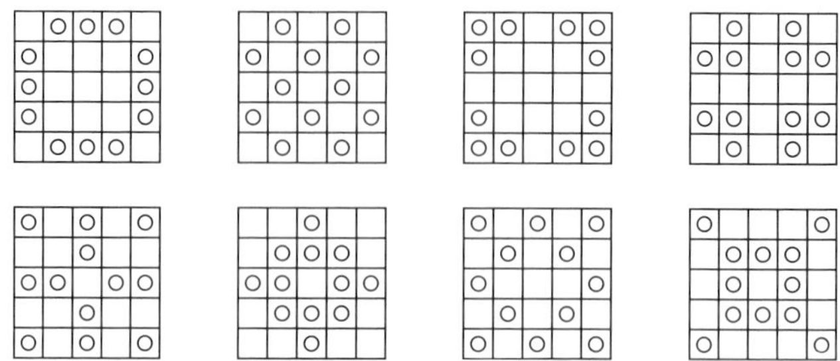

なお，偶数を表す○印の図形の中央には，○印は入らないから，偶数を表す○印の図形の両対角線上の○印の個数は偶数（0または2または4）である．

同じ数を表す○印図では，○印の総個数は同じであるから，1つの○印図における○印を，対称性を保ちながら部分的に（偶数個）移動すると，他の○印図に一致する．

サイの目魔方陣を作るには，各数についてあらかじめこのような○印図を用意しておくと良い．実際には，それらの○印の図から，○印の移動に有利な○印図を選んで○印を移動・調整するのである．

上記では，3次と5次の奇数次のサイの目魔方陣を紹介したが，実は，偶数次のサイの目魔方陣は作ることができないのである．

◎ 偶数次のサイの目魔方陣は構成不可能である

［証明］ 266ページでみたように，3次のサイの目方陣の場合，各行・各列および両対角線の○印の個数は5個であったが，これを数式で求めると，$(1+2+3+\cdots\cdots+9)\div 9=5$（個）であり，5次のサイの目方陣の場合は○印の個数は，$(1+2+3+\cdots\cdots+25)\div 25=13$（個）となる．

一般に，n次のサイの目方陣については，1行の○印の個数は，

$$(1+2+3+\cdots+n^2)\div n^2=\frac{n^2(n^2+1)}{2}\div n^2=\frac{n^2+1}{2}$$

となる．

したがって，nが偶数の場合は，分子：n^2+1は常に奇数であるから，$(n^2+1)/2$は自然数にならない．ゆえに，偶数次のサイの目魔方陣は構成不可能であ

る．　　　　　　　　　　　　　　　　　　　　　　　　　　　［証明終］

「サイの目魔方陣」を初めて考案したのは横浜市の猪瀬（いのせ） 勉（つとむ）氏であると思われる．彼は，学生時代に，『パズル「サイの目魔方陣」について』（1980）と題する小論を発表した．この「サイの目魔方陣」の元祖は，「洛書」まで遡る．「サイの目魔方陣」は，「洛書」の進化形と言えよう．

§59　魔円陣

魔方陣に対して，魔円陣（まえんじん）と言うべきものがある．これは，同心円と直径とを同じ個数だけ書いて，その交点（$2n^2+1$ 個）に数字を置くものである．同心円と直径の数 n により，大きさが決まる．

直径上の $2n+1$ 個の数の和（**径和**），および円周上の $2n$ 個の数と中心数の $2n+1$ 個の数の和（**周和**）をすべて相等しくなるようにしたもので，和算家はこれを**円攅**（えんさん）と呼んだ．

◎ **『楊輝算法』の魔円陣**

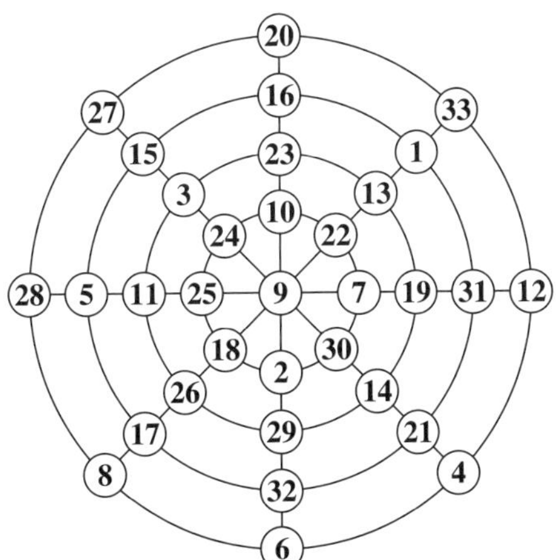

魔円陣は，楊輝の著した『楊輝算法』（1275）に初めて現れた．その中に「**攅九図**」と称する図があり，**斜直周囲各一百四十七**とだけ記されている．攅九は，（中心数）9 に集まるという意味であり，この図では，4 本の直径上の 9 個の数の和（径和）は，

$$20+16+23+10+⑨+2+29+32+6=147$$

$$27+15+3+24+⑨+30+14+21+4=147$$

$$33+1+13+22+⑨+18+26+17+8=147$$

$$28+5+11+25+⑨+7+19+31+12=147$$

また，同心円周上の8個の数と中央数9との和（周和）は，

$$20+33+12+4+6+8+28+27+⑨=147$$

$$16+1+31+21+32+17+5+15+⑨=147$$

$$23+13+19+14+29+26+11+3+⑨=147$$

$$10+22+7+30+2+18+25+24+⑨=147$$

となって，すべて一定の和147になっている．

この図から中心数9を除いてみると，半径上の4数の和は，どこでも一定69となる．また，4本の円周上の各8数の和は138（$=69\times 2$）となる．

◎『円攅之法』の円攅

下図は，関孝和の『円攅之法（えんさんのほう）』（1683）における「円攅」である．円周と直径の数は同数であるが，彼はその個数にしたがって，二周径之図，三周径之図，四周径之図と呼んでいる．孝和は五周径之図（図略）まで作ってある．なお，彼の円攅はすべて中心数が1で，中心に関して対称な位置にある2数の和（相対和）は一定になっている．

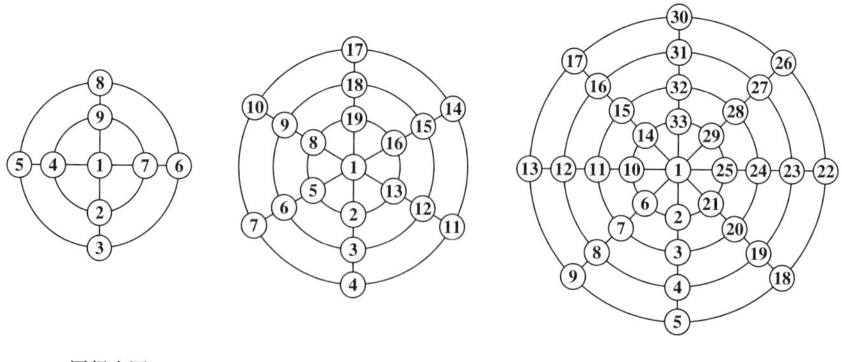

二周径之図　　三周径之図　　四周径之図

また，村松茂清は，孝和の『円攅之法』（1683）に先駆けて，『算俎（さんそ）』（1663）において，「八周八径円陣」の図を発表している．円周と直径の交点$8\times 16=$

128 個と中心に，1〜129 の数を置いた．そこでは，中心数はやはり 1 で，半径（16 本）上の 8 数の和が 524，同一円周（8 円）上の 16 数の和はすべて $524 \times 2 = 1048$ になっている．ゆえに，周和，径和は 1049 である．図が大きいので，図は省略する．

ここで，上記の孝和の，中心数が 1 の魔円陣についての要点を表にまとめておこう．

	周径数	用いる数字	周和	径和	相対和
二周径之図	2	1 〜 9	23	23	11
三周径之図	3	1 〜 19	64	64	21
四周径之図	4	1 〜 33	141	141	35
一般	n	$1 \sim 2n^2+1$	$2n^3+3n+1$	$2n^3+3n+1$	$2n^2+3$

（注）　径和は，中心も含めて直径上の $2n+1$ 個の数の和．周和には，周上の $2n$ 個の数に中心の 1 を加えること．

問題 31　関孝和の方法によって，五周径之図（5 次の魔円陣）を作れ．

◎ バリエーション

関孝和の円攅はすべて中心は 1 であるが，以後の和算家は中心にいろいろの数を置いたものを研究している．次に，その実例をいくつか掲げる．

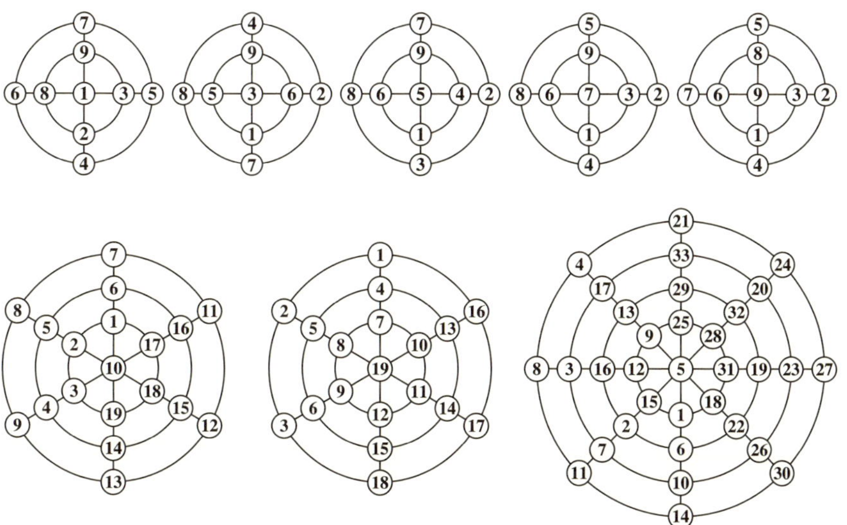

このように伝統的な魔円陣では，円の中央に数（中心数）があったが，近年になって中心数がないタイプの魔円陣が出現した．このタイプの魔円陣では，周と径上の数の個数は等しく簡明である．

次は，『魔方陣・図形陣の作り方』（加納敏，冨山房，1980）における魔円陣である．これらは，中心数がないタイプの魔円陣である．加納氏の魔円陣の呼び名は『円攢之法』における呼称と似ている．

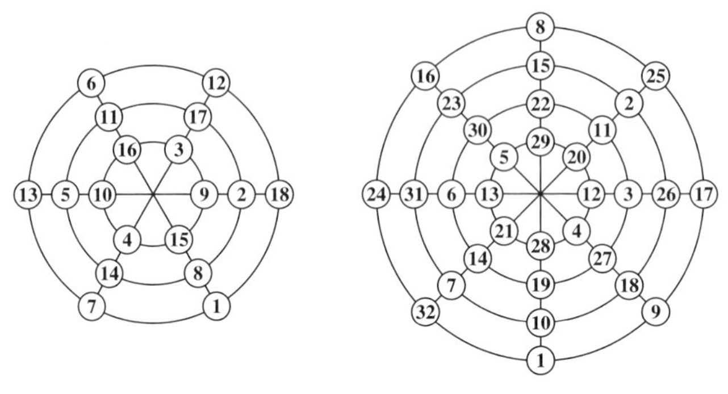

「三円三直の円陣」　　「四円四直の円陣」

このような中心数がない魔円陣についての要点をまとめると，次のようになる．

	周径数	用いる数字	周和	径和
三円三直図	3	1 ～ 18	57	57
四円四直図	4	1 ～ 32	132	132
（一般）	n	1 ～ $2n^2$	$2n^3+n$	$2n^3+n$

次ページ上の左側の図は，カザラス（Cazalas）の**三周三径の二重円陣**（1934）である．1～18 の数からなり，3 つの直径上と円周上の 6 数の和はすべて 57 で，6 数の 2 乗の和はすべて 703 である．

右側の図は，阿部楽方氏の「**六径六周三重円陣**」（1956）なる作品である．この図は，0～71 の数で作られており，6 本の直径上の 12 数の和（径和）および円周（6 円）上の 12 数の和（周和）がすべて一定 426 であるだけでなく，すべての周，径における 12 数の 2 乗の和はすべて 20306，3 乗の和はすべて 1088856 になっている．両図とも，中心数がないタイプである．

なお，右側の図の各数に 1 を加えると，1～72 の数からなる六径六周三重円

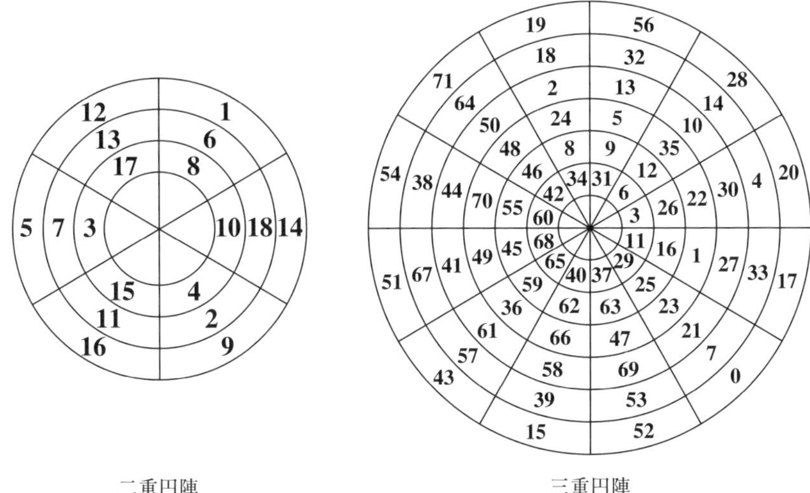

二重円陣　　　三重円陣

陣が得られる．直径上と円周上の 12 数の和は 438，各数の 2 乗の和は 21170，3 乗の和は 1151064 になる．

彼は,「八径八周三重円陣」(1〜128；定和 1032，2 乗和 88408，3 乗和 8520192）も作っている（図略）．

なお，魔円陣では，直径や同心円の順序を任意に入れ換えても，円陣の性質は保存されることは言うまでもない．したがって，1 つの n 径 n 周円陣から，$(n-1)!\cdot n!\div 2$ 個の円陣が得られる．

また，上記の 2 つの円陣は，いずれも中心数がないタイプの円陣であるから，円周を 1 つの半径で切って広げると，それぞれ 3×6, 6×12 の長方陣（§60 参照）ができる．

本書の魔円陣では，n 周 n 径の魔円陣のように，同心円の個数と直径の本数が等しいものを考えてきたが，『魔方陣・図形陣の作り方』では，3 周 4 径や 4 周 3 径，3 周 5 径などの同心円の個数と直径の本数が等しくない魔円陣や素数魔円陣の作り方についても解説している．

◎ マジック・サークル

円攅は，東洋の魔円陣と言うべきものであるが，西洋では次のような図をマジック・サークル（magic circle）と呼んでいる．直径や中心がなく，いくつかの円が交わっている．まず，簡単なタイプのものを紹介する．

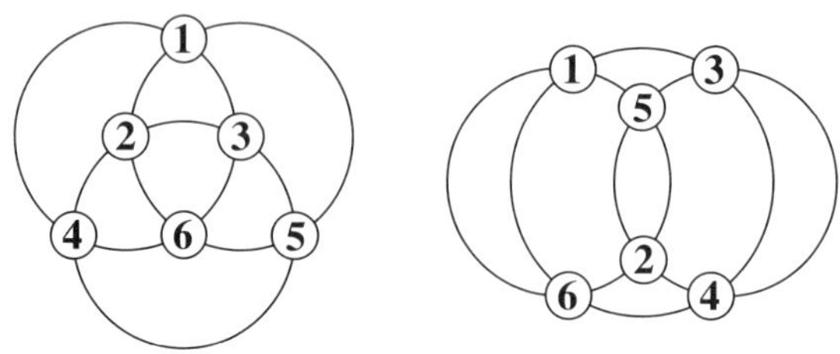

（**3 円陣**）前ページの 3 つの円から作られた 2 つの図は，ともに 1 から 6 までの数から成り，各円周上の 4 個の数の和はすべて 14 になっている．また，2 つの円の交点にある 2 数の和は 7 になっている．

（**4 円陣**）下図は，いずれも 4 円陣である．これらの図においては，4 個の円の任意の 1 つは，他の 3 つの円と各 2 点で交わっているので，各円周上には 6 個の交点がある．また，これらの図における交点の総数は，任意の 2 円は 2 点で交わっているから，${}_4C_2 \times 2 = 6 \times 2 = 12$ 個であるので，1 から 12 までの数が含まれているわけである．

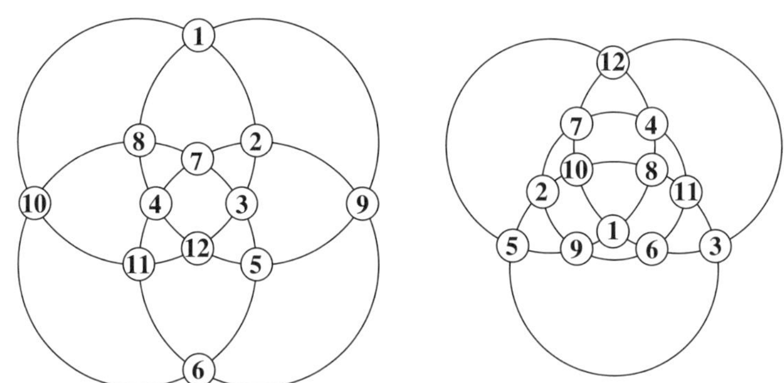

いま，任意の 2 円の交点に常にその和が 13 になるように数を置けば，1 つの円周上にはこのような補数をなす組が 3 組あるので，各円周上の 6 個の数の和はすべて一定 $13 \times 3 = 39$ になる．

このような図を作ることは簡単である．まず，任意の 2 円の 2 つの交点の 1 つに 1 を置く．そして，他の交点に 13 に関する補数の 12 を入れる．次に，他の任意の 2 円の 2 つの交点の一方に 2 を置く．そして，他方の交点に 13 に関する補数である 11 を入れる．このような作業を続けていくと，残りの小円（交点）が次第に少なくなり，図が完成する．

（5 円陣，6 円陣） 次の左側の図は，5 円陣である．5 個の円から成り，1 から 20 までの数を含み，各円周上の 8 個の数の和はすべて 84 になっている．また，右側の図は，6 円陣である．6 個の円から成り，1 から 30 までの数を含み，各円周上の 10 個の数の和はすべて 155 である．

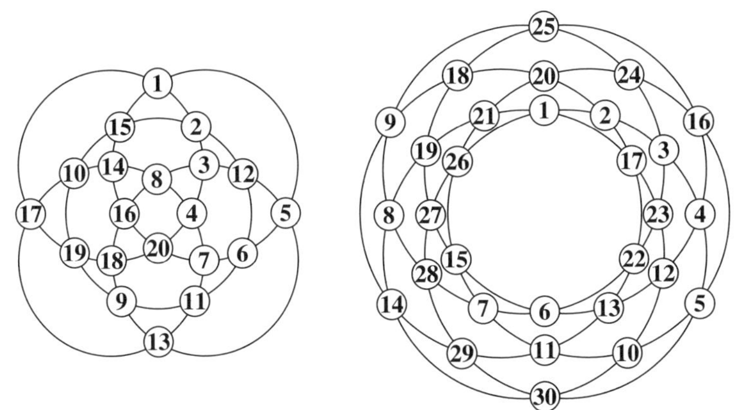

ここで，このようなマジック・サークルにおける円の個数と，使われる数字，各円周上の数字の個数，相対数の和，定和について表にまとめておこう．

円の数	使われる数字	円周上の数字の個数	相対和	定和
3	1 ～ 6	4	7	14
4	1 ～ 12	6	13	39
5	1 ～ 20	8	21	84
6	1 ～ 30	10	31	155
n	1 ～ $n(n-1)$	$2(n-1)$	n^2-n+1	$(n^2-n+1)(n-1)$

次ページの 2 つの図においては，任意の 2 円をとったとき，交わらないものもあるが，各円周上の数の和はすべて一定であり，美しい模様を作っている．

これらは，ほんの一例であり，その他数多くのより複雑な魔円陣が作られている．

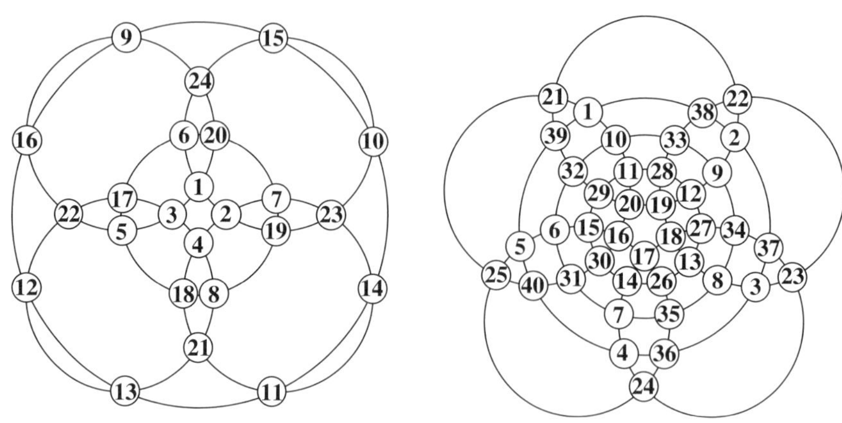

◎ フランクリンの魔円陣

最後になったが，「フランクリンの魔円陣（magic circle）」を紹介しよう．

A Magic Circle of Circles.

フランクリンの魔方陣で有名なベンジャミン・フランクリンは上記のような魔円陣を作っている．この図も彼の友人ピーター・コリンソン宛の手紙（書簡集 *The Papers of Benjamin Franklin* vol.4（Yale University Press）401 ページ；1752 年頃）の中に見られるものである．

この図は 12 から 75 までの 64 個の連続数を含み，8 つの同心円と 8 本の半径，中央部の A, B, C, D を中心とする同心円（点線）とから成り，その中心には最小数である 12 が配置されている．

このフランクリンの魔円陣には，次のような性質がみられる．

（1）任意の同心円（8 個ある）上の 8 個の数と中央数 12 との和は，360（1 回転の角度）である．

（2）任意の半径（8 本ある）上の 8 個の数と中央数 12 との和も，すべて 360 である．

（3）2 重横線の上，下の（8 つの）半円周上の 4 数と中央数の半分 6 との和は，すべて 180 （平角）である．

（4）任意の隣接する 4 数（四角形にとった）の和と中央数の半分 6 との和も，すべて 180 である．

（5）A, B, C, D を中心とする 4 組の同心円（点線）は，緑，黄，赤，青インクで描かれている．それらの同心円は各 5 周から成っている．これらの 20（$=4\times5$）個の円周上の 8 数と中央数 12 との和は，すべて 360 である．

（6）A, C を中心とする同心円においては，図の 2 重横線の上，下の 5 周上の 4 数と中央数の半分 6 との和は，すべて一定 180 である．

B,D を中心とする同心円についても，縦線の左右において，同様の性質がみられる．

フランクリンは彼自身この図を，“A Magic Circle of Circles” と名づけているが，実際，この図は，東洋の “八周八径の円攢” の性質と西洋の magic circle 的な性質を併せもつ優れた魔円陣である．カラーで描かれた原図は，ニューヨークでの競売で，コレクターの手に渡ったという．

§60　図形陣のいろいろ

魔円陣に関連していろいろな図形陣の一端を紹介する．

◎ **魔星陣**

(**5 星陣**) 最も身近な**星形多角形**は，星形 5 角形である．

星形 5 角形の各頂点に円を描き，1 から 10 までの整数をこの 10 個の円の中に記入して，各線分上の 4 数の和が等しくなるようにするのである．

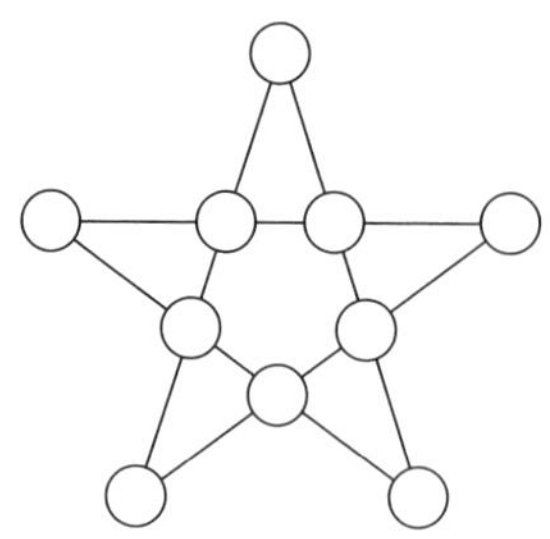

星形5角形

その 4 数の和である「定和」を求めることはやさしい．1 から 10 までの数の和は 55 であり，各数は 2 つの線上にあるから，5 本の線分全体の和は 55 の 2 倍，すなわち，110 である．5 本の線はそれぞれの和が等しいから，各線上の和は $110/5 = 22$ である．ゆえに，もし星形 5 角形（5 星陣）が存在するならば，その定和は 22 でなければならない．

ところで，このような 5 星陣を 1 から始まる連続数で作ることは不可能である．最小の和をもつ（欠陥）5 星陣は，

（1）1, 2, 3, 4, 5, 6, 8, 9, 10, 12

（2）1, 2, 3, 4, 5, 6, 7, 9, 10, 13

の場合に可能であることが知られている．

次の左側の図は前者(1)で作った例で，右側の図は後者(2)で作った例であり，定和は共に 24 である．これらの 5 星陣においては，9 と 8（7），10 と 3，12（13）と 4 とを交換すれば，別の 5 星陣が得られることは明らかである．

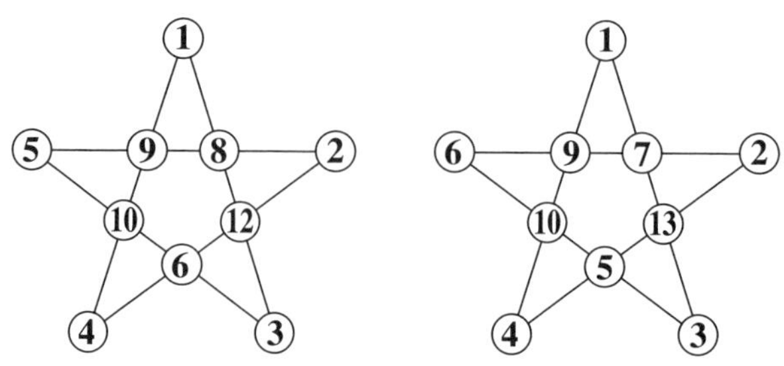

（**6 星陣**） 星形 6 角形は，“**ダビデの星**”とも呼ばれ，魔術や迷信の世界では星形 5 角形と同じくらい有名である．これには 6 本の線分があり，各頂点は 2 本の線に共通であり，1 から 12 までの数の和は 78 であるから，定和は $(78\times2)/6=26$ である．下図に示すように（魔）星形 6 角形（6 星陣）は可能である．

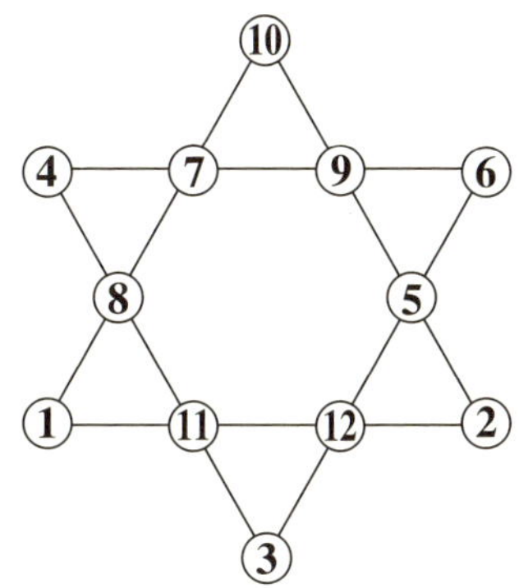

この 6 星陣には，面白い性質がみられる．

まず，2 つの大三角形の 3 頂点の数の和は，相等しい．すなわち，

$$10+1+2=4+3+6\ (=13)$$

である．

次に，相対する 3 組の小三角形の 3 頂点の数の和は，相等しい．すなわち，

$$10+7+9=11+12+3;\quad 4+8+7=5+12+2;\quad 9+5+6=8+1+11$$

また，3 つの菱形の頂点の数の和は，すべて一定 26 である．すなわち，

$$10+8+3+5=4+11+2+9=7+1+12+6=26$$

なお，この 6 星陣において，4 と 11，7 と 1，9 と 2，6 と 12 を交換すれば，別の 6 星陣が得られる（この交換は内部の 6 角形中，8 と 5 の隣の数の間で行った）．これを，別の 9 と 11，7 と 12 の隣の数の間で行っても，別の 6 星陣が作られる．また，10 と 3，4 と 7，9 と 6，1 と 11，12 と 2 を交換しても，別の 6 星陣が得られる．

6 星陣は 80 個の相異なる解があることが知られている．

（**7 星陣, 8 星陣, 9 星陣**） 7 星陣は 1 から 14 までの数を使う．定和は，$(105\times2)/7=30$ である．7 星陣は 72 個あることが知られている．8 星陣は 1 から 16 までを並べたもので，定和は $(136\times2)/8=34$ である．8 星陣は 112 個あることが知られている．9 星陣の定和は 38 である．

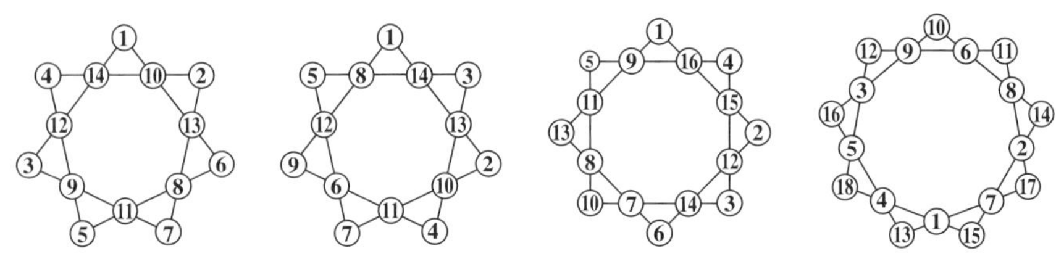

7星陣（定和30）　7星陣（定和30）　8星陣（定和34）　9星陣（定和38）

また，すべての魔星陣には，その「**補数星陣**」と呼ばれるものがある．それは，その魔星陣の最大数を n とするとき，各数を $n+1$ からそれを引いた数に置きかえて得られるものである．

問題 32　1〜10 までの数字を用いた 5 星陣は作れないことを示せ．

◎ **魔球陣**

下図は球面上に 3 個の輪をかき，その交点に 1〜6 の数をおき，同じ輪の上の 4 個の数の和を，すべて一定 14 としたもので，これは**魔球陣**の最も簡単なものである．

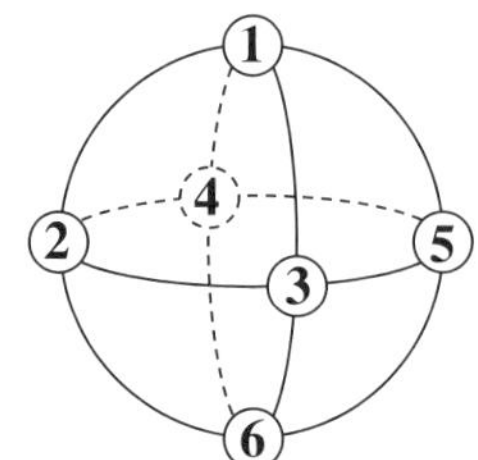

図では，球の中心に関して相対する位置にある 2 数の和はすべて 7 であり，したがって，同じ輪の上の 4 数の和は，$7\times2=14$ である．

1910 年にセールス（H. A. Sayles）は，これを複雑化したものを発表した．次の 3 つの魔球陣は，彼の作ったものである．

その第 1 は球面上に，水平に 3 個，南極・北極を通る 4 個の輪を描き，その輪の交点に 1〜26 の数字を配置したもので，おのおのの輪の上の 8 個の数字の和は，すべて一定 108 になっている（次ページ上）．

その右側の図は，1〜26 の中央の 2 数 13，14 を北極，南極とし，最初の 1〜4 と最後の 23〜26 との 8 数を中央の水平線（赤道）に配したもので，右側の図式を利用して作ったものである．なお，上側の水平線上の 8 数の位置は任意の順

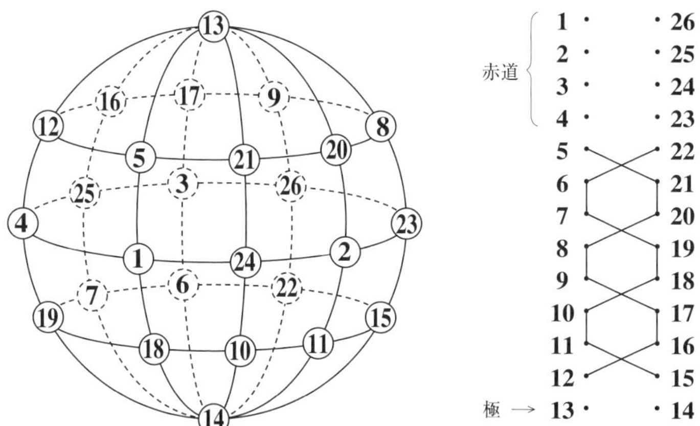

序でよいが，下側の水平線上の 8 数は，球の中心に関して対称の位置にある 2 数の和が 27 になるように定めるわけである．

第 2 は，球面上に水平に 5 個と，南極・北極を通る 6 個の輪を描き，その輪の交点に 1〜62 の数字を配置したもので，各輪の上の 12 個の数の和は，すべて一定 378 になっている．

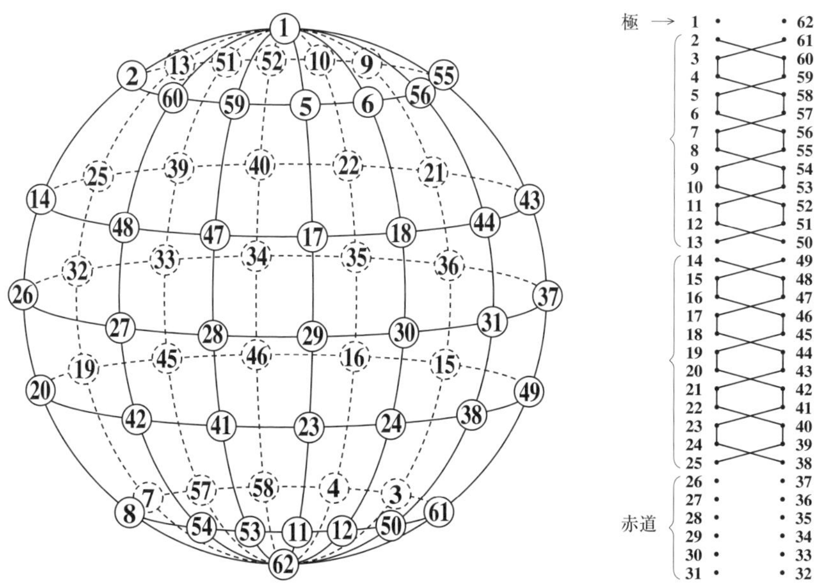

この図は，最初の1を北極に，最後の62を南極に配し，中央の26〜37の12数を中央の水平線（赤道）上に配列したもので，左側の図式を利用して作ったものである．図の構造は第1図の場合と同様であり，数の並べ方はさらに数多くのものが考えられる．また，参考にする“図式”も数多く考えられる．

第3の図は，9個の輪から成り，1〜26の数字を含むもので，各輪の上の8個の数の和は，すべて一定108である．

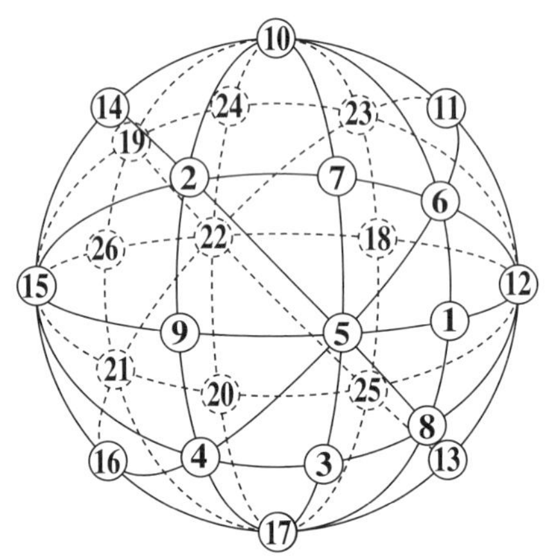

この図においては，すべての輪は大円（球と，その中心を通る平面とのまじわりの円）であるので，球の中心に関して対称の位置にある2数の和を27にしさえすれば，数の配置の仕方はまったく自由である．

そこで，この魔球陣においては，その前面において，1〜9の数字を3次方陣の配列に並べてある．図を見て，確認してほしい．

したがって，その裏側には，その「補数魔方陣」がある．

◎ **星面陣**

（3次の星面陣，十字星陣） 次ページ上の星形の配列は1から45（= ×5）までの数を並べたもので，3次方陣を考えたとき，3つの数の和が69になるようにしたものである．これは1から45までの数で3次方陣を5個作ればよいわけで，**十字星**形に変形して描くこともある（右側）．

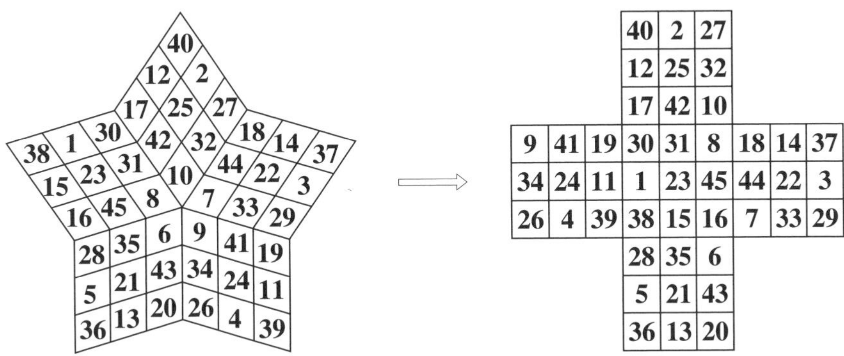

（4 次の星面陣）　フライアーソン（L. S. Frierson）氏が作った下の 4 次の星形配列は 1 から 80（$= 16\times5$）までの数を並べたもので，次のようなすぐれた性質をもっている．

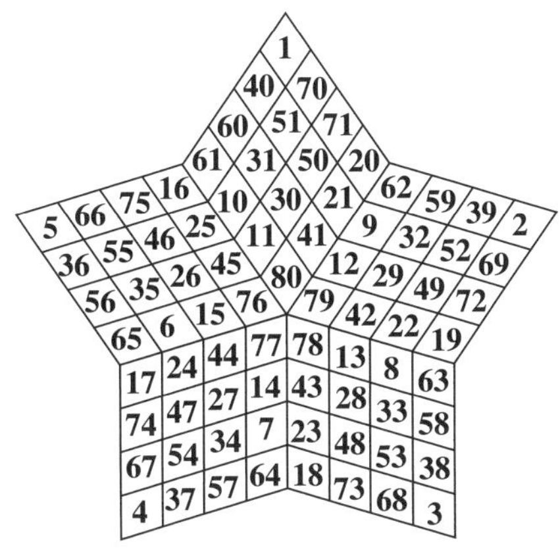

（i）5 つの 4 次配列は，定和 162 の完全魔方陣である．

（ii）各 4 次配列においては，4 隅と中央の 5 組の 2×2 配列の 4 数の和が 162 になっている．また，4 組の 3×3 配列の 4 隅の数の和が 162 になっている．さらに，5 個の 4 次配列の 4 隅の数の和が 162 である．

（iii）各 4 次配列においては，その中心に関して対称の位置にある 2 数の和は常に一定 81 である（対称形）．

（iv）5 つの 4 次配列を作る各 16 個の数の 1 の位の数字は，2 種（上部は 0 と 1，右上は 2 と 9，右下は 3 と 8，左下は 4 と 7，左上は 5 と 6）の数である．

（5 次の星面陣） 次の 5 次の星形配列は 1 から 125（＝25×5）までの数字を用いたもので，5 次方陣を考えたとき，5 数の和を 315 としたものである．

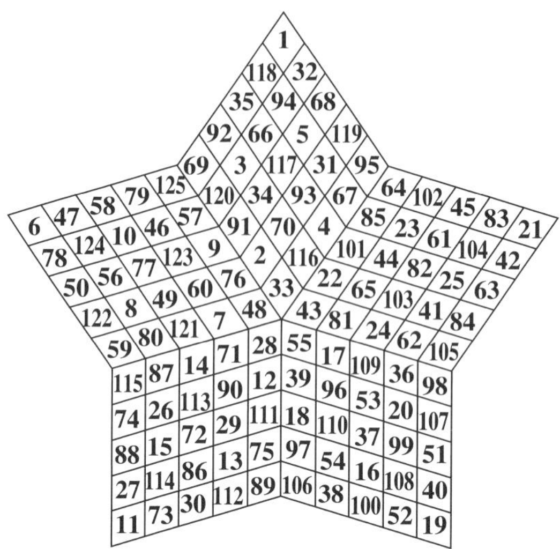

5 次の星面陣は，平面上の両対角線も定和を与える 5 次立体魔方陣を接続すれば完成することは明らかである．

なお，十字星陣は下図のように拡大したものも考えられる．

								1	55	126	108								
								90	144	37	19								
								127	73	36	54								
								72	18	91	109								
								2	56	125	107								
								89	143	38	20								
								128	74	35	53								
								71	17	92	110								
3	57	124	106	4	58	123	105	5	59	122	104	6	60	121	103	7	61	120	102
88	142	39	21	87	141	40	22	86	140	41	23	85	139	42	24	84	138	43	25
129	75	34	52	130	76	33	51	131	77	32	50	132	78	31	49	133	79	30	48
70	16	93	111	69	15	94	112	68	14	95	113	67	13	96	114	66	12	97	115
								8	62	119	101								
								83	137	44	26								
								134	80	29	47								
								65	11	98	116								
								9	63	118	100								
								82	136	45	27								
								135	81	28	46								
								64	10	99	117								

定和 290

				95	4	94	1				
				90	5	91	8				
				3	96	2	93				
				6	89	7	92				
71	28	70	25	79	20	78	17	87	12	86	9
66	29	67	32	74	21	75	24	82	13	83	16
27	72	26	69	19	80	18	77	11	88	10	85
30	65	31	68	22	73	23	76	14	81	15	84
				63	36	62	33				
				58	37	59	40				
				35	64	34	61				
				38	57	39	60				
				55	44	54	41				
				50	45	51	48				
				43	56	42	53				
				46	49	47	52				

定和 194

◎ 長方陣（矩形陣），台形陣

数を長方形に並べ，各行，各列の数の和を一定にしたものを**長方陣**（**矩形陣**）といっている．次に，その実例を掲げる．

7	5	4	10	14
15	13	8	3	1
2	6	12	11	9

3×5 長方陣
（行和 40，列和 24）

2	3	14	11	10
15	12	4	8	1
7	9	6	5	13

3×5 長方陣
（行和 40，列和 24）

1	2	3	22	23	24
19	20	21	4	5	6
18	17	16	9	8	7
12	11	10	15	14	13

4×6 長方陣
（行和 75，列和 50）

1	2	30	29	28	27	7	8
9	10	22	21	20	19	15	16
24	23	11	12	13	14	18	17
32	31	3	4	5	6	26	25

4×8 長方陣
（行和 132，列和 66）

1	14	30	7	34	31	9
25	26	3	28	13	15	16
17	24	32	18	4	12	19
20	21	23	8	33	10	11
27	5	2	29	6	22	35

5×7 長方陣
（行和 126，列和 90）

なお，長方陣においては，行や列の入れ換えはまったく自由にできることはもちろんである．

次図は，数字を台形に並べたもので，斜の 3 数の和がすべて上底の 3 数の和に相等しくなっている．これは，通常**台形陣**と呼ばれている．

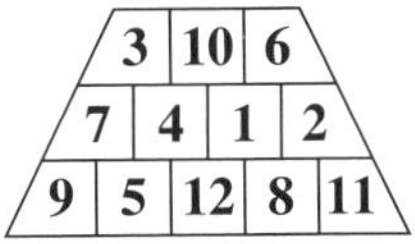

3 10 6
7 4 1 2
9 5 12 8 11

$$3+10+6=3+7+9=10+4+5=6+1+12$$
$$=3+4+12=10+1+8=6+2+11=19$$

下図においても，同様のことがいえる．

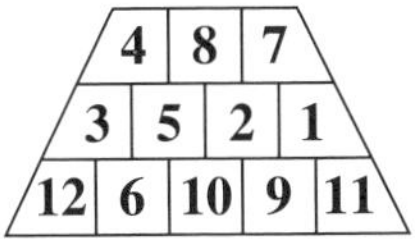

4 8 7
3 5 2 1
12 6 10 9 11

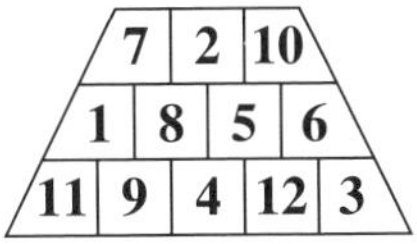

7 2 10
1 8 5 6
11 9 4 12 3

上記の 3 つの例では，定和はいずれも 19 であるが，次のものは同じ 1〜12 の数字を用いながら，定和が 20 である．

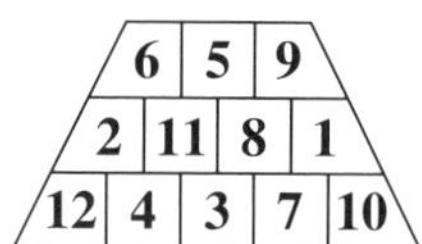

7 3 10
2 12 9 4
11 5 1 8 6

次の台形陣に 1〜22 の数字から成り，各 4 数の定和は 46 である．台形陣には，定まった法則による作り方はないように思われる．

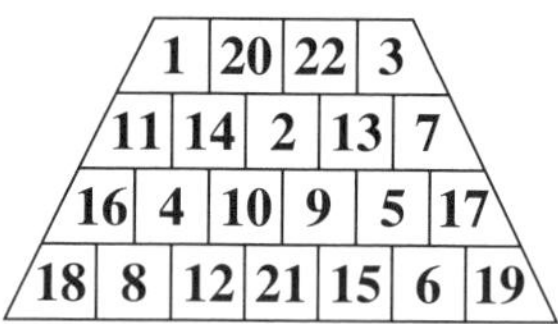

問題 33　1〜12 までの数字を用いて，3×4 の長方陣は作れないことを示せ．

◎ 三角陣，三つの三角陣（四面体陣）

最も単純な図形は三角形である．三角形の三辺に右図のように 1〜9 の数字を配置すると，各辺上の 4 数の和はいずれも 17 である．これは三角陣である．

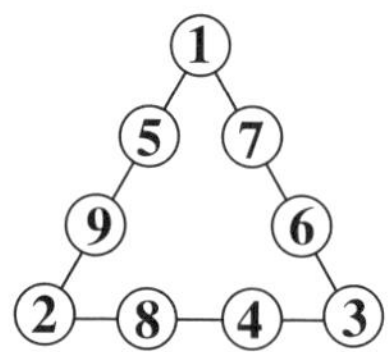

次の三角陣は 1〜6 の数字が使われており，各辺の 3 数の和が 10 になっている．また，線で結んだ 2 辺の中央の 2 数の和も 10 になっている．

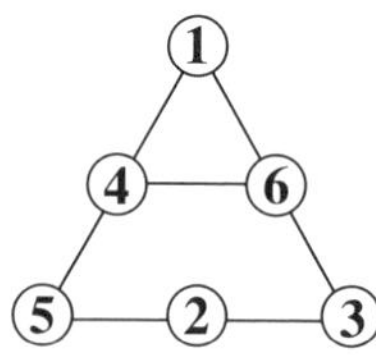

次の三角陣は 1〜10 の数字が使われており，各辺の 4 数の和が 18 になっている．また，線で結んだ 2 辺の中央の 2 数の和も 18 になっている．

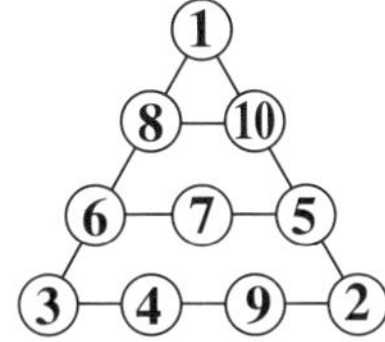

次の図には 3 つの二等辺三角形 A, B, C と 10 個の空欄がある．ここに，1～10 の数を入れて，3 つの三角形 A, B, C の辺上の 6 個の数の和を等しくしたい．

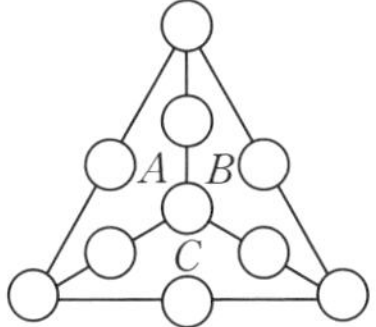

外側の三角形の頂点の 3 数，辺の中央の 3 数，内部の中心以外の 3 数に連続数を入れると，中心の数は 1,4,7,10 のどれかになる．

このような三角陣は複数可能であるが，次に，その例を 1 つずつ挙げる．

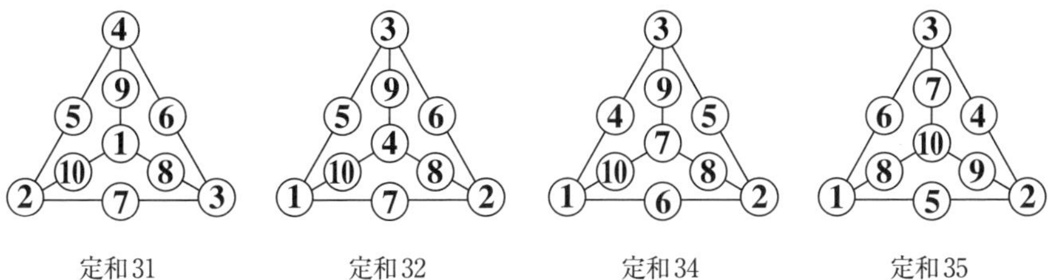

定和 31　　定和 32　　定和 34　　定和 35

なお，この形は，四面体を上方から見た形になっているので**四面体陣**とも言える．

これらの「図形陣」の元祖は，本書の第 1 章コラム 1 で紹介した「河図・洛書」の図といえるだろう．

〔コラム 8〕 **虫食い魔方陣パズル**

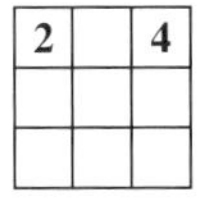

(**3 次の魔方陣パズル**)　虫食い魔方陣というのは，魔方陣の一部が虫に食べられて空所になっているもののことである．虫食い魔方陣パズルは，その空所を補って正しい姿に復元・修復する問題である．3 次の魔方陣の場合，使われる数字は，もちろん 1 から 9 までの異なる数字である．右の 3 次の虫食い魔方陣を完成してください．

(ヒント)　定和は $(1+2+3+4+5+6+7+8+9)\div 3=15$，中心数は 5.

なお，問題図は，次のようなものも考えられる．

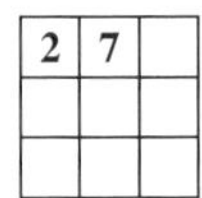

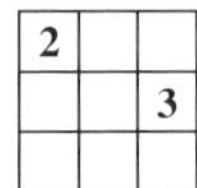

(**4 次の魔方陣パズル**)　虫食い魔方陣は，空所が多くなると，復元作業は難しくなる．4 次の場合は，もちろん「1 から 16 までの異なる数」を使うわけである．

(1)
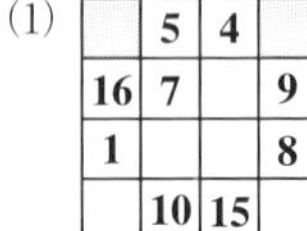
空所 7

(2)
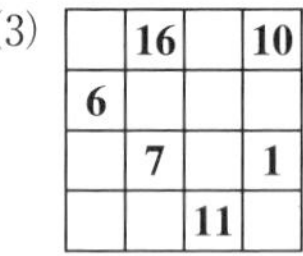
空所 9

(3)
空所 10

(4)
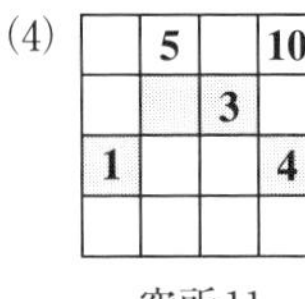
空所 11

(5)
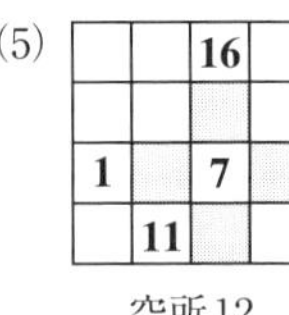
空所 12

(6)
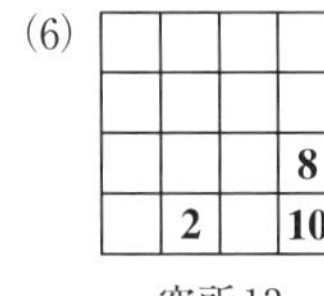
空所 13

(1 のヒント)　左上隅と右上隅の 2 数は，和が 25 であるから，$\{11,14\}$ か $\{12,13\}$ である．

(2 のヒント)　§18 の 4 次の魔方陣の性質 1 から中央の 2×2 配列内の 4 数の和は 34 であるから，左上隅は 5 である．

(4 のヒント)　4 次の魔方陣の性質 4（台形辺和相等）から，左上の網掛部は 2 である．

(5 のヒント)　7 の上下左右の空所を a,b,c,d とおくと，$a+b=11$，$c+d=26$ である．

(答は 316 ページ)

77	2	63	15	1	36	66	64	45
72	68	55	13	11	28	70	44	8
3	75	59	58	21	22	43	62	26
35	53	48	50	31	42	30	4	76
9	17	25	33	41	49	57	65	73
6	78	52	40	51	32	34	29	47
56	20	39	60	61	24	23	7	79
74	38	12	54	71	69	27	14	10
37	18	16	46	81	67	19	80	5

寺村周太郎の 9 次方陣

1	2	3	4	5	96	97	98	99	100
92	91	93	94	95	6	7	8	9	10
90	89	87	88	86	15	14	13	12	11
20	19	18	17	16	85	84	83	82	81
60	59	43	44	56	46	47	48	52	50
41	42	58	57	45	55	54	53	49	51
21	22	23	24	25	76	77	78	79	80
71	72	74	73	75	26	27	28	29	30
69	70	68	67	66	35	34	33	32	31
40	39	38	37	36	65	64	63	62	61

久留島の 10 次方陣の変化形

第9章

大きな魔方陣

大きい魔方陣は，取り扱う数も大きくなるので，制作には大変な手数がかかる．反面，大きくなるにつれて 組み合わせの自由性が増し，興味深い数の並び・性質を織り込み易いとも言われる．

安藤有益は，『奇偶方数』の中で 30 次までのすべての大きさの方陣を載せている．30 次の方陣は，「方三十」と称して 漢数字で書かれているので確認の計算だけでも容易ではない．

山本行雄は，『完全方陣』において，4, 5, 7, 8, 9, 11, 13, 15, 16, 19, 20, 25 次の完全方陣を発表している．9, 11, 13, 19 次の完全方陣は，1 の位集合方陣である．

阿部楽方は，『高順方陣』において，40 次方陣を作っているが，彼は 信じられない大きな魔方陣も作っている．224 次の小さい方陣 21 種を含む方陣である．224 方陣は，最大数は 50176 であり，定和は 5619824 である．紙は約 $1 \times 4\,\mathrm{m}$ であったという．上野の国立科学博物館で展示・発表された．

§61　7 次の魔方陣

7 次方陣も古来，多くの作品が残されている．定和は 175 である．

4	43	40	49	16	21	2
44	8	33	9	36	15	30
38	19	26	11	27	22	32
3	13	5	25	45	37	47
18	28	23	39	24	31	12
20	35	14	41	17	42	6
48	29	34	1	10	7	46

『楊輝算法』

46	8	16	20	29	7	49
3	40	35	36	18	41	2
44	12	33	23	19	38	6
28	26	11	25	39	24	22
5	37	31	27	17	13	45
48	9	15	14	32	10	47
1	43	34	30	21	42	4

『算法統宗』

40	38	2	6	1	42	46
41	20	17	37	19	32	9
3	16	26	21	28	34	47
39	36	27	25	23	14	11
43	35	22	29	24	15	7
5	18	33	13	31	30	45
4	12	48	44	49	8	10

『算法闕擬抄』

22	8	35	49	21	36	4
44	11	16	41	30	27	6
5	38	24	33	18	12	45
7	13	19	25	31	37	43
3	40	32	17	26	10	47
48	23	34	9	20	39	2
46	42	15	1	29	14	28

『奇偶方数』

16	24	20	17	37	14	47
23	28	48	1	38	6	31
39	7	45	9	42	18	15
40	4	29	25	21	46	10
35	32	8	41	5	43	11
19	44	12	49	2	22	27
3	36	13	33	30	26	34

阿部楽方

21	22	30	38	46	5	13
47	6	14	15	23	31	39
24	32	40	48	7	8	16
1	9	17	25	33	41	49
34	42	43	2	10	18	26
11	19	27	35	36	44	3
37	45	4	12	20	28	29

山本行雄『完全方陣』

左上隅は，楊輝の『楊輝算法』（1274）における 7 次方陣である．

上段中央は，程大位の『算法統宗』（1593）における 7 次方陣である．

右上隅は，礒村吉徳の『算法闕疑抄』（1660）における 7 次方陣である．

左下隅の安藤有益の『奇偶方数』における 7 次方陣は，外周追加法で作ったものである．

下段中央の『方陣の研究』（1983）における阿部楽方の 7 次方陣は，対称型の完全魔方陣である．2 つの補助方陣に分解したとき，行・列・対角線は，異なる数からできていない貴重な作品である．

右下隅の山本行雄の『完全方陣』（1971）における方陣は，2 つの補助方陣を使って作った完全魔方陣である．左辺中央の 1 から，右下方向に大桂馬飛びに進んでいる．

これらは，いずれも対称魔方陣である．中央数は 25 で，相対和は 50 である．

7 次の魔方陣は，対称魔方陣ばかりではないことはもちろんである．次は，7

次の完全魔方陣である．

1	30	10	39	19	48	28
12	41	21	43	23	3	32
16	45	25	5	34	14	36
27	7	29	9	38	18	47
31	11	40	20	49	22	2
42	15	44	24	4	33	13
46	26	6	35	8	37	17

加納 敏

35	23	18	13	1	45	40
4	48	36	31	26	21	9
22	17	12	7	44	39	34
47	42	30	25	20	8	3
16	11	6	43	38	33	28
41	29	24	19	14	2	46
10	5	49	37	32	27	15

境 新『魔方陣』

1	10	19	28	30	39	48
16	25	34	36	45	5	14
31	40	49	2	11	20	22
46	6	8	17	26	35	37
12	21	23	32	41	43	3
27	29	38	47	7	9	18
42	44	4	13	15	24	33

問題27の答

次は，7 次方陣とその 50 連結線模様である．

1	8	11	26	38	44	47
42	49	39	24	12	3	6
13	37	40	5	30	14	36
28	22	15	25	35	29	21
34	16	20	45	10	32	18
48	41	17	27	31	7	4
9	2	33	23	19	46	43

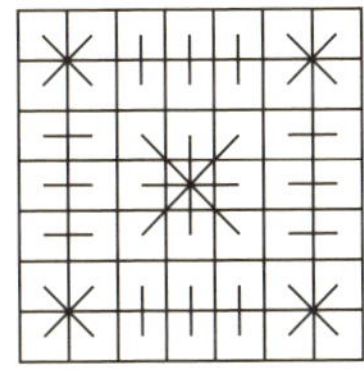

49	17	33	1	12	19	44
11	23	39	27	38	21	16
15	35	3	47	10	31	34
2	32	41	25	40	29	6
30	36	9	45	5	43	7
20	18	37	26	28	24	22
48	14	13	4	42	8	46

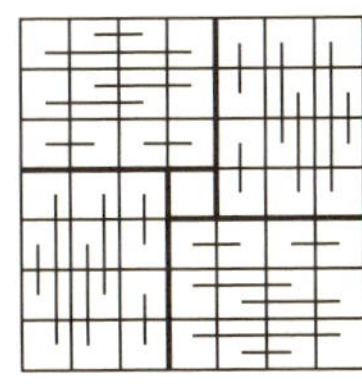

39	44	42	41	3	4	2
11	6	8	9	47	48	46
35	37	19	14	20	49	1
15	13	31	30	36	45	5
26	21	28	16	34	12	38
27	25	23	32	18	7	43
22	29	24	33	17	10	40

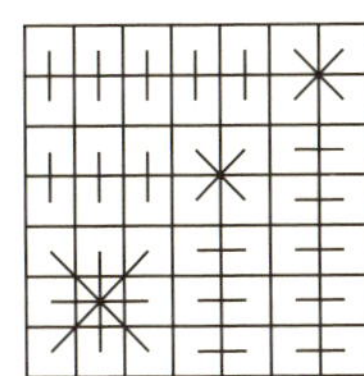

§62　8 次の魔方陣

8 次の魔方陣は，最も変化に富むものである．8 次方陣の定和は 260 である．

1	2	44	43	21	22	64	63
3	4	42	41	23	24	62	61
56	55	52	51	13	14	9	10
54	53	50	49	15	16	11	12
25	26	5	6	60	59	40	39
27	28	7	8	58	57	38	37
48	47	29	30	36	35	17	18
46	45	31	32	34	33	19	20

フライアーソン

1	25	56	48	2	26	55	47
40	64	17	9	39	63	18	10
57	33	16	24	58	34	15	23
32	8	41	49	31	7	42	50
3	27	54	46	4	28	53	45
38	62	19	11	37	61	20	12
59	35	14	22	60	36	13	21
30	6	43	51	29	5	44	52

フライアーソン

左側のフライアーソンの 8 次方陣は，$\{1,2,3,4\},\{5,6,7,8\},\cdots$ と 4 個の連続数が 2×2 小正方形内に入っている．

右側の 8 次方陣は，図のように 4 分割すると，4 つとも 4 次方陣が成立する．また，4 個の連続数が 5×5 配列の 4 隅に入っている．さらに，横方向・縦方向にジグザグに，たとえば，（横）$1+64+56+9+2+63+55+10=260$，（縦）$1+64+57+8+3+62+59+6=260$ のように，どこでも定和 260 となる．また，中心を中心とする任意の長方形の 4 隅の和は一定 130 である．

次もフライアーソンの作品である．数字の並び方がお見事である．

1	32	40	57	56	41	17	16
2	31	39	58	55	42	18	15
3	30	38	59	54	43	19	14
4	29	37	60	53	44	20	13
61	36	28	5	12	21	45	52
62	35	27	6	11	22	46	51
63	34	26	7	10	23	47	50
64	33	25	8	9	24	48	49

1	61	60	8	9	53	52	16
2	62	59	7	10	54	51	15
63	3	6	58	55	11	14	50
64	4	5	57	56	12	13	49
24	44	45	17	32	36	37	25
23	43	46	18	31	35	38	26
42	22	19	47	34	30	27	39
41	21	20	48	33	29	28	40

境 新の次の 2 つの 8 次方陣の作り方は，見ての通り面白い．

1	2	59	60	61	62	7	8
9	10	51	52	53	54	15	16
24	23	46	45	44	43	18	17
32	31	38	37	36	35	26	25
40	39	30	29	28	27	34	33
48	47	22	21	20	19	42	41
49	50	11	12	13	14	55	56
57	58	3	4	5	6	63	64

1	2	59	60	61	62	7	8
16	15	54	53	52	51	10	9
17	18	43	44	45	46	23	24
32	31	38	37	36	35	26	25
40	39	30	29	28	27	34	33
41	42	19	20	21	22	47	48
56	55	14	13	12	11	50	49
57	58	3	4	5	6	63	64

これらは，§11「全偶数方陣の作り方」における方法 II，方法 IV で作った 8 次方陣によく似ているが，第 3 行から第 6 行までが異なる．ともに，ある作成支援配列の第 3 列から第 6 列までを上下を逆に入れ替えただけである．

佐藤穂三郎は『方陣模様』において，8 次枠を 4 つの 4 次枠に分けて各 4 次枠に入れる数の区分表を作っておき規則的に記入している．

1	62	63	4	5	58	59	8
32	35	34	29	28	39	38	25
36	31	30	33	40	27	26	37
61	2	3	64	57	6	7	60
9	54	55	12	13	50	51	16
24	43	42	21	20	47	46	17
44	23	22	41	48	19	18	45
53	10	11	56	49	14	15	52

1	62	63	4	9	54	55	12
8	59	58	5	16	51	50	13
60	7	6	57	52	15	14	49
61	2	3	64	53	10	11	56
17	46	47	20	25	38	39	28
24	43	42	21	32	35	34	29
44	23	22	41	36	31	30	33
45	18	19	48	37	26	27	40

1	2	63	64	24	23	42	41
61	62	3	4	44	43	22	21
60	59	6	5	45	46	19	20
8	7	58	57	17	18	47	48
9	10	55	56	32	31	34	33
53	54	11	12	36	35	30	29
52	51	14	13	37	38	27	28
16	15	50	49	25	26	39	40

40	26	38	28	29	35	31	33
48	18	46	20	21	43	23	41
9	55	11	53	52	14	50	16
1	63	3	61	60	6	58	8
64	2	62	4	5	59	7	57
56	10	54	12	13	51	15	49
17	47	19	45	44	22	42	24
25	39	27	37	36	30	34	32

次は，佐藤穂三郎の『数のパズル 方陣』（1959）における 4 つの 4 次の連結

線模様をもつ 8 次方陣である．

1	57	24	48	3	62	27	38
16	56	25	33	14	51	22	43
64	8	41	17	54	11	46	19
49	9	40	32	59	6	35	30
2	50	31	47	4	45	52	29
15	63	18	34	5	53	28	44
55	7	42	26	60	12	37	21
58	10	39	23	61	20	13	36

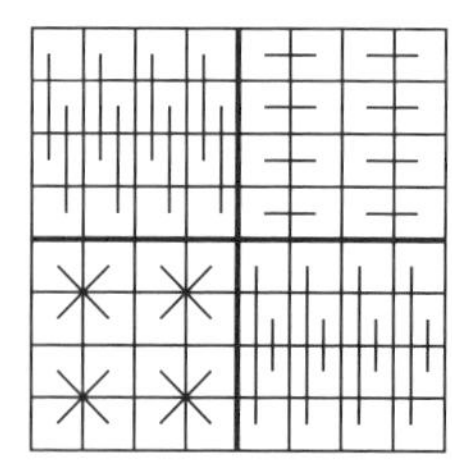

下記左側の 8 次方陣は，安部元章の**完全方陣**（1939）である．加えて，相結（任意の 2×2 小正方形内の 4 数の和が 130）で，フランクリン型でもある．4 つの 4 次方陣も相結な完全方陣の性質をもっている．この性質をもつ方陣は，**安部元章八方陣**と呼ばれる．彼は，同様な性質をもつ 16 次完全方陣も作っている．

右側の 8 次方陣は，阿部楽方の方陣である．この方陣は，**完全方陣**であり，相結である．また，中央縦線に関して左右対称の位置にある 2 数の和は，すべて 65 である．したがって，任意の長方形の 4 隅の 4 数の和も 130 である．

1	48	23	58	3	46	21	60
32	49	10	39	30	51	12	37
42	7	64	17	44	5	62	19
55	26	33	16	53	28	35	14
2	47	24	57	4	45	22	59
31	50	9	40	29	52	11	38
41	8	63	18	43	6	61	20
56	25	34	15	54	27	36	13

安部元章

1	16	17	32	33	48	49	64
55	58	39	42	23	26	7	10
4	13	20	29	36	45	52	61
54	59	38	43	22	27	6	11
15	2	31	18	47	34	63	50
57	56	41	40	25	24	9	8
14	3	30	19	46	35	62	51
60	53	44	37	28	21	12	5

安部楽方

次の片桐善直の方陣も，**完全方陣**である．左側の方陣は，相結でもある．ここでは，1〜8, 9〜16, 17〜24, ⋯ がジグザグに置かれている．

右側の方陣も，**完全方陣**である．フランクリン型でもある．また，縦方向・横方向のジグザグ 8 数の和は定和 260 である．さらに，行・列・両対角線の数を一つ置きに 4 数とると一定 130 となるのが特徴である．

1	63	3	61	8	58	6	60
64	2	62	4	57	7	59	5
25	39	27	37	32	34	30	36
40	26	38	28	33	31	35	29
41	23	43	21	48	18	46	20
24	42	22	44	17	47	19	45
49	15	51	13	56	10	54	12
16	50	14	52	9	55	11	53

1	35	24	54	43	9	62	32
6	40	19	49	48	14	57	27
47	13	58	28	5	39	20	50
44	10	61	31	2	36	23	53
22	56	3	33	64	30	41	11
17	51	8	38	59	25	46	16
60	26	45	15	18	52	7	37
63	29	42	12	21	55	4	34

下記左側の方陣は，完全方陣ではないが，いくつかの興味深い性質をもっている．

1	59	56	14	2	60	53	15
46	24	27	33	47	21	28	34
32	38	41	19	31	37	44	18
51	9	6	64	50	12	5	63
3	57	54	16	4	58	55	13
48	22	25	35	45	23	26	36
30	40	43	17	29	39	42	20
49	11	8	62	52	10	7	61

ファルクナー

1	58	3	60	8	63	6	61
16	55	14	53	9	50	11	52
17	42	19	44	24	47	22	45
32	39	30	37	25	34	27	36
57	2	59	4	64	7	62	5
56	15	54	13	49	10	51	12
41	18	43	20	48	23	46	21
40	31	38	29	33	26	35	28

フロスト

左側のファルクナー（E. Falkener）の作品（1892）は，図のように，4 つの 4 方陣に分けると，4 方陣はすべて定和 130 の魔方陣の性質をもっている．このそれぞれから，任意の 3×3 正方形を取り出すと，その 4 隅の数の和も 130 である．

また，任意の 5×5 正方形の 4 隅の数は，$\{1,2,3,4\},\{5,6,7,8\},\cdots$ のように連続数である．

右側のフロスト（A. H. Frost）の作品は，完全，相結，任意の長方形の 4 隅の和が一定 130 である．

また，桂馬飛び，大桂馬飛びにとった 8 数の和は，定和 260 になる．たとえば，

桂馬飛び　$1+14+24+27+57+54+48+35=260$

大桂馬飛び　$1+53+22+39+64+12+43+26=260$

数字の並べ方も規則正しく整然としている．1 から 32 まで，順に辿ってみよ．

次は，平山諦の『方陣の話』（中教出版，1954）に載っている 8 次の完全魔方陣である．そこには，「ベルギーのショツは，完全 8 方陣であって，すべての対角線の数字の平方の和 16 本が 11180 になるものを発表した」とある．

1	2	60	59	7	8	62	61
15	40	32	49	9	34	26	55
18	42	45	21	24	48	43	19
54	27	35	12	52	29	37	14
64	63	5	6	58	57	3	4
50	25	33	16	56	31	39	10
47	23	20	44	41	17	22	46
11	38	30	53	13	36	28	51

この方陣は，完全魔方陣であると同時に，たとえば，$8^2+9^2+21^2+35^2+63^2+50^2+46^2+28^2=11180$ など 16 本の汎対角線上の各数の平方の和が確かに 11180 になっている．

しかし，この完全 8 方陣では，縦と横の 2 乗和が 11180 ではないから，8 次の二重完全魔方陣とは言えない．

§63　9 次の魔方陣

次の(1),(2),(3)の 9 次方陣は，いずれも本書の奇数方陣の代表的な作り方によるものである．定和は 369 である．

37	48	59	70	81	2	13	24	35
36	38	49	60	71	73	3	14	25
26	28	39	50	61	72	74	4	15
16	27	29	40	51	62	64	75	5
6	17	19	30	41	52	63	65	76
77	7	18	20	31	42	53	55	66
67	78	8	10	21	32	43	54	56
57	68	79	9	11	22	33	44	46
47	58	69	80	1	12	23	34	45

(1)

37	78	29	70	21	62	13	54	5
6	38	79	30	71	22	63	14	46
47	7	39	80	31	72	23	55	15
16	48	8	40	81	32	64	24	56
57	17	49	9	41	73	33	65	25
26	58	18	50	1	42	74	34	66
67	27	59	10	51	2	43	75	35
36	68	19	60	11	52	3	44	76
77	28	69	20	61	12	53	4	45

(2)

5	24	43	62	81	10	29	48	67
76	14	33	52	71	9	19	38	57
66	4	23	42	61	80	18	28	47
56	75	13	32	51	70	8	27	37
46	65	3	22	41	60	79	17	36
45	55	74	12	31	50	69	7	26
35	54	64	2	21	40	59	78	16
25	44	63	73	11	30	49	68	6
15	34	53	72	1	20	39	58	77

(3)

77	60	67	20	3	10	53	36	43
26	9	16	50	33	40	74	57	64
47	30	37	80	63	70	23	6	13
58	68	78	1	11	21	34	44	54
7	17	27	31	41	51	55	65	75
28	38	48	61	71	81	4	14	24
69	76	59	12	19	2	45	52	35
18	25	8	42	49	32	66	73	56
39	46	29	72	79	62	15	22	5

(4)

(1)の 9 次方陣は,「ヒンズーの連続方式」で書き下ろしたものである.

(2)の 9 次方陣は,「ペルシャの連続方式」で書き下ろしたものである.

(3)の 9 次方陣は,「桂馬飛び法」で書き下ろしたものである.

(4)の 9 次方陣は,山本行雄の「完全方陣」における完全方陣(1970)である.中央の 3×3 正方形内の 9 数の 1 の位の数字はすべて 1 で,左上から公差 10 の等差数列になっている.また,任意の 3×3 正方形(49 個ある)内の 9 数の和は 369 になる.

4 個とも,対称魔方陣である.

次は,左下隅の 3 次方陣から始めて外側追加法で作った 9 次方陣とその 82 連結線模様である.

74	70	73	72	68	6	2	3	1
8	12	9	10	14	76	80	81	79
18	60	59	58	56	19	17	78	4
64	22	23	24	26	65	63	77	5
46	50	49	31	29	62	20	75	7
36	32	33	53	51	27	55	15	67
42	37	44	52	30	25	57	13	69
43	41	39	35	47	61	21	16	66
38	45	34	34	48	28	54	11	71

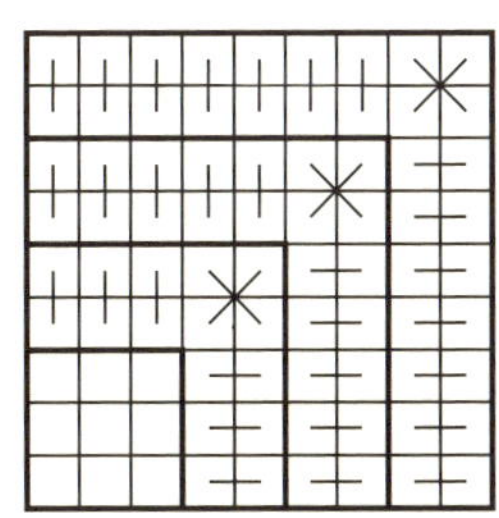

次は，礒村吉徳の『算法闕疑抄』(1660) における 9 次方陣である．上段中央の 3 次方陣を合成して作ったことが分かる．9 個の 3×3 配列は，部分方陣となっている．

71	64	69	8	1	6	53	46	51
66	68	70	3	5	7	48	50	52
67	72	65	4	9	2	49	54	47
26	19	24	44	37	42	62	55	60
21	23	25	39	41	43	57	59	61
22	27	20	40	45	38	58	63	56
35	28	33	80	73	78	17	10	15
30	32	34	75	77	79	12	14	16
31	36	29	76	81	74	13	18	11

この方陣において，9 個の部分方陣は，それぞれ回転・裏返しによる 8 つの変化が可能である．これから，8^9 通りの方陣が導かれる．

たとえば，上段の 3 個の方陣については，それぞれ 90°, 180°, 270° 回転し，中段の 3 つの方陣は各裏側から見たものに入れ替え，下段の 3 個の方陣はそのままとすると，下図のようになる．これも，定和 369 の 9 次の魔方陣である．

67	66	71	2	9	4	51	52	47
72	68	64	7	5	3	46	50	54
65	70	69	6	1	8	53	48	49
24	19	26	42	37	44	60	55	62
25	23	21	43	41	39	61	59	57
20	27	22	38	45	40	56	63	58
35	28	33	80	73	78	17	10	15
30	32	34	75	77	79	12	14	16
31	36	29	76	81	74	13	18	11

◎ 9 次の 2 重魔方陣

次は，ともに 9 次の 2 重魔方陣である．2 重魔方陣であることは，各自で確認してほしい．定和は 369，2 乗和は 20049 である．

6	67	50	75	28	11	45	25	62
81	34	17	42	22	59	3	64	47
39	19	56	9	70	53	78	31	14
49	5	69	10	74	30	61	44	27
16	80	36	58	41	24	46	2	66
55	38	21	52	8	72	13	77	33
68	51	4	29	12	73	26	63	43
35	18	79	23	60	40	65	48	1
20	57	37	71	54	7	32	15	76

46	35	42	27	4	11	77	57	70
81	58	65	50	30	43	19	8	15
23	3	16	73	62	69	54	31	38
33	37	53	2	18	22	61	68	75
56	72	76	34	41	48	6	10	26
7	14	21	60	64	80	29	45	49
44	51	28	13	20	9	66	79	59
67	74	63	39	52	32	17	24	1
12	25	5	71	78	55	40	47	36

これらの 2 重魔方陣は，次の直交する 2 つの補助方陣 A, B から作ったものである．補助方陣の作り方が興味深い．

1	8	6	9	4	2	5	3	7
9	4	2	5	3	7	1	8	6
5	3	7	1	8	6	9	4	2
6	1	8	2	9	4	7	5	3
2	9	4	7	5	3	6	1	8
7	5	3	6	1	8	2	9	4
8	6	1	4	2	9	3	7	5
4	2	9	3	7	5	8	6	1
3	7	5	8	6	1	4	2	9

補助方陣 A

6	4	5	3	1	2	9	7	8
9	7	8	6	4	5	3	1	2
3	1	2	9	7	8	6	4	5
4	5	6	1	2	3	7	8	9
7	8	9	4	5	6	1	2	3
1	2	3	7	8	9	4	5	6
5	6	4	2	3	1	8	9	7
8	9	7	5	6	4	2	3	1
2	3	1	8	9	7	5	6	4

補助方陣 B

補助方陣 A は，中央の 3×3 小正方形に 3×3 魔方陣を代入して，横方向は，行を上方に 1 行ずつずらしていく．ただし，最上行は最下行に移す．縦方向は，列を右方に 1 行ずつずらしていく．ただし，最右列は最左列に移す．

補助方陣 B は，中央の 3×3 小正方形に自然配列を代入して，横方向は行を下方に 1 行ずつずらしていく．ただし，最下行は最上行に移す．縦方向は，列を左方に 1 行ずつずらしていく．ただし，最左列は最右列に移す．

これらの補助方陣は，直交している．

上記左側の 2 重魔方陣は，これらの補助方陣 A, B から，$9(A-E)+B$ を構成したものである．この式で，$A-E$ は，A のすべての要素から 1 を引くことを意味する．

また，前ページの右側の 2 重魔方陣は，A と B を入れ替えて作った $9(B-E)+A$ である．

§64　10 次の魔方陣

10 は半偶数であるから，10 次の対称魔方陣や完全方陣は存在しない．

次は，『楊輝算法』（1274）の 10 次方陣であるが，非常に優れたものである．

1	**20**	**21**	**40**	**41**	**60**	**61**	**80**	**81**	**100**
99	**82**	**79**	**62**	**59**	**42**	**39**	**22**	**19**	**2**
3	**18**	**23**	**38**	**43**	**58**	**63**	**78**	**83**	**98**
97	**84**	**77**	**64**	**57**	**44**	**37**	**24**	**17**	**4**
5	**16**	**25**	**36**	**45**	**56**	**65**	**76**	**85**	**96**
95	**86**	**75**	**66**	**55**	**46**	**35**	**26**	**15**	**6**
14	**7**	**34**	**27**	**54**	**47**	**74**	**67**	**94**	**87**
88	**93**	**68**	**73**	**48**	**53**	**28**	**33**	**8**	**13**
12	**9**	**32**	**29**	**52**	**49**	**72**	**69**	**92**	**89**
91	**90**	**71**	**70**	**51**	**50**	**31**	**30**	**11**	**10**

この方陣では，

（1）任意の 2×2 小正方形内の 4 数の和は一定 202 である．

（2）10 次方陣の中心を中心とする長方形の 4 隅の 4 数の和も，すべて 202 である．

（3）上向きと下向きの山の形の 10 数の和は，定和 505 である．たとえば，

（上向き）　$12+93+34+66+45+56+35+67+8+89=505$

（下向き）　$14+93+32+70+41+60+31+69+8+87=505$

なお，山が枠からはみ出たときは，上辺と下辺はくっついていると考える．

次は，佐藤穂三郎の『方陣模様』（1973）における 10 次方陣である．数字の並べ方に見るべきものがある．

1	2	3	4	5	100	99	98	97	96
95	94	93	92	91	6	7	8	9	10
11	12	13	14	15	90	89	88	87	86
85	84	83	82	81	16	17	18	19	20
76	77	78	79	80	25	24	23	22	21
75	74	38	72	71	26	27	63	29	30
31	32	33	34	35	70	69	68	67	66
40	39	73	37	36	61	62	28	64	65
41	42	43	44	45	60	59	58	57	56
50	49	48	47	46	51	52	53	54	55

95	2	93	4	91	6	99	8	97	10
1	94	3	92	5	100	7	98	9	96
11	12	13	14	15	90	89	88	87	86
85	84	83	82	81	16	17	18	19	20
21	22	23	24	25	80	79	78	77	76
75	74	73	72	71	26	27	28	29	30
56	57	58	59	60	45	44	43	42	41
40	39	38	37	36	61	62	63	64	65
55	67	53	69	51	46	34	48	32	50
66	54	68	52	70	35	47	33	49	31

10 次の完全方陣は存在しない．次は，境 新の『魔方陣（第三巻)』における 10 次の半（準）完全方陣である．左側の 5 次の完全方陣を参考にしながら，作ったものと思われる．

1	23	20	12	9
15	7	4	21	18
24	16	13	10	2
8	5	22	19	11
17	14	6	3	25

(完全方陣)

1	3	89	91	77	78	48	47	36	35
4	2	92	90	80	79	45	46	33	34
57	59	28	27	13	14	84	83	69	71
60	58	25	26	16	15	81	82	72	70
96	95	64	63	49	50	37	39	5	7
93	94	61	62	52	51	40	38	8	6
29	31	20	19	85	86	76	75	41	43
32	30	17	18	88	87	73	74	44	42
65	67	53	55	21	22	12	11	100	99
68	66	56	54	24	23	9	10	97	98

主対角線の下側の 5 本の分離対角線と副対角線の上側の 5 本の分離対角線上の 10 数の和が，定和 505 になっている．半完全魔方陣ともいうべきものである．

この 10 次方陣の中央横線の上半分と下半分を入れ替えると次ページの左側の方陣が得られる．また，中央縦線の左半分と右半分を入れ替えると右側の方陣が得られる．

93	94	61	62	52	51	40	38	8	6
29	31	20	19	85	86	76	75	41	43
32	30	17	18	88	87	73	74	44	42
65	67	53	55	21	22	12	11	100	99
68	66	56	54	24	23	9	10	97	98
1	3	89	91	77	78	48	47	36	35
4	2	92	90	80	79	45	46	33	34
57	59	28	27	13	14	84	83	69	71
60	58	25	26	16	15	81	82	72	70
96	95	64	63	49	50	37	39	5	7

78	48	47	36	35	1	3	89	91	77
79	45	46	33	34	4	2	92	90	80
14	84	83	69	71	57	59	28	27	13
15	81	82	72	70	60	58	25	26	16
50	37	39	5	7	96	95	64	63	49
51	40	38	8	6	93	94	61	62	52
86	76	75	41	43	29	31	20	19	85
87	73	74	44	42	32	30	17	18	88
22	12	11	100	99	65	67	53	55	21
23	9	10	97	98	68	66	56	54	24

これらの方陣においても，上記と同様な性質をもっている．ただし，定和をもつ分離対角線の位置は，両対角線の上下が入れ替わる．

§65　11, 12 次の魔方陣

佐藤穂三郎の次の 11 次方陣は，外周追加法で作ったものである．外周は，1 から 20 までと 102 から 121 までの数でできている．内部の 9 個の 3×3 配列は，いずれも魔方陣となっている．**小さい魔方陣を含む魔方陣**である．定和は 671 である．

12	11	13	18	19	112	115	116	118	121	16
2	91	84	89	28	21	26	73	66	71	120
3	86	88	90	23	25	27	68	70	72	119
5	87	92	85	24	29	22	69	74	67	117
8	46	39	44	64	57	62	82	75	80	114
102	41	43	45	59	61	63	77	79	81	20
105	42	47	40	60	65	58	78	83	76	17
107	55	48	53	100	93	98	37	30	35	15
108	50	52	54	95	97	99	32	34	36	14
113	51	56	49	96	101	94	33	38	31	9
106	111	109	104	103	10	7	6	4	1	110

次は，阿部楽方の「斜型完全方陣を含む方陣」(1979) である．まず，この 11 次魔方陣は対称魔方陣である．

内部のダイヤ形の斜め 6 次配列は，対称型の完全魔方陣である．その構成要素はすべて奇数である．さらに，その内部の斜め 5 次配列もまた対称型の完全魔方陣である．

64	38	110	103	1	13	90	9	75	86	82
89	52	78	67	105	22	81	60	80	3	34
5	96	46	23	104	45	57	83	50	94	68
7	48	107	2	71	118	35	102	95	56	30
111	21	63	43	16	93	10	31	116	69	98
97	114	73	108	37	61	85	14	49	8	25
24	53	6	91	112	29	106	79	59	101	11
92	66	27	20	87	4	51	120	15	74	115
54	28	72	39	65	77	18	99	76	26	117
88	119	42	62	41	100	17	55	44	70	33
40	36	47	113	32	109	121	19	12	84	58

次は，12 次方陣枠を 9 個の 4 次方陣枠に区切って，その 4 次方陣枠には**異なる連結線模様**の 4 次方陣をあてはめて作った 12 次の魔方陣である．定和は 870 である．4 次方陣の定和は，いずれも 290 である．

1	108	127	54	2	17	128	143	3	142	34	111
72	109	90	19	110	125	20	35	124	129	16	21
126	55	36	73	107	56	89	38	88	93	52	57
91	18	37	144	71	92	53	74	70	75	39	106
4	141	33	112	5	32	131	122	9	118	27	136
94	51	87	58	113	140	23	14	117	28	46	99
123	22	130	15	68	41	86	95	64	81	135	10
69	76	40	105	104	77	50	59	100	63	82	45
7	30	138	115	8	137	80	65	6	121	31	132
120	133	25	12	119	44	29	98	103	60	78	49
61	48	84	97	62	83	134	11	114	13	139	24
102	79	43	66	101	26	47	116	67	96	42	85

次は，境 新の「超完全方陣」の 12 次版である．相結型でもある．図のように 9 個の 4 次方陣に分けると，それぞれが 4 次の完全方陣である．

また，任意の 2×2 正方形内の 4 数の和が定和の三分の一である．さらに，中心に関して対称な任意の長方形の 4 隅の 4 数の和も定和 290 となる．1,2,3,⋯ の数の並べ方も美しい．

①	135	30	124	②	134	29	125	③	133	28	126
108	46	79	57	107	47	80	56	106	48	81	55
115	21	144	10	116	20	143	11	117	19	142	12
66	88	37	99	65	89	38	98	64	90	39	97
④	132	33	121	⑤	131	32	122	⑥	130	31	123
105	49	76	60	104	50	77	59	103	51	78	58
112	24	141	13	113	23	140	14	114	22	139	15
69	85	40	96	68	86	41	95	67	87	42	94
⑦	129	36	118	⑧	128	35	119	⑨	127	34	120
102	52	73	63	101	53	74	62	100	54	75	61
109	27	138	16	110	26	137	17	111	25	136	18
72	82	43	93	71	83	44	92	70	84	45	91

§66　13, 14 次の魔方陣

次の 13 次の**完全**魔方陣は，§42 の奇数完全魔方陣（3 の倍数でない奇数）の作り方によるものである．なお，この魔方陣は対称魔方陣ではない．

1	145	120	95	70	45	20	164	139	114	89	64	39
25	169	131	106	81	56	31	6	150	125	100	75	50
36	11	155	130	92	67	42	17	161	136	111	86	61
47	22	166	141	116	91	53	28	3	147	122	97	72
58	33	8	152	127	102	77	52	14	158	133	108	83
69	44	19	163	138	113	88	63	38	13	144	119	94
80	55	30	5	149	124	99	74	49	24	168	143	105
104	66	41	16	160	135	110	85	60	35	10	154	129
115	90	65	27	2	146	121	96	71	46	21	165	140
126	101	76	51	26	157	132	107	82	57	32	7	151
137	112	87	62	37	12	156	118	93	68	43	18	162
148	123	98	73	48	23	167	142	117	79	54	29	4
159	134	109	84	59	34	9	153	128	103	78	40	15

定和 1105

次は，阿部楽方氏の 13 次の**不規則完全**魔方陣（1982）である．完全魔方陣であることは，検算すれば確かめられる．“不規則” とは，2 つの補助方陣に分解したとき，魔方陣の性質をもたないものをいう．2 つの補助方陣は，ともに行，列，対角線が定和をもたないのである．

62	26	46	89	103	8	106	30	136	70	126	144	159
128	32	135	54	118	146	166	59	52	24	90	99	2
108	155	164	74	43	19	83	100	1	107	36	137	78
14	101	81	7	117	37	142	73	119	147	162	57	48
28	134	71	122	152	157	55	49	20	91	102	12	112
156	167	64	47	15	82	97	5	113	27	133	75	124
96	9	105	29	140	72	130	154	168	60	41	17	84
42	23	85	104	11	116	34	132	69	123	148	195	53
77	125	145	160	58	44	22	79	94	10	111	39	141
6	109	35	131	68	127	150	169	63	51	21	80	95
163	65	50	25	86	93	4	110	31	139	66	120	153
138	67	121	149	161	61	40	16	88	98	13	115	38
87	92	3	114	33	143	76	129	151	158	56	45	18

14 は半偶数であるから，14 次の完全魔法陣も対称魔方陣も作れない．次は，2×2 の小枠には連続 4 数，7×7 の中枠には 7 次の魔方陣を使って調整して作ったものである．

88	86	121	122	157	158	193	194	8	6	44	43	80	79
85	87	124	123	160	159	196	195	5	7	41	42	77	78
84	82	89	90	125	126	161	162	172	170	12	11	48	47
81	83	92	91	128	127	164	163	169	171	9	10	45	46
52	50	57	58	93	94	132	130	165	166	176	175	16	15
49	51	60	59	96	95	129	131	168	167	173	174	13	14
17	18	53	54	64	62	97	98	136	134	144	143	180	179
20	19	56	55	61	63	100	99	133	135	141	142	177	178
184	182	21	22	29	30	68	66	101	102	140	139	148	147
181	183	24	23	32	31	65	67	104	103	137	138	145	146
152	150	185	186	25	26	33	34	72	70	108	107	116	115
149	151	188	187	28	27	36	35	69	71	105	106	113	114
120	118	153	154	189	190	1	2	40	38	76	75	112	111
117	119	156	155	192	191	4	3	37	39	73	74	109	110

定和 1379

次は，久留島義太の半偶数方陣の解法で作った 14 次方陣である．本書の問題 16 の解答である．

1	2	3	4	5	6	7	190	191	192	193	194	195	196
183	184	185	186	187	188	91	8	9	10	11	12	111	14
182	181	180	179	178	177	176	21	20	19	18	17	16	15
28	27	26	25	24	23	22	175	174	173	172	171	170	169
29	30	31	32	33	34	35	162	163	164	165	166	167	168
155	156	157	158	159	160	161	36	37	38	39	40	41	42
154	153	152	151	150	149	148	49	48	47	46	45	44	43
56	55	54	53	52	51	50	147	146	145	144	143	142	141
57	58	59	60	61	62	63	134	135	136	137	138	139	140
127	128	129	130	131	132	133	64	65	66	67	68	69	70
126	125	124	123	122	121	120	77	76	75	74	73	72	71
84	83	82	81	80	79	78	119	118	117	116	115	114	113
112	100	110	109	108	107	106	105	104	103	102	101	13	99
85	97	87	88	89	90	189	92	93	94	95	96	86	98

§67　15, 16 次の魔方陣

次は，3×5 次と 5×3 次の合成魔方陣である．右の 3 次方陣と 5 次方陣を用いて作ったものである．本書の問題 27 の解答である．

4	9	2
3	5	7
8	1	6

11	24	7	20	3
4	12	25	8	16
17	5	13	21	9
10	18	1	14	22
23	6	19	2	15

94	99	92	211	216	209	58	63	56	175	180	173	22	27	20
93	95	97	210	212	214	57	59	61	174	176	178	21	23	25
98	91	96	215	208	213	62	55	60	179	172	177	26	19	24
31	36	29	103	108	101	220	225	218	67	72	65	139	144	137
30	32	34	102	104	106	219	221	223	66	68	70	138	140	142
35	28	33	107	100	105	224	217	222	71	64	69	143	136	141
148	153	146	40	45	38	112	117	110	184	189	182	76	81	74
147	149	151	39	41	43	111	113	115	183	185	187	75	77	79
152	145	150	44	37	42	116	109	114	188	181	186	80	73	78
85	90	83	157	162	155	4	9	2	121	126	119	193	198	191
84	86	88	156	158	160	3	5	7	120	122	124	192	194	196
89	82	87	161	154	159	8	1	6	125	118	123	197	190	195
202	207	200	49	54	47	166	171	164	13	18	11	130	135	128
201	203	205	48	50	52	165	167	169	12	14	16	129	131	133
206	199	204	53	46	51	170	163	168	17	10	15	134	127	132

3×5 次合成魔方陣
定和 1695

86	99	82	95	78	211	224	207	220	203	36	49	32	45	28
79	87	100	83	91	204	212	225	208	216	29	37	50	33	41
92	80	88	96	84	217	205	213	221	209	42	30	38	46	34
85	93	76	89	97	210	218	201	214	222	35	43	26	39	47
98	81	94	77	90	223	206	219	202	215	48	31	44	27	40
61	74	57	70	53	111	124	107	120	103	161	174	157	170	153
54	62	75	58	66	104	112	125	108	116	154	162	175	158	166
67	55	63	71	59	117	105	113	121	109	167	155	163	171	159
60	68	51	64	72	110	118	101	114	122	160	168	151	164	172
73	56	69	52	65	123	106	119	102	115	173	156	169	152	165
186	199	182	195	178	11	24	7	20	3	136	149	132	145	128
179	187	200	183	191	4	12	25	8	16	129	137	150	133	141
192	180	188	196	184	17	5	13	21	9	142	130	138	146	134
185	193	176	189	197	10	18	1	14	22	135	143	126	139	147
198	181	194	177	190	23	6	19	2	15	148	131	144	127	140

5×3次合成魔方陣
定和1695

境 新は，『魔方陣』（第二巻）において，「高級部分方陣」として 16 次の完全方陣を作っている．分かり易くするため，彼の解法を少し変えてある．

下図の左上隅の 4 次配列は，一つの完全方陣であり，縦方向は**行のシフト変換**，横方向は**列のシフト変換**を施した合計 16 個の同類の完全方陣をそのまま連結・接続したものである．

1	15	4	14	15	4	14	1	4	14	1	15	14	1	15	4
12	6	9	7	6	9	7	12	9	7	12	6	7	12	6	9
13	3	16	2	3	16	2	13	16	2	13	3	2	13	3	16
8	10	5	11	10	5	11	8	5	11	8	10	11	8	10	5
12	6	9	7	6	9	7	12	9	7	12	6	7	12	6	9
13	3	16	2	3	16	2	13	16	2	13	3	2	13	3	16
8	10	5	11	10	5	11	8	5	11	8	10	11	8	10	5
1	15	4	14	15	4	14	1	4	14	1	15	14	1	15	4
13	3	16	2	3	16	2	13	16	2	13	3	2	13	3	16
8	10	5	11	10	5	11	8	5	11	8	10	11	8	10	5
1	15	4	14	15	4	14	1	4	14	1	15	14	1	15	4
12	6	9	7	6	9	7	12	9	7	12	6	7	12	6	9
8	10	5	11	10	5	11	8	5	11	8	10	11	8	10	5
1	15	4	14	15	4	14	1	4	14	1	15	14	1	15	4
12	6	9	7	6	9	7	12	9	7	12	6	7	12	6	9
13	3	16	2	3	16	2	13	16	2	13	3	2	13	3	16

行と列のシフト変換で得られたこれら16個の4次の完全魔方陣のすべてに，右の4次の完全方陣（上図の左上の4次の完全魔方陣の各数から1を引いた数を16倍したもの）を加えると完成である．

0	224	48	208
176	80	128	96
192	32	240	16
112	144	64	160

1	239	52	222	15	228	62	209	4	238	49	223	14	225	63	212
188	86	137	103	182	89	135	108	185	87	140	102	183	92	134	105
205	35	256	18	195	48	242	29	208	34	253	19	194	45	243	32
120	154	69	171	122	149	75	168	117	155	72	170	123	152	74	165
12	230	57	215	6	233	55	220	9	231	60	214	7	236	54	217
189	83	144	98	179	96	130	109	192	82	141	99	178	93	131	112
200	42	245	27	202	37	251	24	197	43	248	26	203	40	250	21
113	159	68	174	127	148	78	161	116	158	65	175	126	145	79	164
13	227	64	210	3	240	50	221	16	226	61	211	2	237	51	224
184	90	133	107	186	85	139	104	181	91	136	106	187	88	138	101
193	47	244	30	207	36	254	17	196	46	241	31	206	33	255	20
124	150	73	167	118	153	71	172	121	151	76	166	119	156	70	169
8	234	53	219	10	229	59	216	5	235	56	218	11	232	58	213
177	95	132	110	191	84	142	97	180	94	129	111	190	81	143	100
204	38	249	23	198	41	247	28	201	39	252	22	199	44	246	25
125	147	80	162	115	160	66	173	128	146	77	163	114	157	67	176

これが完成した16次の完全魔方陣である．ここで，16個の4次の部分方陣は，すべて完全魔方陣である．これらの部分方陣の左上隅の数を取り出すと，最初の4次の完全魔方陣に一致している．

今，これらの16個の部分方陣を枠から取り出し，部分方陣の左上隅の数に着目し，左上から小さい順に並べ替えたものが，§49の「境方陣」（224ページ）である．

次は，盆出芸の16次の「超完全魔方陣」である．これは，§49の「境方陣」に，非常によく似ているようにも見えるが，数字の並べ方がより整然としている．1から16まではまったく同じであるが，17からも素晴らしい．

1	192	84	237	2	191	83	238	3	190	82	239	4	189	81	240
128	193	45	148	127	194	46	147	126	195	47	146	125	196	48	145
173	20	256	65	174	19	255	66	175	18	254	67	176	17	253	68
212	109	129	64	211	110	130	63	210	111	131	62	209	112	132	61
5	188	88	233	6	187	87	234	7	186	86	235	8	185	85	236
124	197	41	152	123	198	42	151	122	199	43	150	121	200	44	149
169	24	252	69	170	23	251	70	171	22	250	71	172	21	249	72
216	105	133	60	215	106	134	59	214	107	135	58	213	108	136	57
9	184	92	229	10	183	91	230	11	182	90	231	12	181	89	232
120	201	37	156	119	202	38	155	118	203	39	154	117	204	40	153
165	28	248	73	166	27	247	74	167	26	246	75	168	25	245	76
220	101	137	56	219	102	138	55	218	103	139	54	217	104	140	53
13	180	96	225	14	179	95	226	15	178	94	227	16	177	93	228
116	205	33	160	115	206	34	159	114	207	35	158	113	208	36	157
161	32	244	77	162	31	243	78	163	30	242	79	164	29	241	80
224	97	141	52	223	98	142	51	222	99	143	50	221	100	144	49

この方陣は，§49 の「境方陣」とまったく同じ性質をもっている．

§68　17, 18 次の魔方陣

次図は，§41「奇数完全方陣(1)」の解法による 17 次の完全方陣である．ただし，一つ目の補助方陣の第 1 行には 1 から 17 までの数を

1, 3, 5, 7, 9, 11, 13, 15, 17, 2, 4, 6, 8, 10, 12, 14, 16

の順に並べて作ったものである．第 2 行以下は，1 が常に 11 の下になるように右にずらしながら同じ順序で記入していくと，右下隅の数字は 9 となる．図は略．

この一つ目の補助方陣の各数に，この補助方陣の行と列を入れ替えて作った二つ目の補助方陣（図略）から 1 を引いた数を 17 倍した数を加えれば，次の 17 次の完全魔方陣ができる．定和は，2465 である．

1	122	243	75	196	28	149	270	102	206	38	159	280	112	233	65	186
42	163	284	116	237	52	173	5	126	247	79	200	32	153	257	89	210
83	204	19	140	261	93	214	46	167	288	103	224	56	177	9	130	251
107	228	60	181	13	134	255	70	191	23	144	265	97	218	50	154	275
148	269	101	205	37	158	279	111	232	64	185	17	121	242	74	195	27
172	4	125	246	78	199	31	152	256	88	209	41	162	283	115	236	68
213	45	166	287	119	223	55	176	8	129	250	82	203	18	139	260	92
254	69	190	22	143	264	96	217	49	170	274	106	227	59	180	12	133
278	110	231	63	184	16	120	241	73	194	26	147	268	100	221	36	157
30	151	272	87	208	40	161	282	114	235	67	171	3	124	245	77	198
54	175	7	128	249	81	202	34	138	259	91	212	44	165	286	118	222
95	216	48	169	273	105	226	58	179	11	132	253	85	189	21	142	263
136	240	72	193	25	146	267	99	220	35	156	277	109	230	62	183	15
160	281	113	234	66	187	2	123	244	76	197	29	150	271	86	207	39
201	33	137	258	90	211	43	164	285	117	238	53	174	6	127	248	80
225	57	178	10	131	252	84	188	20	141	262	94	215	47	168	289	104
266	98	219	51	155	276	108	229	61	182	14	135	239	71	192	24	145

18 = 3×6 でもあるから，18 次の魔方陣は 3 次と 6 次の魔方陣を合成して作ることができる．

3 次の魔方陣を上記の 6 次の魔方陣に番号順に埋め込んでいくと，次の 18 次の魔方陣ができる．定和は，2925 である．

2	9	4
7	5	3
6	1	8

1	2	3	34	35	36
31	32	33	4	5	6
22	14	24	16	17	18
15	23	13	21	20	19
30	29	28	9	8	7
12	11	10	27	26	25

2	9	4	11	18	13	20	27	22	299	306	301	308	315	310	317	324	319
7	5	3	16	14	12	25	23	21	304	302	300	313	311	309	322	320	318
6	1	8	15	10	17	24	19	26	303	298	305	312	307	314	321	316	323
272	279	274	281	288	283	290	297	292	29	36	31	38	45	40	47	54	49
277	275	273	286	284	282	295	293	291	34	32	30	43	41	39	52	50	48
276	271	278	285	280	287	294	289	296	33	28	35	42	37	44	51	46	53
191	198	193	119	126	121	209	216	211	137	144	139	146	153	148	155	162	157
196	194	192	124	122	120	214	212	210	142	140	138	151	149	147	160	158	156
195	190	197	123	118	125	213	208	215	141	136	143	150	145	152	159	154	161
128	135	130	200	207	202	110	117	112	182	189	184	173	180	175	164	171	166
133	131	129	205	203	201	115	113	111	187	185	183	178	176	174	169	167	165
132	127	134	204	199	206	114	109	116	186	181	188	177	172	179	168	163	170
263	270	265	254	261	256	245	252	247	74	81	76	65	72	67	56	63	58
268	266	264	259	257	255	250	248	246	79	77	75	70	68	66	61	59	57
267	262	269	258	253	260	249	244	251	78	73	80	69	64	71	60	55	62
101	108	103	92	99	94	83	90	85	236	243	238	227	234	229	218	225	220
106	104	102	97	95	93	88	86	84	241	239	237	232	230	228	223	221	219
105	100	107	96	91	98	87	82	89	240	235	242	231	226	233	222	217	224

逆に，6 次の魔方陣を 3 次の魔方陣に番号順に埋め込んでいくと，別の 18 次の魔方陣ができる．読者自ら試みられることを希望する．

§69　19, 20 次の魔方陣

村松茂清の『算俎』（1663）は，『算法闕疑抄』（礒村吉徳，1659）の 4 年後に出版された．関孝和はこれらの両書を研究し，才能を開花させたという．

算俎には「落書」と名付けて次のような 19×19 の方陣が載っている．これが，日本で印刷された最初の方陣であると言われる．定和は 3439 である．

中央部の 9×9 方陣は，中心に関して対称になっている．対称和は 362 である．その外側の 11×11 行列からは外周追加法による同心魔方陣になっている．

村松のこの 19 次魔方陣は，一つの方陣の中に “対称” の形式と “外周追加” の形式を取り込んだ貴重な作品である．

359	2	5	7	8	10	11	13	14	326	328	331	332	334	335	339	341	343	1
358	323	296	41	42	43	45	47	48	49	294	299	300	301	302	304	306	37	4
356	52	291	70	72	75	76	79	80	266	267	269	272	273	276	280	69	310	6
353	53	94	263	98	100	102	103	105	242	244	246	249	250	254	97	268	309	9
350	54	92	261	222	231	230	229	228	227	129	127	125	121	122	101	270	308	12
347	55	91	258	123	171	176	169	216	221	214	153	158	151	239	104	271	307	15
346	57	88	256	124	170	172	174	215	217	219	152	154	156	238	106	274	305	16
345	59	87	255	126	175	168	173	220	213	218	157	150	155	236	107	275	303	17
35	64	85	119	128	162	167	160	180	185	178	198	203	196	234	243	277	298	327
33	65	84	117	130	161	163	165	179	181	183	197	199	201	232	245	278	297	329
32	67	83	115	223	166	159	164	184	177	182	202	195	200	139	247	279	295	330
29	311	289	114	224	207	212	205	144	149	142	189	194	187	138	248	73	51	333
26	312	288	111	225	206	208	210	143	145	147	188	190	192	137	251	74	50	336
25	316	285	110	226	211	204	209	148	141	146	193	186	191	136	252	77	46	337
24	318	284	109	240	131	132	133	134	135	233	235	237	241	140	253	78	44	338
22	322	282	265	264	262	260	259	257	120	118	116	113	112	108	99	81	40	340
20	324	293	292	290	287	286	283	282	96	95	93	90	89	86	82	71	38	342
18	325	66	321	320	319	317	315	314	313	68	63	62	61	60	58	56	39	344
361	360	357	355	354	352	351	349	348	36	34	31	30	28	27	23	21	19	3

定和 3439

$20 = 4 \times 5$ であるから，20 次の完全魔方陣は，4 次と 5 次の完全魔方陣を使って作ることができる．たとえば，次の 4 次と 5 次の完全魔方陣を使うと，下記の 20 次完全魔方陣を作ることができる．

1	12	7	14
8	13	2	11
10	3	16	5
15	6	9	4

1	17	8	24	15
9	25	11	2	18
12	3	19	10	21
20	6	22	13	4
23	14	5	16	7

（**作り方**） 2 つの直交する完全補助方陣を作る．一つ目の補助方陣は，上記の 4 次方陣をそのまま縦と横に 5 個（合計 25 個）連結したもの．二つ目の補助方陣は，上記の 5 次方陣をそのまま縦と横に 4 個（合計 16 個）連結したもの．ともに完全方陣の性質をもち，かつ，直交している．一つ目の完全補助方陣の各数に，二つ目の完全補助方陣の各数から 1 を引いた数の 16 倍を加えて出来上がりである．定和は 4010 である．

なお，5×5 枠の左上隅を取り出して並べると，もとの 4 次完全方陣になっている．

1	268	119	382	225	12	263	126	369	236	7	270	113	380	231	14	257	124	375	238
136	397	162	27	280	141	386	171	24	285	130	395	168	29	274	139	392	173	18	283
186	35	304	149	330	179	48	293	154	323	192	37	298	147	336	181	42	291	160	325
319	86	345	196	63	310	89	340	207	54	313	84	351	198	57	308	95	342	201	52
353	220	71	254	97	364	215	78	241	108	359	222	65	252	103	366	209	76	247	110
8	269	114	379	232	13	258	123	376	237	2	267	120	381	226	11	264	125	370	235
138	387	176	21	282	131	400	165	26	275	144	389	170	19	288	133	394	163	32	277
191	38	297	148	335	182	41	282	159	326	185	36	303	150	329	180	47	294	153	324
305	92	343	206	49	316	87	350	193	60	311	94	337	204	55	318	81	348	199	62
360	221	66	251	104	365	210	75	248	109	354	219	72	253	98	363	216	77	242	107
10	259	128	373	234	3	272	117	378	227	16	261	122	371	240	5	266	115	384	229
143	390	169	20	287	134	393	164	31	278	137	388	175	22	281	132	399	166	25	276
177	44	295	158	321	188	39	302	145	332	183	46	289	156	327	190	33	300	151	334
312	93	338	203	56	317	82	347	200	61	306	91	344	205	50	315	88	349	194	59
362	211	80	245	106	355	224	69	250	99	368	213	74	243	112	357	218	67	256	101
15	262	121	372	239	6	265	116	383	230	9	260	127	374	233	4	271	118	377	228
129	396	167	30	273	140	391	174	17	284	135	398	161	28	279	142	385	172	23	286
184	45	290	155	328	189	34	299	152	333	178	43	296	157	322	187	40	301	146	331
314	83	352	197	58	307	96	341	202	51	320	85	346	195	64	309	90	339	208	53
367	214	73	244	111	358	217	68	255	102	361	212	79	246	105	356	223	70	249	100

§70　25 次の完全魔方陣

次の 25 次の完全魔方陣は，山本行雄の『完全方陣』(1971) におけるものである．対称型である．中心数 313 に関して対称な 2 数の和がすべて 626 である．

345	316	292	268	369	225	196	172	148	249	80	51	27	3	104	585	556	532	508	609	465	436	412	388	489
475	446	422	398	499	330	301	277	253	354	210	181	157	133	234	90	61	37	13	114	595	566	542	518	619
580	551	527	503	604	460	431	407	383	484	340	311	287	263	364	220	191	167	143	244	100	71	47	23	124
85	56	32	8	109	590	561	537	513	614	470	441	417	393	494	350	321	297	273	374	205	176	152	128	229
215	186	162	138	239	95	66	42	18	119	600	571	547	523	624	455	426	402	378	479	335	306	282	258	359
293	269	370	341	317	173	149	250	221	197	28	4	105	76	52	533	509	610	581	557	413	389	490	461	437
423	399	500	471	447	278	254	355	326	302	158	134	235	206	182	38	14	115	86	62	543	519	620	591	567
528	504	605	576	552	408	384	485	456	432	288	264	365	336	312	168	144	245	216	192	48	24	125	96	72
33	9	110	81	57	538	514	615	586	562	418	394	495	466	442	298	274	375	346	322	153	129	230	201	177
163	139	240	211	187	43	19	120	91	67	548	524	625	596	572	403	379	480	451	427	283	259	360	331	307
366	342	318	294	270	246	222	198	174	150	101	77	53	29	5	606	582	558	534	510	486	462	438	414	390
496	472	448	424	400	351	327	303	279	255	231	207	183	159	135	111	87	63	39	15	616	592	568	544	520
601	577	553	529	505	431	457	433	409	385	361	337	313	289	265	241	217	193	169	145	121	97	73	49	25
106	82	58	34	10	611	587	563	539	515	491	467	443	419	395	371	347	323	299	275	226	202	178	154	130
236	212	188	164	140	116	92	68	44	20	621	597	573	549	525	476	452	428	404	380	356	332	308	284	260
319	295	266	367	343	199	175	146	247	223	54	30	1	102	78	559	535	506	607	583	439	415	386	487	463
449	425	396	497	473	304	280	251	352	328	184	160	131	232	208	64	40	11	112	88	569	545	516	617	593
554	530	501	602	578	434	410	381	482	458	314	290	261	362	338	194	170	141	242	218	74	50	21	122	98
59	35	6	107	83	564	540	511	612	588	444	420	391	492	468	324	300	271	372	348	179	155	126	227	203
189	165	136	237	213	69	45	16	117	93	574	550	521	622	598	429	405	376	477	453	309	285	256	357	333
267	368	344	320	291	147	248	224	200	171	2	103	79	55	26	507	608	584	560	531	387	488	464	440	411
397	498	474	450	421	252	353	329	305	276	132	233	209	185	156	12	113	89	65	36	517	618	594	570	541
502	603	579	555	526	382	483	459	435	406	262	363	339	315	286	142	243	219	195	166	22	123	99	75	46
7	108	84	60	31	512	613	589	565	536	392	493	469	445	416	272	373	349	325	296	127	228	204	180	151
137	238	214	190	161	17	118	94	70	41	522	623	599	575	546	377	478	454	430	401	257	358	334	310	281

定和 7825

この完全方陣では，小桂馬飛び (4 方向) にとった 25 数の和はすべて定和 7825 である．また，任意の 5 次方陣内の 25 数の和も定和 7825 になる．

さらに，正方形状に数を一つ飛び，二つ飛び，三つ飛び，四つ飛びに 5 個ずつとった 25 数の和もすべて定和 7825 になる．このほかにも，25 数の和が定和 7825 になる図形が多数組含まれるという．

次は，§67 の 16 次完全魔方陣の作り方と同じ作り方で作った 25 次完全魔方陣である．第一の完全補助方陣は，下記左側の 5 次完全魔方陣の行と列のシフト変換したものを結合して使った．右側の図は，左側の図の各数から 1 を引いた数を 25 倍したものである．第二の完全補助方陣は，この図を 25 個連結したものである．これらの 2 つの完全補助方陣を加え合わせると，25 次完全魔方陣が完成する．次図は，この 25 個の部分方陣を枠から取り出し，左上隅の数に着目して自然配列状に並べ替えたものである．

1	25	19	13	7
14	8	2	21	20
22	16	15	9	3
10	4	23	17	11
18	12	6	5	24

0	600	450	300	150
325	175	25	500	475
525	375	350	200	50
225	75	550	400	250
425	275	125	100	575

1	625	469	313	157	2	621	470	314	158	3	622	466	315	159	4	623	467	311	160	5	624	468	312	156
339	183	27	521	495	340	184	28	522	491	336	185	29	523	492	337	181	30	524	493	338	182	26	525	494
547	391	365	209	53	548	392	361	210	54	549	393	362	206	55	550	394	363	207	51	546	395	364	208	52
235	79	573	417	261	231	80	574	418	262	232	76	575	419	263	233	77	571	420	264	234	78	572	416	265
443	287	131	105	599	444	288	132	101	600	445	289	133	102	596	441	290	134	103	597	442	286	135	104	598
6	605	474	318	162	7	601	475	319	163	8	602	471	320	164	9	603	472	316	165	10	604	473	317	161
344	188	32	501	500	345	189	33	502	496	341	190	34	503	497	342	186	35	504	498	343	187	31	505	499
527	396	370	214	58	528	397	366	215	59	529	398	367	211	60	530	399	368	212	56	526	400	369	213	57
240	84	553	422	266	236	85	554	423	267	237	81	555	424	268	238	82	551	425	269	239	83	552	421	270
448	292	136	110	579	449	293	137	106	580	450	294	138	107	576	446	295	139	108	577	447	291	140	109	578
11	610	454	323	167	12	606	455	324	168	13	607	451	325	169	14	608	452	321	170	15	609	453	322	166
349	193	37	506	480	350	194	38	507	476	346	195	39	508	477	347	191	40	509	478	348	192	36	510	479
532	376	375	219	63	533	377	371	220	64	534	378	372	216	65	535	379	373	217	61	531	380	374	218	62
245	89	558	402	271	241	90	559	403	272	242	86	560	404	273	243	87	556	405	274	244	88	557	401	275
428	297	141	115	584	429	298	142	111	585	430	299	143	112	581	426	300	144	113	582	427	296	145	114	583
16	615	459	303	172	17	611	460	304	173	18	612	456	305	174	19	613	457	301	175	20	614	458	302	171
329	198	42	511	485	330	199	43	512	481	326	200	44	513	482	327	196	45	514	483	328	197	41	515	484
537	381	355	224	68	538	382	351	225	69	539	383	352	221	70	540	384	353	222	66	536	385	354	223	67
250	94	563	407	251	246	95	564	408	252	247	91	565	409	253	248	92	561	410	254	249	93	562	406	255
433	277	146	120	589	434	278	147	116	590	435	279	148	117	586	431	280	149	118	587	432	276	150	119	588
21	620	464	308	152	22	616	456	309	153	23	617	461	310	154	24	618	462	306	155	25	619	463	307	151
334	178	47	516	490	335	179	48	517	486	331	180	49	518	487	332	176	50	519	488	333	177	46	520	489
542	386	360	204	73	543	387	356	205	74	544	388	357	201	75	545	389	358	202	71	541	390	359	203	72
230	99	568	412	256	226	100	569	413	257	227	96	570	414	258	228	97	566	415	259	229	98	567	411	260
438	282	126	125	594	439	283	127	121	595	440	284	128	122	591	436	285	566	123	592	137	281	130	124	593

25 個の 5×5 配列は，すべて完全魔方陣の性質をもっている．

〔コラム 9〕 プランクの 20 次完全魔方陣

次の 20 次の魔方陣は，『Magic squares and cubes』（W. S. Andrews, 1960）の「Ornate Magic Squares」の章におけるプランク（C. Planck）の作品である．25 個の 4×4 枠に 1〜400 までの数が入っている．最上段の 5 個の 4×4 枠には，1〜40 の数と 361〜400 の数が入っている．

1	382	20	399	3	384	18	397	5	386	16	395	7	388	14	393	9	390	12	391
40	379	21	362	38	377	23	364	36	375	25	366	34	373	27	368	32	371	29	370
381	2	400	19	383	4	398	17	385	6	396	15	387	8	394	13	389	10	392	11
380	39	361	22	378	37	363	24	376	35	365	26	374	33	367	28	372	31	369	30
41	342	60	359	43	344	58	357	45	346	56	355	47	348	54	353	49	350	52	351
80	339	61	322	78	337	63	324	76	335	65	326	74	333	67	328	72	331	69	330
341	42	360	59	343	44	358	57	345	46	356	55	347	48	354	53	340	50	352	51
340	79	321	62	338	77	323	64	336	75	325	66	334	73	327	68	332	71	329	70
81	302	100	319	83	304	98	317	85	306	96	315	87	308	94	313	89	400	92	311
120	299	101	282	118	297	103	284	116	295	105	286	114	293	107	288	112	291	109	290
301	82	320	99	303	84	318	97	305	86	316	95	307	88	314	93	309	90	312	91
300	119	281	102	298	117	283	104	296	115	285	106	294	113	287	108	292	111	289	110
121	262	140	279	123	264	138	277	125	266	136	275	127	268	134	273	129	270	132	271
160	259	141	242	158	257	143	244	156	255	145	246	154	253	147	248	152	251	149	250
261	122	280	139	263	124	278	137	265	126	276	135	267	128	274	133	269	130	272	131
260	159	241	142	258	157	243	144	256	155	245	146	254	153	247	148	252	151	249	150
161	222	180	239	163	224	178	237	165	226	176	235	167	228	174	233	169	230	172	231
200	219	181	202	198	217	183	204	196	215	185	206	194	213	187	208	192	211	189	210
221	162	240	179	223	164	238	177	225	166	236	175	227	168	234	173	229	170	232	171
220	199	201	182	218	197	203	184	216	195	205	186	214	193	207	188	212	191	209	190

いろいろな興味深い性質をもっている．

① 全体としては，20 次の完全魔方陣である．

② 太線で囲まれた 4×4 配列もすべて完全方陣の性質をもっている．各完全方陣の定和を調べてみよ．

③ 上下左右 4 方向のフランクリン型である．すなわち，折れ曲がった汎山形上の 20 数の和はすべて定和 4010 である．

④ 任意の 2×2 小正方形内の 4 数の和はすべて一定 802 である．すなわち，“相結” である．

⑤ 方陣枠の中心を中心とする任意の長方形（正方形を含む）の四隅の 4 数（中心から等距離にある）の和は，すべて一定 802 になっている．

⑥ 対角線上の数が等差数列（主対角線の公差 21，副対角線の公差 19）をなす数でできている．

数字の記入法は，図の通りである．すべての 4×4 次方陣に共通である．1 から順に規則的に記入している．正に名人芸と言わざるを得ない．

288 ページ「虫食い魔方陣パズル」の答え

(1)

11	5	4	14
16	7	2	9
1	12	13	8
6	10	15	3

(2)

4	9	7	14
16	5	11	2
13	8	10	3
1	12	6	15

(3)

3	16	5	10
6	9	4	15
12	7	14	1
13	2	11	8

(4)

11	5	8	10
16	2	3	13
1	15	14	4
6	12	9	7

(5)

10	5	16	3
15	4	9	6
1	14	7	12
8	11	2	13

(6)

12	13	4	5
14	3	6	11
1	16	9	8
7	2	15	10

(4)	(5)	(6)	(0)	(1)	(2)	(3)
(0)	(1)	(2)	(3)	(4)	(5)	(6)
(3)	(4)	(5)	(6)	(0)	(1)	(2)
(6)	(0)	(1)	(2)	(3)	(4)	(5)
(2)	(3)	(4)	(5)	(6)	(0)	(1)
(5)	(6)	(0)	(1)	(2)	(3)	(4)
(1)	(2)	(3)	(4)	(5)	(6)	(0)

(2)	(1)	(0)	(6)	(5)	(4)	(3)
(5)	(4)	(3)	(2)	(1)	(0)	(6)
(1)	(0)	(6)	(5)	(4)	(3)	(2)
(4)	(3)	(2)	(1)	(0)	(6)	(5)
(0)	(6)	(5)	(4)	(3)	(2)	(1)
(3)	(2)	(1)	(0)	(6)	(5)	(4)
(6)	(5)	(4)	(3)	(2)	(1)	(0)

定和性・直交性をもつ 2 つの 7 次補助方陣

第 10 章

魔方陣の解法の一理論

問題は，どのようにして行・列・両対角線の定和性と直交性を合わせもつ 2 つの補助方陣を作るかということである．結論を言えば，補助方陣の (x,y) 要素は，x,y の 1 次式 $ax+by$（a,b は整数）を方陣の次数 n で割ったときの剰余（余り）として作るのである．その際，x,y の係数 a,b にどんな条件を付け加えるかが要点である．

この解法の理論を簡明に分かりやすくするための準備として，「合同」,「完全剰余系」,「互いに素」など本論に必要な数学用語や合同式の取り扱い法についても解説した．「完全剰余系」と「互いに素」は「定和性」の確保に,「合同」は「直交性」の証明に，活躍するのである．この理論を使えば，完全魔方陣や対称魔方陣も作ることができる．

この理論は平面の魔方陣についてのものであるが，実は，次章の「立体魔方陣の解法」においても大いに活躍するので，よく理解してほしい．

§71　合同式と完全剰余系

この節は本章の理論の基礎であり，次節§72からの解説で大きな働きをする．用語や記号は，目新しいかもしれないが，内容的にはなんと言うことはないので，意味を良く理解してほしい．

なお，本節末の問題34の結果は，これからの理論でしばしば使われる重要な定理である．これらの内容は，初等整数論の書物に詳しく載っているので，参考にすると理解が深まる．

◎ 合同と合同式

n を自然数とする．整数 a と整数 b の差 $a-b$ が n で割り切れるとき，a と b は n を**法**（modulus）として「**合同**」（congruence）であるといい，このことを式で，次のように表す．

$$a \equiv b \pmod{n}$$

この式は，**合同式**（congruent expression）と呼ばれる．この式は，つまり，

$$a-b = n \times k \qquad (k：整数)$$

なることを意味する．

たとえば，

$$10 \equiv 0 \pmod{5} \quad \Longleftrightarrow \quad 10-0 = 10 = 5\times 2$$
$$21 \equiv 9 \pmod{6} \quad \Longleftrightarrow \quad 21-9 = 12 = 6\times 2$$
$$-11 \equiv 5 \pmod{8} \quad \Longleftrightarrow \quad -11-5 = -16 = 8\times(-2)$$

である．

この合同の記法は，ガウスが考案し，彼自身の著作の中でも使っている．

（**合同と剰余**）$a \equiv b \pmod{n}$ すなわち，整数 a と整数 b の差 $a-b$ が n で割り切れるということは，a を n で割ったときの**余り**（**剰余**）と，b を n で割ったときの**余り**（**剰余**）が等しいということである．

たとえば，

$$10 \equiv 0 \pmod{5} \quad \Longleftrightarrow \quad 10 = 5\times 2+\mathbf{0},\ 0 = 5\times 0+\mathbf{0}$$
$$21 \equiv 9 \pmod{6} \quad \Longleftrightarrow \quad 21 = 6\times 3+\mathbf{3},\ 9 = 6\times 1+\mathbf{3}$$
$$-11 \equiv 5 \pmod{8} \quad \Longleftrightarrow \quad -11 = 8\times(-2)+\mathbf{5},\ 5 = 8\times 0+\mathbf{5}$$

である．

いま，a を n で割った余りと b を n で割った余りが等しいことを $(a)_n=(b)_n$，n が明らかなときは n を略して単に $(a)=(b)$ と表す．( ) は**剰余記号**である．このとき，上に述べたことは，

$$a\equiv b \pmod n \iff (a)=(b) \qquad \cdots\cdots①$$

と書くことができる．

これは，合同な 2 数の重要な性質である．

（**負でない最小剰余**） 整数 a を自然数 n で割ったときの商を q，余り（剰余）を r とすると，

$$a=nq+r \qquad (r=0,1,2,\cdots,n-1)$$

であるから，$a\equiv r \pmod n$ である．

つまり，任意の整数 a は，n を法としてその余り r と合同である．よって，①から，$(a)=(r)$ である．したがって，(a) は，$(0),(1),(2),\cdots,(n-1)$ のどれかに一致する．

なお，n で割ったときの余り $r=0,1,2,\cdots\cdots,n-1$ は，“負でない**最小剰余**”と呼ばれる．

（**完全剰余系にわたる**） 負でない最小剰余 (0), (1), (2),$\cdots$, $(n-1)$ の一組 $\{(0),(1),(2),\cdots\cdots,(n-1)\}$ は，n を法とする“負でない**完全剰余系**”と呼ばれる．

n 個の整数 x について，n で割ったときの剰余 (x) が完全剰余系 $\{(0),(1),(2),\cdots\cdots,(n-1)\}$ のすべてに行き渡る（全体として，一致する）とき，x（または (x)）は「**完全剰余系にわたる**」という．

次のことが言える．

> n 個の整数が，n を法とする**完全剰余系にわたる**ための条件は，n 個の整数のどの 2 つも，法 n に関して互いに合同でないことである．

（**負でない完全剰余系と補助方陣の定和**） n 次の補助方陣は，この「負でない完全剰余系」の一組 $\{(0),(1),(2),\cdots\cdots,(n-1)\}$ を使って作る．これら n 個の記号にある順序で $0,1,2,\cdots,n-1$ を対応させるとき，補助方陣の定和 T は，

$$
\begin{aligned}
T &= (0)+(1)+(2)+\cdots\cdots+(n-1) \\
&= 0+1+2+\cdots\cdots+(n-1) \\
&= \frac{n(n-1)}{2}
\end{aligned}
$$

となる．こうして，補助方陣の「定和性」を確保するのである．これは，**補助方陣の定和の公式**としてしばしば使われる．

◎ 合同式の算法

合同の記号 $\equiv$ は，等号 $=$ に似ているが，実際に，合同式と普通の等式とは，多くの共通の性質をもっている．また，合同式には，合同式に特有の計算公式があるので，注意も必要である．

ここでは，本論の説明に必要なものについてだけ述べておく．

算法 1　法が同じ 2 つの合同式は，辺々加えることができる．また，辺々引くことができる．すなわち，

$$a \equiv b,\ c \equiv d \pmod{n} \quad \text{ならば，} \quad a+c \equiv b+d \pmod{n}$$

$$a \equiv b,\ c \equiv d \pmod{n} \quad \text{ならば，} \quad a-c \equiv b-d \pmod{n}$$

系 1　合同式の一方の辺の 1 項を，符号を変えて他方の辺に移す（移項する）ことができる．すなわち，

$$a+c \equiv b \pmod{n} \quad \text{ならば，} \quad a \equiv b-c \pmod{n}$$

系 2　合同式の一方の辺に法の倍数を，加えることができる．また，引くことができる．すなわち，

$$a \equiv b \pmod{n} \quad \text{ならば，} \quad a \pm kn \equiv b \pmod{n} \qquad (k\text{：整数})$$

算法 2　$ca \equiv cb \pmod{n}$ において，n と c が互いに素であるならば，両辺を c で割って，$a \equiv b \pmod{n}$ とすることができる．

算法 3（**法の変更公式**）　md を法として成立する合同式は，md の任意の約数 d を法としても成立する．すなわち，

$$a \equiv b \pmod{md} \quad \text{ならば，} \quad a \equiv b \pmod{d}$$

算法 4 両辺と法に共通の約数 d がある合同式の両辺と法を，共通の約数 d で割ることができる.

すなわち，

$$ad \equiv bd \pmod{md} \quad \text{のとき，} \quad a \equiv b \pmod{m})$$

（注） 算法 2 における「**互いに素**（relatively prime）」について説明しておこう．一般に，2 つの整数 a と n が「互いに素」であるとは，a と n の公約数が 1 以外にないことをいう．換言すれば，a と n が「互いに素」であることは，a と n の最大公約数（greatest common measure）が 1 ということである．たとえば，

2 と 3 は互いに素である． 4 と 5 も互いに素である．

また，a と n の最大公約数は，記号で $\text{gcm}(a,n)$ と表す．この記号を使えば，“1 はすべての整数 n と互いに素”，“2 はすべての奇数 $2n+1$ と互いに素”，“連続する 2 つの自然数は，互いに素” であることは，それぞれ，

$$\text{gcm}(1,n) = 1$$
$$\text{gcm}(2,2n+1) = 1$$
$$\text{gcm}(n,n+1) = 1; \qquad \text{gcm}(n-1,n) = 1$$

と書ける．なお，0 と n の最大公約数は $\text{gcm}(0,n) = n$ であるから，

$n \neq 1$ のとき，0 と n は互いに素ではない．

問題 34（今後しばしば使用される重要定理） $ax+b$（a,b は整数）において，x の係数 a と n が互いに素であるとき，x が n を法とする完全剰余系の上を動くならば，$ax+b$ も n を法とする完全剰余系にわたることを証明せよ．

§72 奇数方陣のある解法

2 つの補助方陣を使う方法である．補助方陣を作るとき，次数 n が奇数であるか，全偶数であるか，半偶数であるかによって解法が異なる．これらの 3 つの場合のうち，第 3 の場合が最も複雑である．

まず，簡単な “奇数” の場合から始める．奇数次の 2 つの補助方陣 A, B は，たとえば，次のようにして作る．

◎ **補助方陣 A の作法**

一般に，補助方陣 A の (i,j) 要素は，次のように定める．

補助方陣 A の (i,j) 要素は，$(i+j)$ と定める．

ここで，$(i+j)$ における（　）は，前節で説明した剰余記号である．$(i+j)$ は，$(0),(1),(2),\cdots,(n-1)$ の中のいずれかとなる．

この n 個の剰余記号を適当な順序で $0,1,2,\cdots,n-1$ に対応させる．

こうして作った補助方陣 A は，必ず「定和性」をもち得ることについて，次に説明しよう．

なお，解説のいたる所で，前節最後の問題34の重要定理を使うので注意しておく．

（1）各行・各列の和は，一定になる．

［証明］ i（行）を固定（i を定数と考える）して，j（列）を $1,2,3,\cdots,n$ 上を動かすと，j の係数1は奇数 n と互いに素であるから，重要定理により，$i+j$ は n を法とする完全剰余系にわたるので，すべての行の各区画は記号 $(0),(1),(2),\cdots,(n-1)$ で満たされる．

ここで，記号 $(0),(1),(2),\cdots,(n-1)$ は，全体として $0,1,2,\cdots,n-1$ に一致するようにとる．すると，すべての行の n 個の要素の和は，前節の補助方陣の定和 T となる．すなわち，

$$(0)+(1)+(2)+\cdots+(n-1) = 0+1+2+3+\cdots+(n-1)$$
$$= \frac{n(n-1)}{2} \qquad (=T\text{；一定})$$

この事情は，列についても同様である．［証明終］

（2）主対角線要素の和も一定になる．

［証明］ 主対角線上の (i,i) 要素は，$(i+i)=(2i)$（ただし，$i=1,2,3,\cdots,n$）であるが，i の係数2は奇数 n と互いに素であるから，重要定理により，$(2i)$ は n を法とする完全剰余系にわたる．したがって，主対角線上の各区画は，順序を無視すれば，全体として記号 $(0),(1),(2),\cdots,(n-1)$ に一致する．よって，これらの和も補助方陣の定和 T となる．［証明終］

（3）副対角線要素の和は，ある条件のもとに，一定になる．

［証明］　副対角線上の (i,j) 要素については，$i+j=n+1$ であるから，

$$(i+j)=(n+1)=(1) \qquad （ただし，i=1,2,3,\cdots,n）$$

となるから，副対角線上の各区画はすべて (1) になる．

そこで，副対角線要素の和も補助方陣の定和 T にするために，この (1) に次の条件を与える．

$$(1)\times n=\frac{n(n-1)}{2} \quad より，\quad (1)=\frac{n-1}{2} \qquad \cdots\cdots①$$

なお，(1) 以外の記号 $(0),(2),(3),\cdots,(n-1)$ については，$(n-1)/2$ 以外の残っている数から任意の順序にとってよいわけである．　［証明終］

このようにして，「定和」をもつ補助方陣 A を作ることができる．説明はくどかったが，実際の作法はごく簡単である．

たとえば，$n=5$ の場合，$(i+j)$ を (i,j) 要素とする補助方陣 A を作れば，次図のようになる．

(1 + 1)	**(1 + 2)**	**(1 + 3)**	**(1 + 4)**	**(1 + 5)**
(2 + 1)	**(2 + 2)**	**(2 + 3)**	**(2 + 4)**	**(2 + 5)**
(3 + 1)	**(3 + 2)**	**(3 + 3)**	**(3 + 4)**	**(3 + 5)**
(4 + 1)	**(4 + 2)**	**(4 + 3)**	**(4 + 4)**	**(4 + 5)**
(5 + 1)	**(5 + 2)**	**(5 + 3)**	**(5 + 4)**	**(5 + 5)**

＝

(2)	**(3)**	**(4)**	**(0)**	**(1)**
(3)	**(4)**	**(0)**	**(1)**	**(2)**
(4)	**(0)**	**(1)**	**(2)**	**(3)**
(0)	**(1)**	**(2)**	**(3)**	**(4)**
(1)	**(2)**	**(3)**	**(4)**	**(0)**

ここで（右上図で），副対角線上に 5 個の (1) が並ぶので，まず，(1) を，①より

$$(1)=\frac{5-1}{2}=2$$

と定め，次に残りの 0, 1, 3, 4 を用いて，たとえば，

$$(0)=0, \qquad (2)=4, \qquad (3)=1, \qquad (4)=3$$

とすれば，下の補助方陣 A が完成する．

4	**1**	**3**	**0**	**2**
1	**3**	**0**	**2**	**4**
3	**0**	**2**	**4**	**1**
0	**2**	**4**	**1**	**3**
2	**4**	**1**	**3**	**0**

補助方陣 A

◎ **補助方陣 B の作法**

一般に，補助方陣 B の (i,j) 要素は，次のように定める．

補助方陣 B の (i,j) 要素は，$(i-j)$ と定める．

ここで，$(i-j)$ は剰余記号であり，上と同様に，$(0),(1),(2),\cdots,(n-1)$ の中のいずれかとなる．これを $0,1,2,\cdots,n-1$ と対応させるが，その対応は補助方陣 A のときとは異なってもよい．こうして作った補助方陣 B が，必ず「定和性」をもち得ることを示そう．

（1）各行・各列の和は一定になる．

［証明］ i（行）を固定（i を定数と考える）して，j（列）を $1,2,3,\cdots,n$ 上を動かすと，j の係数 -1 は奇数 n と互いに素であるから，重要定理により，$i-j$ は n を法とする完全剰余系にわたるので，すべての行の各区画は記号 $(0),(1),(2),\cdots,(n-1)$ で満たされる．

よって，すべての行の n 個の要素の和は，補助方陣 A の場合と同様に，

$$\begin{aligned}(0)+(1)+(2)+\cdots+(n-1) &= 0+1+2+3+\cdots+(n-1)\\ &= \frac{n(n-1)}{2} \qquad (=T\text{；一定})\end{aligned}$$

となる．この事情は，列についても同様である．［証明終］

（2）主対角線要素の和は，ある条件のもとに，一定になる．

［証明］ 主対角線上の (i,i) 要素は，$(i-i)=(0)$（ただし，$i=1,2,3,\cdots,n$）となるので，主対角線上の各区画はすべて (0) になる．

そこで，主対角線要素の和も補助方陣の定和 T にするために，今度は (0) に次の条件を与える．

$$(0)\times n = \frac{n(n-1)}{2} \quad \text{より，} \quad (0) = \frac{n-1}{2}$$

(0) 以外の記号 $(1),(2),(3),\cdots,(n-1)$ については，$(n-1)/2$ 以外の残っている数から任意の順序にとってよいことは言うまでもない．［証明終］

（3）副対角線要素の和は，一定になる．

［証明］　副対角線上の (i,j) 要素については，$i+j=n+1$ であるから，

$$(i-j)=(2i-n-1) \qquad (\text{ただし，} i=1,2,3,\cdot\cdot\cdot\cdot,n)$$

となる．

ここで，i の係数 2 は奇数 n と互いに素であるから，重要定理により，$(2i-n-1)$ は n を法とする完全剰余系にわたる．したがって，主対角線上の各区画は，順序を無視すれば全体として記号 $(0),(1),(2),\cdots,(n-1)$ に一致する．

よって，これらの和も補助方陣の定和 T となる．　［証明終］

実際に，この補助方陣 B を作るのは，補助方陣 A の場合と同様に簡単である．たとえば，$n=5$ の場合，$(i-j)$ を (i,j) 要素とする補助方陣 B は，次図のようになる．

(1 − 1)	**(1 − 2)**	**(1 − 3)**	**(1 − 4)**	**(1 − 5)**
(2 − 1)	**(2 − 2)**	**(2 − 3)**	**(2 − 4)**	**(2 − 5)**
(3 − 1)	**(3 − 2)**	**(3 − 3)**	**(3 − 4)**	**(3 − 5)**
(4 − 1)	**(4 − 2)**	**(4 − 3)**	**(4 − 4)**	**(4 − 5)**
(5 − 1)	**(5 − 2)**	**(5 − 3)**	**(5 − 4)**	**(5 − 5)**

＝

(0)	**(4)**	**(3)**	**(2)**	**(1)**
(1)	**(0)**	**(4)**	**(3)**	**(2)**
(2)	**(1)**	**(0)**	**(4)**	**(3)**
(3)	**(2)**	**(1)**	**(0)**	**(4)**
(4)	**(3)**	**(2)**	**(1)**	**(0)**

ここでは，主対角線上に 5 個の (0) が並ぶので，まず，(0) を，

$$(0)=\frac{5-1}{2}=2$$

と固定し，次に残りの 0, 1, 3, 4 を用いて，たとえば，

$$(1)=1, \qquad (2)=3, \qquad (3)=0, \qquad (4)=4$$

とすれば，右上の剰余記号配列から，次のような定和性をもつ補助方陣 B が完成する．

2	**4**	**0**	**3**	**1**
1	**2**	**4**	**0**	**3**
3	**1**	**2**	**4**	**0**
0	**3**	**1**	**2**	**4**
4	**0**	**3**	**1**	**2**

補助方陣 B

さらに，このようにして作った 2 つの補助方陣 A,B が直交することを確かめねばならない．そのためには，A,B を重ねてできる 2 重配列を作っておくと，

確認しやすい．すべての要素が異なることを確認するのである．

上記の補助方陣 A,B を重ねて作る 2 重配列 M' は次図のようになる．ただし，各セルの 2 重記号 (　) は，図の都合で略してある．

42	14	30	03	21
11	32	04	20	43
33	01	22	44	10
00	23	41	12	34
24	40	13	31	02

二重配列 M'

直交性については，実際に，上図を調べれば確認はできるが，ここで，一般的に理論的な証明をしておく．

［直交性の証明］ A,B を重ねてできる 2 重配列 M' の (i,j) 要素と (i',j') 要素が同一であると仮定すると，

$$(i+j)=(i'+j') \quad かつ \quad (i-j)=(i'-j')$$

すなわち，

$$i+j\equiv i'+j' \quad かつ \quad i-j\equiv i'-j' \pmod n$$

$$\therefore\ 2i\equiv 2i' \quad かつ \quad 2j\equiv 2j' \pmod n$$

ここで，2 と奇数 n は互いに素であるから，算法 2 により，

$$i\equiv i' \quad かつ \quad j\equiv j' \pmod n$$

ところが，$1\leqq i,i',j,j'\leqq n$ であるから，

$$i=i' \quad かつ \quad j=j' \qquad \therefore\ (i,j)=(i',j')$$

［証明終］

したがって，こうして作った 2 つの補助方陣 A,B から，$M=nA+B+E$ を構成すれば，M は必ず n 次の魔方陣となる．

なお，補助方陣 A,B においては，それぞれ，$(1)=(n-1)/2$，$(0)=(n-1)/2$ 以外の剰余記号 (　) は重複しない限り自由な値をとれるので，この解法だけでも，きわめて多くの n 次方陣ができる．

たとえば，$n=5$ の場合，上記の補助方陣 A,B から，$M=5A+B+E$ なる行列を作れば，次図のような 5 次方陣ができる．

23	**10**	**16**	**4**	**12**
7	**18**	**5**	**11**	**24**
19	**2**	**13**	**25**	**6**
1	**14**	**22**	**8**	**20**
15	**21**	**9**	**17**	**3**

定和65

◎〔付記〕補助方陣 A, B の別の作り方

補助方陣 A, B の (x,y) 要素を，それぞれ，次のようにする．いずれの場合も，剰余記号 (　) の値は，重複しない限り自由な値をとれる．

［解法 II］ A: $\left(-x+y+\dfrac{n-1}{2}\right)$, B: $(-x+2y-1)$

この解法による A, B のいずれにおいても，$(k)=k$（$k=0 \sim n-1$）とおけば，§10 の方法 I による奇数方陣ができる．

［解法 III］ A: $\left(\dfrac{n+1}{2}x+\dfrac{n-1}{2}y+\dfrac{n-1}{2}\right)$, B: $\left(\dfrac{n+1}{2}x+\dfrac{n+1}{2}y-1\right)$

この解法による A, B のいずれにおいても，$(k)=k$（$k=0 \sim n-1$）とおけば，§10 の方法 II による奇数方陣ができる．

［解法 IV］ A: $(-x+2y-1)$, B: $\left(-x+y+\dfrac{n-1}{2}\right)$

この解法による A, B のいずれにおいても，$(k)=k$（$k=0 \sim n-1$）とおけば，§10 の方法 III の桂馬飛び法による奇数方陣ができる．

問題 35　本節の奇数方陣の解法において，

補助方陣 A においては，$(0)=1$, $(1)=2$, $(2)=3$, $(3)=4$, $(4)=0$

補助方陣 B においては，$(0)=2$, $(1)=1$, $(2)=0$, $(3)=4$, $(4)=3$

とした場合の 5 次方陣を作ってみよ．

問題 36　n が奇数のとき，補助方陣 A, B の (i,j) 要素を，それぞれ $(i-j)$, $(i-2j)$ とすれば，それらは共に定和性をもち得，しかも，互いに直交することを示せ．

問題 37　上記の問題 36 の方法によって，実際に，5 次の魔方陣および 9 次の魔方陣の例を作ってみよ．

問題 38　奇数 n が 3 の倍数でないとき，補助方陣 A,B の (i,j) 要素を，それぞれ $(3i+j),(3i-j)$ とするならば，それらは共に定和性をもち，しかも，互いに直交することを示せ．

問題 39　上記の問題 38 の方法によって，実際に，7 次方陣を作ってみよ．

§ 73　全偶数方陣のある解法

全偶数 $n=4m$（m：正の整数）の場合は，補助方陣 A,B を作るとき，i,j の係数に偶数 $2m$ も使わねばならない．

◎ 補助方陣 A の作法

> 補助方陣 A の (i,j) 要素は，$(i+2mj)$ と定める．

このようにして作った補助方陣 A は，列と両対角線において「定和性」をもつ．まず，このことを証明しよう．

（1）各列の和は，一定になる．

［証明］ 列については，j を固定して考えると，$2mj$ が定数となるから，i を $1,2,3,\cdots,n$ 上を動かすと，i の係数 1 は n と互いに素であるから，$(i+2mj)$ は n を法とする完全剰余系にわたるので，すべての列の各区画は記号 $(0),(1),(2),\cdots,(n-1)$ で満たされる．よって，すべての列の n 個の要素の和は，補助方陣の定和 T になる．［証明終］

（2）主対角線要素の和も一定になる．

［証明］ 主対角線上の (i,i) 要素は，$(i+2mi)=((1+2m)i)$（ただし，$i=1,2,3,\cdots,n$）であるが，i の係数 $2m+1$ は $4m$ と互いに素であるから，$(i+2mi)$ は n を法とする完全剰余系にわたる．よって，主対角線上の要素の和も一定 T となる．［証明終］

（3）副対角線要素の和は，ある条件のもとに，一定になる．

［証明］ 副対角線上の (i,j) 要素については，$i+j=n+1$ であるから，

$$i+2mj = i+2m(n+1-i) = (1-2m)i+2m(n+1)$$

であるが，ここで，i の係数 $1-2m$ は $4m$ と互いに素であるから，$(i+2mj)$ も n を法とする完全剰余系にわたる．よって，副対角線上の要素の和も一定 T となる．　［証明終］

（4）<u>行については，どうなっているのか.</u>

j の係数 $2m$ は $4m$ と互いに素でないから，行については完全剰余系にならない．この場合は，第 i 行は，2 つの記号 $(i), (i+2m)$ のみの，それぞれ $2m$ 個から成る．

実際，$(i+2mj)$ は，j が偶数のとき，(i) となり，j が奇数のとき，$(i+2m)$ となる．

そこで，行においても定和 T を与えるようにするために，

$$2m\{(i)+(i+2m)\} = T = \frac{n(n-1)}{2}$$

$$\therefore\ (i)+(i+2m) = n-1 \qquad \cdots\cdots ①$$

したがって，次のようにする．まず，(0) を数 $0, 1, 2, \cdots, n-1$ のいずれか 1 つに任意に固定する．すると，$(2m)$ が①の $(0)+(2m) = n-1$ により，自動的に決定する．

次に，(1) を残りの数のいずれか 1 つに固定すると，$(2m+1)$ が $(1)+(2m+1) = n-1$ により，自動的に決定する．以下，同様である．

このようにして，任意の大きさの「定和」をもつ全偶数補助方陣 A を作ることができる．たとえば，この方法で，4 次の補助方陣 A を作れば，次のようになる．

この場合，$m=1$ であるから，補助方陣 A の (i, j) 要素は，$(i+2j)$ である．

(1 + 2)	**(1 + 4)**	**(1 + 6)**	**(1 + 8)**
(2 + 2)	**(2 + 4)**	**(2 + 6)**	**(2 + 8)**
(3 + 2)	**(3 + 4)**	**(3 + 6)**	**(3 + 8)**
(4 + 2)	**(4 + 4)**	**(4 + 6)**	**(4 + 8)**

=

(3)	**(1)**	**(3)**	**(1)**
(0)	**(2)**	**(0)**	**(2)**
(1)	**(3)**	**(1)**	**(3)**
(2)	**(0)**	**(2)**	**(0)**

剰余記号の関係式①は，$(i)+(i+2) = 3$ であるから，たとえば，$(0) = 1$ とすると，$(2) = 2$ となる．また，$(1) = 3$ とすると，$(3) = 0$ となる．

ゆえに，この場合の補助方陣 A は右図のようになる．

0	**3**	**0**	**3**
1	**2**	**1**	**2**
3	**0**	**3**	**0**
2	**1**	**2**	**1**

補助方陣 A

◎ **補助方陣 B の作法**

補助方陣 B の (i,j) 要素は，$(2mi+j)$ と定める．

これによって作った補助方陣 B は，[1]と同様な論理により，今度は，各行と両対角線において「定和性」をもつことが知られる．

（**列については，無条件では定和を与えない**） i の係数 $2m$ は $4m$ と互いに素でないから，i を $1,2,3,\cdots,n$ 上を動かしても，$(2mi+j)$ は列については完全剰余系にならない．

この場合は，第 j 列は，2 つの記号 $(j),(j+2m)$ のみの，それぞれ $2m$ 個から成る．実際，$(i+2mj)$ は，i が偶数のとき，(j) となり，i が奇数のとき，$(j+2m)$ となる．

そこで，列においても定和 T を与えるようにするために，記号 ( ) に，

$$2m\{(j)+(j+2m)\} = T = \frac{n(n-1)}{2}$$

$$\therefore (j)+(j+2m) = n-1 \qquad \cdots\cdots ②$$

なる条件を与えるわけである．

このようにすれば，任意の大きさの「定和」をもつ全偶数補助方陣 B を作ることができる．

たとえば，この方法で，4 次の補助方陣 B を作れば，次のようになる．この場合は，補助方陣 B の (i,j) 要素は，$(2i+j)$ である．

(2 + 1)	**(2 + 2)**	**(2 + 3)**	**(2 + 4)**
(4 + 1)	**(4 + 2)**	**(4 + 3)**	**(4 + 4)**
(6 + 1)	**(6 + 2)**	**(6 + 3)**	**(6 + 4)**
(8 + 1)	**(8 + 2)**	**(8 + 3)**	**(8 + 4)**

＝

(3)	**(0)**	**(1)**	**(2)**
(1)	**(2)**	**(3)**	**(0)**
(3)	**(0)**	**(1)**	**(2)**
(1)	**(2)**	**(3)**	**(0)**

剰余記号の関係式②は，$(j)+(j+2)=3$ であるから，たとえば，$(0)=0$ とすると，$(2)=3$ となる．

また，$(1)=2$ とすると，$(3)=1$ となる．

ゆえに，この場合の補助方陣 B は下図のようになる．

1	**0**	**2**	**3**
2	**3**	**1**	**0**
1	**0**	**2**	**3**
2	**3**	**1**	**0**

補助方陣 B

◎ **補助方陣 A,B の直交性の証明**

［証明］　2つの補助方陣 A,B を重ね合わせてできる2重配列の (i,j) 要素と (i',j') 要素が同一であると仮定すると，

$$(i+2mj)=(i'+2mj'),\qquad (2mi+j)=(2mi'+j')$$

すなわち，

$$i+2mj\equiv i'+2mj',\quad 2mi+j\equiv 2mi'+j'\pmod{4m}$$

$$\therefore\ (i-i')+2m(j-j')\equiv 0,\quad 2m(i-i')+(j-j')\equiv 0\pmod{4m}$$

したがって，

$$(4m^2-1)(i-i')\equiv 0,\quad (4m^2-1)(j-j')\equiv 0\pmod{4m}$$

ここで，$4m^2-1$ と $4m$ とは互いに素であるから，算法2により，

$$i\equiv i,\quad j\equiv j'\pmod{4m}$$

ところが，$1\leqq i,i',j,j'\leqq 4m$ であるから，

$$i=i',\ j=j'\qquad \therefore\ (i,j)=(i',j')$$

これにより，異なる2つの区画 $(i,j),(i',j')$ には，必ず，異なる数が入ることが示されたわけである．　［証明終］

したがって，こうして作った2つの補助方陣 A,B から，$M=nA+B+E$ を構成すれば，M は全偶数次の魔方陣となる．

たとえば，上記の補助方陣 A,B から，$M=4A+B+E$ なる行列を作れば，

下図のような 4 次方陣ができる．

2	13	3	16
7	12	6	9
14	1	15	4
11	8	10	5

定和34

◎〔付記〕**2 つの補助方陣** A, B **の直交性の判定公式**

補助方陣 A, B を作るとき，「直交性」は，魔方陣の数の独立性（すべて異なる数から成ること）を保証するものであるから，絶対に必要な条件であることは言うまでもない．いま，

補助方陣 A の (i,j) 要素を剰余 $(a_1 i+a_2 j+a)$　（a：整数）

補助方陣 B の (i,j) 要素を剰余 $(b_1 i+b_2 j+b)$　（b：整数）

によって使って作るとき，A, B が直交するための要件は，賢明な読者は直交性の証明の途中で気付いたと思われるが，i,j の係数が作る行列式（coefficient determinant）：

$$D = \begin{vmatrix} a_1 & a_2 \\ b_1 & b_2 \end{vmatrix} = a_1 b_2 - a_2 b_1$$

の値が，次数 n と互いに素であることである．すなわち，D と n の最大公約数 $\mathrm{gcm}(D,n)$ が 1 に等しいことである．

（**注**）直交性の証明（確認）には，合同式を使わないで，この公式を使うと簡便である．本論の一般解法においては，n が奇数の場合には，$D=1$ または $D=2$ とした．

n が偶数の場合には，$D=2$ とすることはできない．また，i,j の係数：a_1, a_2, b_1, b_2 をすべて奇数にすることもできない（なぜか）．やむを得ず偶数 $2m$ を使ったのである．

問題 40　上記の方法で，たとえば，

補助方陣 A においては，$(0)=3$，$(1)=0$，$(2)=1$，$(3)=2$

補助方陣 B においては，$(0)=7$，$(1)=6$，$(2)=5$，$(3)=4$

とした場合の 8 次方陣を作れ．

§74　半偶数方陣のある解法

半偶数 $n=2m$（m：奇数）の場合は，「定和性」・「直交性」を併せもつ2つの補助方陣を作ることは簡単ではない．

補助方陣を作るとき，“**ガウスの記号** [　]” を使うので，まず，これについて説明をしておく．

ガウスの記号 $[x]$ とは，x を超えない最大の整数のことである．x の整数部分のことである．

たとえば，

$$\left[\frac{2}{5}\right]=0,\quad \left[\frac{m-1}{m}\right]=0,\quad \left[\frac{9}{5}\right]=1,\quad \left[\frac{2m-1}{m}\right]=1,\quad \left[\frac{5}{2}\right]=2$$

である．

ガウスの記号について，次のことが成り立つ．

“a が整数ならば，$[x+a]=[x]+a$”

◎ **補助方陣** A **の作法**

A の (i,j) 要素は，$\left(mi+j+m\left[\dfrac{i-1}{m}\right]\right)$ と定める．

ここで，枠内の剰余記号（　）の中のガウスの記号の値は，記号の意味から，

- $1\leqq i\leqq m$ のときは，$0\leqq\dfrac{i-1}{m}\leqq\dfrac{m-1}{m}$ であるから，$\left[\dfrac{i-1}{m}\right]=0$
- $m+1\leqq i\leqq 2m$ のときは，$1\leqq\dfrac{i-1}{m}\leqq\dfrac{2m-1}{m}$ であるから，$\left[\dfrac{i-1}{m}\right]=1$

である．

このようにして作った補助方陣 A は，行と両対角線において「定和性」をもつことを説明する．

（1）各行の和は，一定になる．

［証明］ i を固定して考えると，$mi+m\left[\dfrac{i-1}{m}\right]$ が定数となるから，j を $1,2,3,\cdots,n$ 上を動かすと，j の係数 1 は n と互いに素であるから，$\left(mi+j+m\left[\dfrac{i-1}{m}\right]\right)$ は n を法とする完全剰余系にわたる．よって，すべての行の n 個の要素の和は，補助方陣の定和 T になる．［証明終］

なお，行に関して，$1 \leqq i \leqq m$（$m+1 \leqq i+m \leqq 2m$）とするとき，第 i 行と第 $(i+m)$ 行の要素は同じである．

なぜならば，第 $(i+m)$ 行の要素は，

$$\left(m(i+m)+j+m\left[\frac{(i+m)-1}{m}\right]\right) = \left(mi+j+m\left[\frac{i-1}{m}\right]+m^2+m\times 1\right)$$

であるが，ここで，m は奇数だから，$m+1$ は偶数（2 の倍数）となり，

$$m^2+m\times 1 = m(m+1) \equiv 0 \pmod{2m}$$

であるからである．

したがって，補助方陣 A は，中央の横線を境にして上下がまったく同じ配列になっている．

（2）主対角線要素の和も一定になる．

［証明］ 主対角線上の (i,i) 要素は，$\left((m+1)i+m\left[\frac{i-1}{m}\right]\right)$ であるが，i が $1,2,3,\cdots,n$ 上を変わるとき，これも完全剰余系にわたる．

このことを示すには，n 個の数：

$$(m+1)i+m\left[\frac{i-1}{m}\right] \qquad (i = 1,2,3,\cdots,2m)$$

が，法 $n=2m$ に関して互いに合同でないことを示せばよい．

さて，いま，仮に，2 つの i,i'（$i,i' = 1,2,3,\cdots,2m$）に対して，

$$(m+1)i+m\left[\frac{i-1}{m}\right] \equiv (m+1)i'+m\left[\frac{i'-1}{m}\right] \pmod{2m}$$

と仮定すると，前節 “算法 1” の系 1 から，

$$(m+1)(i-i') \equiv m\left[\frac{i'-1}{m}\right]-m\left[\frac{i-1}{m}\right] \pmod{2m} \qquad \cdots\cdots①$$

“算法 3” により，法 $2m$ の約数である m を法としても成立し，さらに，“算法 1” の系 2 から，法 m の倍数を右辺から引くことにより，

$$(m+1)(i-i') \equiv 0 \pmod{m}$$

ここで，$m+1$ と m とは互いに素であるから，“算法 2” により，

$$i-i' \equiv 0 \pmod{m}$$

よって，

$$i-i' = mp \quad (p：整数) \qquad \cdots\cdots②$$

とおくと，$1 \leqq i \leqq 2m$，$1 \leqq i' \leqq 2m$ であるから，$-(2m-1) \leqq i-i' \leqq 2m-1$

すなわち，

$$-(2m-1) \leqq mp \leqq 2m-1 \qquad \therefore\ p=-1,0,1$$

である．

さて，②より，$i-1=i'-1+mp$（$p=-1,0,1$）

$$\therefore\ \frac{i-1}{m}=\frac{i'-1}{m}+p \qquad \therefore\ \left[\frac{i-1}{m}\right]=\left[\frac{i'-1}{m}\right]+p$$

である．

この式を上記の合同式①に代入すると，

$$(m+1)(i-i') \equiv -mp \pmod{2m}$$

つまり，

$$(m+1)mp \equiv -mp \pmod{2m}$$

ここで，両辺および法を m で割る（“算法 4”）と，

$$(m+1)p \equiv -p \pmod{2}$$

$$\therefore (m+2)p \equiv 0 \pmod{2}$$

ここにおいて, m は奇数であるから，$m+2$ も奇数である．したがって，$m+2$ と 2 とは互いに素である．ゆえに，算法 2 により，

$$p \equiv 0 \pmod{2}$$

ところで，$p=-1,0,1$ であるから，

$$p=0$$

よって，②より，

$$i=i'$$

となる．　［証明終］

（3）副対角線要素の和も一定になる．

副対角線上の (i,j) 要素については，$i+j=n+1$ であるから，

$$\left((m-1)i+1+m\left[\frac{i-1}{m}\right]\right)$$

であるが，i が $1,2,3,\cdots,n$ 上を変わるとき，これも完全剰余系にわたる．

このことを示すには，n 個の数：

$$(m-1)i+1+m\left[\frac{i-1}{m}\right] \qquad (i=1,2,3,\cdots,2m)$$

が，法 $n=2m$ に関して互いに合同でないことを示せばよい．

その証明は上記の(2)主対角線要素の和の場合と同様である．

（4）列については，定和を与えない．

(1)の後半の解説（334 ページ）で述べたように，補助方陣 A は，中央の横線を境にして上下がまったく同じ配列になる．したがって，すべての列の和は偶数になる．

ところで，半偶数 $n=2m$（m：奇数）次の補助方陣の定和 T は，

$$T=\frac{n(n-1)}{2}=m(2m-1) \qquad (\text{奇数})$$

である．

ゆえに，列において定和 T（奇数）を与えることは不可能である．

たとえば，$n=6$（$m=3$）の場合には，補助方陣 A の (i,j) 要素を，

$$\left(3i+j+3\left[\frac{i-1}{3}\right]\right)$$

によって作ると，下図のようになる．各要素について剰余記号 (　) は省略した．ここでは，中央の横線を境にして上下の 3×6 配列がまったく同じ配列になっている．そこで，すべての列において，列和は偶数であり，6 次補助方陣の定和 $T=15$（奇数）にはならない．

4	**5**	**0**	**1**	**2**	**3**
1	**2**	**3**	**4**	**5**	**0**
4	**5**	**0**	**1**	**2**	**3**
4	**5**	**0**	**1**	**2**	**3**
1	**2**	**3**	**4**	**5**	**0**
4	**5**	**0**	**1**	**2**	**3**

補助方陣 A

この問題は保留して，とりあえず，先に進もう．

◎ **補助方陣 B の作法**

補助方陣 B の (i,j) 要素は，$\left(i+mj+m\left[\dfrac{j-1}{m}\right]\right)$ と定める．

剰余記号 (　) の中の式は，上記の補助方陣 A の (i,j) 要素を定めた式において，i と j を入れ換えた式である．よって，補助方陣 B は，補助方陣 A の行と列を入れ換えた A の転置行列である．よって，両対角線要素は動かない．したがって，補助方陣 B では，各列および両対角線要素の和は一定になるが，行については定和を与えない．

また，中央縦線の左右の配列は，まったく同じ行列である．

たとえば，$n=6$（$m=3$）の場合には，補助方陣 B は，右図のようになる．その (i,j) 要素は，

$$\left(i+3j+3\left[\frac{j-1}{3}\right]\right)$$

により作る．

4	**1**	**4**	**4**	**1**	**4**
5	**2**	**5**	**5**	**2**	**5**
0	**3**	**0**	**0**	**3**	**0**
1	**4**	**1**	**1**	**4**	**1**
2	**5**	**2**	**2**	**5**	**2**
3	**0**	**3**	**3**	**0**	**3**

補助方陣 B

図のように，行において，補助方陣の定和 $T=15$ になっていない．

こうして，補助方陣 A,B とも，それぞれ，列，行において定和性をもっていないが，この問題は後で解決することにして，とりあえず先に進む．

これらの補助方陣 A,B は，実は互いに直交しているので，ここでそのことを示しておく．

◎ **補助方陣 A,B の直交性の証明**

2 つの補助方陣 A,B を重ね合わせてできる 2 重配列の (i,j) 要素と (i',j') 要素が同一であると仮定すると，

$$\left(mi+j+m\left[\frac{i-1}{m}\right]\right)=\left(mi'+j'+m\left[\frac{i'-1}{m}\right]\right)$$

$$\left(i+mj+m\left[\frac{j-1}{m}\right]\right)=\left(i'+mj'+m\left[\frac{j'-1}{m}\right]\right)$$

すなわち，

$$mi+j+m\left[\frac{i-1}{m}\right]\equiv mi'+j'+m\left[\frac{i'-1}{m}\right]\pmod{2m}$$
$$i+mj+m\left[\frac{j-1}{m}\right]\equiv i'+mj'+m\left[\frac{j'-1}{m}\right]\pmod{2m}$$

したがって，算法 1 の系 1 により，

$$m(i-i')+(j-j')\equiv m\left[\frac{i'-1}{m}\right]-m\left[\frac{i-1}{m}\right]\pmod{2m}\qquad\cdots\cdots①$$
$$(i-i')+m(j-j')\equiv m\left[\frac{j'-1}{m}\right]-m\left[\frac{j-1}{m}\right]\pmod{2m}\qquad\cdots\cdots②$$

これらの式を，m を法として見ると，算法 3 により，

$$j-j'\equiv 0,\quad i-i'\equiv 0\qquad\pmod{m}$$

したがって，

$$i-i'=mp,\quad j-j'=mq\quad(p,q：整数)\qquad\cdots\cdots③$$

とおくと，ここで，$1\leqq i,i',j,j'\leqq 2m$ であるから，

$$-(2m-1)\leqq i-i'\leqq 2m-1,\qquad -(2m-1)\leqq j-j'\leqq 2m-1$$

よって，③より，

$$p=-1,0,1;\quad q=-1,0,1\qquad\cdots\cdots④$$

である．また，③より，

$$i-1=i'-1+mp,\qquad j-1=j'-1+mq$$
$$\therefore\ \frac{i-1}{m}=\frac{i'-1}{m}+p,\qquad \frac{j-1}{m}=\frac{j'-1}{m}+q$$
$$\therefore\ \left[\frac{i-1}{m}\right]=\left[\frac{i'-1}{m}\right]+p,\qquad \left[\frac{j-1}{m}\right]=\left[\frac{j'-1}{m}\right]+q$$

である．この式を上記の合同式①,②に代入すると，それぞれ，

$$m(i-i')+(j-j')\equiv -mp,\quad (i-i')+m(j-j')\equiv -mq\qquad\pmod{2m}$$

③を代入すると

$$m^2p+mq\equiv -mp,\quad mp+m^2q\equiv -mq\qquad\pmod{2m}$$

ここで，“算法 4” により，両辺および法を m で割ると，

$$mp+q\equiv -p,\quad p+mq\equiv -q\qquad\pmod{2}$$

$$\therefore (m+1)p+q \equiv 0, \qquad p+(m+1)q \equiv 0 \qquad (\mathrm{mod}\ 2)$$

ここで，m は奇数だから，$m+1$ は偶数である．したがって，系 2 により，

$$q \equiv 0, \quad p \equiv 0 \qquad (\mathrm{mod}\ 2)$$

ここで，④より，$p = -1,0,1$；$q = -1,0,1$ であるから，

$$p = 0, \qquad q = 0$$

よって，③より，

$$i = i',\ j = j' \qquad \therefore\ (i,j) = (i',j')$$

対偶を考えると，異なる 2 つの区画 $(i,j),(i',j')$ には，必ず，異なる数が入ることが分かる．　[証明終]

こうして，補助方陣 A,B は直交することが保証される．したがって，これら A,B の対応（相対）する位置にある要素 $(a),(b)$ を重ね合わせて 2 重記号 (ab) を作れば，2 重記号 (ab) はすべて相異なるわけである．

ここで，補助方陣 A,B では両対角線要素上では定和を与えるが，行と列については定和を与えていなかったことを忘れてはならない．しかし，この問題は，以下のような変換により解決できる．

◎ 変換の考え方

補助方陣 A,B において，直交性と両対角線の定和性をくずさないように配慮しながら，最終的には補助方陣 A については，列に 2 種類の記号 (k) と $(k+m)$ がそれぞれ m（奇数）回現れるように，また，補助方陣 B については，行に記号 (k) と $(k+m)$ がそれぞれ m（奇数）回現れるような変換を考える．

そして，補助方陣の定和 $T = m(2m-1)$ を与えるために，それらの 2 種類の記号 (k) と $(k+m)$ には，$(k)+(k+m) = 2m-1$（$k = 0 \sim m-1$）なる条件を与えるのである．

さて，その方法を具体的に，$n = 6$（$m = 3$）の場合を例にとって，3 段階に分けて説明しよう．

（第 1 ステージ：補助方陣 A,B（336, 337 ページ）における要素の交換） これは，変換を行い易くするための地ならし（準備）の交換である．まず，次のようにする．

① 補助方陣 A においては，第 4, 5, 6 列を逆の順序 6, 5, 4 に入れ換える．一般的には，第 $m+1, m+2, \cdots\cdots, 2m$ 列を逆の順序に入れ換える．

② 補助方陣 B においては，第 4, 5, 6 行を逆の順序 6, 5, 4 に入れ換える．一般的には，第 $m+1, m+2, \cdots\cdots, 2m$ 行を逆の順序に入れ換える．

下図は，この交換後の配列である．前記の補助方陣 A, B と比べながら見てほしい．

4	5	0	3	2	1
1	2	3	0	5	4
4	5	0	3	2	1
4	5	0	3	2	1
1	2	3	0	5	4
4	5	0	3	2	1

補助方陣 A'

4	1	4	4	1	4
5	2	5	5	2	5
0	3	0	0	3	0
3	0	3	3	0	3
2	5	2	2	5	2
1	4	1	1	4	1

補助方陣 B'

（**注 1**）この変換で，両対角線上での「定和性」は保存される．なぜならば，補助方陣 A, B において，4 分割した 4 つの 3×3（一般には，$m\times m$）小行列は，どれも両対角線要素の構成メンバーが同一であるからである．

（**注 2**）この変換では，補助方陣 A' においては列の 6 要素の組合せは変わらない．B' においては行の 6 要素の組合せは変わらない．よって，それぞれの列と行の「定和性」は崩れたままである．

（**注 3**）補助方陣 A', B' においても，補助方陣 A, B の「直交性」は保存される．なぜならば，

（1）4 分割した 4 つの 3×3（一般には，$m\times m$）小行列のうち，左上の 3×3（一般には，$m\times m$）小行列については，何も変更されていない．

（2）右上の 3×3 小行列では，A' では第 4 列と第 6 列を入れ換えたが，B' では第 4 列と第 6 列は同じであるから，小行列中の 2 重記号 (ab) も，第 4 列と第 6 列の間での交換となる．

（3）また，左下の 3×3 小行列では，A' では第 4 行と第 6 行が同じなので，B' で第 4 行と第 6 行を入れ換えると，小行列中の 2 重記号 (ab) も，第 4 行と第 6 行の間での交換となる．

（4）さらに，右下の 3×3 小行列については，ともに A, B の右下の 3×3 小行列の各要素を，その中央（3×3 の場合は 5）に関して対称移動したものである．

からである．

(第 2 ステージ：A', B' から作る 2 重配列 C の第 1 行と第 1 列における要素の交換) 上記の補助方陣 A', B' から作る 2 重配列 C は，下図の左側のようになる．

なお，以下の交換では，両対角線上での「定和性」を崩さないように両対角線要素は動かさない．また，2 重記号どうしの交換により，直交性が保たれることはもちろんである．

いま，2 重配列 C（下図）の第 1 行と第 1 列の隅の 3 数を除いた網かけ部分を，部分的に逆の順序に入れ換えて，右側の 2 重配列 C' を作る．ここでも各セルの 2 重記号 (　) は略してある．

44	51	04	34	21	14
15	22	35	05	52	45
40	53	00	30	23	10
43	50	03	33	20	13
12	25	32	02	55	42
41	54	01	31	24	11

二重配列 C

44	21	34	04	51	14
12	22	35	05	52	45
43	53	00	30	23	10
40	50	03	33	20	13
15	25	32	02	55	42
41	54	01	31	24	11

二重配列 C'

この 2 重配列 C' においては，2 重記号 (ab) の第 1 成分 (a) については，第 1 列，第 6 列以外のすべての列は同じ数字を各 3（一般には，m）個ずつ含むようになる．また，第 2 成分 (b) については，第 1 行，第 6 行以外のすべての行は同じ数字を各 3（一般には，m）個ずつ含んでいる．

したがって，この C' の各 (ab) について，剰余記号 $(a), (b)$ に条件：

$$(a)+(a+3)=5, \qquad (b)+(b+3)=5 \qquad \cdots\cdots ⑤$$

を与えることによって，第 1, 6 行と第 1, 6 列以外のすべての行，列および両対角線で 6 次補助方陣の定和 $T=15$ を与えることができる．

しかし，この C' では，第 1, 6 行においては第 2 成分で，第 1, 6 列においては第 1 成分で，定和性の問題は何ら改善されていない．

(第 3 ステージ：2 重配列 C' の中央の 2 行・2 列における要素の交換) そこで，C' の第 1 行と第 6 行の間で，また，第 1 列と第 6 列の間で，中央の 2 行・2 列にある要素を，たとえば，次のように交換する．

- C' の第 1 行の (1, 3) 要素である (34) と第 6 行の (6, 4) 要素である (31) を交換する．

- C' の第 3 行の (3, 1) 要素である (43) と第 4 行の (4, 6) 要素である (13) を交換する.

  （各 2 要素は，下図では中心に関して点対称の位置にある）

このような 2 組の交換を行なった結果を C'' とすると，C'' は下図のようになる.

44	**21**	**31**	**04**	**51**	**14**
12	**22**	**35**	**05**	**52**	**45**
13	**53**	**00**	**30**	**23**	**10**
40	**50**	**03**	**33**	**20**	**43**
15	**25**	**32**	**02**	**55**	**42**
41	**54**	**01**	**34**	**24**	**11**

2 重配列 C''

この操作によって，第 1, 6 行の第 2 成分と第 1, 6 列の第 1 成分についても定和を与えるようにはなるが，今度は，中央の 2 行・2 列（第 3, 4 行と第 3, 4 列）の定和性を崩してしまっている.

そこで，中央の 2 行・2 列の定和性を元に戻すために，さらに，次図のように，中央の 2 行・2 列の各 2 組の網かけ部の 2 重記号を，中央の 2 行では上下に，中央の 2 列では左右に交換すれば，問題は一挙に解決する.

44	**21**	**31**	**04**	**51**	**14**
12	**22**	**35**	**05**	**52**	**45**
13	**53**	**00**	**30**	**20**	**43**
40	**50**	**03**	**33**	**23**	**10**
15	**25**	**02**	**32**	**55**	**42**
41	**54**	**34**	**01**	**24**	**11**

2 重配列 (完)

完成したこの 2 重配列から，実際に，6 次方陣を作るには，たとえば，

(ab) の第 1 成分 (a) については，　$(0) = 0$,　$(1) = 1$,　$(2) = 2$

(ab) の第 2 成分 (b) については，　$(0) = 2$,　$(1) = 1$,　$(2) = 0$

と定めると，341 ページの⑤により，

(ab) の第 1 成分 (a) については，　$(3) = 5$,　$(4) = 4$,　$(5) = 3$

(ab) の第 2 成分 (b) については，　$(3) = 3$,　$(4) = 4$,　$(5) = 5$

となる．

このとき，完成した 2 重配列の各 (ab) について，(a) は (ab) の第 1 成分；(b) は第 2 成分であることに注意して，$6(a)+(b)+1$ を算出すれば，次の 6 次方陣が得られる．

29	14	32	5	20	11
7	13	36	6	19	30
10	22	3	33	15	28
27	21	4	34	16	9
12	18	1	31	24	25
26	23	35	2	17	8

定和111

（注）たとえば，2 重配列（完成）図の (30), (52) は，上記の置き換えによって，

$$(30) = 6(3)+(0)+1 = 6\times 5+2+1 = 33$$

$$(52) = 6(5)+(2)+1 = 6\times 3+0+1 = 19$$

となる．

ここでは，$n=6$（$m=3$）の場合について説明したが，この解法は一般的な方法である．

問題 41 上記の 2 重配列（完成図）において，たとえば，

2 重記号 (ab) の第 1 成分 a については，　$(0)=2$,　$(1)=0$,　$(2)=1$

2 重記号 (ab) の第 2 成分 b については，　$(0)=4$,　$(1)=5$,　$(2)=3$

とした場合の 6 次方陣を作れ．

問題 42 本論の解法で，$n=10$（$m=5$）の場合の 2 重配列 C'' を作れ．また，中央の 2 行・2 列の適切な要素を入れ換えて，10 次の 2 重配列を完成せよ．

〔コラム 10〕 **5 次の完全魔方陣を作る**

5 次の補助方陣 A, B を，(x,y) 要素にそれぞれ $(x+3y), (3x+y)$ を対応させることによって作れば，x, y の係数 1 と 3 はいずれも 5 と互いに素である．ゆえに，A, B のすべての行と列は完全剰余系からなり，5 次補助方陣の定和をもつ．

また，x, y の係数 a_1, a_2 について，$a_1 \pm a_2$ は

$$A：\ 1\pm3\ (=4,-2) \qquad B：\ 3\pm1\ (=4,2)$$

となり，すべて $n=5$ と互いに素である．ゆえに，補助方陣 A, B の汎対角線も完全剰余系からなり，5 次補助方陣の定和をもつ．したがって，A, B は，ともに 5 次の完全補助方陣としての条件を満たしている．なお，補助方陣 A, B の図は，紙面の都合で省略する．さらに，これらの補助方陣 A, B は直交する．なぜならば，いま，仮に，(x,y) と (x',y') 要素に同一の数が対応するとすれば，

$$(x+3y)=(x'+3y') \quad かつ \quad (3x+y)=(3x+y)$$

すなわち，

$$x+3y \equiv x'+3y' \quad かつ \quad 3x+y \equiv 3x'+y' \pmod 5 \qquad \cdots\cdots ①$$

である．辺々加えると，

$$4(x+y) \equiv 4(x'+y') \pmod 5$$

ここで，4 と 5 は互いに素であるから，

$$x+y \equiv x'+y' \pmod 5 \qquad \cdots\cdots ②$$

① − ② から，

$$2x \equiv 2x' \pmod 5$$

ここで，2 と 5 は互いに素であるから，

$$x \equiv x' \pmod 5$$

ゆえに，

$$y \equiv y' \pmod 5$$

ここで，x, y, x', y' はいずれも 0, 1, 2, 3, 4 であるから，

$$x=x',\ y=y' \qquad \therefore\ (x,y)=(x',y')$$

となるからである．したがって，A, B において，たとえば，$(0)=0$，$(1)=1$，$(2)=2$，$(3)=3$，$(4)=4$ として，$M=E+A+5B$ を構成すれば，次の 5 次の完全魔方陣が完成する．

17	**8**	**24**	**15**	**1**
14	**5**	**16**	**7**	**23**
6	**22**	**13**	**4**	**20**
3	**19**	**10**	**21**	**12**
25	**11**	**2**	**18**	**9**

定和65

なお，この 5 次の完全魔方陣は，$a_1+a_2=4$ であるから，対称型である．

定和 42

第 11 章

立体魔方陣とその解法

立体魔方陣は見取り図を見ただけでは，隠れた部分があるのでその全体像を掴みにくい．立体魔方陣は上下の面だけでなく，前後の面や左右の側面に平行な 3 方向のすべての面でも行和と列和がすべて立体魔方陣の定和となることに加え，4 本の立体対角線上の和も定和になっていなければならないからである．それゆえ，立体魔方陣を作るのは，平面の魔方陣を作ることよりさらに難しい．にもかかわらず，立体魔方陣にも多くの方陣研究者が取り組み，貴重な作品を残している．

この章後半の立体魔方陣の解法は，3 つの補助方陣を使う方法をとる．次数によっては，簡単に素晴らしい性質をもつ立体魔方陣を作ることができる．ここでも，前章の「完全剰余系」,「合同式」が目覚ましい活躍をするので，その活躍ぶりを見てほしい．

§ 75　立体魔方陣

平面の魔方陣の拡張として，立方体状の方陣が考えられる．

たとえば，前ページの 3×3×3 立体方陣は，下図のような 3 つの 3 次配列を上から順に積み重ねて作ったもので，これには，1 から 27 までの数字が 1 回ずつ用いられていて，次のような性質をもっている．

10	**26**	**6**
24	**1**	**17**
8	**15**	**19**

第 3 面

23	**3**	**16**
7	**14**	**21**
12	**25**	**5**

第 2 面

9	**13**	**20**
11	**27**	**4**
22	**2**	**18**

第 1 面

（1）（立体の）側面に垂直な左右方向の

$10+26+6=42$，$24+1+17=42$，$\cdots$ などの 9 本の行

（2）（立体の）前面に垂直な前後方向の

$10+24+8=42$，$26+1+15=42$，$\cdots$ などの 9 本の列

（3）（立体の）上面に垂直な上下方向の

$10+23+9=42$，$24+7+11=42$，$\cdots$ などの 9 本の柱

（4）4 本の立体対角線：

$10+14+18=42$，$19+14+9=42$，$6+14+22=42$，$8+14+20=42$

以上の(1)～(4)の合計 31（一般に，$n\times n\times n$ 立体方陣の場合には，$3n^2+4$）本が一定の和 42 をもっている．

このような性質をもつ方陣は，3 次の**立体魔方陣**（magic cube）と呼ばれる．また，言い遅れたが，(1)の左右（横）方向の 3 数の組（9 本）は**行**（row），(2)の前後（縦）方向の 3 数の組（9 本）は**列**（column），(3)の上下（高さ）方向の 3 数の組（9 本）は**柱**（pillar）と呼ばれる．

一般には，$1\sim n^3$ の数からなり，行，列，柱の 3 方向に加えて，4 本の立体対角線上の n 数の和がすべて定和 S を与える立方体配列を，n 次の立体魔方陣という．

なお，3 次の立体魔方陣の定和は，$(1+2+3+\cdots+27)\div 9=378\div 9=42$ として，計算で求められる．一般に，n 次の立体魔方陣の定和 S は，

$$S=\frac{1+2+3+\cdots\cdots+n^3}{n^2}=\frac{n(1+n^3)}{2} \qquad \cdots\cdots①$$

である.

これが, n 次の立体魔方陣の定和 S を与える公式である.

(**注 1**) 「**立体対角線**」とは, 立方体の対角線のことである. 下図における a, b, c, d の 4 本の対角線のことである. 3 方向の平面 ($3\times 3 = 9$ 枚ある) 上の主対角線, 副対角線のことではない.

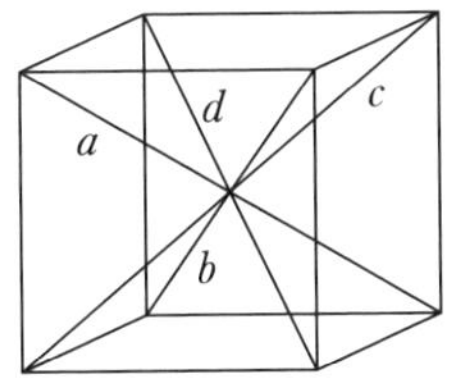

(**注 2**) ①が n 次の立体魔方陣の**定和** S **の公式**である.

$$n = 3 \quad \text{のとき,} \quad S = 42$$
$$n = 4 \quad \text{のとき,} \quad S = 130$$
$$n = 5 \quad \text{のとき,} \quad S = 315$$

である.

(**注 3**) 立体魔方陣は, 平面対角線上の和は問題にしない.

上記の立体魔方陣では, 3 つの方向の第 2 面では (平面の) 対角線は定和を与えるが,

上面の対角線: $6+1+8 = 15$, $19+1+10 = 30$
下面の対角線: $20+27+22 = 69$, $18+27+9 = 54$
左面の対角線: $10+7+22 = 39$, $8+7+9 = 24$
右面の対角線: $19+21+20 = 60$, $6+21+18 = 45$
後面の対角線: $10+3+20 = 33$, $6+3+9 = 18$
前面の対角線: $8+25+18 = 51$, $19+25+22 = 66$

の和は定和 42 になっていない.

立体魔方陣は, 見取り図では見えないところにある数字が明らかでないので, 今後, 前ページの図のように, 上 (底) 面に平行な平面に分解して表すことにする. そして, 各面は下から順に, 第 1 面, 第 2 面, 第 3 面, …と呼ぶことにする. n 次の立体魔方陣の最上面は, 第 n 面である.

◎ 立体魔方陣の相等・同一視

方陣の個数を数えるとき，平面上の魔方陣では回転・裏返したものは同じものと考えたように，立体魔方陣でも回転したものや鏡像（reflection）は同じものと考える．

◎ 3 次の立体魔方陣は 4 種

3 次の立体魔方陣は何個あるか．アメリカの数学者レーマー（Lehmer）は，1934 年に次の(1)～(4)の 4 種であると発表した．

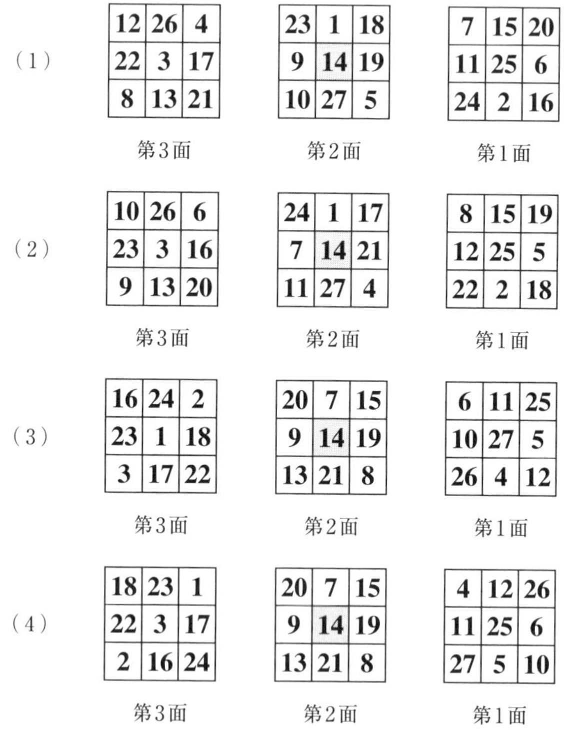

	第3面			第2面			第1面		
(1)	12	26	4	23	1	18	7	15	20
	22	3	17	9	14	19	11	25	6
	8	13	21	10	27	5	24	2	16
(2)	10	26	6	24	1	17	8	15	19
	23	3	16	7	14	21	12	25	5
	9	13	20	11	27	4	22	2	18
(3)	16	24	2	20	7	15	6	11	25
	23	1	18	9	14	19	10	27	5
	3	17	22	13	21	8	26	4	12
(4)	18	23	1	20	7	15	4	12	26
	22	3	17	9	14	19	11	25	6
	2	16	24	13	21	8	27	5	10

この結果が正しいことは，確認・証明されている．立体の中央数はいずれも 14 であり，最小数 1 は，(1)と(2)の立体方陣では，中央面（第 2 面）の辺の中央にあり，(3)では，上面の中央にあり，(4)では，立体の頂点（vertex）にあることが分かる．定和は 42 である．

◎ 3 次の立体魔方陣の性質

性質 1　3 次立体魔方陣の中央数（立体対角線の交点）は，14（1〜27 の平均数）である．

［証明］　3 次立体魔方陣は，1〜27 の数からなり，各面とも 3 行からなるから，定和を $S=42$ とすると，

$$1+2+3+\cdots+26+27=9S$$

いま，第 3 面，第 2 面，第 1 面の中央数をそれぞれ，l, m, n（$l+m+n=S$）とすると，

- 4 本の立体対角線を考えると，要素の和は $4S$ で，中央数 m は 4 個（回）重複する．
- 第 3 面（上面）の第 2 行と第 2 列を考えると，要素の和は $2S$ で，l は 2 個（回）重複する．
- 第 2 面の 3×3 個の要素の和は $3S$ で，m が中央に 1 個ある．
- 第 1 面（下面）の第 2 行と第 2 列を考えると，要素の和は $2S$ で，n は 2 個（回）重複する．

ここでは，l と n は 1 個超過，m は 4 個超過し，その他の数はちょうど 1 回ずつ現れている．

したがって，

$$(4+2+3+2)S=(1+2+\cdots+27)+(l+m+n)+3m$$

$$\therefore 11S=9S+S+3m \qquad \therefore\ S=3m$$

$$\therefore m=14$$

［証明終］

性質 2　3 次立体魔方陣は，対称魔方陣である．対称和は，28 である．

［証明］　まず，3 次立体魔方陣の立体対角線上の隅の数について考える．隅の数を a,b とおく．

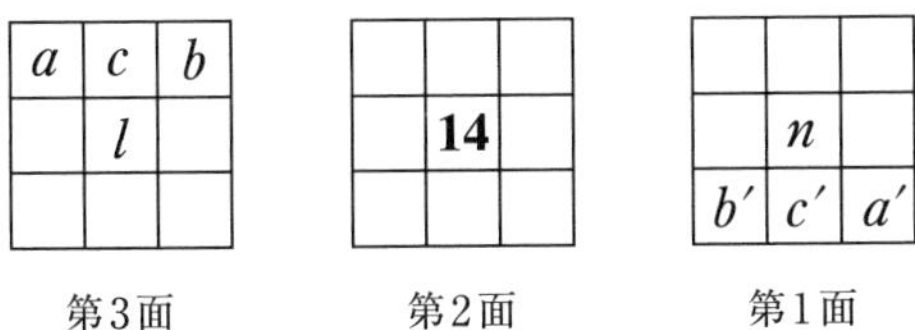

中心 14 に関して対称な位置にある数をそれぞれ a', b' とすると，立体対角線の定和性（定和 42）により，$a+a'=28$，$b+b'=28$ が成り立つので，中心に関して対称である．

次に，1 つの辺の中央の数 c と中心に関して対称な位置にある数を c' とすると，辺の定和性により，

$$c = 42-a-b, \qquad c' = 42-a'-b' = 42-(28-a)-(28-b) = a+b-14$$

であるから，$c+c'=28$ が成り立っている．

さらに，第 3 面の中央の数 l と中心に関して対称な位置にある数を n とすると，柱の定和性により，$l+l'=28$ が成り立っている．　　［証明終］

なお，3 次立体魔方陣は完全魔方陣ではない．

［証明］　いま，1 つの 3 次立体完全魔方陣があったとすると，3 方向の平面の「シフト変換」により，$3\times3\times3=27$ 個の立体完全魔方陣ができる．また，「シフト変換」をするごとに，立体の中央数も変わる．

ところが，3 次立体魔方陣の中央数は性質 1 により，常に 14 であり，変わることができない．　　［証明終］

◎ **4 次の立体魔方陣の例**

次に，4 次の立体魔方陣の例を (i), (ii), (iii), (iv) の 4 つだけ紹介しよう．4 次の立体魔方陣の研究は，日本でも昭和に入ってから多くの人が熱心に研究した．4 次の立体魔方陣の定和は 130 である．

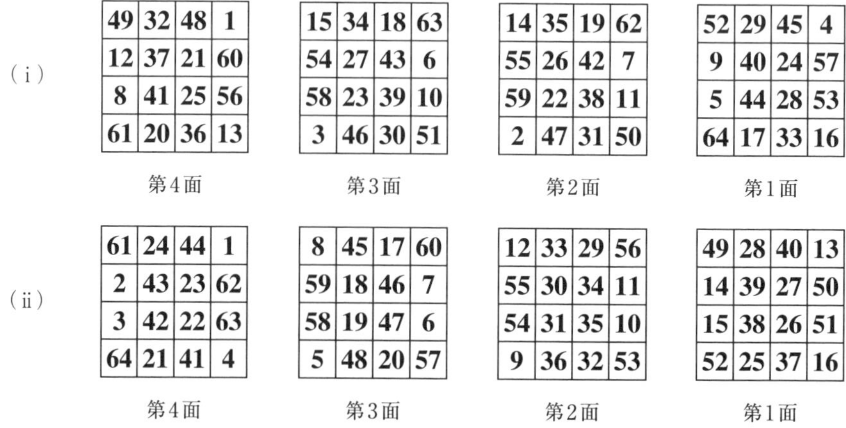

（i）

49	32	48	1
12	37	21	60
8	41	25	56
61	20	36	13

第4面

15	34	18	63
54	27	43	6
58	23	39	10
3	46	30	51

第3面

14	35	19	62
55	26	42	7
59	22	38	11
2	47	31	50

第2面

52	29	45	4
9	40	24	57
5	44	28	53
64	17	33	16

第1面

（ii）

61	24	44	1
2	43	23	62
3	42	22	63
64	21	41	4

第4面

8	45	17	60
59	18	46	7
58	19	47	6
5	48	20	57

第3面

12	33	29	56
55	30	34	11
54	31	35	10
9	36	32	53

第2面

49	28	40	13
14	39	27	50
15	38	26	51
52	25	37	16

第1面

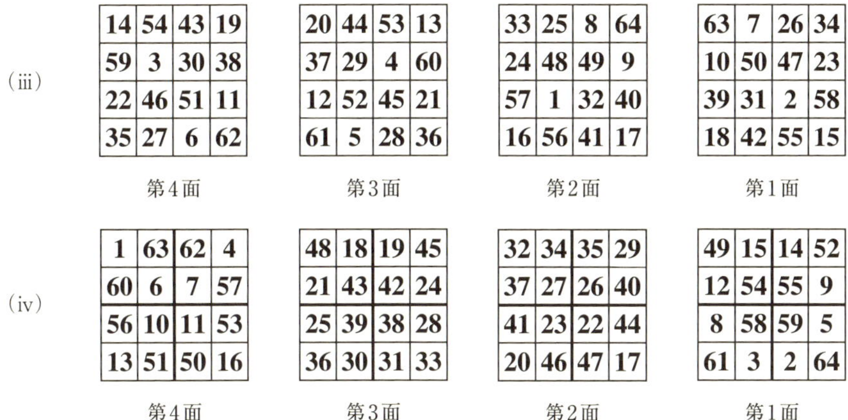

(iii)

14	54	43	19
59	3	30	38
22	46	51	11
35	27	6	62

第4面

20	44	53	13
37	29	4	60
12	52	45	21
61	5	28	36

第3面

33	25	8	64
24	48	49	9
57	1	32	40
16	56	41	17

第2面

63	7	26	34
10	50	47	23
39	31	2	58
18	42	55	15

第1面

(iv)

1	63	62	4
60	6	7	57
56	10	11	53
13	51	50	16

第4面

48	18	19	45
21	43	42	24
25	39	38	28
36	30	31	33

第3面

32	34	35	29
37	27	26	40
41	23	22	44
20	46	47	17

第2面

49	15	14	52
12	54	55	9
8	58	59	5
61	3	2	64

第1面

(i),(ii)の立体方陣は久留島義太の書き残した草稿中に発見されたものであるが，これらは共に4次の立体魔方陣としての条件を満たしている．(i)は，その中心に関して対称の位置にある2数の和がすべて65になっている．(ii)は，各水平面の対角線においても定和130を与えている．これらの方陣が世界最初の立体魔方陣であると言われる．

(iii)の立体方陣は京都の数学者 田中由真(よしざね)が『洛書亀鑑』(1683) 中に掲げたものであるが，久留島義太の2種の立体魔方陣と共に和算では珍しいものである．

ただし，これは各水平面の対角線において定和130を与えるが，4本の立体対角線において定和を与えないので，正式には立体魔方陣とはいえない．

(iv)の立体方陣はアンドリュースの *Magic squares and cubes* (1908) の中に見られるもので，立体魔方陣としての条件を満たしているほか，すべての水平面，前後面，左右面の各4個の 2×2 行列（計 $4\times4\times3=48$ 組）内の4数の和も定和130になっている．さらに，立体の中心に関して対称の位置にある2数の和はすべて65である．

(i),(ii),(iii)の数字は，漢数字で書かれたものを算用数字に直してある．なお，4次の立体魔方陣は，実は，無数に存在する．次節§76において，詳しく述べる．

立体魔方陣は，作り方もいろいろと工夫されているが，使う数の個数も増え，3次元の問題でもあるので，平面の魔方陣より急激に難しくなる．

◎ より大きな次数の立体魔方陣の例

次に，5次，6次，7次，8次の立体魔方陣の例をいくつか示そう．これらが，立体魔方陣になっていることを確かめるだけでも相当厄介である．作るのは，もちろんさらに難しい．なお，6次立体完全方陣の例は，後に§80（396, 397ページ）で紹介する．いずれも，高度の学芸による驚くべき作品である．

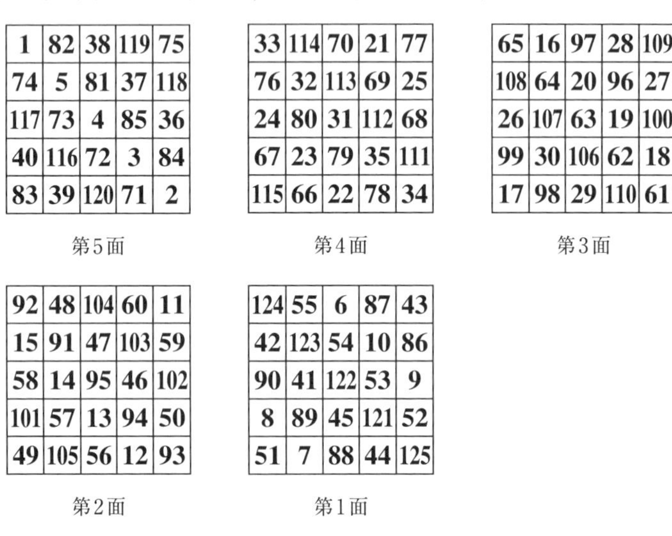

1	82	38	119	75
74	5	81	37	118
117	73	4	85	36
40	116	72	3	84
83	39	120	71	2

第5面

33	114	70	21	77
76	32	113	69	25
24	80	31	112	68
67	23	79	35	111
115	66	22	78	34

第4面

65	16	97	28	109
108	64	20	96	27
26	107	63	19	100
99	30	106	62	18
17	98	29	110	61

第3面

92	48	104	60	11
15	91	47	103	59
58	14	95	46	102
101	57	13	94	50
49	105	56	12	93

第2面

124	55	6	87	43
42	123	54	10	86
90	41	122	53	9
8	89	45	121	52
51	7	88	44	125

第1面

アンドリュース，1960（5次立体方陣，定和315）

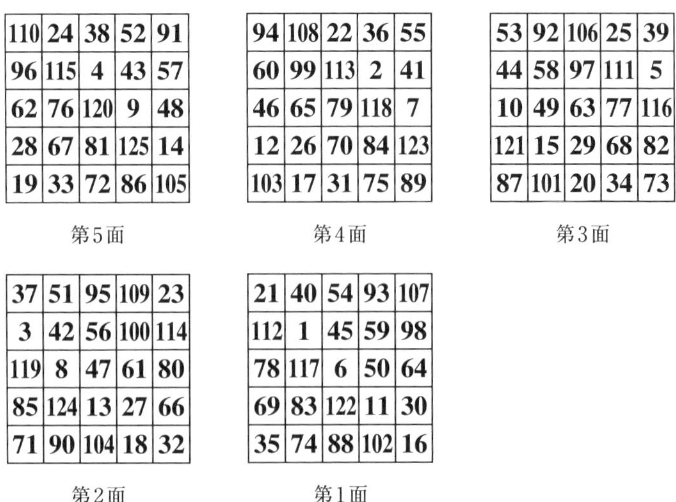

110	24	38	52	91
96	115	4	43	57
62	76	120	9	48
28	67	81	125	14
19	33	72	86	105

第5面

94	108	22	36	55
60	99	113	2	41
46	65	79	118	7
12	26	70	84	123
103	17	31	75	89

第4面

53	92	106	25	39
44	58	97	111	5
10	49	63	77	116
121	15	29	68	82
87	101	20	34	73

第3面

37	51	95	109	23
3	42	56	100	114
119	8	47	61	80
85	124	13	27	66
71	90	104	18	32

第2面

21	40	54	93	107
112	1	45	59	98
78	117	6	50	64
69	83	122	11	30
35	74	88	102	16

第1面

森山善雄, 1967（5次**完全対称**方陣，定和315）

6	212	3	34	215	181
205	8	10	189	29	210
13	17	201	202	194	24
19	203	196	195	20	18
192	26	208	27	11	187
216	185	33	4	182	31

第6面

73	77	141	142	110	108
84	134	81	100	137	115
127	86	88	123	95	132
126	92	80	93	89	121
138	119	99	82	116	97
103	143	112	111	104	78

第5面

72	176	148	39	149	67
169	155	64	63	44	156
162	59	165	160	56	49
60	50	159	166	53	163
151	65	45	46	170	174
37	146	70	177	179	42

第4面

175	38	40	147	71	180
43	47	171	172	152	66
54	164	51	58	167	157
168	161	57	52	158	55
61	173	154	153	62	48
150	68	178	69	41	145

第3面

139	113	106	105	74	114
120	101	135	118	98	79
96	128	124	87	125	91
85	122	94	129	131	90
102	80	117	136	83	133
109	107	75	76	140	144

第2面

186	35	213	184	32	1
30	206	190	9	191	25
199	197	22	21	14	198
193	23	15	16	200	204
7	188	28	207	209	12
36	2	183	214	5	211

第1面

I. ワイデマン，1922（6次立体対称方陣，定和651）

109	143	76	123	88	112
87	156	49	170	63	126
140	174	52	150	53	82
75	66	182	51	139	138
136	40	148	65	176	86
104	72	144	92	132	107

第6面

137	48	157	68	158	83
155	2	198	27	207	62
34	187	212	13	22	183
147	32	1	208	193	70
44	213	23	186	12	173
134	169	60	149	59	80

第5面

103	101	159	36	119	133
162	196	201	8	29	55
46	206	28	197	3	171
163	15	191	18	210	54
93	17	14	211	192	124
84	116	58	181	98	114

第4面

90	56	57	184	175	89
118	21	16	209	188	99
180	11	189	20	214	37
64	202	26	199	7	153
71	200	203	6	25	146
128	161	160	33	42	127

第3面

102	178	117	95	38	121
50	215	19	190	10	167
120	30	5	204	195	97
111	185	216	9	24	106
172	4	194	31	205	45
96	39	100	122	179	115

第2面

110	125	85	145	73	113
79	61	168	47	154	142
131	43	165	67	164	81
91	151	35	166	78	130
135	177	69	152	41	77
105	94	129	74	141	108

第1面

トルンプ，2003（6次立体対称方陣，定和651）

193	201	258	315	22	79	136
20	77	127	184	241	249	306
232	289	297	11	68	125	182
59	116	173	230	287	337	2
278	335	49	50	107	164	221
105	155	212	269	326	40	97
317	31	88	145	153	210	260

第7面

253	310	24	81	138	195	203
129	186	243	251	308	15	72
299	13	70	120	177	234	291
175	225	282	339	4	61	118
44	52	109	166	223	280	330
214	271	328	42	92	100	157
90	147	148	205	262	319	33

第6面

26	83	140	190	198	255	312
245	246	303	17	74	131	188
65	122	179	236	293	301	8
284	341	6	63	113	170	227
111	168	218	275	332	46	54
323	37	94	102	159	216	273
150	207	264	321	35	85	142

第5面

135	192	200	257	314	28	78
305	19	76	133	183	240	248
181	238	288	296	10	67	124
1	58	115	172	229	286	343
220	277	334	48	56	106	163
96	104	161	211	268	325	39
266	316	30	87	144	152	209

第4面

202	259	309	23	80	137	194
71	128	185	242	250	307	21
290	298	12	69	126	176	233
117	174	231	281	338	3	60
336	43	51	108	165	222	279
156	213	270	327	41	98	99
32	89	146	154	204	261	318

第3面

311	25	82	139	196	197	254
187	244	252	302	16	73	130
14	64	121	178	235	292	300
226	283	340	5	62	119	169
53	110	167	224	274	331	45
272	329	36	93	101	158	215
141	149	206	263	320	34	91

第2面

84	134	191	199	256	313	27
247	304	18	75	132	189	239
123	180	237	294	295	9	66
342	7	57	114	171	228	285
162	219	276	333	47	55	112
38	95	103	160	217	267	324
208	265	322	29	86	143	151

第1面

境 新, 1936 (7次立体完全魔方陣, 定和1204)

1	506	4	507	8	511	5	510
488	31	485	30	481	26	484	27
489	18	492	19	496	23	493	22
16	503	13	502	9	498	12	499
57	450	60	451	64	455	61	454
480	39	477	38	473	34	476	35
465	42	468	43	472	47	469	46
56	463	53	462	49	458	52	459

第8面

192	327	189	326	185	322	188	323
345	162	348	163	352	167	349	166
344	175	341	174	337	170	340	171
177	330	180	331	184	335	181	334
136	383	133	382	129	378	132	379
353	154	356	155	360	159	357	158
368	151	365	150	361	146	364	147
137	370	140	371	144	375	141	374

第7面

448	71	445	70	441	66	444	67
89	418	92	419	96	423	93	422
88	431	85	430	81	426	84	427
433	74	436	75	440	79	437	78
392	127	389	126	385	122	388	123
97	410	100	411	104	415	101	414
112	407	109	406	105	402	108	403
393	114	396	115	400	119	397	118

第6面

257	250	260	251	264	255	261	254
232	287	229	286	225	282	228	283
233	274	236	275	240	279	237	278
272	247	269	246	265	242	268	243
313	194	316	195	320	199	317	198
224	295	221	294	217	290	220	291
209	298	212	299	216	303	213	302
312	207	309	206	305	202	308	203

第5面

449	58	452	59	456	63	453	62
40	479	37	478	33	474	36	475
41	466	44	467	48	471	45	470
464	55	461	54	457	50	460	51
505	2	508	3	512	7	509	6
32	487	29	486	25	482	28	483
17	490	20	491	24	495	21	494
504	15	501	14	497	10	500	11

第4面

384	135	381	134	377	130	380	131
153	354	156	355	160	359	157	358
152	367	149	366	145	362	148	363
369	138	372	139	376	143	373	142
328	191	325	190	321	186	324	187
161	346	164	347	168	351	165	350
176	343	173	342	169	338	172	339
329	178	332	179	336	183	333	182

第3面

128	391	125	390	121	386	124	387
409	98	412	99	416	103	413	102
408	111	405	110	401	106	404	107
113	394	116	395	120	399	117	398
72	447	69	446	65	442	68	443
417	90	420	91	424	95	421	94
432	87	429	86	425	82	428	83
73	434	76	435	80	439	77	438

第2面

193	314	196	315	200	319	197	318
296	223	293	222	289	218	292	219
297	210	300	211	304	215	301	214
208	311	205	310	201	306	204	307
249	258	252	259	256	263	253	262
288	231	285	230	281	226	284	227
273	234	276	235	280	239	277	238
248	271	245	270	241	266	244	267

第1面

片桐善直, 1979 (8次立体完全魔方陣)

上記の片桐善直の作品は，完全方陣であるほかに，$8\times8\times8$ 立方体を分割した 64 個の $2\times2\times2$ 小立方体の 8 数の和も定和 2052 である．さらに，水平面はどの面もフランクリン型が成立する．たとえば，第 8 面においては，56+

42+477+451+64+34+469+459 = 2052，⋯，1+31+492+502+9+23+484+510 = 2052 である．

彼は，別冊数理科学『パズル IV』(1979) において，平面汎対角線型（本章コラム参照）の 8 次立体方陣を発表している．

立体魔方陣についても，9, 10, 11, 12 次などのより大きなものや，完全方陣，対称方陣，対称型完全方陣などより個性的なものが作られている．

§76　4 次の立体魔方陣

前節で 4 次の立体魔方陣の例をいくつか紹介したが，ここでは，簡単な作り方を 2 つ紹介しよう．

◎ 簡明な作り方

(1)（アンドリュース法） まず，下図のように 4×4×4 立体自然配列を準備する．

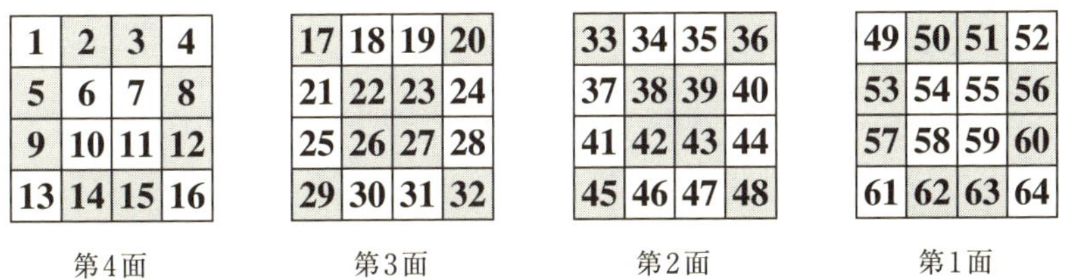

第4面

1	2	3	4
5	6	7	8
9	10	11	12
13	14	15	16

第3面

17	18	19	20
21	22	23	24
25	26	27	28
29	30	31	32

第2面

33	34	35	36
37	38	39	40
41	42	43	44
45	46	47	48

第1面

49	50	51	52
53	54	55	56
57	58	59	60
61	62	63	64

この自然配列において，第 4 面と第 1 面については両対角線上の数は動かさず，その他の網かけ数を立体の中心に関して対称の位置にある数と互いに交換する．第 3 面と第 2 面については両対角線上の網かけ数を立体の中心に関して対称の位置にある数と互いに交換し，その他の数は動かさない．

すると，次の立体魔方陣が完成する．定和は 130 である．

1	63	62	4
60	6	7	57
56	10	11	53
13	51	50	16

48	18	19	45
21	43	42	24
25	39	38	28
36	30	31	33

32	34	35	29
37	27	26	40
41	23	22	44
20	46	47	17

49	15	14	52
12	54	55	9
8	58	59	5
61	3	2	64

これが，前節のアンドリュースの立体魔方陣 (iv) である．簡明で素晴らしい．これは，対称型の立体魔方陣である．なお，この方法で 8 次の立体魔方陣を作

ることもできる．

（2）次は，前節の，久留島義太の立体魔方陣(ii)である．これは，連続4数を同じ1つの平面に置く（たとえば，1, 2, 3, 4; 5, 6, 7, 8; ⋯ と4個ずつ系統的に）ものである．

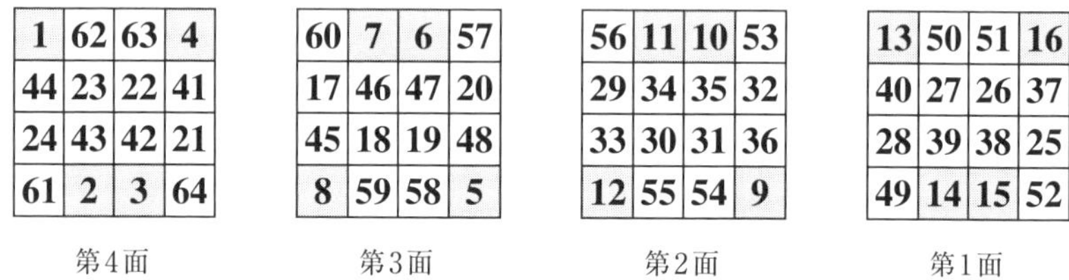

1	62	63	4
44	23	22	41
24	43	42	21
61	2	3	64

第4面

60	7	6	57
17	46	47	20
45	18	19	48
8	59	58	5

第3面

56	11	10	53
29	34	35	32
33	30	31	36
12	55	54	9

第2面

13	50	51	16
40	27	26	37
28	39	38	25
49	14	15	52

第1面

これは，平面の魔方陣を作る彼の方法の拡張で，彼の流儀である．連続4数の両端の2数の和は，$1+4=2+3$，⋯，$61+64=62+63$ のように，内側の2数の和に等しいので，これらの各2数は一組として扱っている．配列法も規則正しく，これまた，お見事である．

なお，久留島の方陣(ii)は，漢数字で右上隅から下方に書かれているが，ここでは，算用数字で左上隅から右方に書き直してある．また，定和は $S=130$ である．

◎ **8隅（角）の8数の和は $2S=260$ とは限らない**

前節で紹介した4つの4次立体方陣(i)〜(iv)の8隅の8数の和は，どれも $2S=260$ である．4次の立体方陣は，昔から数多く作られているが，それらのほとんどは8隅の8数の和が $2S=260$ である．

また，上面（第4面），下面（第1面）とも4隅の4数の和が $S=130$ であるものも多い．

しかし，一般的には，4次立体方陣の8隅の8数の和は $2S=260$ とは限らない．

浦田繁松（うらた しげまつ）は，次のような4次立体方陣を作っている．

46	19	9	56
12	53	47	18
17	48	54	11
55	10	20	45

第4面

4	38	63	25
61	1	28	40
39	27	2	62
26	64	37	3

第3面

57	32	6	35
7	60	34	29
30	33	59	8
36	5	31	58

第2面

23	41	52	14
50	16	21	43
44	22	15	49
13	51	42	24

第1面

8 隅の 8 数の和は，276 である．ここでは，すべての **65 の連結線**が，水平面だけで完成されている．

◎ **4 次の立体交換様式**

次の変換によって，任意の 4 次立体方陣は，必ず，別の 4 次立体方陣に移る．

交換様式 1　4×4×4 立体を 8 つの 2×2×2 立体に分割したとき，分けられた各小立体の 4 本の立体対角線の端点（対角）の 2 数を交換する（立体交換様式の見取り図は省略）．

355 ページ(1)のアンドリュースの立体魔方陣に，この交換様式 1 による変換を施せば，次のようになる．

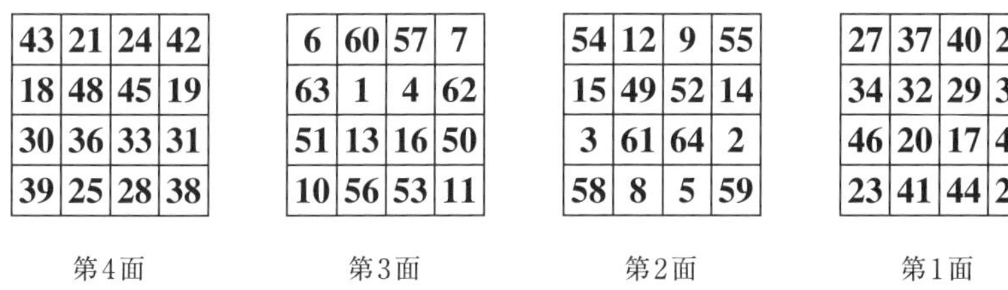

43	21	24	42
18	48	45	19
30	36	33	31
39	25	28	38

第4面

6	60	57	7
63	1	4	62
51	13	16	50
10	56	53	11

第3面

54	12	9	55
15	49	52	14
3	61	64	2
58	8	5	59

第2面

27	37	40	26
34	32	29	35
46	20	17	47
23	41	44	22

第1面

この変換は，第 4 面～第 1 面の各面において，第 1 行（列）と第 2 行（列）および第 3 行（列）と第 4 行（列）を交換し，さらに，第 1 面と第 2 面および第 3 面と第 4 面を交換した結果である．

交換様式 2　4 次立体方陣の第 4 面～第 1 面の各面において，第 2 行と第 3 行および第 2 列と第 3 列を交換し，さらに，第 2 面と第 3 面を交換する（立体交換様式の見取り図は省略）．

355 ページ(1)のアンドリュースの立体魔方陣に，この**交換様式 2** による変換を施せば，次のようになる．

1	62	63	4
56	11	10	53
60	7	6	57
13	50	51	16

第4面

32	35	34	29
41	22	23	44
37	26	27	40
20	47	46	17

第3面

48	19	18	45
25	38	39	28
21	42	43	24
36	31	30	33

第2面

49	14	15	52
8	59	58	5
12	55	54	9
61	2	3	64

第1面

この立体変換の見取り図の，上下，前後，左右の 6 つの表面は，次図のようになる．

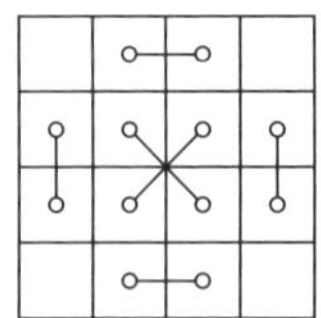

また，内部の 2×2×2 小立体は，その 4 本の立体対角線の端点（対角）どうしを交換するものである．

◎ 4 次の立体魔方陣 —— 無数にある

4 次の立体魔方陣としての条件の他に，固有の性質が発見されていないようである．そのすべてを求めようとする取り組みについても聞いたことがない．その総個数（有限確定値）は，21 世紀の今日でもまったく知られていないようである．ただ，無数にあることは確実である．

なお，4 次の立体 2 重魔方陣は，存在しない．

◎ 4 次の立体対称魔方陣 —— 4447308800 個

4 次の立体魔方陣にも，対称魔方陣がある．355 ページ(1) のアンドリュースの 4 次立体方陣，前節 § 75（350 ページ）の久留島義太の 4 次立体方陣 (i) は，どちらも 4 次の立体対称魔方陣である．中心に関して対称な位置にある 2 数の和は，すべて 65（$=4^3+1$）になっている．

次は，中村光利（みつとし）氏が作った 4 次の相結型の立体対称魔方陣（2007）である．

第4面

1	**48**	**57**	**24**
63	**18**	**7**	**42**
36	**13**	**28**	**53**
30	**51**	**38**	**11**

第3面

60	**21**	**4**	**45**
6	**43**	**62**	**19**
25	**56**	**33**	**16**
39	**10**	**31**	**50**

第2面

15	**34**	**55**	**26**
49	**32**	**9**	**40**
46	**3**	**22**	**59**
20	**61**	**44**	**5**

第1面

54	**27**	**14**	**35**
12	**37**	**52**	**29**
23	**58**	**47**	**2**
41	**8**	**17**	**64**

定和 130

この対称魔方陣では，この魔方陣に含まれるすべての 2×2×2 小立方体内の 8 数の和が常に一定 $2S=260$ である．このような性質をもつ立体魔方陣は**立体相結型**の方陣と呼ばれる．

◎ 立体対称魔方陣の行操作，列操作，面操作

§25（112 ページ）において，平面の 4 次の対称魔方陣の「行操作」，「列操作」について述べたが，このような変換は，立体においても可能である．立体では，「行操作」，「列操作」に加えて，「面操作」も可能である．ここでは，「面操作」についてだけ説明する．

「**面操作**」とは，§25 の平面の「行操作」，「列操作」①,②,③における「行」，「列」を「面」に入れ換えたものである．

たとえば，上記の中村氏の立体対称魔方陣に「面操作」①，②，③を施すと，新たに，次のような 3 つの対称魔方陣が得られる．

まず，① 第 1 面と第 4 面を入れ換えると，次の立体対称魔方陣が得られる．

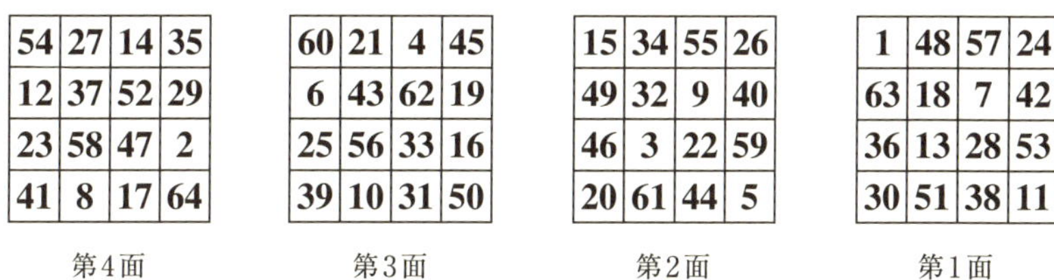

54	27	14	35
12	37	52	29
23	58	47	2
41	8	17	64

第4面

60	21	4	45
6	43	62	19
25	56	33	16
39	10	31	50

第3面

15	34	55	26
49	32	9	40
46	3	22	59
20	61	44	5

第2面

1	48	57	24
63	18	7	42
36	13	28	53
30	51	38	11

第1面

続けて，② 第 1 面と第 2 面，同時に，第 3 面と第 4 面を入れ換えると，

60	21	4	45
6	43	62	19
25	56	33	16
39	10	31	50

第4面

54	27	14	35
12	37	52	29
23	58	47	2
41	8	17	64

第3面

1	48	57	24
63	18	7	42
36	13	28	53
30	51	38	11

第2面

15	34	55	26
49	32	9	40
46	3	22	59
20	61	44	5

第1面

続けて，③ 第 2 面と第 3 面を入れ換えると，

60	21	4	45
6	43	62	19
25	56	33	16
39	10	31	50

第4面

1	48	57	24
63	18	7	42
36	13	28	53
30	51	38	11

第3面

54	27	14	35
12	37	52	29
23	58	47	2
41	8	17	64

第2面

15	34	55	26
49	32	9	40
46	3	22	59
20	61	44	5

第1面

が得られる．もちろん，これらは異なる対称魔方陣である．こうして，「面操作」により 1 個の対称魔方陣は，4 倍に増える．「行操作」，「列操作」も行えば，1 個の対称魔方陣から同類の $4 \times 4 \times 4 = 64$ 個の異なる対称魔方陣が導かれ

る．したがって，4 次の対称魔方陣の総数は，64 の倍数である．

◎ 4 次立体対称魔方陣は，柱の定和条件を考慮すれば，第 4 面と第 3 面の第 1 行と第 2 行により決定する

4 次の立体対称魔方陣では，その中心に関して対称の位置にある 2 数の和はすべて 65 である．したがって，4 次立体対称魔方陣の第 1 面は第 4 面により，第 2 面は第 3 面により決定する．

（以下では，表記の都合上，第 4 面，第 3 面，第 2 面，第 1 面をそれぞれ，a 面，b 面，c 面，d 面と呼ぶことにする）

さらに，4 次の立体対称魔方陣においては，柱（pillar）の定和条件から，たとえば,

$$a_{11}+b_{11}+c_{11}+d_{11}=130$$

ここで，対称魔方陣の条件より，$c_{11}+b_{44}=65$, $d_{11}+a_{44}=65$ であるから，上式は,

$$a_{11}+b_{11}+(65-b_{44})+(65-a_{44})=130 \qquad \therefore\ a_{11}+b_{11}=a_{44}+b_{44}$$

このようにして，第 4 面（a 面）と第 3 面（b 面）とにおいて,

$$a_{11}+b_{11}=a_{44}+b_{44}, \quad a_{12}+b_{12}=a_{43}+b_{43},$$
$$a_{13}+b_{13}=a_{42}+b_{42}, \quad a_{14}+b_{14}=a_{41}+b_{41},$$
$$a_{21}+b_{21}=a_{34}+b_{34}, \quad a_{22}+b_{22}=a_{33}+b_{33},$$
$$a_{23}+b_{23}=a_{32}+b_{32}, \quad a_{24}+b_{24}=a_{31}+b_{31},$$

の 8 式を得る．

これらの関係式から，第 3 面（b 面）の第 4 行と第 3 行について,

- 第 4 行 $\{b_{41},b_{42},b_{43},b_{44}\}$ は，第 4 面（a 面）の第 1, 4 行と第 3 面（b 面）の第 1 行によって定まり,
- 第 3 行 $\{b_{31},b_{32},b_{33},b_{34}\}$ は，第 4 面（a 面）の第 2, 3 行と第 3 面（b 面）の第 2 行とによって定まる．

ことが分かる．

上記の 8 式は，パソコン・プログラム（付録参照）を作るときに，有用である．

12 次 3 重魔方陣（253 ページ）を作ったドイツのヴァルター・トルンプは,

2003 年に 4 次の立体対称魔方陣の総数はちょうど 4447308800 個であることを発表した.

◎ **4 次の立体完全魔方陣**

4 次の立体魔方陣にも,「**完全魔方陣**」が考えられる. これは, 立体魔方陣としての性質の他に,「4 本の立体対角線に平行なすべての (**分離**) **立体対角線**上の 4 数の和が一定」となるものである.

これらの (分離) 立体対角線は, まとめて**立体汎対角線**と呼ばれる.

たとえば, 次の 4 次の立体魔方陣:

1	32	34	63
48	49	15	18
19	14	52	45
62	35	29	4

第4面

56	41	23	10
25	8	58	39
38	59	5	28
11	22	44	53

第3面

13	20	46	51
36	61	3	30
31	2	64	33
50	47	17	16

第2面

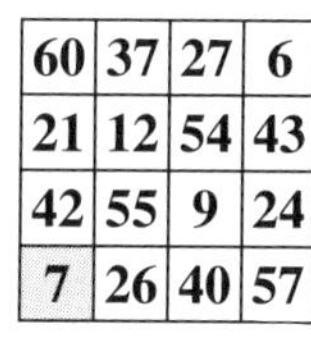

60	37	27	6
21	12	54	43
42	55	9	24
7	26	40	57

第1面

定和 130

においては, 普通の立体魔方陣としての性質の他に, 1 つの立体対角線: $1+8+64+57$ に平行な

$$32+58+33+7,\quad 34+39+31+26,\quad 63+25+2+40,\quad 48+59+17+6,$$
$$49+5+16+60,\quad 15+28+50+37,\quad 18+38+47+27,\quad 19+22+46+43,$$
$$\cdots\cdots\cdots\cdots$$

なる 16 本の分離対角線上の 4 数の和がすべて 130 になっている.

同様に, 他の 3 本の立体対角線についても, それらに平行な各 16 本の分離対角線上の 4 数の和がすべて 130 になっている. よって, これは 4 次の立体完全魔方陣である.

なお, 一般に n 次立体方陣の立体汎対角線は, 1 本の立体対角線につき平行なものが n^2 本あるから, 全部で $4n^2$ 本ある.

次は, 世界初の 4 次立体完全魔方陣であると言われる. フロストの作品 (1878) である. $4\times4\times4=64$ 本の立体汎対角線上の 4 数の和は, すべて定和 130 である.

33	31	30	36
28	38	39	25
14	52	49	15
55	9	12	54

第 4 面

24	42	43	21
45	19	18	48
59	5	8	58
2	64	61	3

第 3 面

16	50	51	13
53	11	10	56
35	29	32	34
26	40	37	27

第 2 面

57	7	6	60
4	62	63	1
22	44	41	23
47	17	20	46

第 1 面

定和 130

また，次は，境 新の 4 次立体完全魔方陣（1938）である．これは，わが国における 4 次立体完全魔方陣の元祖であると言われる．

43	21	42	24
18	48	19	45
39	25	38	28
30	36	31	33

第 4 面

6	60	7	57
63	1	62	4
10	56	11	53
51	13	50	16

第 3 面

27	37	26	40
34	32	35	29
23	41	22	44
46	20	47	17

第 2 面

54	12	55	9
15	49	14	52
58	8	59	5
3	61	2	64

第 1 面

定和 130

これらの立体完全方陣は，ともに対称型ではない．また，4 次の立体完全方陣は，“**立体相結型**” であることが知られている．すなわち，含まれるすべての $2\times2\times2$ 小立方体の 8 数の和は，一定 $2S=260$ である．ゆえに，4 本の立体対角線の総和が $4S$ であるから，4 次立体完全方陣の 8 隅の 8 数の和は，$4S-2S=2S$ である．

◎ 立体完全魔方陣のシフト変換

§23 で，完全方陣の「行のシフト変換」，「列のシフト変換」について述べたが，このような「シフト変換」は，立体においても成立する．ただし，立体では，「行のシフト変換」，「列のシフト変換」に加えて，「面のシフト変換」が可能である．

ここでは，「面のシフト変換」についてだけ述べる．

面のシフト変換とは，最上面を最下面の下側に移動する変換である．

この変換を次々に繰返し行うごとに，新しい立体完全方陣が得られる．そして，もとの方陣に戻る．

たとえば，上記の境 新氏の 4 次立体完全方陣に「面のシフト変換」を 3 回施すと，新たに，次のような 3 つの異なる立体完全方陣が得られる．そして，4 回目の変換でもとの方陣に戻る．

まず，① 第 4 面を第 1 面の下に移動すると，次の立体完全方陣が得られる．

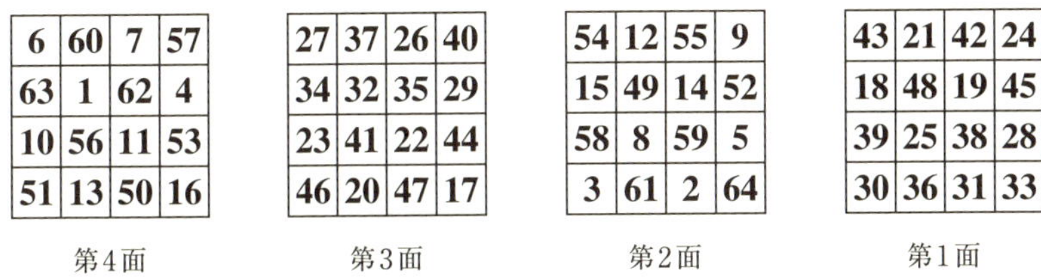

6	60	7	57
63	1	62	4
10	56	11	53
51	13	50	16

第4面

27	37	26	40
34	32	35	29
23	41	22	44
46	20	47	17

第3面

54	12	55	9
15	49	14	52
58	8	59	5
3	61	2	64

第2面

43	21	42	24
18	48	19	45
39	25	38	28
30	36	31	33

第1面

同様に，② 第 4 面を第 1 面の下に移動すると，次の立体完全方陣が得られる．

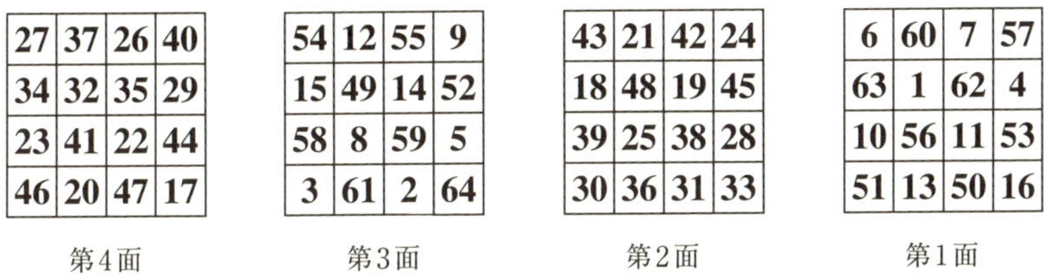

27	37	26	40
34	32	35	29
23	41	22	44
46	20	47	17

第4面

54	12	55	9
15	49	14	52
58	8	59	5
3	61	2	64

第3面

43	21	42	24
18	48	19	45
39	25	38	28
30	36	31	33

第2面

6	60	7	57
63	1	62	4
10	56	11	53
51	13	50	16

第1面

さらに，③ 第 4 面を第 1 面の下に移動すると，次の立体完全方陣が得られる．

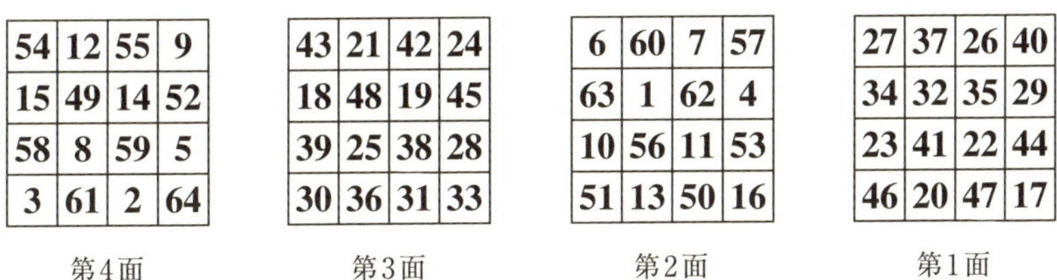

54	12	55	9
15	49	14	52
58	8	59	5
3	61	2	64

第4面

43	21	42	24
18	48	19	45
39	25	38	28
30	36	31	33

第3面

6	60	7	57
63	1	62	4
10	56	11	53
51	13	50	16

第2面

27	37	26	40
34	32	35	29
23	41	22	44
46	20	47	17

第1面

こうして，1 個の立体完全方陣から，「面のシフト変換」により，もとの方陣を含めて異なる 4 個の立体完全方陣が得られる．「行のシフト変換」，「列のシフト変換」も行えば，1 個の立体完全方陣から，全部で $4 \times 4 \times 4 = 64$ 個の異なる立体完全方陣が導かれる．したがって，4 次の立体完全方陣の総個数は，64 の倍数である．

◎ 4 次の立体完全魔方陣の構造 —— 相対点と立体市松模様

4 次の立体完全魔方陣では，任意の枡目 P を通る 4 本の立体対角線は必ずもう 1 つの升目 Q で交わる．

（ここで，もう 1 つの枡目 Q はもとの枡目 P の**相対点**と呼ばれる．）

このことは，4本の立体対角線の定和式を書き出してみれば，すぐに確認できる．

たとえば，4次立体完全魔方陣の上面左上隅の a_{11} を通る4本（4方向）の立体対角線については，

$$a_{11}+b_{22}+c_{33}+d_{44}=130, \qquad a_{11}+b_{24}+c_{33}+d_{42}=130$$

$$a_{11}+b_{42}+c_{33}+d_{24}=130, \qquad a_{11}+b_{44}+c_{33}+d_{22}=130$$

である．

これらの4式を見れば，a_{11} を通る4本の立体対角線は，どれも必ず，c_{33} を通ることが分かる．逆に，c_{33} を通る4本の立体対角線は，必ず，a_{11} を通ることも分かる．そこで，a_{11} の**相対点**は c_{33} であり，また，c_{33} の相対点は a_{11} である．

ここで，この相対点 a_{11} と c_{33} の2点は，上記の立体対角線上で1つおきの点となることに注意しておこう．このような相対点にある2数は，**相対数**と呼ばれる．

さて，上記の4式において，$a_{11}+c_{33}$ は共通であるから，

$$b_{22}+d_{44}=b_{24}+d_{42}=b_{42}+d_{24}=b_{44}+d_{22} \quad (=D) \qquad \cdots\cdots ①$$

ところで，この等式における b_{22} と d_{44}，b_{24} と d_{42}，b_{42} と d_{24}，b_{44} と d_{22} の4組とも，実は互いに相対点である．ここで，これらの4組の相対点は，図形的には，4次立体完全方陣の右下隅の3次の小立方体の4本の立体対角に位置することにも注意しよう．

上記①に示すように，これらの4組の**相対和**（相対数の和）は相等しい．この一定値を D とおく．いま，相対数の和が D である2点をともに **D 点**と呼ぶと，上記の3次の小立方体の8隅はすべて D 点となる．8隅がすべて D 点である3次小立方体を，ここでは **D 立体**と呼ぼう．

したがって，このページ上方の4式に共通な相対点 a_{11} と c_{33} の相対和 $a_{11}+c_{33}$ は，①より

$$a_{11}+c_{33}=130-D \qquad \cdots\cdots ②$$

である．

同様に，立体完全方陣の下面右下隅の d_{44} を通る4本の立体対角線については，

$$a_{11}+b_{22}+c_{33}+d_{44}=130, \qquad a_{13}+b_{22}+c_{31}+d_{44}=130$$

$$a_{31}+b_{22}+c_{13}+d_{44}=130, \qquad a_{33}+b_{22}+c_{11}+d_{44}=130$$

である．

ここで，$b_{22}+d_{44}$ は4式に共通であるから，

$$a_{11}+c_{33}=a_{13}+c_{31}=a_{31}+c_{13}=a_{33}+c_{11} \quad (=C) \qquad \cdots\cdots ③$$

この一定値を C とおくと，③ = ② より，$C=130-D$ である．

ここでも，a_{11} と c_{33}，a_{13} と c_{31}，a_{31} と c_{13}，a_{33} と c_{11} の4組は相対点であり，③式が示すように，それらの相対和は C であるから，これらの8点は，すべて C 点である．すなわち，左上隅の3次小立方体の8隅はすべて C 点である．したがって，左上隅のこの3次小立方体は C **立体**である．

ここで，$C+D=130$ であることに注意しておこう．

次に，右上隅（左上隅の C 立体の右隣）の3次小立方体について調べよう．今度は，左下隅 d_{41} を通る4本の立体対角線の和の式から，

$$a_{12}+c_{34}=a_{14}+c_{32}=a_{32}+c_{14}=a_{34}+c_{12} \quad (=K) \qquad \cdots\cdots ④$$

この値を K とおくと，a 面の第1行と c 面の第3行の和は，130+130 であるから，

$$(a_{11}+a_{12}+a_{13}+a_{14})+(c_{31}+c_{32}+c_{33}+c_{34})=130+130$$

$$\therefore (a_{11}+c_{33})+(a_{12}+c_{34})+(a_{13}+c_{31})+(a_{14}+c_{32})=130\times 2$$

ここで，③より，$a_{11}+c_{33}=C$，$a_{13}+c_{31}=C$，④より，$a_{12}+c_{34}=K$，$a_{14}+c_{32}=K$ であるから，上式は，

$$C+K+C+K=130\times 2 \qquad \therefore\ C+K=130$$

ところで，$C+D=130$ であったから，$K=D$ である．

したがって，左上隅の C 立体の右隣（右上隅）の3次小立方体は D 立体であることが分かる．

同様に，左上隅の C 立体の手前隣およびすぐ下隣の3次小立方体も D 立体である．

また，C と D を置き換えると，D 立体の上下・前後・左右のすぐ隣の（1つずらした）3次立方体は，みな C 立体である．

したがって，4次の立体完全魔方陣は，各32（$=8\times 4$）個の2種類の記号 C と D で交互に埋め尽くされる．すなわち，C と D は1つおきに立体市松模様

を作る（見取り図は略）．

4 次の立体完全魔方陣の（C と D の市松模様立体の）各面は，上面から次のようになる．

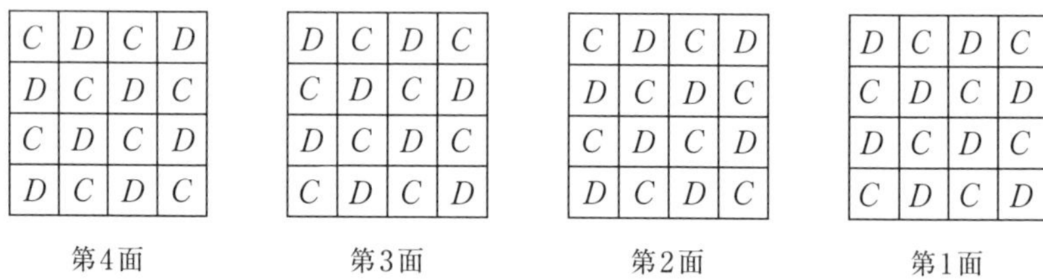

C	D	C	D
D	C	D	C
C	D	C	D
D	C	D	C

第4面

D	C	D	C
C	D	C	D
D	C	D	C
C	D	C	D

第3面

C	D	C	D
D	C	D	C
C	D	C	D
D	C	D	C

第2面

D	C	D	C
C	D	C	D
D	C	D	C
C	D	C	D

第1面

ここで，第 4 面と第 2 面，第 3 面と第 1 面は同一であり，第 3 面と第 1 面は第 4 面と第 2 面における C と D を反転したものである．

したがって，4 次の立体完全魔方陣の第 2 面と第 1 面は，C,D の値と，それぞれ第 4 面と第 3 面によって決定するわけである．

ここで，4 次立体完全方陣の柱（pillar）の定和条件は，

$$a_{11}+b_{11}=a_{33}+b_{33},\quad a_{12}+b_{12}=a_{34}+b_{34}$$
$$a_{13}+b_{13}=a_{31}+b_{31},\quad a_{14}+b_{14}=a_{32}+b_{32}$$
$$a_{21}+b_{21}=a_{43}+b_{43},\quad a_{22}+b_{22}=a_{44}+b_{44},$$
$$a_{23}+b_{23}=a_{41}+b_{41},\quad a_{24}+b_{24}=a_{42}+b_{42}$$

である．

これらの 8 式を考慮すれば，さらに，

- 第 3 面（b 面）の第 3 行は，第 4 面（a 面）の第 1 行，第 3 行と，b 面の第 1 行によって定まり，
- 第 3 面（b 面）の第 4 行は，第 4 面（a 面）の第 2 行，第 4 行と，b 面の第 2 行によって定まる．

から，4 次の立体完全魔方陣は，(C,D) と第 4 面と第 3 面の第 1 行と第 2 行によって決定することが分かる．

さて，各 32 個の C と D が存在するためには，和が C である相対数が 16 組（32 数）必要であるから，C の値としては，33 以上となる．

たとえば，$C=32$ のとき，和が 32 となる 2 数の組は，$\{1,31\},\{2,30\},\{3,29\},\cdots,\{15,17\}$ の 15 組しかないから，明らかに不可能である

D についても同様に 33 以上であり，$C+D=130$ だから，(C,D) としては，

$$(C, D) = (33,97),\ (34,96),\ \cdots,\ (65,65),\ \cdots,\ (96,34),\ (97,33)$$

の 65 通りの場合が考えられるが，C と D は入れ換えても同じであるから，重複して数えることを避けるために，$C \leqq D$ として調査する．したがって，実際には $33 \leqq C \leqq 65$ の範囲で調べればよい．

各場合について，パソコンを使って調べてみると，結果的には $(C, D) = (33,97), (49,81), (57,73), (61,69), (63,67), (64,66), (65,65)$ の 7 つの場合だけが可能である．

ほとんどの立体完全方陣は，最後の $(C, D) = (65,65)$ のタイプで，ほかの 6 つの場合は比較的少ない．

上面（第 4 面）の左上隅の数を 1 として調べると，上記の 7 つのタイプごとの完全方陣の個数は，次の通りである．

$(C, D) = (33,97)$ タイプ	$\cdots$	469921 個
$(49,81)$ タイプ	$\cdots$	377803 個
$(57,73)$ タイプ	$\cdots$	355173 個
$(61,69)$ タイプ	$\cdots$	355173 個
$(63,67)$ タイプ	$\cdots$	377803 個
$(64,66)$ タイプ	$\cdots$	469921 個
$(65,65)$ タイプ	$\cdots$	69489200 個
	合計	71894994 個

なお，4 次の立体完全魔方陣の総数は，立体完全魔方陣のシフト変換を考えると，上記の個数の $4 \times 4 \times 4 = 64$ 倍ある．この結果は，付録の C 言語プログラムにより求めたものである．

次は，$(C, D) = (33,97)$ タイプの完全方陣の一例（$C \neq D$）である．

1	**34**	**31**	**64**
37	**14**	**59**	**20**
30	**55**	**4**	**41**
62	**27**	**36**	**5**

第4面

46	**15**	**52**	**17**
10	**39**	**24**	**57**
53	**26**	**43**	**8**
21	**50**	**11**	**48**

第3面

29	**56**	**3**	**42**
61	**28**	**35**	**6**
2	**33**	**32**	**63**
38	**13**	**60**	**19**

第2面

54	**25**	**44**	**7**
22	**49**	**12**	**47**
45	**16**	**51**	**18**
9	**40**	**23**	**58**

第1面

なお，前記（362 ページ）のフロストと境新の 4 次完全方陣は，どちらも $(C,D)=(65,65)$ のタイプであることはすぐに確認できる．

次の 2 つの完全方陣は，中村光利氏の発見（2004 年 5 月）である．第 4 面と第 3 面はまったく同じであるが，第 2 面と第 1 面は異なる．したがって，これらの (C,D) タイプは同じではない．

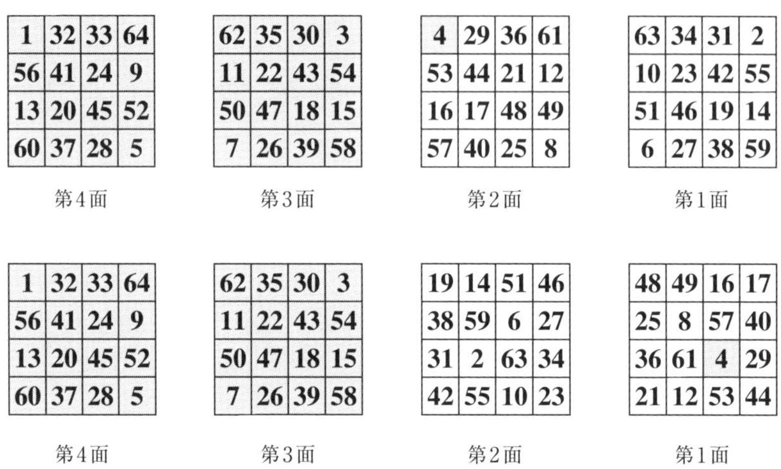

1	32	33	64
56	41	24	9
13	20	45	52
60	37	28	5

第4面

62	35	30	3
11	22	43	54
50	47	18	15
7	26	39	58

第3面

4	29	36	61
53	44	21	12
16	17	48	49
57	40	25	8

第2面

63	34	31	2
10	23	42	55
51	46	19	14
6	27	38	59

第1面

1	32	33	64
56	41	24	9
13	20	45	52
60	37	28	5

第4面

62	35	30	3
11	22	43	54
50	47	18	15
7	26	39	58

第3面

19	14	51	46
38	59	6	27
31	2	63	34
42	55	10	23

第2面

48	49	16	17
25	8	57	40
36	61	4	29
21	12	53	44

第1面

上側の完全方陣は $(C,D)=(49,81)$ のタイプであり，下側は $(C,D)=(64,66)$ のタイプである．

なお，これら 2 つの立体完全方陣の第 2 面と第 1 面に着目すると，すべての数は互いに他方の方陣の他方の面の斜めに 1 つ飛びの位置に移っている．また，上下に面対称の位置にある 2 数の和が，上側の方陣では $\{64,66\}$，下側では $\{49,81\}$ の市松模様になっている．

◎ 対称型の 4 次立体完全魔方陣 —— 37824 個

平面の 4 次方陣の場合には，完全方陣かつ対称方陣であるものは 1 個も存在しなかった．ところが，立体の場合には，2 つの性質を併せもつ "**立体対称完全魔方陣**" なるものが少なからず存在する．

つまり，4 次立体方陣の場合には，完全方陣の集団と対称方陣の集団には，共通部分が存在するのである．

次は，やはり中村光利氏の対称型の立体完全魔方陣（2004）である．この方陣は，$(C,D)=(63,67)$ のタイプである．

1	55	14	60
40	29	43	18
30	44	17	39
59	2	56	13

第4面

31	38	20	41
53	3	58	16
4	57	15	54
42	32	37	19

第3面

46	28	33	23
11	50	8	61
49	7	62	12
24	45	27	34

第2面

52	9	63	6
26	48	21	35
47	22	36	25
5	51	10	64

第1面

ヴァルター・トルンプによれば，このような 4 次の “立体対称完全魔方陣” は，37824 個ある．

4 次立体対称完全魔方陣 37824 個のすべてをパソコンで作る C 言語プログラムは，付録を参照してほしい．

$(C,D)=(65,65)$ のタイプの完全方陣は，1 とその相対数 64 の位置が立体対角線上で 1 つおいた点であることを考えると，対称方陣ではありえないことは明らかである．したがって，対称型の立体完全魔方陣は，すべて $C \neq D$ タイプである．367 ページの $C \neq D$ のすべてのタイプに存在する．

なお，4 次立体対称完全魔方陣は，(C,D) と 1 つの面によって決定する．

◎ **(65,65) 型の立体完全方陣から立体対称方陣を作る**

4 次の立体完全方陣では，(C,D) によって，第 4 面から第 2 面が，第 3 面から第 1 面が決まる．また，4 次の立体対称方陣では，65 の補数によって，第 4 面から第 1 面が，第 3 面から第 2 面が決まる．したがって，(C,D)=(65,65) 型の完全方陣と対称方陣とでは，相対数のある平面が第 2 面と第 1 面の間で入れ換わる．なお，この事情は，前後・左右方向の面においても成立している．そこで，

> $(C,D)=(65,65)$ 型の 4 次立体完全方陣において，①上下 ②前後 ③左右の 3 方向で，第 2 面と第 1 面をそっくり入れ換える．

たとえば，前記（362 ページ上段）のフロストの $(C,D)=(65,65)$ 型の 4 次立体完全方陣において，まず，① 上下方向で第 2 面と第 1 面をそっくり入れ換えると，

33	31	30	36
28	38	39	25
14	52	49	15
55	9	12	54

第4面

24	42	43	21
45	19	18	48
59	5	8	58
2	64	61	3

第3面

57	7	6	60
4	62	63	1
22	44	41	23
47	17	20	46

第2面

16	50	51	13
53	11	10	56
35	29	32	34
26	40	37	27

第1面

続いて，② 前後方向で第 2 面（行）と第 1 面（行）をそっくり入れ換えると，

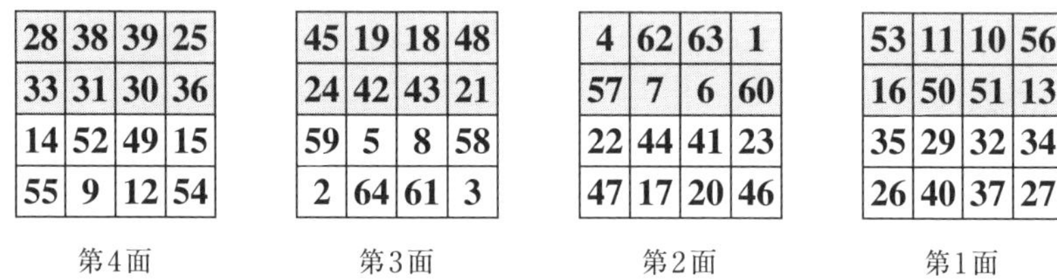

28	38	39	25
33	31	30	36
14	52	49	15
55	9	12	54

第4面

45	19	18	48
24	42	43	21
59	5	8	58
2	64	61	3

第3面

4	62	63	1
57	7	6	60
22	44	41	23
47	17	20	46

第2面

53	11	10	56
16	50	51	13
35	29	32	34
26	40	37	27

第1面

さらに，③ 左右方向で第 2 面（列）と第 1 面（列）をそっくり入れ換えて，完成である．

38	28	39	25
31	33	30	36
52	14	49	15
9	55	12	54

第4面

19	45	18	48
42	24	43	21
5	59	8	58
64	2	61	3

第3面

62	4	63	1
7	57	6	60
44	22	41	23
17	47	20	46

第2面

11	53	10	56
50	16	51	13
29	35	32	34
40	26	37	27

第1面

この立体方陣は，確かに 4 次立体対称魔方陣である．各自，確認してほしい．この変換は，一般的に成立する．

367 ページの $(C,D)=(65,65)$ 型のすべての 4 次立体完全方陣（69489200×4^3 個）は，この変換によって，4 次立体対称方陣（4447308800 個）に変換できる．

また，上記の ①,②,③ の 3 回の変換を 1 回で行う簡明な**立体交換様式**を示すことができる（見取り図略）．それは，§20 の 4 次方陣の交換様式 6 の立体版である．

§77　立体補助方陣と解法の概要

平面の魔方陣を作るとき，定和性と直交性を併せもつ **2 つの補助方陣**を使ったが，立体魔方陣を作るときには，定和性と直交性を併せもつ **3 つの立体補助方陣**を使う．

たとえば4次立体魔方陣の場合，次のような3つの立体補助方陣 A, B, C を使う．

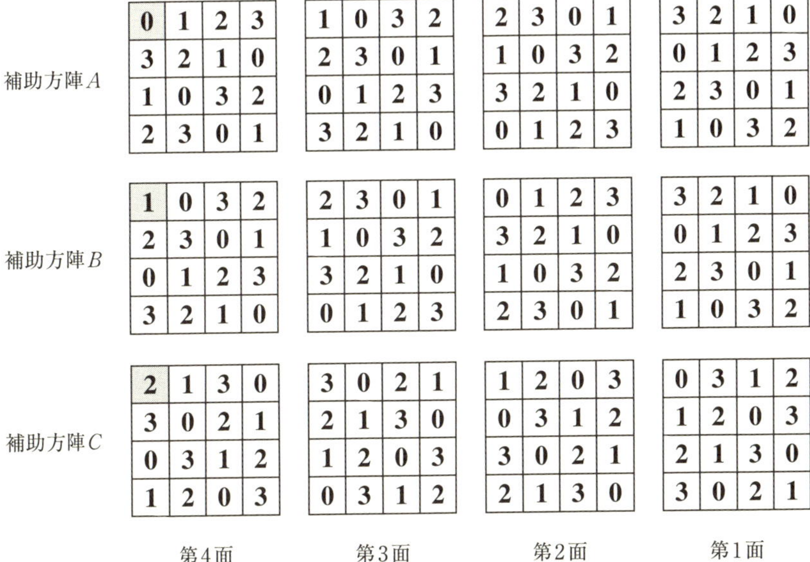

補助方陣 A

第4面

0	1	2	3
3	2	1	0
1	0	3	2
2	3	0	1

第3面

1	0	3	2
2	3	0	1
0	1	2	3
3	2	1	0

第2面

2	3	0	1
1	0	3	2
3	2	1	0
0	1	2	3

第1面

3	2	1	0
0	1	2	3
2	3	0	1
1	0	3	2

補助方陣 B

第4面

1	0	3	2
2	3	0	1
0	1	2	3
3	2	1	0

第3面

2	3	0	1
1	0	3	2
3	2	1	0
0	1	2	3

第2面

0	1	2	3
3	2	1	0
1	0	3	2
2	3	0	1

第1面

3	2	1	0
0	1	2	3
2	3	0	1
1	0	3	2

補助方陣 C

第4面

2	1	3	0
3	0	2	1
0	3	1	2
1	2	0	3

第3面

3	0	2	1
2	1	3	0
1	2	0	3
0	3	1	2

第2面

1	2	0	3
0	3	1	2
3	0	2	1
2	1	3	0

第1面

0	3	1	2
1	2	0	3
2	1	3	0
3	0	2	1

上記の補助方陣 A, B, C は，それぞれ，$\{0,1,2,3\}$ の数から成り，どの補助方陣においても各面の行と列と柱で「定和性」をもっている．

また，どの補助方陣においても，4本の立体対角線上に同じ数字が現れないようになっている．よって，4本の立体対角線上でも定和をもっている．

さらに，A, B, C の各面の対応する区画の3数の順序対を作るとき，たとえば，

$$(0,1,2),\quad (0,1,1),\quad (0,1,3),\quad (0,1,0), \cdots$$

のように，同じ順序対が現れないようになっている．

これらの A, B, C の各面の同じ位置にある3数 a, b, c を重ね合わせた (abc) の配列は，次のようになる．

第4面

(012)	(101)	(233)	(320)
(323)	(230)	(102)	(011)
(100)	(013)	(321)	(232)
(231)	(322)	(010)	(103)

第3面

(123)	(030)	(302)	(211)
(212)	(301)	(033)	(120)
(031)	(122)	(210)	(303)
(300)	(213)	(121)	(032)

第2面

(201)	(312)	(020)	(133)
(130)	(023)	(311)	(202)
(313)	(200)	(132)	(021)
(022)	(131)	(203)	(310)

第1面

(330)	(223)	(111)	(002)
(001)	(112)	(220)	(333)
(222)	(331)	(003)	(110)
(113)	(000)	(332)	(221)

図中，4×4×4 個の 3 重記号 (abc) に，同じものはない．すなわち，3 つの補助方陣 A,B,C は直交している．このような A,B,C を作るのである．あとは簡単である．これらの 4×4×4 個の 3 重記号 (abc) から，$1+a+4b+16c$ を構成（算出）すると，下図のような 4 次立体魔方陣（定和 130）が完成する．

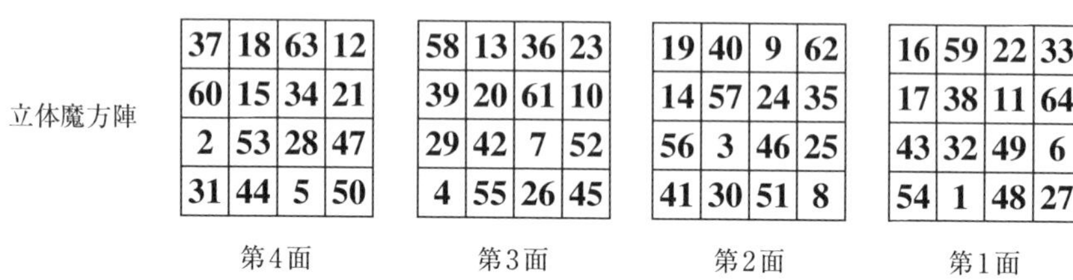

立体魔方陣

第4面

37	18	63	12
60	15	34	21
2	53	28	47
31	44	5	50

第3面

58	13	36	23
39	20	61	10
29	42	7	52
4	55	26	45

第2面

19	40	9	62
14	57	24	35
56	3	46	25
41	30	51	8

第1面

16	59	22	33
17	38	11	64
43	32	49	6
54	1	48	27

具体例は 1 つに留めるが，より大きな次数 n に対しても，上記のような性質をもつ 3 つの立体補助方陣 A,B,C を重ね合わせて，立体魔方陣を作ることができる．

さて，それでは，どのようにして上記のような「定和性」と「直交性」をもつ 3 つの立体補助方陣 A,B,C を作るのであろうか．手作業で作るのは簡単ではないので，本書では "剰余記号" と "数式" を使って作る．3 つの立体補助方陣のすべての要素，すべての行・列・柱および立体対角線の定和，さらに直交性をすべて "数式" で制御するのである．

ここで，次節からの「解法」の導入・準備として，基本的な考え方について説明しておく．

◎ 空間座標と n で割ったときの余り

これまでは，立体方陣の上面の左上隅を始点と考えてきたが，今後は，立体の前面左下隅を原点とし，横軸を x 軸，縦軸（前後軸）を y 軸，上下軸を z 軸とする**空間座標系**を，下図のように設定するので注意しよう．

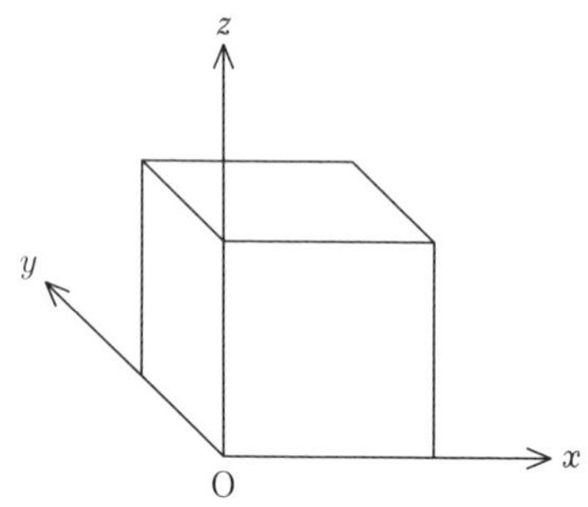

そして，n 次の**立体補助方陣**を構成する $n \times n \times n$ 個の小立方体（cell）の中心点 (x,y,z) に，x,y,z の 1 次式 $a_1x+a_2y+a_3z$（a_1,a_2,a_3 は整数）を n で割った剰余記号 $(a_1x+a_2y+a_3z)$ を対応させるのである．

たとえば，5 次の立体補助方陣 A を点 (x,y,z) に，1 次式 $x+2y+3z$ を 5 で割った剰余記号 $(x+2y+3z)$ を対応させることにすれば，たとえば，点 $(2,3,4)$ は，

$$(2+2\cdot 3+3\cdot 4)=(20)=(0) \pmod 5$$

となる．

このようにして，すべての小立方体（立体格子）に，剰余記号 (　) を定めるのである．

では，どのような a_1,a_2,a_3 を選べば，1 つの行に 1 組の完全剰余系 $(0),(1),(2),\cdots,(n-1)$ がすべてそろうだろうか．と言えば，もう答えは分かっただろう．

たとえば，x 軸方向の 1 つの行においては，y と z が固定されるから，y と z は定数と考えられる．よって，a_2y+a_3z も定数となるから，この値を b とおけば，$a_1x+a_2y+a_3z$ は a_1x+b の形になる．

よって，§71 の最後の問題 34（重要定理）で証明したように，x の係数である a_1 が次数 n と「互いに素」であるならば，この立体の x 軸方向のすべての行（$n \times n$ 本ある）における n 個の要素は全体として，$(0),(1),(2),\cdots,(n-1)$ に一致するわけである．

y 軸，z 軸（列，柱）方向についても，同様のことが言える．

したがって，x,y,z の係数である a_1，a_2，a_3 がどれも，次数 n と「互いに素」であるならば，この立体のすべての行，列，柱における n 個の要素は全体として，負でない完全剰余系 $(0),(1),(2),\cdot\cdot\cdot\cdot,(n-1)$ に一致することになる．

（1）a_1,a_2,a_3 がどれも n と互いに素であるならば，立体のすべての行，列，柱において，定和を与えることができる．

さて，立体補助方陣の 1 つの行に，1 組の負でない完全剰余系 $(0),(1),(2),\cdots,(n-1)$ がすべてそろえば，その行は定和 T をもつことができる．それらに，$0,1,2,3,\cdots,n-1$ の全部を適当な順序で割り振れば，それらの和は，平面

の補助方陣の定和 T と同じで，すべて

$$T = 0+1+2+\cdots\cdots+(n-1) = \frac{n(n-1)}{2} \qquad \cdots\cdots①$$

となるわけである．これが，**立体補助方陣の定和**である．

さらに，4 本の立体対角線上の要素の和もすべて補助方陣の定和 T に等しくすれば，この立体配列は n 次の立体補助方陣となるわけである．a_1, a_2, a_3 の間にどんな条件があれば 4 本の立体対角線上の要素の和もすべて補助方陣の定和 T になるかについては，次節 § 78 で述べる．

例 1（3 次の立体補助方陣 A）$n=3$ のとき，a_1, a_2, a_3 として，$a_1=1$，$a_2=1$，$a_3=2$ を採用し，点 (x,y,z) に剰余記号 $(x+y+2z)$ を対応させるならば，x,y,z の係数である 1, 1, 2 はいずれも次数 3 と互いに素であるから，この補助方陣の各行・各列・各柱は 1 つの完全剰余系を成し，補助方陣の定和 $T=3$ を与え得る．

実際に，$z=1,2,3$ の各場合について調べてみると，次のようになる．その際，横軸が x 軸で，縦軸が y 軸としてあることに注意する．点 (1,1,1) は，平面 $z=1$ の左下隅である．

たとえば，点 (1,2,1) には剰余記号 $(1+2+2\cdot1)=(2)$ が入る．

$z=1$

	$x=1$	2	3
$y=3$	**(0)**	**(1)**	**(2)**
$y=2$	**(2)**	**(0)**	**(1)**
$y=1$	**(1)**	**(2)**	**(0)**

$z=2$

	1	2	3
3	**(2)**	**(0)**	**(1)**
2	**(1)**	**(2)**	**(0)**
1	**(0)**	**(1)**	**(2)**

$z=3$

	1	2	3
3	**(1)**	**(2)**	**(0)**
2	**(0)**	**(1)**	**(2)**
1	**(2)**	**(0)**	**(1)**

なお，この立体配列では，4 本の立体対角線のうち 3 本では，(0),(1),(2) がそろうが，残りの 1 本（網かけ部分）において同じ記号 (2) が 3 回現れてしまう．そこで，この対角線にも補助方陣の定和 $T=3$ を与えるために，3 個ある (2) に $(2)=1$ なる条件を与えるならば，定和性をもつ 1 つの 3 次の立体補助方陣 A（図略）が完成する．なお，他の剰余記号 (0),(1) については，順序は任意であるので，$(0)=0$，$(1)=2$ としても，$(0)=2$，$(1)=0$ としてもよいわけである．

この例 1 のようにして，1 つの立体補助方陣が完成する．このような補助方

陣を3つ作るのである.

なお，当然のことだが，それらの3つの補助方陣を重ねて作る**3重**記号のすべてが異ならなくてはならない．すなわち，それらは「直交」しなければならない．この「直交」条件は，方陣成立のために，絶対に必要な条件である．直交性の検証，確保には「合同」あるいは行列式の値を使うことになる．これについても次節以降で述べる．そして，x,y,z の係数 a_1,a_2,a_3 を適切に選定することによって，定和性，直交性をもつ3つの補助方陣を作ることを考えるのである.

そのような3つの n 次の立体補助方陣 A,B,C ができれば，あとは簡単である．それらから

$$M = E+A+nB+n^2C$$

（E はすべての要素が1である $n\times n\times n$ の立体配列）

によって M を求めるならば，M は異なる連続自然数 $1,2,3,\cdots,n^3$ から成り，各行・各列・各柱および4本の立体対角線上の要素の和がすべて，$S=n(1+n^3)/2$ である1つの n 次立体魔方陣が完成するわけである.

以上が次節以降の「立体魔方陣の解法」の考え方についてのアウトラインである.

§78　奇数立体魔方陣のある解法

奇数次の立体魔方陣の解法を具体例により詳しく説明する．「定和性」と「直交性」を併せもつ n 次の立体補助方陣を3つ作るのであるが，前にも述べたように，$a_1x+a_2y+a_3z$ における，x,y,z の係数である a_1,a_2,a_3 によって，「定和性」と「直交性」をコントロールできるのである.

n が奇数のときは，1と n は互いに素であり，2と n も互いに素である．そこで，a_1,a_2,a_3 として，1と2を使うことができる．なお，ここで，a_1,a_2,a_3 は異なる必要はない.

たとえば，次のようにする.

n が奇数のとき，n 次の立体補助方陣 A,B,C は各点 (x,y,z) に，それぞれ $(x+y+2z)$, $(x+2y+z)$, $(x+y+z)$ と定めて作る.

このようにすれば，A,B,C のいずれにおいても，x,y,z の係数である a_1, a_2, a_3 は奇数 n と「互いに素」であるから，§71 の問題 34（重要定理）で証明したことから，

- y,z を固定すれば，各補助方陣のすべての行の和は補助方陣の定和 T となる.
- z,x を固定すれば，各補助方陣のすべての列の和は補助方陣の定和 T となる.
- x,y を固定すれば，各補助方陣のすべての柱の和は補助方陣の定和 T となる.

ことが分かる.

問題は 4 本の立体対角線上の定和についてである.

4 本の立体対角線上の点は,

（a）(i,i,i),（b）$(i,i,n+1-i)$,（c）$(i,n+1-i,i)$,（d）$(i,n+1-i,n+1-i)$

（ただし，$i=1,2,3,\cdots,n$）と表せる．これらの点での $a_1x+a_2y+a_3z$ の値は，i によらない定数項を除くと

$$a_1 i+a_2(\pm i)+a_3(\pm i)=(a_1\pm a_2\pm a_3)i$$

であるので，i の係数 $a_1\pm a_2\pm a_3$ が,

> （2）$a_1\pm a_2\pm a_3$ のいずれもが n と互いに素であれば，4 本の立体対角線上の n 個の数が 1 つの完全剰余系にわたり，定和を与えることができる.

これは奇数次に限らず一般の立体魔方陣についていえることである.

そこで，上記の補助方陣 A,B,C の個々について，$a_1\pm a_2\pm a_3$ がすべて n と互いに素であるかどうか調べよう．まず，補助方陣 A,B については，それぞれ

$$A：\quad 1\pm1\pm2\quad(=4,0,2,-2)$$

$$B：\quad 1\pm2\pm1\quad(=4,2,0,-2)$$

であり，$4,2,-2$ は奇数 n と互いに素であるから，3 本の立体対角線上では定和を与えることが分かる．しかし，0 と奇数 n（$\geqq 3$）は互いに素ではない. $\mathrm{gcm}(0,n)=n$（$\neq 1$）である.

A では，残りの $a_1+a_2-a_3=0$ である対角線において，B では，$a_1-a_2+a_3=0$ である対角線において何か問題がありそうだ.

では，この残りの 1 本の立体対角線においては，どうなっているだろうか．このことについて調べよう．

（1） 補助方陣 A では，$a_1+a_2-a_3=1+1-2=0$ である．このとき，1 つの立体対角線(b)：$(i,i,n+1-i)$（ただし，$i=1,2,3,\cdots,n$）において，$i+i+2(n+1-i)=2n+2\equiv 2 \pmod n$ であるから，すべての要素が (2) となる．

（2） 補助方陣 B では，$a_1-a_2+a_3=0$ である．このとき，1 つの立体対角線(c)：$(i,n+1-i,i)$（ただし，$i=1,2,3,\cdots,n$）において，$i+2(n+1-i)+i=2n+2\equiv 2 \pmod n$ であるから，やはり，すべて (2) となる．

（$a_1\pm a_2\pm a_3=0$ となる対角線では，n 個の数はすべて同じ剰余になる．）

このように，補助方陣 A と B のどちらも 1 本の立体対角線において，同じ記号 (2) が n 回現れるので，

$$n\times(2)=\frac{n(n-1)}{2}\quad より\quad (2)=\frac{n-1}{2} \qquad \cdots\cdots ①$$

と定めれば，その立体対角線においても補助方陣の定和を与えることになる．

（3） また，補助方陣 C では，

$$C：1\pm1\pm1\ (=3,1,1,-1)$$

であるから，次数 n（奇数）によっては問題点が出てくる．

i）奇数 n が 3 の倍数でないときは，3 と n は互いに素であるから，4 本の立体対角線とも定和を与えるので，問題ない．

ii）奇数 n が 3 の倍数（$n=3m$）のときは，1 つの立体対角線において m 種類の記号 (　) が各 3 回ずつ現れるので，この場合は，条件：

$$3\{(\alpha_1)+(\alpha_2)+\cdots\cdots+(\alpha_m)\}=\frac{n(n-1)}{2}$$

$$\therefore (\alpha_1)+(\alpha_2)+\cdots\cdots+(\alpha_m)=\frac{n(n-1)}{6} \qquad \cdots\cdots ②$$

を与えれば解決する．

このように A,B,C のいずれにおいても，1 つの対角線において同じ記号 (　) が複数回現れるので，①,②の条件が必要であることに注意しなければならない．以上のようにして，3 つの立体補助方陣 A,B,C の 4 本の立体対角線におい

ても，「定和性」を確保することができる．

次に，このようにして作った 3 つの立体補助方陣 A,B,C は「直交」していることを示そう．

［直交性の証明］ もし，点 (x,y,z), (x',y',z') に同一の数が現れると仮定すると，次の 3 式が同時に成り立たなければならない．

$$\begin{cases} x+y+2z \equiv x'+y'+2z' \pmod{n} & \cdots\cdots③ \\ x+2y+z \equiv x'+2y'+z' \pmod{n} & \cdots\cdots④ \\ x+y+z \equiv x'+y'+z' \pmod{n} & \cdots\cdots⑤ \end{cases}$$

このとき，③ − ⑤ により，

$$z \equiv z' \pmod{n}$$

同様にして，④,⑤式から，$y \equiv y' \pmod{n}$ が導かれ，これらを ⑤式に考慮すれば，$x \equiv x' \pmod{n}$ が得られる．

これらは，立体補助方陣においては，$x = x'$，$y = y'$，$z = z'$ のときに限って可能である．したがって，異なる点には異なる数が対応することになる．

［証明終］

このように，3 つの立体補助方陣 A,B,C の「直交性」についてはすでに確保されている．

したがって，こうして作った A,B,C から，$M = E+A+nB+n^2C$ を構成すれば，M の最小数，最大数は明らかに，それぞれ，1，$1+(n-1)+n(n-1)+n^2(n-1) = n^3$ であるから，M は $1 \sim n^3$ までの連続整数から成ることが保証される．なお，M が定和をもつことについては，どの補助方陣も定和をもつことから明らかであろう．

以上によって，M は n（奇数）次の立体魔方陣となるが，次に，この解法を $n = 3$，$n = 5$ の場合について試みよう．

例 2（3 次の立体魔方陣） $n = 3$ のときの立体補助方陣 A については，前節 §77 の例 1（374 ページ）で次のように作成してある．

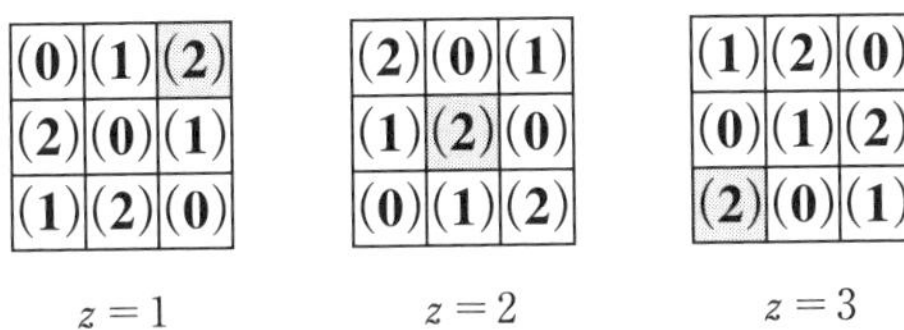

(0)	(1)	(2)
(2)	(0)	(1)
(1)	(2)	(0)

$z=1$

(2)	(0)	(1)
(1)	(2)	(0)
(0)	(1)	(2)

$z=2$

(1)	(2)	(0)
(0)	(1)	(2)
(2)	(0)	(1)

$z=3$

同様に，立体補助方陣 B を，点 (x,y,z) に $(x+2y+z)$ を対応させて作れば，

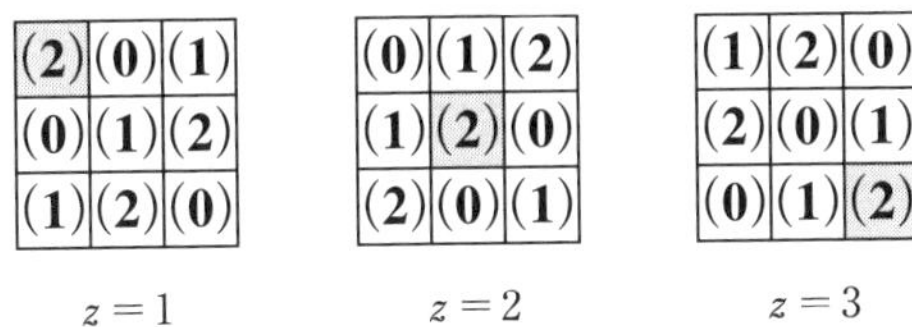

(2)	(0)	(1)
(0)	(1)	(2)
(1)	(2)	(0)

$z=1$

(0)	(1)	(2)
(1)	(2)	(0)
(2)	(0)	(1)

$z=2$

(1)	(2)	(0)
(2)	(0)	(1)
(0)	(1)	(2)

$z=3$

となる．A,B においては，1 つの立体対角線上に同じ記号 (2) が 3 回現れるので，上記①により，$(2)=1$ としなければならない．

立体補助方陣 C は，点 (x,y,z) に $(x+y+z)$ を対応させて作成すると，

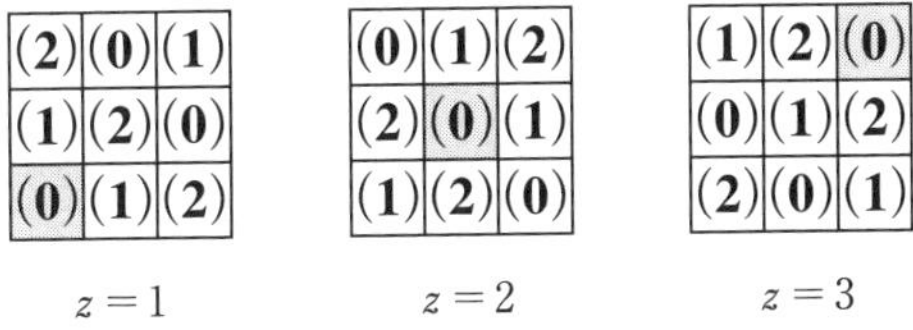

(2)	(0)	(1)
(1)	(2)	(0)
(0)	(1)	(2)

$z=1$

(0)	(1)	(2)
(2)	(0)	(1)
(1)	(2)	(0)

$z=2$

(1)	(2)	(0)
(0)	(1)	(2)
(2)	(0)	(1)

$z=3$

となるこの場合も，1 つの立体対角線上に同じ記号 (0) が 3 回現れているので，上記②により，$(0)=1$ としなければならない．

ところが，1 はすでに A,B において，$(2)=1$ として用いてあるので，ここでは，A,B,C に共通の置き換えをすることを考え，(0) を (2) に変えるために 2 を加えて，立体補助方陣 C を $(2+x+y+z)$ によって作り直す．すると，補助方陣 C は次のようになる．

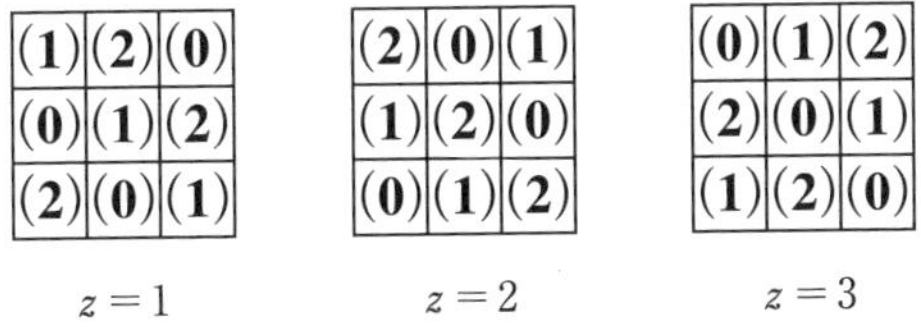

(1)	(2)	(0)
(0)	(1)	(2)
(2)	(0)	(1)

$z=1$

(2)	(0)	(1)
(1)	(2)	(0)
(0)	(1)	(2)

$z=2$

(0)	(1)	(2)
(2)	(0)	(1)
(1)	(2)	(0)

$z=3$

これらの立体補助方陣 A,B,C の「直交性」については，確認するまでもなくすでに確保されている．

これらの 3 つの立体補助方陣 A,B,C において，共通に，たとえば，

$$(0)=0, \qquad (1)=2, \qquad (2)=1,$$

として，$M = E + A + 3B + 9C$ を求めると，次のような 3 次の立体魔方陣が完成する．

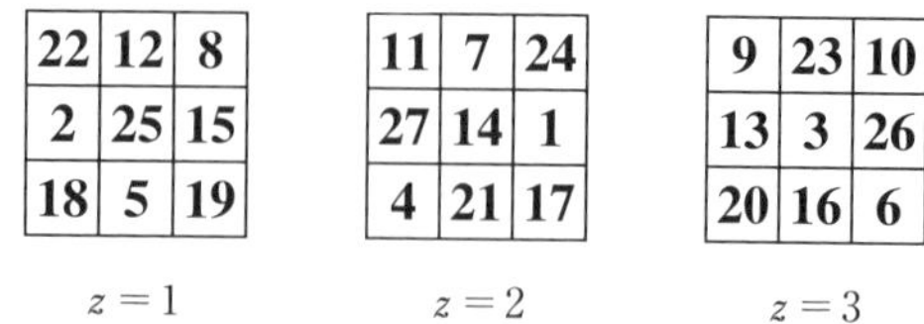

22	12	8
2	25	15
18	5	19

$z = 1$

11	7	24
27	14	1
4	21	17

$z = 2$

9	23	10
13	3	26
20	16	6

$z = 3$

定和は 42 である．なお，(0) = 2，(1) = 0，(2) = 1 としても同じ種類の 3 次立体魔方陣を得る．ここで，(2) = 1 は絶対条件であることは前に述べた．

例 3（5 次の立体魔方陣）　立体補助方陣 A を点 (x,y,z) に $(x+y+2z)$ を対応させることによって作れば，次のようになる．なお，ここでは図の都合で，剰余記号 (　) は省略した．

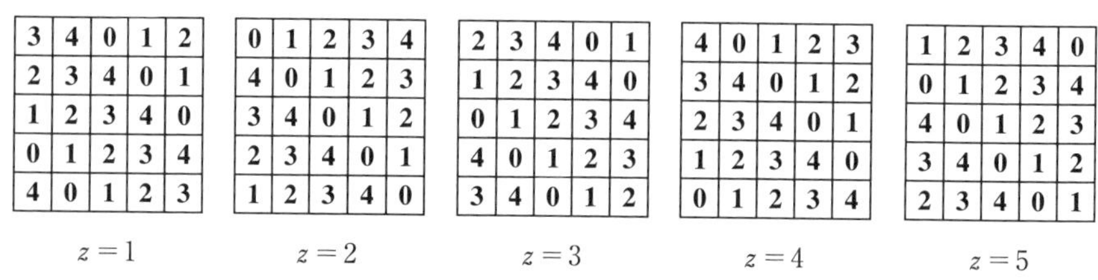

3	4	0	1	2
2	3	4	0	1
1	2	3	4	0
0	1	2	3	4
4	0	1	2	3

$z = 1$

0	1	2	3	4
4	0	1	2	3
3	4	0	1	2
2	3	4	0	1
1	2	3	4	0

$z = 2$

2	3	4	0	1
1	2	3	4	0
0	1	2	3	4
4	0	1	2	3
3	4	0	1	2

$z = 3$

4	0	1	2	3
3	4	0	1	2
2	3	4	0	1
1	2	3	4	0
0	1	2	3	4

$z = 4$

1	2	3	4	0
0	1	2	3	4
4	0	1	2	3
3	4	0	1	2
2	3	4	0	1

$z = 5$

立体補助方陣 B を点 (x,y,z) に $(x+2y+z)$ を対応させることによって作れば，次のようになる．

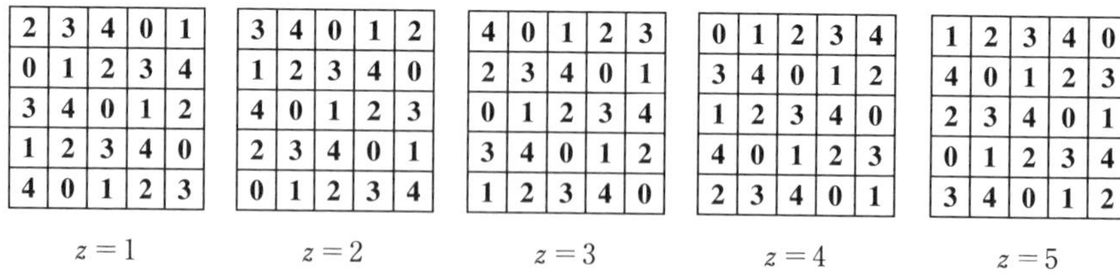

2	3	4	0	1
0	1	2	3	4
3	4	0	1	2
1	2	3	4	0
4	0	1	2	3

$z = 1$

3	4	0	1	2
1	2	3	4	0
4	0	1	2	3
2	3	4	0	1
0	1	2	3	4

$z = 2$

4	0	1	2	3
2	3	4	0	1
0	1	2	3	4
3	4	0	1	2
1	2	3	4	0

$z = 3$

0	1	2	3	4
3	4	0	1	2
1	2	3	4	0
4	0	1	2	3
2	3	4	0	1

$z = 4$

1	2	3	4	0
4	0	1	2	3
2	3	4	0	1
0	1	2	3	4
3	4	0	1	2

$z = 5$

なお，立体補助方陣 A, B では，1 つの立体対角線上に同じ記号 (2) が 5 回現れるので，(2) = 2 とする．

立体補助方陣 C は，点 (x,y,z) に $(x+y+z)$ を対応させて作る．

2	3	4	0	1
1	2	3	4	0
0	1	2	3	4
4	0	1	2	3
3	4	0	1	2

$z=1$

3	4	0	1	2
2	3	4	0	1
1	2	3	4	0
0	1	2	3	4
4	0	1	2	3

$z=2$

4	0	1	2	3
3	4	0	1	2
2	3	4	0	1
1	2	3	4	0
0	1	2	3	4

$z=3$

0	1	2	3	4
4	0	1	2	3
3	4	0	1	2
2	3	4	0	1
1	2	3	4	0

$z=4$

1	2	3	4	0
0	1	2	3	4
4	0	1	2	3
3	4	0	1	2
2	3	4	0	1

$z=5$

なお，この C では，剰余記号 (　) についての条件は付かない．

これらの立体補助方陣 A,B,C の「直交性」については，確認するまでもなくすでに確保されている．

これらの 3 つの立体補助方陣 A,B,C において，共通な置き換え，たとえば，

$$(0)=0,\quad (1)=1,\quad (2)=2,\quad (3)=3,\quad (4)=4$$

として，$M=E+A+5B+25C$ を求めると，次のような 5 次立体魔方陣が完成する．

64	95	121	2	33
28	59	90	116	22
17	48	54	85	111
106	12	43	74	80
100	101	7	38	69

$z=1$

91	122	3	34	65
60	86	117	23	29
49	55	81	112	18
13	44	75	76	107
102	8	39	70	96

$z=2$

123	4	35	61	92
87	118	24	30	56
51	82	113	19	50
45	71	77	108	14
9	40	66	97	103

$z=3$

5	31	62	93	124
119	25	26	57	88
83	114	20	46	52
72	78	109	15	41
36	67	98	104	10

$z=4$

32	63	94	125	1
21	27	58	89	120
115	16	47	53	84
79	110	11	42	73
68	99	105	6	37

$z=5$

定和 315

なお，ここで，補助方陣 A,B での $(2)=2$ は絶対条件であるが，その他の $(0),(1),(3),(4)$ は $0,1,3,4$ の任意の順序に定めてよいわけである．C では，剰余記号 (　) について条件は付かない．

問題 43　上記の 5 次の立体補助方陣 A,B,C において，$(0)=3$，$(1)=1$，$(2)=2$，$(3)=4$，$(4)=0$ とした場合の 5 次の立体魔方陣を作れ．

問題 44　本節の方法により，7 次の立体補助方陣 A, B, C を作れ．

§79　偶数立体魔方陣のある解法

偶数次の場合は，平面の魔方陣のときと同様に，全偶数次の場合と半偶数次の場合で解法が異なる．

「定和性」と「直交性」を併せもつ 3 つの立体補助方陣 A, B, C をどのようにして作るか，という問題である．

◎ 全偶数立体魔方陣

n が全偶数（$n = 4m$；m は自然数）のときも，1 と n は互いに素である．そこで，1 つの立体補助魔方陣 A は x, y, z の係数をすべて 1 として簡単に作れるが，他の 2 つの補助方陣 B, C については素直ではない．

$2m$ は $n = 4m$ と互いに素ではないが，x, y, z の係数に $2m$ を使った解法について説明しよう．

> n が全偶数のときは，n 次の立体補助方陣 A, B, C の各点 (x, y, z) を，それぞれ $(x+y+z)$, $(x+2my+2mz)$, $(2mx+2my+z)$ とする．

このように定めれば，立体補助方陣 A においては，x, y, z の係数はすべて 1 で，n と互いに素であるから，立体補助方陣 A のすべての「行」,「列」,「柱」の和は定和 T となる．

立体補助方陣 B, C においては，それぞれ，

y 軸，z 軸方向；　　x 軸，y 軸方向

において，2 種の記号 $(\alpha_1), (\alpha_2)$ が $2m$ 回ずつ現れることになるので，補助方陣の定和を確保するために，

$$2m\{(\alpha_1)+(\alpha_2)\} = \frac{n(n-1)}{2}$$
$$\therefore (\alpha_1)+(\alpha_2) = n-1 \qquad (\because\ n = 4m)$$

なる条件を与えることになる．具体的には，384 ページの例 4 で説明する．

なお，4 本の立体対角線については，

$$A：\quad 1 \pm 1 \pm 1 \quad (= 3, 1, 1, -1)$$

$$B：\quad 1\pm 2m\pm 2m \quad (=1+4m, 1, 1, 1-4m)$$

$$C：\quad 2m\pm 2m\pm 1 \quad (=4m+1, 4m-1, 1, -1)$$

であるので，補助方陣 A においては，n が 3 の倍数でもあるとき（すなわち，12 の倍数のとき）に限り，1 つの対角線において同じ記号 (　) が 3 回ずつ現れるので，前節§78 の②の条件を付け加えることになる．その他の場合は，条件は不要で 4 本の立体対角線上での定和が確保される．

補助方陣 B,C においては，$4m+1, 4m-1, 1, -1$ など，どれも全偶数 $n=4m$ と互いに素であるから，4 本の立体対角線上での定和は確保されている．

よって，A,B,C のどの補助方陣においても，4 本の立体対角線に定和 T を与えることができる．

また，このようにして作った 3 つの立体補助方陣 A,B,C が直交していることは，次のように証明できる．

［証明］　実際，もし，点 (x,y,z)，点 (x',y',z') に同一の数が対応すると仮定すると，

$$\begin{cases} x+y+z \equiv x'+y'+z' \pmod{4m} & \cdots\cdots ① \\ x+2my+2mz \equiv x'+2my'+2mz' \pmod{4m} & \cdots\cdots ② \\ 2mx+2my+z \equiv 2mx'+2my'+z' \pmod{4m} & \cdots\cdots ③ \end{cases}$$

であるが，このとき，②−① により，

$$(2m-1)y+(2m-1)z \equiv (2m-1)y'+(2m-1)z' \pmod{4m}$$

が導かれる．

ここで，$2m-1$ と $4m$ は互いに素であるから，前章の§71 の合同式の算法 2 によって，両辺を $2m-1$ で割ることができる．よって，

$$y+z \equiv y'+z' \pmod{4m}$$

この式と①式から，

$$x \equiv x' \pmod{4m}$$

同様にして，①,③式から，

$$z \equiv z' \pmod{4m}$$

を導くことができる．

さらに，これらの結果を①式に考慮すると，

$$y \equiv y' \pmod{4m}$$

を得る．これから，

$$x = x', \quad y = y', \quad z = z'$$

となる．よって，

$$(x,y,z) = (x',y',z')$$

このことから，異なる点には異なる数が対応することが知られる．［証明終］

このようにして作った 3 つの立体補助方陣 A,B,C から，$M = E+A+nB+n^2C$ を構成すれば，M は 1 から n^3 までの異なる数からなる n 次の全偶数立体魔方陣となる．

（注）　n が偶数のとき，x,y,z の係数 a_1,a_2,a_3 に，できれば 2（偶数）は使いたくないのであるが，実は，a_1,a_2,a_3 が 3 つとも奇数では，「直交性」が確保されないのである．

この解法を具体的に最小の全偶数である $n=4$ の場合について，説明しよう．ここでも，補助方陣 A,B,C における剰余記号 (　) は，図の都合で省略する．

例 4（4 次の立体魔方陣）　立体補助方陣 A は点 (x,y,z) に，$(x+y+z)$ を対応させて作る．次のようになる．

2	3	0	1
1	2	3	0
0	1	2	3
3	0	1	2

$z=1$

3	0	1	2
2	3	0	1
1	2	3	0
0	1	2	3

$z=2$

0	1	2	3
3	0	1	2
2	3	0	1
1	2	3	0

$z=3$

1	2	3	0
0	1	2	3
3	0	1	2
2	3	0	1

$z=4$

（注）　平面 $z=1$ の左下隅は，$(x,y,z)=(1,1,1)$ であるから，$(1+1+1)=(3)$ である．

$n=4m=4$ のときは，$m=1$ であるから，立体補助方陣 B の点 (x,y,z) には $(x+2my+2mz)=(x+2y+2z)$ を対応させて作る．

3	0	1	2
1	2	3	0
3	0	1	2
1	2	3	0

$z=1$

1	2	3	0
3	0	1	2
1	2	3	0
3	0	1	2

$z=2$

3	0	1	2
1	2	3	0
3	0	1	2
1	2	3	0

$z=3$

1	2	3	0
3	0	1	2
1	2	3	0
3	0	1	2

$z=4$

立体補助方陣 C は，点 (x,y,z) に $(2x+2y+z)$ を対応させて作る．

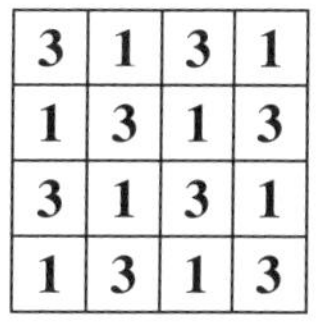

3	1	3	1
1	3	1	3
3	1	3	1
1	3	1	3

$z=1$

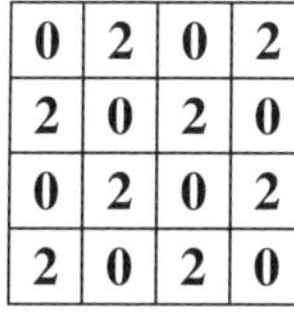

0	2	0	2
2	0	2	0
0	2	0	2
2	0	2	0

$z=2$

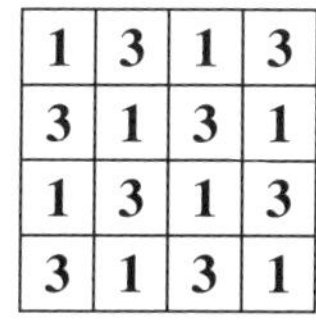

1	3	1	3
3	1	3	1
1	3	1	3
3	1	3	1

$z=3$

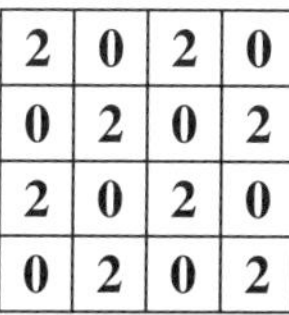

2	0	2	0
0	2	0	2
2	0	2	0
0	2	0	2

$z=4$

前ページ下部の補助方陣 A については確かに，すべての「行」，「列」，「柱」の和は補助方陣の定和 $T=6$ になっている．

また，上記の補助方陣 B,C においては，それぞれ，y 軸，z 軸方向；x 軸，y 軸方向において，2 種の記号 (0) と (2)，(1) と (3) が 2 回ずつ現れるので，この場合は，

$$(0)+(2)=(1)+(3)=3 \qquad \cdots\cdots ①$$

なる条件を与えることが必要である．

4 本の対角線については，$n=4$ は 3 の倍数でないから，A,B,C のいずれにおいても問題はなく，補助方陣の定和 $T=6$ となっている．

そこで，これらの 3 つの立体補助方陣 A,B,C において，①を満たすように，たとえば，

$$(0)=0, \quad (1)=1, \quad (2)=3, \quad (3)=2$$

として，$M=E+A+4B+16C$ を構成すると，次の 4 次の立体魔方陣が完成する．

44	19	37	30
22	48	27	33
41	18	40	31
23	45	26	36

$z=1$

7	61	10	52
60	3	53	14
6	64	11	49
57	2	56	15

$z=2$

25	34	24	47
39	29	42	20
28	35	21	46
38	32	43	17

$z=3$

54	16	59	1
9	50	8	63
55	13	58	4
12	51	5	62

$z=4$

定和 130

問題 45　この解法によって，8 次の立体魔方陣を作ってみよ．

◎ **半偶数立体魔方陣**

6 次の立体魔方陣については§75（353 ページ）において，実例を 2 つ紹介したが，半偶数次の立体魔方陣は，従来，作成困難とされてきた．n が半偶数（$n = 2m$；m は奇数）の場合，m 次の立体魔方陣を利用した 2 つの補助方陣を使って作る方法が考えられる．

［解法 I］（定和をもつ 2 つの補助方陣 X, Y を利用して 6 次立体魔方陣を作る (1)）

立体魔方陣を作る補助方陣 X は m（$= n/2$；奇数）次の立体魔方陣を 2 倍に拡大したものを利用する．たとえば，6（$= 2\times3$）次の場合は，$m = 3$ 次の立体魔方陣を利用する．

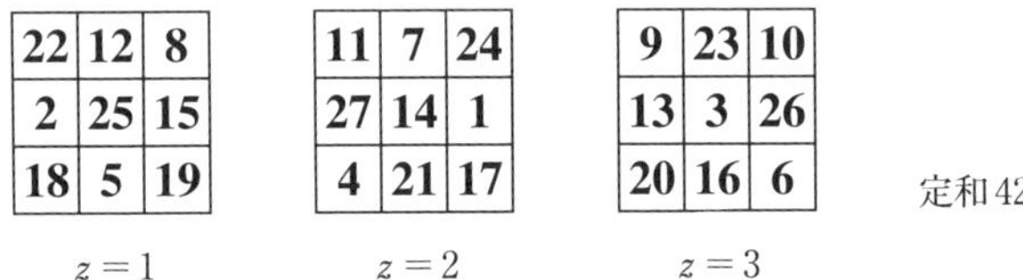

22	12	8
2	25	15
18	5	19

$z = 1$

11	7	24
27	14	1
4	21	17

$z = 2$

9	23	10
13	3	26
20	16	6

$z = 3$

定和 42

これは，前節§78 の例 2 で作ったものであるが，これを次のように 2 倍に拡大（同じ数字を正方形に 4 個書く）したものを，そのまま補助方陣 X とするのである．

22	22	12	12	8	8
22	22	12	12	8	8
2	2	25	25	15	15
2	2	25	25	15	15
18	18	5	5	19	19
18	18	5	5	19	19

$z = 1$

22	22	12	12	8	8
22	22	12	12	8	8
2	2	25	25	15	15
2	2	25	25	15	15
18	18	5	5	19	19
18	18	5	5	19	19

$z = 2$

11	11	7	7	24	24
11	11	7	7	24	24
27	27	14	14	1	1
27	27	14	14	1	1
4	4	21	21	17	17
4	4	21	21	17	17

$z = 3$

11	11	7	7	24	24
11	11	7	7	24	24
27	27	14	14	1	1
27	27	14	14	1	1
4	4	21	21	17	17
4	4	21	21	17	17

$z = 4$

9	9	23	23	10	10
9	9	23	23	10	10
13	13	3	3	26	26
13	13	3	3	26	26
20	20	16	16	6	6
20	20	16	16	6	6

$z = 5$

9	9	23	23	10	10
9	9	23	23	10	10
13	13	3	3	26	26
13	13	3	3	26	26
20	20	16	16	6	6
20	20	16	16	6	6

$z = 6$

定和 $2S = 84$

ここで，$z=1$ と $z=2$ は，ともに上記の 3 次の立体魔方陣 $z=1$ の図から作ったものであり，まったく同じ配列であることに留意しよう．その作り方は図から一目瞭然であろう．同様に，$z=3$ と $z=4$ はまったく同じで，$z=5$ と $z=6$ もまったく同じである．この立体補助方陣 X では，各行，各列，各高および 4 本の立体対角線上の要素の和は，確かめるまでもなく一定 $2S=84$ であることは明らかであろう．

補助方陣 Y は，次のようにして作る．Y は 0, 27, 54, 81, 108, 135, 162, 189 を用いて作るが，これまでと同様の説明にするため，各数を 27 で割って，0,1,2,3,4,5,6,7 を用いる．

そして，これら 8（$=2^3$）個の数 0,1,2,3,4,5,6,7 を $\{0,3,5,6\}$ と $\{1,2,4,7\}$ の 2 つの組に分けると，各組の数の和はともに 14 で相等しく，各組から数を 1 つずつとって，和を 7 にすることができる．

そこで，まず，補助方陣 Y の $z=1$，$z=3$，$z=5$ を $\{0,3,5,6\}$ を用いて作り，それから，$z=2$，$z=4$，$z=6$ を $z=1$，$z=2$，$z=3$ の下に対応する数の和が 7 になるように作れば，この立体補助方陣 Y（$z=1\sim6$）は，水平面（xy 平面）に垂直な方向（z 軸方向，各柱）で定和 21（$=7\times3$，一般には $7m$）を与えることは明らかである．

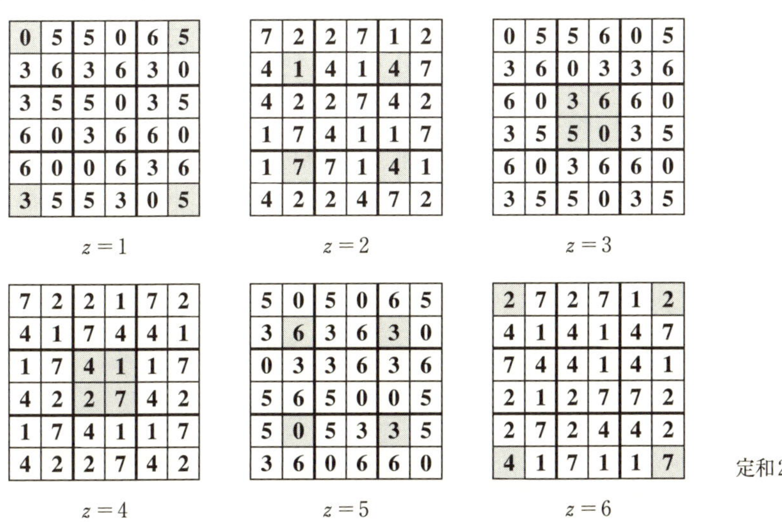

0	5	5	0	6	5
3	6	3	6	3	0
3	5	5	0	3	5
6	0	3	6	6	0
6	0	0	6	3	6
3	5	5	3	0	5

$z=1$

7	2	2	7	1	2
4	1	4	1	4	7
4	2	2	7	4	2
1	7	4	1	1	7
1	7	7	1	4	1
4	2	2	4	7	2

$z=2$

0	5	5	6	0	5
3	6	0	3	3	6
6	0	3	6	6	0
3	5	5	0	3	5
6	0	3	6	6	0
3	5	5	0	3	5

$z=3$

7	2	2	1	7	2
4	1	7	4	4	1
1	7	4	1	1	7
4	2	2	7	4	2
1	7	4	1	1	7
4	2	2	7	4	2

$z=4$

5	0	5	0	6	5
3	6	3	6	3	0
0	3	3	6	3	6
5	6	5	0	0	5
5	0	5	3	3	5
3	6	0	6	6	0

$z=5$

2	7	2	7	1	2
4	1	4	1	4	7
7	4	4	1	4	1
2	1	2	7	7	2
2	7	2	4	4	2
4	1	7	1	1	7

$z=6$

定和21

実際に，補助方陣 Y を作るには，初めに，4 本の立体対角線が定和 21 をもつように定めてしまう．それには，まず，4 本の立体対角線の交点の周りの $2\times$

2×2 小立方体の 8 数を定め，それから，$z=1$，$z=2$，$z=5$，$z=6$ 上の各 4 数を定めるとよい．その後，$z=1$，$z=3$，$z=5$ の各平面の行と列においても定和 21 を与えるように，残っている部分の数を調整するのである．

すると，$z=1$，$z=3$，$z=5$ の各面について 7 に関する補数を求めることにより，自動的に $z=2$，$z=4$，$z=6$ が定まり，これらの平面においても定和 21 を与えることになる．こうして，上記のような補助方陣 Y が完成する．作り方から X との直交性は明らかである．

あとは簡単である．これら 2 つの立体補助方陣 X,Y から各面について $M=X+27Y$ を作れば，M は次に示す 6 次の立体魔方陣になる．定和は 651（$=84+27\times21$）である．

22	157	147	12	170	143
103	184	93	174	89	8
83	137	160	25	96	150
164	2	106	187	177	15
180	18	5	167	100	181
99	153	140	86	19	154

$z=1$

211	76	66	201	35	62
130	49	120	39	116	197
110	56	79	214	123	69
29	191	133	52	42	204
45	207	194	32	127	46
126	72	59	113	208	73

$z=2$

11	146	142	169	24	159
92	173	7	88	105	186
189	27	95	176	163	1
108	162	149	14	82	136
166	4	102	183	179	17
85	139	156	21	98	152

$z=3$

200	65	61	34	213	78
119	38	196	115	132	51
54	216	122	41	28	190
135	81	68	203	109	55
31	193	129	48	44	206
112	58	75	210	125	71

$z=4$

144	9	158	23	172	145
90	171	104	185	91	10
13	94	84	165	107	188
148	175	138	3	26	161
155	20	151	97	87	141
101	182	16	178	168	6

$z=5$

63	198	77	212	37	64
117	36	131	50	118	199
202	121	111	30	134	53
67	40	57	192	215	80
74	209	70	124	114	60
128	47	205	43	33	195

$z=6$

［解法 II］（定和をもつ 2 つの補助方陣 X,Y を利用して 6 次立体魔方陣を作る (2)）

（補助方陣 X の別の作り方） 上記の解法(I)では補助方陣 X を，9 個の 2×2 小行列に分割して作ったが，3 次立体魔方陣の $z=1$，$z=2$，$z=3$ の各面を下図のように，そのまま 4 個正方形に並べて作ることもできる．

その際，解法 I と同様に，平面 $z=1$ と $z=2$ は同じものを使う．$z=3,4$ および $z=5,6$ についても同様である．

22	12	8	22	12	8
2	25	15	2	25	15
18	5	19	18	5	19
22	12	8	22	12	8
2	25	15	2	25	15
18	5	19	18	5	19

$z=1,2$

11	7	24	11	7	24
27	14	1	27	14	1
4	21	17	4	21	17
11	7	24	11	7	24
27	14	1	27	14	1
4	21	17	4	21	17

$z=3,4$

9	23	10	9	23	10
13	3	26	13	3	26
20	16	6	20	16	6
9	23	10	9	23	10
13	3	26	13	3	26
20	16	6	20	16	6

$z=5,6$

補助方陣 Y も，$z=1$，$z=3$，$z=5$ の各面は，解法 I の場合と同様に $\{0,3,5,6\}$ を使って作る．上記の補助方陣 X の各面と同じ数字の場所には，異なる数字を入れる．たとえば，

0	5	0	5	6	5
0	5	6	5	0	5
3	5	0	5	3	5
6	0	6	3	3	3
6	6	3	3	3	0
6	0	6	0	6	3

$z=1$

5	5	5	6	0	0
5	5	5	0	0	6
5	5	5	0	3	3
0	3	6	3	6	3
3	3	0	6	6	3
3	0	0	6	6	6

$z=3$

3	0	0	6	6	6
5	5	5	6	0	0
3	0	3	6	3	6
5	5	5	0	3	3
0	6	3	3	3	6
5	5	5	0	6	0

$z=5$

すると，補助方陣 Y の $z=2,4,6$ の各面も，I と同様にして自動的に定まる．すなわち，上側の図と同じ位置にある数の和が 7 になるように入れるわけである．

すると，次のようになる．それらは，$\{1,2,4,7\}$ から成る．

7	2	7	2	1	2
7	2	1	2	7	2
4	2	7	2	4	2
1	7	1	4	4	4
1	1	4	4	4	7
1	7	1	7	1	4

$z=2$

2	2	2	1	7	7
2	2	2	7	7	1
2	2	2	7	4	4
7	4	1	4	1	4
4	4	7	1	1	4
4	7	7	1	1	1

$z=4$

4	7	7	1	1	1
2	2	2	1	7	7
4	7	4	1	4	1
2	2	2	7	4	4
7	1	4	4	4	1
2	2	2	7	1	7

$z=6$

実際に，補助方陣 Y を作るには，解法 I と同様に，初めに，4 本の立体対角線が定和 21 をもつように定めてしまう．その後で，$z=1$，$z=3$，$z=5$ の行と列が定和 21 をもつように調整し，それから，$z=2,4,6$ を作るようにする．

これら 2 つ補助方陣 X,Y から，各面について $M=X+27Y$ を作れば，M は次のような 6 次の立体魔方陣になる．定和は 651 である．

22	147	8	157	174	143
2	160	177	137	25	150
99	140	19	153	86	154
184	12	170	103	93	89
164	187	96	83	106	15
180	5	181	18	167	100

$z=1$

211	66	197	76	39	62
191	79	42	56	214	69
126	59	208	72	113	73
49	201	35	130	120	116
29	52	123	110	133	204
45	194	46	207	32	127

$z=2$

146	142	159	173	7	24
162	149	136	27	14	163
139	156	152	4	102	98
11	88	186	92	169	105
108	95	1	189	176	82
85	21	17	166	183	179

$z=3$

65	61	78	38	196	213
81	68	55	216	203	28
58	75	71	193	129	125
200	115	51	119	34	132
135	122	190	54	41	109
112	210	206	31	48	44

$z=4$

90	23	10	171	185	172
148	138	161	175	3	26
101	16	87	182	97	168
144	158	145	9	104	91
13	165	107	94	84	188
155	151	141	20	178	6

$z=5$

117	212	199	36	50	37
67	57	80	40	192	215
128	205	114	47	124	33
63	77	64	198	131	118
202	30	134	121	111	53
74	70	60	209	43	195

$z=6$

2 つの補助方陣を使って作るこれらの解法は，ともに簡単とは言えない．半偶数次の立体魔方陣は，1 つ作るだけでも難しい．

◎ 完全剰余系を使った **3** つの補助方陣を利用して作る —— 有力な方向

n が半偶数（$n=2m$；m は奇数）の場合，n を法とする完全剰余系を使って「直交性」と「定和性」を併せもつ 3 つの立体補助方陣を，単純な方法で作ることは非常に難しい．「直交性」と「定和性」の両立がきわめて難しいのである．

上記の解法 II と同様に，立体補助方陣を 8（$=2\times2\times2$）個の m 次小立方体に分けて考え，m（$=n/2$）を法とする完全剰余系を使って解くことは，有力なアプローチの方向であろう．

§80　立体完全魔方陣のある解法

1 つの立体完全補助方陣を $a_1x+a_2y+a_3z$ を n で割ったときの剰余記号 $(a_1x+a_2y+a_3z)$ を使って作るとき，x,y,z の係数 a_1,a_2,a_3 を n と互いに素であるようにとることは，前と同じである．これによって，立体補助方陣の各行・

各列・各柱における定和が保証されるのであった.

本節では，立体汎対角線上で定和を確保するために新たに追加される条件について解説する.

（立体汎対角線の定和条件） 一般に，立方体内の点 (a,b,c) を通る 4 本の立体対角線上の n 個の点 $(a+i,b\pm i,c\pm i)$ については，剰余記号 (　) 内の数式は，

$$a_1(a+i)+a_2(b\pm i)+a_3(c\pm i)=(a_1\pm a_2\pm a_3)i+a_1a+a_2b+a_3c$$

となる.

ここで，$a_1a+a_2b+a_3c$ は定数であり，i は 1 つの完全剰余系にわたるから，

> （2′） $a_1\pm a_2\pm a_3$（i の係数）が n と互いに素であるならば，4 本の立体対角線に平行なすべての対角線（立体汎対角線）において，立体補助方陣の定和を与える.

これが，立体補助方陣の $4n^2$ 本の汎対角線で定和を与えるための要件である．なお，この要件は前々節§78 の立体魔方陣の 4 本の立体対角線の定和確保のための要件(2)と同じであるから，すでに立体完全魔方陣を作っていたことになる.

このような補助方陣を 3 つ作ること，また，それらは「直交」しなければならないことなど，立体魔方陣の場合と同じである.

◎ 奇数立体完全魔方陣

解法としては，前々節§78 で用いたものとまったく同じでよいのだが，本節では，奇数 n の値に応じて補助方陣を作ることを考える．つまり，§78 では，n と互いに素である数として x,y,z の係数 a_1,a_2,a_3 に 1 と 2 を使ったが，本節では a_1,a_2,a_3 の値として他の数も使ってみる.

例 5（5 次立体完全魔方陣） 立体補助方陣 A,B,C を，点 (x,y,z) にそれぞれ，

$$(x+y+z),\quad (x+y+4z),\quad (x+4y+z)$$

を対応させることによって作れば，x,y,z の係数の 1 と 4 はいずれも 5 と互いに素である.

また，$a_1\pm a_2\pm a_3$ は

$$A\text{：}\quad 1\pm1\pm1 \quad (=3,1,1,-1)$$
$$B\text{：}\quad 1\pm1\pm4 \quad (=6,-2,4,-4)$$
$$C\text{：}\quad 1\pm4\pm1 \quad (=6,4,-2,-4)$$

となり，すべて $n=5$ と互いに素である．

さらに，これらの補助方陣 A,B,C は直交する．なぜならば，いま，仮に，(x,y,z) と (x',y',z') に同一の数が対応するとすれば，

$$\begin{cases} x+y+z \equiv x'+y'+z' \pmod 5 & \cdots\cdots ① \\ x+y+4z \equiv x'+y'+4z' \pmod 5 & \cdots\cdots ② \\ x+4y+z \equiv x'+4y'+z' \pmod 5 & \cdots\cdots ③ \end{cases}$$

であるが，このとき，②－① から，

$$3z \equiv 3z' \pmod 5 \qquad \therefore\ z \equiv z' \pmod 5 \qquad \cdots\cdots ④$$

また，③－① から，

$$3y \equiv 3y' \pmod 5 \qquad \therefore\ y \equiv y' \pmod 5 \qquad \cdots\cdots ⑤$$

さらに，①式と④,⑤式から，

$$x \equiv x' \qquad \pmod 5$$

が得られるが，ここにおいて，x,x',y,y',z,z' はいずれも 0, 1, 2, 3, 4 であるから，

$$x=x', \quad y=y', \quad z=z' \qquad \therefore\ (x,y,z)=(x',y',z')$$

となるからである．

したがって，これらの補助方陣 A,B,C は 5 次の立体完全補助方陣としての条件を満たしている．

A,B,C の図は省略する．この場合，剰余記号 (　) には，条件がつかない．

そこで，たとえば，

$$(0)=0, \quad (1)=1, \quad (2)=2, \quad (3)=3, \quad (4)=4$$

として，$M=E+A+5B+25C$ を構成すれば，次の 5 次の立体完全魔方陣が完成する．

53	84	115	16	47
97	103	9	40	66
116	22	28	59	90
15	41	72	78	109
34	65	91	122	3

$z=1$

99	105	6	37	68
118	24	30	56	87
12	43	74	80	106
31	62	93	124	5
55	81	112	18	49

$z=2$

120	21	27	58	89
14	45	71	77	108
33	64	95	121	2
52	83	114	20	46
96	102	8	39	70

$z=3$

11	42	73	79	110
35	61	92	123	4
54	85	111	17	48
98	104	10	36	67
117	23	29	60	86

$z=4$

32	63	94	125	1
51	82	113	19	50
100	101	7	38	69
119	25	26	57	88
13	44	75	76	107

$z=5$

定和315

（注） この場合，記号 (0), (1), (2), (3), (4) は数 0, 1, 2, 3, 4 を自由に，任意の順序にとってよいので，$5!=120$ 通りの置き換え方がある．

例 6（7 次立体完全魔方陣） 立体補助方陣 A,B,C を，点 (x,y,z) にそれぞれ，

$$(x+y+z),\quad (x+2y+2z),\quad (x+2y+5z)$$

を対応させることによつて作れば，このとき，$a_1 \pm a_2 \pm a_3$ は

$$A：1\pm1\pm1 \quad (=3,1,1,-1)$$

$$B：1\pm2\pm2 \quad (=5,1,1,-3)$$

$$C：1\pm2\pm5 \quad (=8,-2,4,-6)$$

となり，どれも $n=7$ と互いに素である．

さらにまた，これらの補助方陣 A,B,C は直交する．

なぜならば，いま，仮に，(x,y,z) と (x',y',z') に同一の数が対応するとすれば，

$$\begin{cases} x+y+z \equiv x'+y'+z' \pmod 7 & \cdots\cdots① \\ x+2y+2z \equiv x'+2y'+2z' \pmod 7 & \cdots\cdots② \\ x+2y+5z \equiv x'+2y'+5z' \pmod 7 & \cdots\cdots③ \end{cases}$$

であるが，このとき，③－② から，

$$3z \equiv 3z' \pmod 7 \qquad \therefore\ z \equiv z' \pmod 7 \qquad \cdots\cdots ④$$

また，② − ① から，

$$y+z \equiv y'+z' \pmod 7$$

を得る．これと，④から，

$$y \equiv y' \pmod 7 \qquad \cdots\cdots ⑤$$

さらに，①式と④,⑤式から，

$$x \equiv x' \pmod 7$$

が得られるが，ここにおいて，x, x', y, y', z, z' はいずれも 0, 1, 2, 3, 4, 5, 6 であるから，

$$x = x', \quad y = y', \quad z = z' \qquad \therefore\ (x, y, z) = (x', y', z')$$

となるからである．

したがって，これらの補助方陣 A, B, C は 5 次の立体完全補助方陣としての条件を満たしている．なお，3 つの補助方陣 A, B, C の図は，紙面の都合で省略する．

この場合も，剰余記号 (　) には条件がつかない．そこで，たとえば，

$$(0) = 0, \quad (1) = 1, \quad (2) = 2, \quad (3) = 3, \quad (4) = 4, \quad (5) = 5, \quad (6) = 6$$

として，$M = E + A + 7B + 49C$ を構成すれば，次の 7 次の立体完全魔方陣が完成する．

318	32	89	146	154	204	261
205	262	319	33	90	147	148
141	149	206	263	320	34	91
35	85	142	150	207	264	321
265	322	29	86	143	151	208
152	209	266	316	30	87	144
88	145	153	210	260	317	31

$z = 1$

235	292	300	14	64	121	178
122	179	236	293	301	8	65
9	66	123	180	237	294	295
288	296	10	67	124	181	238
182	232	289	297	11	68	125
69	126	176	233	290	298	12
299	13	70	120	177	234	291

$z = 2$

103	160	217	267	324	38	95
39	96	104	161	211	268	325
269	326	40	97	105	155	212
156	213	270	327	41	98	99
92	100	157	214	271	328	42
329	36	93	101	158	215	272
216	273	323	37	94	102	159

$z = 3$

20	77	127	184	241	249	306
250	307	21	71	128	185	242
186	243	251	308	15	72	129
73	130	187	244	252	302	16
303	17	74	131	188	245	246
239	247	304	18	75	132	189
133	183	240	248	305	19	76

$z=4$

280	330	44	52	109	166	223
167	224	274	331	45	53	110
54	111	168	218	275	332	46
333	47	55	112	162	219	276
220	277	334	48	56	106	163
107	164	221	278	335	49	50
43	51	108	165	222	279	336

$z=5$

190	198	255	312	26	83	140
84	134	191	199	256	313	27
314	28	78	135	192	200	257
201	258	315	22	79	136	193
137	194	202	259	309	23	80
24	81	138	195	203	253	310
254	311	25	82	139	196	197

$z=6$

58	115	172	229	286	343	1
337	2	59	116	173	230	287
231	281	338	3	60	117	174
118	175	225	282	339	4	61
5	62	119	169	226	283	340
284	341	6	63	113	170	227
171	228	285	342	7	57	114

定和1204

$z=7$

（**注 1**）　補助方陣 A,B,C を作るとき，前記の例 5 における $(x+y+z),(x+y+4z),(x+4y+z)$ を使っても，7 次の立体完全魔方陣を作ることができる．

（**注 2**）　奇数立体完全魔方陣の一般解法は，§78 で述べたように，次数が 3 の倍数でない場合と 3 の倍数である場合により異なる．

◎ 偶数立体完全魔方陣

この場合も，次数が全偶数のときと半偶数のときでは解法が異なる．

（i）全偶数次の立体完全魔方陣

全偶数次の立体完全魔方陣の解法は，前節§79 の「全偶数立体魔方陣の解法」と同じである．すなわち，前節の解法は，実は，全偶数立体完全魔方陣の解法でもあったわけである．

したがって，前節の例 4 の 4 次の立体魔方陣は，実は，4 次の立体完全魔方陣である．汎対角線でも定和を与えている．

（ii）半偶数次の立体完全魔方陣

半偶数次の立体魔方陣の解法でさえ，前節§79 で述べたように，相当難しい．半偶数次の立体完全魔方陣となると，さらに困難である．しかし，半偶数次立体魔方陣は，結論を言えば，存在する．このことは，（平面上での）半偶数完全魔方陣が存在しない（§44）ことを考えると興味深いことである．

なお，半偶数次の場合も，完全方陣には相対点からなる小立体が潜んでいる．6 次の場合は，4×4×4 立方体である．しかしながら，この小立方体の対角の 2 数（相対数）の相対和は必ずしも等しいとは限らない．

次の 6 次立体完全方陣は，阿部楽方氏の貴重な作品（1948 年）である．定和は 651 である．

1	144	14	198	118	176
140	172	190	122	18	9
180	5	126	10	194	136
28	135	59	153	109	167
131	163	145	113	63	36
171	32	117	55	149	127

$z=1$

141	173	192	121	17	7
178	6	125	12	193	137
2	142	13	197	120	177
132	164	147	112	62	34
169	33	116	57	148	128
29	133	58	152	111	168

$z=2$

161	67	88	47	186	102
66	107	51	187	83	157
103	156	182	87	52	71
206	22	79	38	213	93
21	98	42	214	74	202
94	201	209	78	43	26

$z=3$

64	108	50	189	82	158
104	154	181	86	54	72
162	68	90	46	185	100
19	99	41	216	73	203
95	199	208	77	45	27
207	23	81	37	212	91

$z=4$

105	155	183	85	53	70
160	69	89	48	184	101
65	106	49	188	84	159
96	200	210	76	44	25
205	24	80	39	211	92
20	97	40	215	75	204

$z=5$

179	4	124	11	195	138
3	143	15	196	119	175
139	174	191	123	16	8
170	31	115	56	150	129
30	134	60	151	110	166
130	165	146	114	61	35

$z=6$

この完全方陣では，すべての 4×4×4 小立体（3×3×3 = 27 個ある）の対角（相対点）の 2 数の相対和は 217 で一定である．したがって，対称方陣ではない．なお，217 は定和 651 の 3 分の 1 である．この方陣は，世界初の 6 次立体完全方陣と言われる．

次は，中村光利氏の対称型の 6 次立体完全魔方陣（2008 年）である．これまた貴重な作品である．

28	214	83	215	84	27
156	144	47	143	46	115
4	103	194	104	195	51
159	141	50	140	49	112
169	19	116	20	117	210
135	30	161	29	160	136

$z=1$

63	75	62	182	88	181
106	1	107	191	54	192
60	78	59	185	85	184
130	193	131	5	186	6
165	108	164	80	55	79
127	196	128	8	183	9

$z=2$

199	97	11	44	201	99
39	153	146	125	37	151
94	202	41	14	96	204
150	42	122	149	148	40
124	10	179	200	126	12
45	147	152	119	43	145

$z=3$

72	174	98	65	70	172
205	91	17	38	207	93
177	69	68	95	175	67
13	121	203	176	15	123
66	180	92	71	64	178
118	16	173	206	120	18

$z=4$

208	34	209	89	21	90
138	162	137	53	109	52
211	31	212	86	24	87
33	132	32	158	139	157
25	163	26	110	216	111
36	129	35	155	142	154

$z=5$

81	57	188	56	187	82
7	100	197	101	198	48
105	168	77	167	76	58
166	22	113	23	114	213
102	171	74	170	73	61
190	133	2	134	3	189

$z=6$

この方陣について，彼自身，「世界初の対称な 6 次体汎斜方陣であると思われる」と言っている．実際，見事で素晴らしい．**体汎斜**とは，**立体完全**のことである．

この完全方陣は，対称型であるから，中心に関して対称な位置にある 2 数の和はすべて 217 である．なお，ここでは，$4\times4\times4$ 小立体の対角の 2 数（相対数）の相対和は，多様である．

中村氏は，半偶数立体完全魔方陣の一般解法を考案し，彼のウェブサイトで「体汎斜立体方陣の作成アルゴリズム」として発表している．n 次立体補助方陣を $2\times2\times2=8$ 個の $n/2$ 次立方体（8 領域）に分割して，$n/2$ を法とする完全剰余系を用い，n^3+1 に関する補数変換を部分的に行うなど，高度な名人芸を駆使した解法である．そこでは，$n=6$ の場合，特に 1 つの補助方陣 A において水平面の 4 領域ごとに，剰余記号 (0), (1), (2) に特定の値を与え，$M^*=9A+3B+C+E$ を構成している．そして最後に，1 つおきの $n/2$ 次立方体（領域）のすべての数に補数変換を施すというものである．ガウスの記号を用いて，簡明に解説している．彼のアルゴリズムによる 6 次立体完全魔方陣の作成プログラムについては付録を参照のこと．

◎ 立体 "超" 完全魔方陣の解法

さらに，立体完全魔方陣であって，同時に，**3 方向のすべての面においても**完全魔方陣であるものがある．このような性質をもつ立体完全魔方陣を，ここでは，**立体 "超" 完全魔方陣**と呼ぶことにする．

これら 3 方向の面における汎対角線は，n 次の場合，全部で $2n \times 3 \times n = 6n^2$ 本ある．したがって，n 次の立体 "超" 完全魔方陣においては，全部で $3n^2 + 4n^2 + 6n^2 = 13n^2$ 本の n 個の数の和がすべて一定値 S をとることになる．

立体 "超" 完全魔方陣――これが，本書最後の究極の魔性の魔方陣である．

（**3 方向の平面汎対角線の定和条件**）　n 次の立体完全補助方陣 $(a_1x+a_2y+a_3z)$ において，$a_1 \pm a_2, a_1 \pm a_3, a_2 \pm a_3$ が n と互いに素であれば，3 方向のすべての面においても完全方陣となることは明らかである．

a と n が互いに素であることを，$\mathrm{gcm}(a,n)=1$ 略して $(a,n)=1$ と表すことにすれば，立体「超」完全方陣の条件として新たに加わる**平面汎対角線の定和条件**は，次のように書くことができる．

> （3）$(a_1x+a_2y+a_3z)$ によって作る n 次の立体補助方陣が平面汎対角線について定和をもつ要件は
>
> $$(a_1 \pm a_2, n)=1 \quad \text{かつ} \quad (a_2 \pm a_3, n)=1 \quad \text{かつ} \quad (a_3 \pm a_1, n)=1$$
>
> が成り立つことである．

（**立体超完全方陣のある解法**）　ここで，改めて，n 次の立体 "超" 完全魔方陣を作る解法の要点について，まとめておこう．

立体補助方陣の (x,y,z) 要素を $(a_1x+a_2y+a_3z)$ により作るとき，x,y,z の係数 a_1,a_2,a_3 としては，次の (1),(2),(3) の性質：

（1）行，列，柱の定和条件：$(a_1,n)=1$，$(a_2,n)=1$，$(a_3,n)=1$

（2）立体汎対角線の定和条件：$(a_1 \pm a_2 \pm a_3, n)=1$

（3）平面汎対角線の定和条件：

$$(a_1 \pm a_2, n)=1,\ (a_1 \pm a_3, n)=1,\ (a_2 \pm a_3, n)=1$$

を同時に満たすようなものを選んで使うのである．(3) が，上記の新たに加わる要件である．

このような性質をもつ立体補助方陣を 3 つ作る．しかも，その 3 つの立体補助方陣には，直交条件が絶対必要である．そのような3つの立体補助方陣 A,B,C を作ることができれば，必ず，n 次の立体 “超” 完全魔方陣が成立する，というのが本論の解法である．

（**n が 11 以上の奇数のとき可能**） n が偶数のときには，上記の(1),(2),(3)の性質を併せもつ $\{a_1,a_2,a_3\}$ は存在しない．なぜならば，n が偶数のとき，(1)の条件から a_1,a_2,a_3 はすべて奇数でなければならないから，このとき，$a_1\pm a_2$，$a_1\pm a_3$，$a_2\pm a_3$ はいずれも偶数となり，(3)の条件を満たしえないからである．

それでは，n が奇数のときには，どうだろうか．この問題に答えるために，まず，$n=3,5,7,9$ の各場合，法 n に関する一組の完全剰余系 $\{0,1,2,\cdots,n-1\}$ について，(1),(2),(3)の条件がすべて成立するかどうかを実際に調べてみる．すると，いずれの場合にも，3つの条件を同時に満たすものはないことが知られる．$n=11$ のとき，初めて可能である．しかも，数多く存在する．

例 7（11 次立体 “超” 完全魔方陣を作る） $n=11$ のとき，たとえば，$\{1,2,4\}$, $\{1,2,5\}$, $\{1,3,5\}$ について，上記の(1),(2),(3)の性質が成り立つかどうかを確かめよう．

まず，1,2,3,4,5 と 11 との最大公約数が $(1,11)=1$，$(2,11)=1$，$(3,11)=1$，$(4,11)=1$，$(5,11)=1$ であるから，上記の(1)の条件を満たす．

そこで，立体補助方陣 A,B,C を，点 (x,y,z) にそれぞれ，

$$(x+2y+4z),\quad (x+2y+5z),\quad (x+3y+5z)$$

を対応させることによって作ることを考える．

すると，条件(2)の $a_1\pm a_2\pm a_3$ について，

$$A：1\pm2\pm4\quad(=7,-1,3,-5)$$

$$B：1\pm2\pm5\quad(=8,-2,4,-6)$$

$$C：1\pm3\pm5\quad(=9,-1,3,-7)$$

となり，どれも $n=11$ と互いに素である．よって，いずれも立体汎対角線の定和条件(2)を満たす．

また，

$$A：1\pm2,\ 1\pm4,\ 2\pm4\quad(=3,-1,5,-3,6,-2)$$

$$B\text{：}1\pm2,\ 1\pm5,\ 2\pm5\quad(=3,-1,6,-5,7,-3)$$

$$C\text{：}1\pm3,\ 1\pm5,\ 3\pm5\quad(=4,-2,6,-4,8,-2)$$

もすべて $n=11$ と互いに素である．よって，3 方向の平面汎対角線の定和条件 (3) も満たす．

さらに，これらの立体補助方陣 A,B,C は直交する．これを確かめるには，本節の付記 II「行列式による判定公式」(403 ページ) を利用すると簡単である．

ゆえに，これらの立体補助方陣 A,B,C は，11 次の立体 "超" 完全補助方陣としての条件を満たしている．なお，補助方陣 A,B,C の図は，紙面の都合で省略する．

この場合，剰余記号 (　) の置き換えに条件がつかない．そこで，たとえば，

$$(0)=0,\quad (1)=1,\quad (2)=2,\quad (3)=3,\quad (4)=4,\quad (5)=5,$$

$$(6)=6,\quad (7)=7,\quad (8)=8,\quad (9)=9,\quad (10)=10$$

とする．

なお，置き換えは自由であるから，置き換え方は，$11!=39916800$ 通りある．

あとは，$M=E+A+11B+121C$ を構成するだけである．すると，次ページ，次々ページの 11 次立体 "超" 完全魔方陣が完成する．

解法としては，きわめて簡明であるが，計算量が多いので，実際に求めるにはパソコンを使った．

読者は，これが 11 次の立体 "超" 完全魔方陣であるかどうか確かめたいだろう．水平面が完全方陣の性質をもっていることは，確かめやすいが，柱や 4 方向の立体汎対角線や前後・左右の面の汎対角線などの和を調べることは，容易なことではない．

（注） この例 7 における x,y,z の係数 a_1,a_2,a_3：$(a_1,a_2,a_3)=(1,2,4),(1,2,5),(1,3,5)$ は，$n=13,17,19,23,\cdots$ などの素数に対しても使える．すなわち，これらの係数を使って，$n=13,17,19,23,\cdots$ 次の立体 "超" 完全魔方陣を作ることができる．

798	931	1064	1197	1330	11	133	266	399	532	665
411	544	677	810	943	1076	1209	1221	12	145	278
24	157	290	423	556	689	822	955	1088	1100	1222
979	1101	1234	36	169	302	435	568	701	834	967
713	846	858	980	1113	1246	48	181	314	447	580
326	459	592	725	737	859	992	1125	1258	60	193
1270	72	205	338	471	604	616	738	871	1004	1137
883	1016	1149	1282	84	217	350	483	495	617	750
496	629	762	895	1028	1161	1294	96	229	362	374
241	253	375	508	641	774	907	1040	1173	1306	108
1185	1318	120	132	254	387	520	653	786	919	1052

$z=1$

10	143	265	398	531	664	797	930	1063	1196	1329
1075	1208	1220	22	144	277	410	543	676	809	942
688	821	954	1087	1099	1232	23	156	289	422	555
301	434	567	700	833	966	978	1111	1233	35	168
1245	47	180	313	446	579	712	845	857	990	1112
869	991	1124	1257	59	192	325	458	591	724	736
603	615	748	870	1003	1136	1269	71	204	337	470
216	349	482	494	627	749	882	1015	1148	1281	83
1160	1293	95	228	361	373	506	628	761	894	1027
773	906	1039	1172	1305	107	240	252	385	507	640
386	519	652	785	918	1051	1184	1317	119	131	264

$z=2$

663	796	929	1062	1195	1328	9	142	275	397	530
276	409	542	675	808	941	1074	1207	1219	21	154
1231	33	155	288	421	554	687	820	953	1086	1098
965	977	1110	1243	34	167	300	433	566	699	832
578	711	844	856	989	1122	1244	46	179	312	445
191	324	457	590	723	735	868	1001	1123	1256	58
1135	1268	70	203	336	469	602	614	747	880	1002
759	881	1014	1147	1280	82	215	348	481	493	626
372	505	638	760	893	1026	1159	1292	94	227	360
106	239	251	384	517	639	772	905	1038	1171	1304
1050	1183	1316	118	130	263	396	518	651	784	917

$z=3$

1327	8	141	274	407	529	662	795	928	1061	1194
940	1073	1206	1218	20	153	286	408	541	674	807
553	686	819	952	1085	1097	1230	32	165	287	420
166	299	432	565	698	831	964	976	1109	1242	44
1121	1254	45	178	311	444	577	710	843	855	988
734	867	1000	1133	1255	57	190	323	456	589	722
468	601	613	746	879	1012	1134	1267	69	202	335
81	214	347	480	492	625	758	891	1013	1146	1279
1025	1158	1291	93	226	359	371	504	637	770	892
649	771	904	1037	1170	1303	105	238	250	383	516
262	395	528	650	783	916	1049	1182	1315	117	129

$z=4$

539	661	794	927	1060	1193	1326	7	140	273	406
152	285	418	540	673	806	939	1072	1205	1217	19
1096	1229	31	164	297	419	552	685	818	951	1084
830	963	975	1108	1241	43	176	298	431	564	697
443	576	709	842	854	987	1120	1253	55	177	310
56	189	322	455	588	721	733	866	999	1132	1265
1011	1144	1266	68	201	334	467	600	612	745	878
624	757	890	1023	1145	1278	80	213	346	479	491
358	370	503	636	769	902	1024	1157	1290	92	225
1302	104	237	249	382	515	648	781	903	1036	1169
915	1048	1181	1314	116	128	261	394	527	660	782

$z=5$

1192	1325	6	139	272	405	538	671	793	926	1059
805	938	1071	1204	1216	18	151	284	417	550	672
429	551	684	817	950	1083	1095	1228	30	163	296
42	175	308	430	563	696	829	962	974	1107	1240
986	1119	1252	54	187	309	442	575	708	841	853
720	732	865	998	1131	1264	66	188	321	454	587
333	466	599	611	744	877	1010	1143	1276	67	200
1277	79	212	345	478	490	623	756	889	1022	1155
901	1034	1156	1289	91	224	357	369	502	635	768
514	647	780	913	1035	1168	1301	103	236	248	381
127	260	393	526	659	792	914	1047	1180	1313	115

$z=6$

404	537	670	803	925	1058	1191	1324	5	138	271
17	150	283	416	549	682	804	937	1070	1203	1215
1082	1094	1227	29	162	295	428	561	683	816	949
695	828	961	973	1106	1239	41	174	307	440	562
319	441	574	707	840	852	985	1118	1251	53	186
1263	65	198	320	453	586	719	731	864	997	1130
876	1009	1142	1275	77	199	332	465	598	610	743
489	622	755	888	1021	1154	1287	78	211	344	477
223	356	368	501	634	767	900	1033	1166	1288	90
1167	1300	102	235	247	380	513	646	779	912	1045
791	924	1046	1179	1312	114	126	259	392	525	658

$z=7$

1057	1190	1323	4	137	270	403	536	669	802	935
681	814	936	1069	1202	1214	16	149	282	415	548
294	427	560	693	815	948	1081	1093	1226	28	161
1238	40	173	306	439	572	694	827	960	972	1105
851	984	1117	1250	52	185	318	451	573	706	839
585	718	730	863	996	1129	1262	64	197	330	452
209	331	464	597	609	742	875	1008	1141	1274	76
1153	1286	88	210	343	476	488	621	754	887	1020
766	899	1032	1165	1298	89	222	355	367	500	633
379	512	645	778	911	1044	1177	1299	101	234	246
113	125	258	391	524	657	790	923	1056	1178	1311

$z=8$

269	402	535	668	801	934	1067	1189	1322	3	136
1213	15	148	281	414	547	680	813	946	1068	1201
947	1080	1092	1225	27	160	293	426	559	692	825
571	704	826	959	971	1104	1237	39	172	305	438
184	317	450	583	705	838	850	983	1116	1249	51
1128	1261	63	196	329	462	584	717	729	862	995
741	874	1007	1140	1273	75	208	341	463	596	608
475	487	620	753	886	1019	1152	1285	87	220	342
99	221	354	366	499	632	765	898	1031	1164	1297
1043	1176	1309	100	233	245	378	511	644	777	910
656	789	922	1055	1188	1310	112	124	257	390	523

$z=9$

933	1066	1199	1321	2	135	268	401	534	667	800
546	679	812	945	1078	1200	1212	14	147	280	413
159	292	425	558	691	824	957	1079	1091	1224	26
1103	1236	38	171	304	437	570	703	836	958	970
837	849	982	1115	1248	50	183	316	449	582	715
461	594	716	728	861	994	1127	1260	62	195	328
74	207	340	473	595	607	740	873	1006	1139	1272
1018	1151	1284	86	219	352	474	486	619	752	885
631	764	897	1030	1163	1296	98	231	353	365	498
244	377	510	643	776	909	1042	1175	1308	110	232
1320	111	123	256	389	522	655	788	921	1054	1187

$z=10$

134	267	400	533	666	799	932	1065	1198	1331	1
1210	1211	13	146	279	412	545	678	811	944	1077
823	956	1089	1090	1223	25	158	291	424	557	690
436	569	702	835	968	969	1102	1235	37	170	303
49	182	315	448	581	714	847	848	981	1114	1247
993	1126	1259	61	194	327	460	593	726	727	860
606	739	872	1005	1138	1271	73	206	339	472	605
351	484	485	618	751	884	1017	1150	1283	85	218
1295	97	230	363	364	497	630	763	896	1029	1162
908	1041	1174	1307	109	242	243	376	509	642	775
521	654	787	920	1053	1186	1319	121	122	255	388

$z=11$

定和7326

◎〔付記 I〕 **11 次立体 "超" 完全補助方陣 A, B, C の生成係数調査**

上記の例 7 では，立体超完全補助方陣 A,B,C の要素 (　) を生成する (　) 内の式における x,y,z の係数として，それぞれ $(a_1,a_2,a_3)=(1,2,4),(1,2,5),(1,3,5)$ を使ったが，$n=11$ のとき，x,y,z の係数 a_1,a_2,a_3 の組合せ $\{a_1,a_2,a_3\}$ は，パソコンで調べると，次の 40 通りある．

$\{1,2,4\}$, $\{1,2,5\}$, $\{1,2,6\}$, $\{1,2,7\}$, $\{1,3,5\}$, $\{1,3,6\}$, $\{1,4,9\}$, $\{1,5,8\}$
$\{1,5,9\}$, $\{1,6,8\}$, $\{1,6,9\}$, $\{1,7,9\}$, $\{2,3,4\}$, $\{2,3,7\}$, $\{2,4,8\}$, $\{2,4,10\}$
$\{2,5,10\}$, $\{2,6,10\}$, $\{2,7,8\}$, $\{2,7,10\}$, $\{3,4,5\}$, $\{3,4,6\}$, $\{3,4,9\}$, $\{3,5,7\}$
$\{3,5,10\}$, $\{3,6,7\}$, $\{3,6,10\}$, $\{3,7,9\}$, $\{4,5,8\}$, $\{4,6,8\}$, $\{4,8,9\}$, $\{4,9,10\}$
$\{5,7,8\}$, $\{5,8,10\}$, $\{5,9,10\}$, $\{6,7,8\}$, $\{6,8,10\}$, $\{6,9,10\}$, $\{7,8,9\}$, $\{7,9,10\}$

これらの中の 3 つの組を用いた補助方陣 A,B,C で，「直交」するものを調べると，

（1） $\{1,2,4\}$, $\{1,2,5\}$, $\{1,3,5\}$
（2） $\{1,2,4\}$, $\{1,2,5\}$, $\{1,3,6\}$
（3） $\{1,2,4\}$, $\{1,2,5\}$, $\{1,4,9\}$
（4） $\{1,2,4\}$, $\{3,4,5\}$, $\{6,7,8\}$
（5） $\{6,9,10\}$, $\{7,8,9\}$, $\{7,9,10\}$
　　……

である．これらは，ほんの一例であり，全部で 8480 組ある．

なお，上記の例 7 の立体補助方陣 A,B,C の構成要素 $(x+2y+4z),(x+2y+5z),(x+3y+5z)$ の x,y,z の係数は，上記の(1)の組を用いたものである．

例 7 のような 11 次の立体 "超" 完全魔方陣は，上記のような係数を使って，剰余記号 (　) に何ら条件を付けることなく，簡単に作ることができるわけである．

◎〔付記 II〕 **3 つの n 次立体補助方陣 A, B, C の直交性の判定公式**

「直交性」については，本書では合同式を使って原始的な方法で確認（証明）してきたが，行列式を知っている読者は，実は簡便な判定公式がある．この公式も使ってみてほしい．

補助方陣 A,B,C を生成する剰余記号 $(a_1x+a_2y+a_3z),(b_1x+b_2y+b_3z),(c_1x+c_2y+c_3z)$ 内部の 1 次式の x,y,z の係数で作る行列式（determinant）：

$$D=\begin{vmatrix} a_1 & a_2 & a_3 \\ b_1 & b_2 & b_3 \\ c_1 & c_2 & c_3 \end{vmatrix}=a_1b_2c_3+a_2b_3c_1+a_3b_1c_2-a_3b_2c_1-a_2b_1c_3-a_1b_3c_2$$

の値を使うと，

$$A,B,C\text{ が直交}\iff D\text{ と }n\text{ が互いに素}$$

が成り立つ．これによって，A,B,C の「直交性」が判定できる．

（注） $n=11$ の場合，11 は素数だから，法 11 に関する負でない完全剰余系 0, 1, 2, 3, 4, 5, 6, 7, 8, 9, 10 のうち，11 と互いに素であるのは，0 以外の 10 個である．なお，ここで，$\mathrm{gcm}(0,11)=11\neq 1$ であるから，0 と 11 は互いに素ではない．よって，A,B,C が直交しないのは，$D\equiv 0 \pmod{11}$ のときだけで，それ以外の場合は直交する

問題 46　上記の例 7 における立体補助方陣 A,B,C が直交することを示せ．

◎ **対称型の立体魔方陣**

さらに，中心に関して対称な位置にある 2 数の和がすべて一定である対称型の立体魔方陣を作ることを考えよう．そのために，立体補助方陣も 3 つとも対称型にすることを考える．結論的には，

（4）（立体補助方陣が対称型であるための要件） $(a_1x+a_2y+a_3z)$ によって作る n 次の立体補助方陣が対称型であるための要件は，係数和 $a_1+a_2+a_3$ について，$a_1+a_2+a_3\equiv n-1 \pmod{n}$ が成り立つことである．

［証明］ 次数 n は 11 以上の奇数であった．n を法とする負でない最小剰余 $(0,1,\cdots,n-1)$ からなる立体補助方陣が対称型ということは，中心数が $\dfrac{n-1}{2}$ で，かつ中心に関して対称な位置にある 2 点の数の和がすべて $n-1$ であることである．

よって，立体補助方陣の点 (x,y,z) $(x,y,z=1,2,\cdots,n)$ を，負でない最小剰余 $(a_1x+a_2y+a_3z)$ によって作るとき，まず，立体補助方陣の中心 $\left(\dfrac{n+1}{2},\dfrac{n+1}{2},\dfrac{n+1}{2}\right)$ の数について，

$$\frac{n+1}{2}(a_1+a_2+a_3)\equiv\frac{n-1}{2} \pmod{n}$$

$$\therefore a_1+a_2+a_3\equiv n-1 \pmod{n} \qquad\cdots\cdots①$$

である．

また，中心に関して (x,y,z) と対称な点は $(n+1-x,n+1-y,n+1-z)$ であるから，これらの 2 点の数の和について，x,y,z の値（$x,y,z=1,2,\cdots,n$）にかかわらず，

$$(a_1x+a_2y+a_3z)+(a_1(n+1-x)+a_2(n+1-y)+a_3(n+1-z))\equiv n-1 \pmod n$$

が成り立つ．これから，

$$(n+1)(a_1+a_2+a_3)\equiv n-1 \pmod n$$

$$\therefore a_1+a_2+a_3\equiv n-1 \pmod n$$

を得る．これは，①と一致している．　［証明終］

問題 47（上記の①のところ）　n が奇数のとき，$\frac{n+1}{2}(a_1+a_2+a_3)\equiv\frac{n-1}{2} \pmod n$ となるための条件は，$a_1+a_2+a_3\equiv n-1 \pmod n$ であることを証明せよ．

◎ 対称型の立体 “超” 完全魔方陣を作る

新たに前ページの対称型であるための条件(4)を追加して，しかも，直交する立体 “超” 完全補助方陣を 3 つ作るのである．今の私達には，それはすこぶる簡単である．

例 8（対称型の 11 次立体 “超” 完全魔方陣）　$n=11$ の場合，まず，対称型であるための要件(4)は，$a_1+a_2+a_3\equiv 10 \pmod{11}$ である．$a_1+a_2+a_3\equiv 10 \pmod{11}$ を満たす組 $\{a_1,a_2,a_3\}$ としては，ここでは 403 ページの $\{1,2,7\}$ を採用して，立体補助方陣 A は $(a_1,a_2,a_3)=(1,2,7)$，B は $(2,1,7)$，C は $(2,7,1)$ によって作る．なお，他に $\{a_1,a_2,a_3\}=\{1,3,6\}$ もある．

A,B,C は，どれも対称型の立体 “超” 完全補助方陣であるための 4 つの条件(1),(2),(3),(4)をすべて満たし，かつ，直交する．読者は，このことを確認してほしい．

（3 つの立体補助方陣図の例は場所をとるので省略．）

これら 3 つの対称型の立体 “超” 完全補助方陣から，例 7 と同様にして，次ページ，次々ページのような対称型の 11 次立体 “超” 完全魔方陣が数多く得られる．剰余記号の置き換えは，例 7 同様自由である．

266	531	796	1061	1326	139	404	669	934	1199	1
748	1002	1267	201	466	610	875	1140	74	339	604
1219	153	418	672	937	1202	15	280	545	810	1075
480	624	889	1154	88	342	486	751	1016	1281	215
951	1095	29	294	559	824	1089	1222	156	421	686
91	356	500	765	1030	1295	229	373	638	892	1157
562	827	971	1236	170	435	700	965	1109	43	308
1044	1309	232	376	641	906	1171	105	249	514	779
184	449	714	858	1112	46	311	576	841	985	1250
655	920	1185	119	263	528	782	1047	1312	125	390
1126	60	325	590	734	999	1264	198	452	717	861

第11面

193	458	723	867	1132	66	320	585	729	994	1259
664	929	1194	7	272	537	802	1067	1321	134	399
1135	69	334	599	743	1008	1273	207	472	616	870
286	540	805	1070	1214	148	413	678	943	1208	21
757	1022	1287	210	475	619	884	1149	83	348	492
1228	162	427	692	957	1090	24	289	554	819	1084
368	633	898	1163	97	362	506	760	1025	1290	224
960	1104	38	303	568	833	977	1242	176	430	695
100	244	509	774	1039	1304	238	382	647	912	1177
582	847	980	1245	179	444	709	853	1118	52	317
1053	1318	131	396	650	915	1180	114	258	523	788

第10面

120	264	518	783	1048	1313	126	391	656	921	1186
591	735	1000	1265	188	453	718	862	1127	61	326
1062	1327	140	405	670	935	1189	2	267	532	797
202	467	611	876	1141	75	340	605	738	1003	1268
673	938	1203	16	281	546	811	1076	1220	154	408
1155	78	343	487	752	1017	1282	216	481	625	890
295	560	825	1079	1223	157	422	687	952	1096	30
766	1031	1296	230	374	628	893	1158	92	357	501
1237	171	436	701	966	1110	44	298	563	828	972
377	642	907	1172	106	250	515	780	1045	1299	233
848	1113	47	312	577	842	986	1251	185	450	715

第9面

1246	180	445	710	854	1119	53	318	583	837	981
386	651	916	1181	115	259	524	789	1054	1319	132
868	1133	56	321	586	730	995	1260	194	459	724
8	273	538	803	1057	1322	135	400	665	930	1195
600	744	1009	1274	208	473	606	871	1136	70	335
1071	1215	149	414	679	944	1209	22	276	541	806
211	476	620	885	1150	84	349	493	758	1023	1277
693	947	1091	25	290	555	820	1085	1229	163	428
1164	98	363	496	761	1026	1291	225	369	634	899
304	569	834	978	1243	166	431	696	961	1105	39
775	1040	1305	239	383	648	913	1167	101	245	510

第8面

1173	107	251	516	781	1035	1300	234	378	643	908
313	578	843	987	1252	186	451	705	849	1114	48
784	1049	1314	127	392	657	922	1187	121	254	519
1255	189	454	719	863	1128	62	327	592	736	1001
406	671	925	1190	3	268	533	798	1063	1328	141
877	1142	76	341	595	739	1004	1269	203	468	612
17	282	547	812	1077	1221	144	409	674	939	1204
488	753	1018	1283	217	482	626	891	1145	79	344
1080	1224	158	423	688	953	1097	31	296	561	815
231	364	629	894	1159	93	358	502	767	1032	1297
702	967	1111	34	299	564	829	973	1238	172	437

第7面

979	1233	167	432	697	962	1106	40	305	570	835
240	384	649	903	1168	102	246	511	776	1041	1306
711	855	1120	54	319	573	838	982	1247	181	446
1182	116	260	525	790	1055	1320	122	387	652	917
322	587	731	996	1261	195	460	725	869	1123	57
793	1058	1323	136	401	666	931	1196	9	274	539
1275	209	463	607	872	1137	71	336	601	745	1010
415	680	945	1210	12	277	542	807	1072	1216	150
886	1151	85	350	494	759	1013	1278	212	477	621
26	291	556	821	1086	1230	164	429	683	948	1092
497	762	1027	1292	226	370	635	900	1165	99	353

第6面

895	1160	94	359	503	768	1033	1298	221	365	630
35	300	565	830	974	1239	173	438	703	968	1101
517	771	1036	1301	235	379	644	909	1174	108	252
988	1253	187	441	706	850	1115	49	314	579	844
128	393	658	923	1188	111	255	520	785	1050	1315
720	864	1129	63	328	593	737	991	1256	190	455
1191	4	269	534	799	1064	1329	142	407	661	926
331	596	740	1005	1270	204	469	613	878	1143	77
813	1078	1211	145	410	675	940	1205	18	283	548
1284	218	483	627	881	1146	80	345	489	754	1019
424	689	954	1098	32	297	551	816	1081	1225	159

第5面

822	1087	1231	165	419	684	949	1093	27	292	557
1293	227	371	636	901	1166	89	354	498	763	1028
433	698	963	1107	41	306	571	836	969	1234	168
904	1169	103	247	512	777	1042	1307	241	385	639
55	309	574	839	983	1248	182	447	712	856	1121
526	791	1056	1310	123	388	653	918	1183	117	261
997	1262	196	461	726	859	1124	58	323	588	732
137	402	667	932	1197	10	275	529	794	1059	1324
608	873	1138	72	337	602	746	1011	1276	199	464
1200	13	278	543	808	1073	1217	151	416	681	946
351	495	749	1014	1279	213	478	622	887	1152	86

第4面

617	882	1147	81	346	490	755	1020	1285	219	484
1099	33	287	552	817	1082	1226	160	425	690	955
360	504	769	1034	1288	222	366	631	896	1161	95
831	975	1240	174	439	704	958	1102	36	301	566
1302	236	380	645	910	1175	109	253	507	772	1037
442	707	851	1116	50	315	580	845	989	1254	177
924	1178	112	256	521	786	1051	1316	129	394	659
64	329	594	727	992	1257	191	456	721	865	1130
535	800	1065	1330	143	397	662	927	1192	5	270
1006	1271	205	470	614	879	1144	67	332	597	741
146	411	676	941	1206	19	284	549	814	1068	1212

第3面

544	809	1074	1218	152	417	682	936	1201	14	279
1015	1280	214	479	623	888	1153	87	352	485	750
155	420	685	950	1094	28	293	558	823	1088	1232
637	902	1156	90	355	499	764	1029	1294	228	372
1108	42	307	572	826	970	1235	169	434	699	964
248	513	778	1043	1308	242	375	640	905	1170	104
840	984	1249	183	448	713	857	1122	45	310	575
1311	124	389	654	919	1184	118	262	527	792	1046
462	716	860	1125	59	324	589	733	998	1263	197
933	1198	11	265	530	795	1060	1325	138	403	668
73	338	603	747	1012	1266	200	465	609	874	1139

第2面

471	615	880	1134	68	333	598	742	1007	1272	206
942	1207	20	285	550	804	1069	1213	147	412	677
82	347	491	756	1021	1286	220	474	618	883	1148
553	818	1083	1227	161	426	691	956	1100	23	288
1024	1289	223	367	632	897	1162	96	361	505	770
175	440	694	959	1103	37	302	567	832	976	1241
646	911	1176	110	243	508	773	1038	1303	237	381
1117	51	316	581	846	990	1244	178	443	708	852
257	522	787	1052	1317	130	395	660	914	1179	113
728	993	1258	192	457	722	866	1131	65	330	584
1331	133	398	663	928	1193	6	271	536	801	1066

第1面

定和7326，対称和1332，中心数666

なお，この 11 次の立体方陣を手作業で作るには，計算量が膨大であるので根気と桁外れの集中力・緻密さを要する．こういう仕事は，パソコンにうってつけである．プログラムも簡単で，瞬時に結果を出力してくれる．プログラムについては付録を参照のこと．

◎ 11 次より小さい対称型の立体 “超” 完全魔方陣は存在する

以上の解法は，立体補助方陣 A,B,C を作るとき，(1), (2), (3), (4) の条件をすべて満たす $\{a_1,a_2,a_3\}$ を使うものであった．それは，n が 11 以上の奇数のとき可能という話であった．

しかしながら，これらの条件のうち，(2), (3) の条件については一部満たされなくても，剰余記号 (　) に条件をつけることにより，問題点は解決される．そして，$n=9,7$ の場合も対称型の立体 “超” 完全魔方陣を作ることができる．

次に，$n=9$ の場合についてだけ解説する．なお，$n=7$ の場合の方がやさしい．$n=7$ の場合は，$\{1,2,3\}$ を使い，$(3)=3$ を固定するだけである．

例 9（対称型の 9 次立体 “超” 完全魔方陣）　$n=9$ の場合，対称型にすることを優先して，A,B,C の x,y,z の係数和 $a_1+a_2+a_3\equiv 9-1=8$ である組合せ $\{1,2,5\}$ を使うことにする．そして，立体補助方陣 A,B,C を，A は $(1,2,5)$，B は $(2,1,5)$，C は $(2,5,1)$ によって作れば，いずれも対称型となり，かつ「直交」する（各自，行列式を使って確かめよ）．

しかし，立体汎対角線の定和条件 (2) や 3 方向の平面汎対角線の定和条件 (3) についての条件は，一部を満たさない．そこで，この問題を解決するために，さらに一歩踏み込む．

補助方陣 A では，$a_1=1$，$a_2=2$，$a_3=5$ あるから，上記の (2), (3) の中の 4 つ：

$$a_1+a_2=3, \qquad \cdots\cdots①$$

$$a_1+a_3=6, \qquad \cdots\cdots②$$

$$a_2-a_3=-3, \qquad \cdots\cdots③$$

$$a_1-a_2-a_3=-6 \qquad \cdots\cdots④$$

については，いずれも 3 の倍数であるから次数 9 との最大公約数は 3 である．したがって，①から，

z 軸に垂直な（9 枚の）平面上の片方の対角線に平行な 9 本の（汎）対角線②から，

y 軸に垂直な（9 枚の）平面上の片方の対角線に平行な 9 本の（汎）対角線③から，

x 軸に垂直な（9 枚の）平面上の片方の対角線に平行な 9 本の（汎）対角線において，

(0), (3), (6) が 3 回ずつ現れる対角線 (a) と

(1), (4), (7) が 3 回ずつ現れる対角線 (b) と

(2), (5), (8) が 3 回ずつ現れる対角線 (c)

が，各 3 本ずつ出てくる．

また，④から，第 9 面左上隅の頂点 (1,9,9) から第 1 面右下隅の頂点 (9,1,1) への立体対角線に平行な 81 本の立体（汎）対角線においては，上記の (a) と (b) と (c) の対角線が 27 本ずつ出てくる．

（立体補助方陣 A の図は省略.）

そこで，それらの対角線においても，補助方陣の定和 $T = 0+1+2+\cdots+8 = 36$ を与えるために，

$$(0)+(3)+(6) = (1)+(4)+(7) = (2)+(5)+(8) = 12 \qquad \cdots\cdots ⑤$$

なる条件を与える．たとえば，

$$(0) = 0, \quad (1) = 2, \quad (2) = 3, \quad (3) = 7, \quad (4) = 4,$$
$$(5) = 1, \quad (6) = 5, \quad (7) = 6, \quad (8) = 8 \qquad \cdots\cdots ⑥$$

とする．もちろん，剰余記号 (　) の定め方はこの他にも多数存在する．

立体補助方陣 B, C についても同様の事情であるので，B, C についても，剰余記号 (　) を上記 ⑥と同じように置き換えて作る．そして，これらの立体補助方陣 A, B, C から，$M = E+A+9B+81C$ を構成すれば，次のような対称型の 9 次立体 “超” 完全魔方陣ができる．

627	88	522	37	291	400	431	716	173
536	74	267	394	423	703	165	598	125
256	386	410	677	204	619	162	505	66
442	696	238	593	149	497	60	250	360
232	585	136	489	31	287	374	479	672
110	528	52	324	343	471	661	224	572
26	311	335	465	655	198	604	129	562
327	436	692	212	641	105	556	18	298
729	181	633	94	548	5	272	366	457

$z=1$

391	422	707	164	600	124	540	73	264
676	201	616	161	509	65	258	385	414
592	153	496	57	247	359	446	695	240
488	33	286	378	478	669	229	584	140
323	347	470	663	223	576	109	525	49
462	652	197	608	128	564	25	315	334
216	640	102	553	17	302	326	438	691
96	547	9	271	363	454	728	185	632
41	290	402	430	720	172	624	85	521

$z=2$

160	513	64	255	382	413	680	200	618
56	249	358	450	694	237	589	152	500
377	482	668	231	583	144	487	30	283
660	220	575	113	524	51	322	351	469
612	127	561	22	314	338	461	654	196
555	16	306	325	435	688	215	644	101
275	362	456	727	189	631	93	544	8
427	719	176	623	87	520	45	289	399
163	597	121	539	77	263	393	421	711

$z=3$

449	698	236	591	151	504	55	246	355
228	580	143	491	29	285	376	486	667
117	523	48	319	350	473	659	222	574
24	313	342	460	651	193	611	131	560
329	434	690	214	648	100	552	13	305
724	188	635	92	546	7	279	361	453
622	84	517	44	293	398	429	718	180
538	81	262	390	418	710	167	596	123
254	384	412	684	199	615	157	512	68

$z=4$

495	28	282	373	485	671	227	582	142
321	349	477	658	219	571	116	527	47
464	650	195	610	135	559	21	310	341
211	647	104	551	15	304	333	433	687
91	543	4	278	365	452	726	187	639
43	297	397	426	715	179	626	83	519
389	420	709	171	595	120	535	80	266
683	203	614	159	511	72	253	381	409
588	148	503	59	245	357	448	702	235

$z=5$

662	218	573	115	531	46	318	346	476
607	134	563	20	312	340	468	649	192
550	12	301	332	437	686	213	646	108
277	369	451	723	184	638	95	542	6
425	717	178	630	82	516	40	296	401
170	599	119	537	79	270	388	417	706
156	508	71	257	380	411	682	207	613
63	244	354	445	701	239	587	150	502
375	484	675	226	579	139	494	32	281

$z=6$

19	309	337	467	653	191	609	133	567
331	441	685	210	643	107	554	11	303
722	186	637	99	541	3	274	368	455
629	86	515	42	295	405	424	714	175
534	76	269	392	416	708	169	603	118
261	379	408	679	206	617	155	510	70
447	700	243	586	147	499	62	248	353
230	578	141	493	36	280	372	481	674
112	530	50	317	348	475	666	217	570

$z=7$

209	645	106	558	10	300	328	440	689
98	545	2	276	367	459	721	183	634
39	292	404	428	713	177	628	90	514
396	415	705	166	602	122	533	78	268
681	205	621	154	507	67	260	383	407
590	146	501	61	252	352	444	697	242
490	35	284	371	483	673	234	577	138
316	345	472	665	221	569	114	529	54
466	657	190	606	130	566	23	308	339

$z=8$

273	364	458	725	182	636	97	549	1
432	712	174	625	89	518	38	294	403
168	601	126	532	75	265	395	419	704
158	506	69	259	387	406	678	202	620
58	251	356	443	699	241	594	145	498
370	480	670	233	581	137	492	34	288
664	225	568	111	526	53	320	344	474
605	132	565	27	307	336	463	656	194
557	14	299	330	439	693	208	642	103

$z=9$

これが9次の対称型の立体“超”完全魔方陣であることを，各自検証しよう．定和3285，対称和730，中心数365である．

この立体方陣を作るパソコン・プログラムについては，付録を参照のこと．

〔コラム 11〕 平面汎対角線型の 7 次立体魔方陣

フロストの下記の 7 次の立体方陣（1866）では，3 方向のすべての面において，汎対角線要素の和がすべて 7 次立体方陣の定和 1204 になっている．すなわち，3 方向のすべての面において，完全魔方陣の性質をもっている．このタイプの立体方陣は，平面汎対角線型の立体魔方陣と呼ばれる．

なお，この 7 次立体方陣は立体対称方陣（対称和 344）であるが，立体完全方陣ではない．読者が，これらの性質を確認することを希望する．

327	41	98	99	156	213	270
52	109	166	223	280	330	44
169	226	283	340	5	62	119
293	301	8	65	122	179	236
18	75	132	189	239	247	304
135	192	200	257	314	28	78
210	260	317	31	88	145	153

第7面

113	170	227	284	341	6	63
237	294	295	9	66	123	180
305	19	76	133	183	240	248
79	136	193	201	258	315	22
154	204	261	318	32	89	146
271	328	42	92	100	157	214
45	53	110	167	224	274	331

第6面

249	306	20	77	127	184	241
23	80	137	194	202	259	309
147	148	205	262	319	33	90
215	272	329	36	93	101	158
332	46	54	111	168	218	275
57	114	171	228	285	342	7
181	238	288	296	10	67	124

第5面

91	141	149	206	263	320	34
159	216	273	323	37	94	102
276	333	47	55	112	162	219
1	58	115	172	229	286	343
125	182	232	289	297	11	68
242	250	307	21	71	128	185
310	24	81	138	195	203	253

第4面

220	277	334	48	56	106	163
337	2	59	116	173	230	287
69	126	176	233	290	298	12
186	243	251	308	15	72	129
254	311	25	82	139	196	197
35	85	142	150	207	264	321
103	160	217	267	324	38	95

第3面

13	70	120	177	234	291	299
130	187	244	252	302	16	73
198	255	312	26	83	140	190
322	29	86	143	151	208	265
96	104	161	211	268	325	39
164	221	278	335	49	50	107
281	338	3	60	117	174	231

第2面

191	199	256	313	27	84	134
266	316	30	87	144	152	209
40	97	105	155	212	269	326
108	165	222	279	336	43	51
225	282	339	4	61	118	175
300	14	64	121	178	235	292
74	131	188	245	246	303	17

第1面

定和 1204

この驚くべき性質をもつフロストの立体方陣は，「世界初」の 7 次立体方陣であると言われる．彼は方陣に関する高度な知識をもっていたことが窺われる．

フロストはこの 7 次立体方陣は，完全方陣ではないから，本章における「立体超完全魔方陣」ではないが，これに迫る優れた方陣である．

なお，本節 §80 の立体超完全魔方陣は，平面汎対角線型の立体完全魔方陣である．合同式とパソコンを使って作った §80 の例 7，および例 8（対称型）の 11 次立体超完全魔方陣，例 9 の対称型の 9 次立体超完全魔方陣は，まことに見事な平面汎対角線型の立体完全魔方陣であると言えよう．

付録　パソコン・プログラムと問題の解答

本書で取り上げた解法についての，C（C++）言語によるパソコン・プログラムを，日本評論社のウェブサイトからダウンロードできるようにしてある．第2章「魔方陣の作り方」，第4章「4次の魔方陣」，第5章「5次の魔方陣」，第6章「6次の魔方陣への道」，第11章「立体魔方陣とその解法」における解法のプログラムである．

プログラムのダウンロードの方法は簡単である．日本評論社のウェブサイト内のページ

https://www.nippyo.co.jp/shop/book/7842.html

にアクセスし，ファイル名 mahoujin-program.zip をクリックすればよい．ZIPファイルを解凍すると，C言語プログラム（拡張子 cpp），実行可能ファイル（拡張子 exe）を収めたフォルダが得られる．

C言語プログラムは，下記の項目ごとにフォルダに分けて収納してある．また，C言語プログラムをコンパイル・リンクして作成した実行可能ファイルは，「実行可能ファイル」のフォルダにやはり項目ごとにまとめて入れてある．なお，実行可能ファイルは，そのまま実行できる．

また，本書の練習問題の解答を記したPDFファイル exercise-answer.pdf も，同ウェブページからダウンロードできる．

以下に，ダウンロードできるパソコン・プログラムの詳細について記す．

◎ 奇数方陣

いずれの場合にも，キーボードから次数を入力すると，ただちに結果が得られる．

- #1-1-1，#1-1-2，#1-1-3　§10における「方法I」による奇数方陣を作る．
- #1-2-1，#1-2-2　§10における「方法II」による奇数方陣を作る．
- #1-3-1，#1-3-2　§10における「方法III」による奇数方陣を作る．

- #1-4　§41 における「桂馬飛び法」による奇数次の完全方陣（3 の倍数でない奇数次）を作る．

◎ 偶数方陣

- 全偶数方陣

  #2-1　§11 における「方法 I」による全偶数方陣を作る．

  #2-2　§11 における「方法 II」による全偶数方陣を作る．

  #2-3　§11 における「方法 III」（久留島の方法）による全偶数方陣を作る．

  #2-4　§11 における「方法 IV」による全偶数方陣を作る．

- 半偶数方陣

  #2-5　§12 における「方法 III」（久留島の方法）による半偶数方陣を作る．

  #2-6　§45 における関孝和の外周追加法による半偶数方陣．

◎ 4 次方陣

- #3-1　(A-1)型の 88 個を作る．
- #3-2　(A-6)型の 12 個を作る．
- #3-3　A 型の 208 個を作る．
- #3-4　B 型の 464 個を作る．
- #3-5-1，#3-5-2，#3-5-3　4 次方陣（880 個）をすべて作る．

◎ 5 次方陣

5×5 魔方陣の総数検索問題はパソコン活用に最適の題材である．

- #4-1-1，#4-1-2　A 型の 35472326 個を作る．
- #4-2-1，#4-2-2　B 型の 101264196 個を作る．
- #4-3-1，#4-3-2　C 型の 49365292 個を作る．
- #4-4-1，#4-4-2　F 型の 4365792 個を作る．
- #4-5-1，#4-5-2　5 次方陣（全部）275305224 個を作る．
- #4-6-1，#4- 6-2　5 次の完全方陣 144 種を作る．
- #4-7-1　5 次の対称魔方陣（48544 個）を作る．

  #4-7-2　A 型の対称魔方陣（7792 個）を作る．

  #4-7-3　B 型の対称魔方陣（15584 個）を作る．

  #4-7-4　C 型の対称魔方陣（8688 個）を作る．
- #4-8　コラム 10 の 5 次の完全魔方陣を作る．

◎ **6 次方陣**

6 次方陣を全部作るには，パソコンでは問題にならないのであるが，5 次方陣の場合と同様なアルゴリズムで，一応作ってみた．まったく別の視点からのアプローチが必要である．

- #5-1　A 型の 6 次方陣を作る．
- #5-2　D 型の 6 次方陣を作る．
- #5-3　6 次の 2 重魔方陣は存在しない．

◎ **立体魔方陣**

- 立体魔方陣を作る

  #6-1-1　3 次の立体魔方陣のすべてを作る．

  #6-1-2　4 次の立体対称魔方陣のすべてを作る．

  #6-1-3　5 次の立体魔方陣（§78 の問題 40 における）

  #6-1-4　6 次の 3 つの立体補助方陣を作る．

  #6-1-5　7 次の立体補助方陣（§78 の問題 41 における）

  #6-1-6　8 次の立体魔方陣（§79 の問題 42 における）

- 立体完全魔方陣を作る

  #6-2-1，#6-2-11　§76 の 4 次立体完全魔方陣のすべてを作る．

  #6-2-2　§76 の対称型の 4 次立体完全魔方陣のすべてを作る．

  #6-2-3　§80 の例 5 の 5 次の立体完全魔方陣を作る．

  #6-2-4　§80 の 6 次の立体完全魔方陣を作る．

  #6-2-5　§80 の例 6 の 7 次の立体完全魔方陣を作る．

- 立体超完全魔方陣を作る

  #6-3-1　11 次立体超完全補助方陣の x, y, z の係数を求める．

  #6-3-2　11 次の直交する 3 つの立体超完全補助方陣を生成する 3 組の係数を求める．

  #6-3-3　11 次の立体 “超” 完全魔方陣（§80 の例 7）

  #6-3-4　対称型の 11 次の立体 “超” 完全魔方陣（§80 の例 8）

  #6-3-5　対称型の 9 次の立体 “超” 完全魔方陣（§80 の例 9）

参考文献

入手可能な方陣書籍は多くはない．本書の原稿を書くにあたり，次の文献・資料を参照したところが多く，これらの著者に深い敬意を払うものである．

[1] 阿部楽方『高順方陣』私家版（1992）

[2] 安藤有益『奇偶方数』平山諦複製，私家版

[3] 猪瀬 勉『サイの目魔方陣』私家版（1980）

[4] 内田伏一『魔方陣にみる数のしくみ』日本評論社（2004）

[5] 内田伏一『魔方陣』日本評論社（2007）

[6] F. カジョリ 著，小倉金之助 補訳『カジョリ初等数学史（下）』共立全書（1970）

[7] 加納 敏『魔方陣・図形陣の作り方』冨山房（1980）

[8] モリス・クライチック 著，金沢養 訳『100 万人のパズル（上）』白揚社（1968）

[9] 幸田露伴「方陣秘説」，『露伴全集（第 40 巻）』岩波書店（1958）所収

[10] 境 新『魔方陣（1～3）』私家版（1936）

[11] 佐藤穂三郎『数のパズル 方陣』文化書房（1959）

[12] 佐藤穂三郎『方陣模様』日本印刷新聞社（1973）

[13] 高木貞治『数学小景』岩波書店（1943）

[14] H. E. デュードニー 著，藤村幸三郎・高木茂男 訳『パズルの王様（4）』ダイヤモンド社（1968）

[15] 平山 諦『方陣の話』中教出版（1954）

[16] 平山 諦『関孝和』恒星社（1974）

[17] 平山 諦・阿部楽方『方陣の研究』大阪教育図書（1983）

[18] 『ブリタニカ国際大百科事典』TBS ブリタニカ（1972）

[19] 別冊数理科学『パズル（I～V）』サイエンス社（1976～1980）

[20] 三上義夫『和算之方陣問題』帝國学士院蔵版（1917）

[21] 山本行雄『完全方陣』私家版（1972）

[22]　W. S. Andrews, *Magic squares and cubes*, Dover（1960）

[23]　*The papers of Benjamin Franklin* vol.4, Yale university press（1961）

[24]　Royal Vale Heath, *MATHeMAGIC*, Dover（1953）

[25]　Y. Mikami, *The development of mathematics in China and Japan*, Chelsea（1910）

[26]　D. E. Smith, *History of mathematics* (II)， Dover（1958）

[27]　J. V. Uspensky, M. A. Heaslet, *Elementary number theory*, McGraw-Hill（1939）

あとがき

魔方陣には，本書で述べたように，古来，多くの人々がいろいろな視点から取り組み続けてきた．

そうさせるのは，魔方陣が神秘的な尽きない魅力をもっているからであろう．その魅力の根源を簡単に言えば，組合せの「多様さ」と「調和」と「奥深さ」にあると思われる．そして，ときに「美しい」ものに出会える．方陣研究は何よりも，私達の自由な思考力を刺激し，活性化してくれる．独創性を発揮できる場に限りがないのである．「クリエイト」これが面白いのである．

今日でも，次数が2桁，さらには3桁に及ぶ巨大で個性的な魔方陣を作る取り組みがあり，独創的な作品が数多く作られている．

本書は，平面の魔方陣，立体魔方陣，図形陣についての概説書であり，数少ない参考書でもある．面白い話題が豊富にあるため，記述はコンパクトに，できるだけ分かりやすく解説した．本書で直接的には取り上げられなかった題材（風景）もあるが，近くを通過しているわけだから，立ち寄り補完してほしい．読者の眼前には無尽蔵の鉱脈が横たわっているので，自発的な発想と考察により，宝の鉱石を発見し，精製してほしいのである．

方陣にも個性的な性質をもつものと，これといった特徴を見いだせないものがあるが，後者こそが尊重されなければならないと考える．定和性をもたない補助方陣から作られる方陣についても気になる．すべてを明らかにしようとするとき，原理・法則でとらえきれない多様性とカオスの世界があるような気がしてくる．

人知の及ばない謎の世界を，誰も認めたくないだろう．ならば，方陣に正面から向き合い，明らかにしなければならない．

こうして人類は永久に魔方陣を追い続けることになるのである．魔方陣はいくら時間があっても足りない，神からのプレゼントである．神秘的で不可思議な性質をもつ自分の魔方陣を求めて，考える多くの人々が今も日々戦っている．

2013年6月15日　著 者

索引

あ
會田安明（1747〜1817）128
アグリッパ（Cornelius Heinrich Agrippa, 1486〜1535）6
安島直円（1732〜1798）155
阿部平衛（楽方）（1929〜）7, 67, 157, 193, 226, 234, 242, 262, 272, 290, 294, 302, 304, 396
安部元章 294
安藤有益（1624〜1708）4, 123, 155, 230
アンドリュース（W. S. Andrews, 1847〜1929）121, 155, 157, 239, 351, 352, 355
安野光雅美術館 64
礒村吉徳（?〜1710）4, 58, 156, 290, 298
内田伏一（1938〜）236, 252
浦田繁松（1891〜1958）356
円攢 269
『円攢之法』（1683）270
オイラー（Leonhard Euler, 1707〜1783）6, 176

か
外周追加法 54, 200, 204
ガウス（C. F. Gauss, 1777〜1855）318
ガウスの記号 333
楽方方陣 241
河図 22
完全剰余系 318, 319
完全方陣 5, 96, 135, 177, 344, 361
——の代表型 105, 139
完全魔方陣 17
『奇偶方数』（1697）123
『奇偶方数』（1697）4, 123, 155, 230, 290
奇数方陣変換 21
行 8
（対称魔方陣の）行操作 112, 143
行列 8, 9
切れた対角線 17
偶数方陣変換 20
矩形陣 285
久留島義太（1696〜1757）4, 41, 48, 68, 157, 351, 356
桂馬飛び 36, 178, 181
交換様式 78, 79
合成魔方陣 212
幸田露伴（1867〜1947）7, 67, 157

さ
サイの目魔方陣 266
境 新（1908〜1964）7, 67, 129, 135, 156, 158, 159, 224, 251, 301, 354, 362
サグラダ・ファミリア大聖堂 64
佐藤穂三郎（1885〜?）121, 155, 157, 158, 239, 293
サベジ（D. F. Savage）164
三角陣 286
3 重魔方陣, 3 乗和 252
『算爼』（1663）4, 210, 270
『算法闕疑抄』（1659）4, 58, 156
『算法童子問』（1784）128
『算法統宗』（1593）4, 58, 67
シェフェルの魔方陣 234
士官 36 人の問題 176
（方陣の）次数 2
4 数の和の法則 71
自然配列 33

（完全方陣の）シフト変換 99, 135, 350, 362
姉妹方陣 262
四面体陣 287
十字星陣 282
主対角線（要素）8
小行列 11
『数学小景』（1943）7, 65
図形陣 277
星面陣 282
関孝和（1642〜1708）4, 58, 67, 156, 204, 270
全偶数 38
相結 106, 358
相結定和 107
相対点（数，和）363, 364
素数魔方陣 255
外付け魔方陣 210

た
大行列 11
台形陣 285
台形辺和の法則 71
対称魔方陣 15, 109, 142, 214, 349
対称和 15, 214
互いに素 321
高木貞治（1875〜1960）7
高順方陣 226
建部賢弘（1664〜1739）4, 67, 231, 235
多重魔方陣 252
田中由真（1651〜1719）4, 102, 351
単一行列 E 10
超完全方陣（盆出芸）223
長方陣 285
直交性・直交配列 26, 176, 332
直交性の判定公式 332
程大位（1533〜1606）4, 58, 67
定和 13
デュードニー（Henry Earnest Dudeney, 1857〜1930）6, 121
デューラー（Albrecht Dürer, 1471〜1528）ix, 6
寺村周太郎（1902〜1980）7, 129, 151, 235
転置行列 11
（方陣の）同一視 14
同心魔方陣 55, 200
トーラス上の魔方陣 197
独立性 28
トルンプ（Walter Trump, 1953〜）175, 253, 353, 360

な
ナーシク方陣 5, 17
中村光利 7, 368, 396
流れ図 83–86
斜め菱形対角和の法則 71, 107
2 重配列 25, 26
2 重魔方陣，2 乗和 243, 244, 251

は
バシェー方式 33, 62
柱 346
半偶数 38
汎対角線 17
汎対角線（要素）9, 97
万能補助方陣 70
汎魔方陣 96
菱形公式 137
平山諦（1904〜1998）7, 123, 151, 234
ヒンズーの連続方式 31
フェルマー（Pierre de Fermat, 1601〜1665）6
副対角線（要素）9
双子方陣 262
部分行列 11
フランクリン（Benjamin Franklin, 1706〜1790）218, 277
フランクリン型 155, 219
フランクリンの魔円陣 276

フランクリンの魔方陣 218
ブレイクムーブ 31
フロスト（A. H. Frost，1820〜1907）5, 361
分離対角線 9, 17, 97
分離魔方陣 33
分離立体対角線 361
平面汎対角線型立体方陣 412
ペルシャの連続方式 32
変換 20
方陣 2
『方陣新術』（年代不詳）4, 67, 231
『方陣之法』（1683）4, 67, 156, 204, 210
『方陣秘説』（1883 頃）7, 65, 67, 157
『方陣模様』（1973）157
法として合同 318
補助方陣 24, 26
　──の定和 27, 320, 374
補数変換 81, 126, 250
補数魔方陣 81, 250, 255

ま
魔円陣 269
魔球陣 280
マジック・サークル 273
魔星陣 278
魔方陣 2
虫食い魔方陣パズル 288
村松茂清（1608〜1695）4, 210, 270
メランコリア I ix, 6, 67
面操作 359

や
楊輝（生没年不詳）4, 67, 155, 269
『楊輝算法』（1275）4, 67, 155, 269
（行列の）要素 8
要素 8

ら
洛書 3, 22
『洛書亀鑑』（1683）4, 102, 351
ラテン方陣 176
ラマヌジャン（Ramanujan Srinivasa, 1887〜1920）6
立体市松模様 366
立体完全魔方陣 361
立体自然配列 355
立体相結 358
立体対角線 347, 361
立体対称完全魔方陣 368, 404
立体対称超完全魔方陣 405
立体対称魔方陣 358
立体超完全魔方陣 398
立体汎対角線 361
立体方陣 346
立体補助方陣 370
列 8
（対称魔方陣の）列操作 112, 143
連結線 18, 121, 151, 154, 357

わ
『和算之方陣問題』（1917）7

大森清美（おおもり・きよみ）

1946年　栃木県国分寺町（現 下野市）に生まれる．
1969年　東京教育大学（現 筑波大学）卒業．
同　年　栃木県立黒磯高等学校数学科教諭．
　　　　魔方陣に出会う．
1973年　『魔方陣』（冨山房）を著す．
1992年　『新編 魔方陣』（冨山房）を著す．
2007年　栃木県立真岡女子高等学校を定年退職．
2013年　『魔方陣の世界』（日本評論社）を著す．

現住所　栃木県下野市紫 410

新版（しんぱん） 魔方陣（まほうじん）の世界（せかい）

2013年8月10日　第1版第1刷発行
2018年9月20日　新版第1刷発行

著　者　　大森清美
発行者　　串崎　浩
発行所　　株式会社 日本評論社
〒170-8474 東京都豊島区南大塚 3-12-4
電話　(03) 3987-8621［販売］
(03) 3987-8599［編集］
印　刷　　三美印刷株式会社
製　本　　株式会社難波製本
図　版　　長田健次
装　幀　　STUDIO POT（和田悠里・山田信也）

ISBN978-4-535-78885-5